北京高等教育精品教材

BEIJING GAODENG JIAOYU JINGPIN JIAOCAI

21世纪数学规划教材

数学基础课系列

2nd Edition

Time Series
Analysis and
Applications

应用时间序列分析（第二版）

何书元 编著

北京大学出版社
PEKING UNIVERSITY PRESS

图书在版编目 (CIP) 数据

应用时间序列分析 / 何书元编著. — 2 版. —北京：北京大学出版社，
2023. 8
（21 世纪数学规划教材 · 数学基础课系列）
ISBN 978-7-301-33290-0

Ⅰ. ①应… Ⅱ. ①何… Ⅲ. ①时间序列分析 - 高等学校 - 教材
Ⅳ. ① O211.61

中国版本图书馆 CIP 数据核字 (2022) 第 153261 号

书　　　　名	应用时间序列分析（第二版）	
	YINGYONG SHIJIAN XULIE FENXI(DI-ER BAN)	
著作责任者	何书元　编著	
责 任 编 辑	刘　勇　潘丽娜	
标 准 书 号	ISBN 978-7-301-33290-0	
出 版 发 行	北京大学出版社	
地　　　　址	北京市海淀区成府路 205 号　　100871	
网　　　　址	http://www.pup.cn	
电 子 信 箱	zpup@pup.cn	
新 浪 微 博	@北京大学出版社	
电　　　　话	邮购部 010-62752015　发行部 010-62750672　编辑部 010-62752021	
印 　刷 　者	大厂回族自治县彩虹印刷有限公司	
经 销 者	新华书店	
	890 毫米 × 1240 毫米　A5　12.25 印张　368 千字	
	2003 年 11 月第 1 版	
	2023 年 8 月第 2 版　2025 年 1 月第 2 次印刷	
定　　　　价	48.00 元	

作者简介

何书元　博士, 现任首都师范大学特聘教授, 1984 年至 2010 年历任北京大学数学科学学院讲师、副教授、教授. 曾任中国数学会概率统计分会第十届理事会理事长, 教育部高等学校数学与统计学教学指导委员会副主任委员统计学专业教学指导分委员会主任委员. 从事概率论与数理统计的教学和科研工作.

第 二 版 前 言

本书的第一版侧重介绍时间序列在工程技术领域的应用理论和方法, 以时间序列的线性模型为主线, 强调时间序列的频谱特性, 注重解释平稳序列功率谱的物理含义.

二十年来, 我国的金融交易市场已经有了令世人瞩目的发展. 时间序列分析也成为金融市场定量分析的主要方法之一. 在金融市场的预测风险方面, 条件异方差模型也获得了广泛的认可和应用. 本次修订增加了相应的内容.

单位根检验是金融时间序列分析中的常见问题. 第二版讲述的单位根检验方法具有计算简便、适用性强的特点.

第二版在第八章介绍了自回归条件异方差模型和广义自回归条件异方差模型.

因为厚尾分布是金融收益率序列研究的常见分布, 所以第二版在第一章新增了对 t 分布白噪声的介绍. 在时间序列的分解方面, 第二版省略了应用较少的分解方法. 介绍了时间序列的采样定理.

因新增内容较多, 考虑篇幅的限制, 所以第二版对第一版的第七章进行了较大的压缩, 并把第一版第六章中部分较长的数学推导内容列入附录.

本书所涉及的集合和函数与数学分析中所述的相同.

李崧崧为本书相关内容制作了 Matlab, R 和 Python 版本的计算程序, 特表感谢. 连同 PDF 版的演示课件, 可通过邮箱 gpup@pku.edu.cn 申请.

本书的编写得到国家自然科学基金 (项目号: 11971323, 12171328) 的经费支持.

何书元

北京海淀丹青府

2022 年 1 月

第 一 版 前 言

　　时间序列分析是概率统计学科中应用性较强的一个分支, 在气象水文、信号处理、机械振动、金融数学等众多领域有广泛的应用. 本书以时间序列的线性模型和平稳序列的谱分析为主线, 介绍时间序列的基本知识及常用的建模和预测方法, 在内容上强调平稳序列的频率特性, 注重解释模型和功率谱的统计含义. 为了解估计方法的可使用性, 本书还就估计方法做了随机模拟计算, 顺便介绍了随机模拟的基本方法.

　　时间序列分析已经有完整的理论系统, 许多理论结果对于应用有重要的指导意义, 但是部分定理的证明又涉及更多的预备知识. 由于本书以介绍基本的应用理论和方法为主, 所以在叙述上就 "避重就轻", 将部分定理的证明在书中略去, 将需要泛函分析和条件数学期望作为基础的内容打上 * 号, 供读者选择使用. 不带 * 号的内容是本书的基本内容.

　　作者从 20 世纪 80 年代末开始在北京大学讲授应用时间序列分析课程, 并长期从事时间序列分析方面的应用和研究工作, 在地震预测、气象和金融数据分析、时间序列的不完全观测和异常值处理等方面都做过实际项目, 特别对潜周期模型的参数估计和应用以及时间序列的频谱特性有较深体会. 多年来, 北京大学的时间序列分析讨论班在江泽培教授的带领下得到了许多研究成果. 其中的部分结果在理论和应用上具有特色, 借此机会, 作者也将部分适用的内容介绍出来, 以表达对江泽培先生的感谢. 本书作为讲义在 2002 年秋使用时, 姬志成等同学对讲义进行了认真的校对, 作者对他们表示衷心的感谢.

　　由于本人水平有限, 书中难免有不妥之处, 希望读者不吝指教.

何书元

北京海淀蓝旗营

2002 年 2 月

符 号 说 明

$\boldsymbol{A}^{\mathrm{T}}$	矩阵 $\boldsymbol{A}$ 的转置
$\det(\boldsymbol{A})$	矩阵 $\boldsymbol{A}$ 的行列式
$\boldsymbol{A}^*$	矩阵 $\boldsymbol{A}$ 的共轭转置
$\overline{x}$	样本均值
Ave	m 次独立重复试验结果的平均
$a \overset{\text{def}}{=\!=} b$	定义 $a = b$
a.s.	almost surely, 以概率 1 成立
$\mathcal{B}$	时间 t 的向后推移算子
$\mathrm{Cov}(X, Y)$	随机变量 X, Y 的协方差
δ_t	Kronecker 函数: $\delta_t = \begin{cases} 1, & t = 0, \\ 0, & t \neq 0 \end{cases}$
$\mathrm{I}[A]$	集合或事件 A 的示性函数
$\boldsymbol{I}_n$	n 阶单位阵
H_n	$H_n = \overline{\mathrm{sp}}\{X_n, X_{n-1}, \cdots\}$
L_n	$L_n = \overline{\mathrm{sp}}\{X_1, X_2, \cdots, X_n\}$
$\mathbb{N}$	全体整数或全体正整数
$\mathbb{N}_+$	全体正整数 $\{1, 2, \cdots\}$
$\mathbb{R}$	实数集合 $(-\infty, \infty)$
$\mathbb{R}^n$	n 维实向量空间
s	样本标准差
Std	m 次独立重复试验结果的标准差
$\mathrm{WN}(\mu, \sigma^2)$	数学期望为 μ、方差为 σ^2 的白噪声
$Y_n \overset{\mathrm{ms}}{\longrightarrow} Y$	Y_n 均方收敛到 Y
$\mathbb{Z}$	全体整数 $\{0, \pm 1, \pm 2, \cdots\}$
$|\boldsymbol{a}|$	$|\boldsymbol{a}| = \left(\sum_{j=1}^{n} a_j^2 \right)^{1/2}, \ \boldsymbol{a} \in \mathbb{R}^n$

目　录

第一章   时 间 序 列

时间序列是按时间次序排列的随机变量序列. 任何时间序列经过合理的函数变换后都可以被认为是由三个部分叠加而成. 这三个部分是趋势项部分、周期项部分和随机噪声项部分. 从时间序列中把这三个部分分解出来是时间序列分析的首要任务. 本章通过举例介绍时间序列的分解方法, 以及时间序列和随机过程的关系, 重点介绍平稳序列的性质.

§1.1   时间序列的分解

1.1.1   时间序列

按时间次序排列的随机变量序列

$$X_1, X_2, \cdots \tag{1.1.1}$$

称为时间序列. 如果用

$$x_1, x_2, \cdots, x_N \tag{1.1.2}$$

分别表示随机变量 $X_1, X_2, \cdots, X_N$ 的观测值, 则称 (1.1.2) 是时间序列 (1.1.1) 的观测数据或观测值, 称观测数据的个数 N 为样本量. 若用

$$x_1, x_2, \cdots \tag{1.1.3}$$

依次表示 $X_1, X_2, \cdots$ 的观测值, 则称 (1.1.3) 是时间序列 (1.1.1) 的一次**实现**或一条**轨迹**.

实际问题中所能得到的数据只是时间序列的有限观测数据 (1.1.2). 时间序列分析的主要任务就是根据观测数据的特点为数据建立尽可能合理的统计模型, 然后利用模型的统计特性去解释数据的统计规律, 以期达到控制或预报的目的.

为表达方便, 以后用 $\{X_t\}$ 表示时间序列 (1.1.1), 用 $\{x_t\}$ 表示观测数据 (1.1.2) 或 (1.1.3). 为简单, 也用 $X(t)$ 表示 X_t, 用 $x(t)$ 表示 x_t.

例 1.1.1　北京作为古都, 历史上自然灾害时常发生. 在各种自然灾害中, 水旱灾害发生频繁, 危害最大. 下面列出了北京地区 1949 年至 1964 年的洪涝灾害面积的数据 (来源 [1]).

年份	序号	受灾面积/万亩	成灾面积/万亩
1949	1	331.12	243.96
1950	2	380.44	293.90
1951	3	59.63	59.63
1952	4	37.89	18.09
1953	5	103.66	72.92
1954	6	316.67	244.57
1955	7	208.72	155.77
1956	8	288.79	255.22
1957	9	25.00	0.50
1958	10	84.72	48.59
1959	11	260.89	202.96
1960	12	27.18	15.02
1961	13	20.74	17.09
1962	14	52.99	14.66
1963	15	99.25	45.61
1964	16	55.36	41.90

现在考虑受灾面积. 用 X_1 表示第 1 年 (1949 年) 的受灾面积, X_2 表示第 2 年 (1950 年) 的受灾面积, 等等. $X_1, X_2, \cdots$ 是一列按时间次序排列的随机变量, 因而是一个时间序列. 用 $x_1, x_2, \cdots, x_{16}$ 分别表示第 1 年, 第 2 年, $\cdots$, 第 16 年的实际受灾面积, 则

$$x_1 = 331.12, \quad x_2 = 380.44, \quad \cdots, \quad x_{16} = 55.36$$

是时间序列 $\{X_t\}$ 的观测数据, 样本量 $N = 16$. $\{x_t\}$ 是时间序列 $\{X_t\}$

的一次实现的一部分.

如果用 $Y_1, Y_2, \cdots$ 分别表示第 1 年, 第 2 年, $\cdots$ 的成灾面积, 则

$$y_1 = 243.96, \quad y_2 = 293.90, \quad \cdots, \quad y_{16} = 41.90$$

是时间序列 $\{Y_t\}$ 的 16 个观测数据. 时间序列的观测数据可以用数据图 1.1.1 表出, 实线是成灾面积, 虚线是受灾面积. 由于 $\{X_t\}$ 和 $\{Y_t\}$ 之间存在着相关关系, 所以还需要研究向量值的时间序列

$$\boldsymbol{\xi}_t = (X_t, Y_t)^{\mathrm{T}}, \quad t = 1, 2, \cdots,$$

这里和以后用 $\boldsymbol{A}^{\mathrm{T}}$ 表示向量或矩阵 $\boldsymbol{A}$ 的转置. 向量值的时间序列又称为多维时间序列, 我们将在第十章进行介绍.

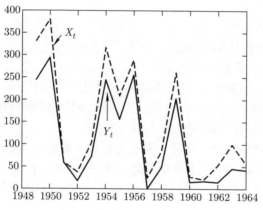

图 1.1.1 北京洪涝灾害数据图

类似地, 时间序列可以表示:

(1) 某地区的月降水量;

(2) 某航空公司的逐日客流量;

(3) 北京地区每日的天然气消耗量;

(4) 某渔业公司的逐月水产品的产量;

(5) 某国家的逐月失业率.

1.1.2 时间序列的分解

上述例子中, 时间指标都是等间隔排列的. 为了研究和叙述的方便, 如果没有特殊说明, 本书中时间序列的时间指标都是等间隔排列的. 时间序列分析的主要任务就是对时间序列的观测数据建立尽可能合适的统计模型. 合适的模型会对所关心的时间序列的预测、控制和诊断提供帮助.

大量时间序列的观测数据都表现出趋势性、季节性和随机性, 或者只表现出三者中的其二或其一. 这样, 可以认为每个时间序列, 或经过适当的函数变换的时间序列, 都可以分解成三个部分的叠加:

$$X_t = T_t + S_t + R_t, \quad t = 1, 2, \cdots, \tag{1.1.4}$$

其中 $\{T_t\}$ 是趋势项, $\{S_t\}$ 是季节项, $\{R_t\}$ 是随机项. 时间序列 $\{X_t\}$ 是这三项的叠加.

通常认为趋势项 $\{T_t\} = \{T(t)\}$ 是时间 t 的实值函数. 它是非随机的, 因而不是本书考虑的重点. 相应于时间序列 $\{X_t\}$ 的分解 (1.1.4), 观测数据 $\{x_t\}$ 也有相应的分解.

为研究问题方便, 在不引起混淆的情况下, 我们往往不对 $\{X_t\}$ 和 $\{x_t\}$ 进行严格区分. 在研究和关心数据的统计性质时常用大写的 X_t, 而在用于数据的计算时常用小写的 x_t.

时间序列分析的首要任务是通过对观测数据 (1.1.2) 的观察分析, 把时间序列的趋势项、季节项和随机项分解出来. 这项工作被称作时间序列的分解. 在模型 (1.1.4) 中, 如果季节项 $\{S_t\}$ 只存在一个周期 s, 则

$$S(t + s) = S(t), \quad t = 1, 2, \cdots.$$

于是, $\{S_t\}$ 在任何一个周期内的平均是常数, 即有

$$\frac{1}{s} \sum_{j=1}^{s} S(t + j) = c.$$

把模型 (1.1.4) 改写成

$$X_t = (T_t + c) + (S_t - c) + R_t, \quad t = 1, 2, \cdots,$$

就得到新的季节项 $\{S_t - c\}$. 它仍有周期 s 且在任何一个周期内的和是 0. 于是, 在模型 (1.1.4) 中可以要求

$$\sum_{j=1}^{s} S(t+j) = 0, \quad t = 1, 2, \cdots . \tag{1.1.5}$$

同理, 可以要求随机项的数学期望等于 0, 即

$$\mathrm{E}R_t = 0, \quad t = 1, 2, \cdots . \tag{1.1.6}$$

下面通过对例 1.1.2 的分析介绍几种常用的时间序列的分解方法.

例 1.1.2 下面的数据是某城市 1991—1996 年中每个季度的民用煤消耗量 (单位: t). 数据图形由图 1.1.2 给出.

年份	1 季度	2 季度	3 季度	4 季度	年平均
1991	6878.4	5343.7	4847.9	6421.9	5873.0
1992	6815.4	5532.6	4745.6	6406.2	5875.0
1993	6634.4	5658.5	4674.8	6445.5	5853.3
1994	7130.2	5532.6	4989.6	6642.3	6073.7
1995	7413.5	5863.1	4997.4	6776.1	6262.6
1996	7476.5	5965.5	5202.1	6894.1	6384.5
季平均	7058.1	5649.3	4909.6	6597.7	

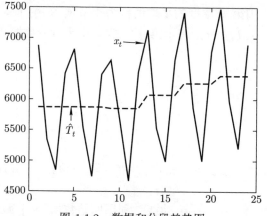

图 1.1.2 数据和分段趋势图

方法一 分段趋势.

将数据横着排, 得到

$$x_1 = 6878.4, \quad x_2 = 5343.7, \quad \cdots, \quad x_{24} = 6894.1.$$

从数据图 1.1.2 可以看出, 数据随着季节的变化有明显的周期 $s = 4$. 从年平均看出, 数据有缓慢的逐年上升趋势. 最直接和最简单的方法是把趋势项 $\{T_t\}$ 定义成年平均值 (见图 1.1.2):

$$\hat{T}_1 = \cdots = \hat{T}_4 = \frac{1}{4}\sum_{t=1}^{4} x_t \approx 5873.0,$$

$$\hat{T}_5 = \cdots = \hat{T}_8 = \frac{1}{4}\sum_{t=5}^{8} x_t \approx 5875.0,$$

$$\cdots\cdots$$

$$\hat{T}_{21} = \cdots = \hat{T}_{24} = \frac{1}{4}\sum_{t=21}^{24} x_t \approx 6384.5.$$

用原始数据 $\{x_t\}$ 减去趋势项的估计 $\{\hat{T}_t\}$, 得到基本上只含有季节项和随机项的数据, 也就是

$$y_t = x_t - \hat{T}_t, \quad t = 1, 2, \cdots, 24.$$

对 $\{y_t\}$, 用第 k 季度的平均值作为季节项 $S(k)$, $1 \leqslant k \leqslant 4$ 的估计. 如果用 $x_{j,k}, \hat{T}_{j,k}$ 分别表示第 j 年第 k 个季度的数据和趋势项, 则有计算公式

$$\hat{S}(k) = \frac{1}{6}\sum_{j=1}^{6}(x_{j,k} - \hat{T}_{j,k}), \quad 1 \leqslant k \leqslant 4. \tag{1.1.7}$$

经计算:

$$\hat{S}(1) \approx 1004.4, \quad \hat{S}(2) \approx -404.3, \quad \hat{S}(3) \approx -1144.1, \quad \hat{S}(4) \approx 544.0.$$

这时, 理论上 $\sum_{j=1}^{4}\hat{S}(j) = 0$. 最后, 利用原始数据 $\{x_t\}$ 减去趋势项的

估计 $\{\hat{T}_t\}$ 和季节项的估计 $\{\hat{S}_t\}$, 得到的数据就是随机项的估计 (见图 1.1.3):

$$\hat{R}_t = x_t - \hat{T}_t - \hat{S}_t, \quad 1 \leqslant t \leqslant 24.$$

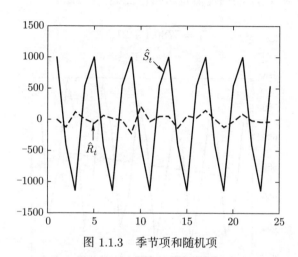

图 1.1.3 季节项和随机项

方法二 回归直线趋势.

由于数据有缓慢的上升趋势, 可以试用回归直线表示趋势项. 这时认为 (x_t, t) 满足一元线性回归模型

$$x_t = a + bt + \varepsilon_t, \quad t = 1, 2, \cdots.$$

定义

$$\boldsymbol{X} = (x_1, x_2, \cdots, x_{24})^{\mathrm{T}}, \quad \boldsymbol{Y} = \begin{pmatrix} 1 & 1 & \cdots & 1 \\ 1 & 2 & \cdots & 24 \end{pmatrix}.$$

则 $(a, b)^{\mathrm{T}}$ 的最小二乘估计由公式

$$(\hat{a}, \hat{b})^{\mathrm{T}} = (\boldsymbol{Y}\boldsymbol{Y}^{\mathrm{T}})^{-1}\boldsymbol{Y}\boldsymbol{X}$$

决定. 计算得到

$$\hat{a} = 5780.1, \quad \hat{b} = 21.9,$$

回归方程为

$$x_t = 5780.1 + 21.9\,t.$$

这时, 趋势项 $\{T_t\}$ 的估计值是回归直线 (见图 1.1.4):

$$\hat{T}_t = 5780.1 + 21.9\,t. \tag{1.1.8}$$

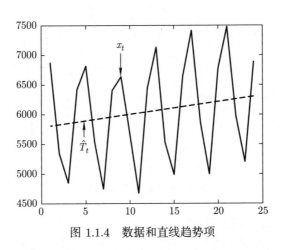

图 1.1.4 数据和直线趋势项

利用原始数据 $\{x_t\}$ 减去趋势项的估计 $\{\hat{T}_t\}$ 后得到的数据基本上只含有季节项和随机项. 仍可以用第 k 季度的平均值作为季节项 $S(k)$ 的估计. 利用方法一中的 (1.1.7) 式计算出

$$\hat{S}(1) \approx 1037.2, \qquad \hat{S}(2) \approx -393.4,$$
$$\hat{S}(3) \approx -1155.0, \qquad \hat{S}(4) \approx 511.2.$$

这时, $\displaystyle\sum_{j=1}^{4} \hat{S}(j) \approx 0$.

最后, 利用原始数据 $\{x_t\}$ 减去趋势项的估计 $\{\hat{T}_t\}$ 和季节项的估计 $\{\hat{S}_t\}$ 后得到的数据就是随机项的估计 (见图 1.1.5):

$$\hat{R}_t = x_t - \hat{T}_t - \hat{S}_t, \quad 1 \leqslant t \leqslant 24.$$

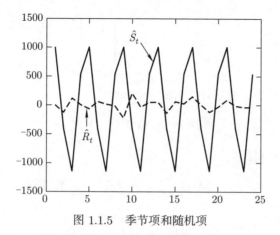

图 1.1.5 季节项和随机项

对 $\hat{T}(t) = \hat{T}_t$ 由 (1.1.8) 式定义, 可以计算对 1997 年的预测值

$$\hat{X}(24+k|24) = \hat{T}(24+k) + \hat{S}(k), \quad k = 1, 2, 3, 4. \tag{1.1.9}$$

这里, $\hat{X}(24+k|24)$ 表示的是用例 1.1.2 中的 24 个观测数据对第 $24+k$ 个数据的预测值.

经计算得到 1997 年每个季度的民用煤消耗量的预测值如下:

	1 季度	2 季度	3 季度	4 季度
预测值	7364.4	5955.7	5215.9	6904.0
真值	7720.5	5973.3	5304.4	7075.1
预测误差	−356.1	−17.6	−88.5	−171.1

方法三 二次曲线趋势.

我们还可以用二次曲线来拟合例 1.1.2 中数据的趋势项. 这时认为 (x_t, t) 满足线性回归模型:

$$x_t = a + bt + ct^2 + \varepsilon_t, \quad t = 1, 2, \cdots.$$

定义

$$\boldsymbol{X} = (x_1, x_2, \cdots, x_{24})^{\mathrm{T}}, \quad \boldsymbol{Y} = \begin{pmatrix} 1 & 1 & \cdots & 1 \\ 1 & 2 & \cdots & 24 \\ 1 & 2^2 & \cdots & 24^2 \end{pmatrix}.$$

$(a, b, c)^{\mathrm{T}}$ 的最小二乘估计由公式

$$(\hat{a}, \hat{b}, \hat{c})^{\mathrm{T}} = (\boldsymbol{Y}\boldsymbol{Y}^{\mathrm{T}})^{-1}\boldsymbol{Y}\boldsymbol{X}$$

决定. 经计算得到

$$\hat{a} = 5948.5, \quad \hat{b} = -17.0, \quad \hat{c} = 1.60,$$

回归方程为

$$x_t = 5948.5 - 17.0\,t + 1.60\,t^2.$$

这时, 趋势项 $\{T_t\}$ 的估计值是二次曲线 (见图 1.1.6)

$$\hat{T}_t = 5948.5 - 17.0\,t + 1.60\,t^2.$$

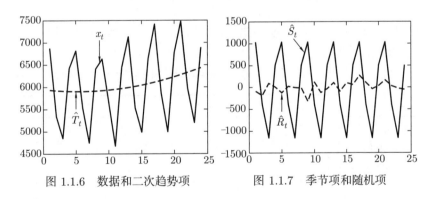

图 1.1.6 数据和二次趋势项   图 1.1.7 季节项和随机项

利用原始数据 $\{x_t\}$ 减去趋势项的估计 $\{\hat{T}_t\}$, 得到的数据基本只含有季节项和随机项. 再用第 k 季度的平均值作为季节项 $S(k)$ 的估计. 利用 (1.1.7) 式计算出

$$\hat{S}(1) \approx 1035.7, \quad \hat{S}(2) \approx -391.8, \quad \hat{S}(3) \approx -1153.5, \quad \hat{S}(4) \approx 509.6.$$

季节项的估计数据见图 1.1.7.

这时, $\sum\limits_{j=1}^{4} \hat{S}(j) \approx 0$. 从原始数据 $\{x_t\}$ 减去趋势项的估计 $\{\hat{T}_t\}$ 和季节项的估计 $\{\hat{S}_t\}$ 后得到的数据就是随机项的估计

$$\hat{R}_t = x_t - \hat{T}_t - \hat{S}_t, \quad 1 \leqslant t \leqslant 24.$$

最后利用 (1.1.9) 式计算出 1997 年每个季度的民用煤消耗量的预测值如下:

	1 季度	2 季度	3 季度	4 季度
预测值	7531.3	6166.1	5469.8	7201.4
真值	7720.5	5973.3	5304.4	7075.1
预测误差	−189.2	192.8	165.4	126.3

可以看出, 利用二次曲线方法得出的 1997 年的预测值在总体上好于方法二得到的预测值. 对更复杂的数据, 还可以用更高阶的多项式或其他曲线拟合趋势项.

方法四 逐步平均法.

拟合趋势项还有常用的逐步平均法. 回忆观测数据的季节项有明显的周期 $s = 4$. 对观测数据做逐步平均, 如下:

$$U_{2.5} = \frac{1}{4}\sum_{j=0}^{3} x_{1+j}, \ U_{3.5} = \frac{1}{4}\sum_{j=0}^{3} x_{2+j}, \ \cdots, \ U_{22.5} = \frac{1}{4}\sum_{j=0}^{3} x_{21+j},$$

其中 U 的下标是相应的求和项中 x 的下标的平均. 因为 U 的下标不在整数位上, 所以再取

$$\hat{T}_3 = \frac{1}{2}(U_{2.5} + U_{3.5}), \ \hat{T}_4 = \frac{1}{2}(U_{3.5} + U_{4.5}), \ \cdots, \ \hat{T}_{22} = \frac{1}{2}(U_{21.5} + U_{22.5}).$$

将 $\{\hat{T}_t\}$ 作为数据的趋势项.

注 当数据的季节项的周期是奇数时, 时间指标在整数位上, 上述步骤就没有必要了.

这种方法的缺点是, 在 $t = 1, 2$ 和 $t = 23, 24$ 处无法拟合出趋势项.

利用原始数据 $\{x_t\}$ 减去趋势项的估计 $\{\hat{T}_t\}$ 得到的数据基本只含有季节项和随机项. 仍然用第 k 季度的平均值作为季节项 $S(k)$ 的估计. 因为缺少 $t = 1, 2$ 和 $t = 23, 24$ 处的趋势项值, 所以只能用下面的公式计算季节项:

$$\hat{S}(k) = \frac{1}{5} \sum_{j=2}^{6} (x_{j,k} - \hat{T}_{j,k}), \quad k = 1, 2,$$

$$\hat{S}(k) = \frac{1}{5} \sum_{j=1}^{5} (x_{j,k} - \hat{T}_{j,k}), \quad k = 3, 4.$$

计算得到

$$\hat{S}(1) \approx 1036.7, \quad \hat{S}(2) \approx -367.5, \quad \hat{S}(3) \approx -1151.4, \quad \hat{S}(4) \approx 505.5.$$

这时 $\sum_{j=1}^{4} \hat{S}(j) \approx 23.3.$

最后, 从原始数据 $\{x_t\}$ 减去趋势项的估计 $\{\hat{T}_t\}$ 和季节项的估计 $\{\hat{S}_t\}$ 后得到的数据就是随机项的估计.

为得到 1997 年每个季度的民用煤消耗量的预测值, 还需要再对趋势项 $\hat{T}_3, \hat{T}_4, \cdots, \hat{T}_{22}$ 进行直线拟合. 得到趋势项的回归直线

$$\hat{T}(t) = 5665.3 + 30.2t$$

后, 用公式

$$\hat{X}(24 + k | 24) = \hat{T}(24 + k) + \hat{S}(k), \quad k = 1, 2, 3, 4$$

计算得到 1997 年每个季度的民用煤消耗量的预测值如下:

	1 季度	2 季度	3 季度	4 季度
预测值	7456.8	6082.8	5329.1	7016.1
真值	7720.5	973.3	5304.4	7075.1
预测误差	−263.7	109.5	24.7	−59.0

注 在以上的四种方法中, 为了得到更好的趋势项, 还可以利用数据 $x_t - \hat{S}_t$ 重新估计趋势项 T_t, 得到趋势项的新估计 $\tilde{T}_t$. 最后得到随机项的估计 $\hat{R}_t = x_t - \hat{S}_t - \tilde{T}_t$.

在实际问题中, 有时需要对时间序列的数据先进行适当的函数变换. 先根据数据图选定一个已知的函数 $g(x)$, 然后对变换后的数据 $y_t = g(x_t), t = 1, 2, \cdots, N$ 进行时间序列的分解. 采用这种方法有时会得到很好的效果. 常用的函数有对数函数 $\ln x$, 指数函数 $\exp(ax)$, 倒数函数 a/x 等.

1.1.3 时间序列和随机过程

设 $\mathbb{T}$ 是实数集合 $\mathbb{R} = (-\infty, \infty)$ 的子集. 通常称 $\mathbb{T}$ 为指标集. 如果对每个 $t \in \mathbb{T}$, 都有一个随机变量 X_t 与之对应, 则称随机变量的集合

$$\{X_t\} = \{X_t \mid t \in \mathbb{T}\} \tag{1.1.10}$$

为**随机过程**. 当 $\mathbb{T}$ 是全体整数或全体非负整数时, 称相应的随机过程为**随机序列**. 把随机序列的指标集合 $\mathbb{T}$ 看成时间指标时, 称该随机序列为**时间序列**.

当 $\mathbb{T}$ 是全体实数或全体非负实数时, 相应的随机过程称为**连续时随机过程**. 如果把 $\mathbb{T}$ 视为时间指标, 连续时随机过程就是**连续时时间序列**. 这时称 $\{X_t\}$ 的每次观测 $\{x_t\}$ 为一条轨迹.

在应用上, 对连续时时间序列的处理大多是通过离散化完成的. 这种离散化被称作离散采样. 因此, 我们以后把重点放在离散时的时间序列上.

时间序列在适当去掉趋势项和季节项后, 剩下的随机部分通常会有某种平稳性. 有平稳性的时间序列是时间序列分析的研究重点.

习 题 1.1

1.1.1 证明: 例 1.1.2 方法三中 a, b, c 的最小二乘估计是

$$(\hat{a}, \hat{b}, \hat{c})^{\mathrm{T}} = (\boldsymbol{YY}^{\mathrm{T}})^{-1}\boldsymbol{YX}.$$

1.1.2　附录 2.1 和附录 2.2 分别是 1985—2000 年北京的月平均气温和月降水量数据, 其中附录 2.1 和附录 2.2 中缺少 1989 年的数据, 附录 2.2 中缺少 1995 年 1 月的数据.

(1) 用简单方法补全附录 2.1 和附录 2.2 中 1989 年的数据和附录 2.2 中 1995 年 1 月的数据, 并给出季节项的周期.

(2) 对 1990—2000 年的两种数据各给出一种计算趋势项、季节项和随机项的公式.

(3) 利用 (2) 给出的公式对所述的数据进行时间序列的分解计算, 并用数据图列出结果.

(4) 用 (2) 中的结果补充附录 2.1 和附录 2.2 中 1989 年的数据.

1.1.3　附录 2.6 是 1973—1978 年美国各月在意外事故中的死亡人数. 利用至少两种方法对该时间序列进行分解, 要求如下:

(1) 画出数据图, 给出数据的周期 T;

(2) 给出趋势项、季节项和随机项的计算公式;

(3) 画出趋势项、季节项和随机项的数据图;

(4) 对 1979 年美国各月意外事故中的死亡人数做出预测.

1.1.4　对随机变量 ξ 证明下面的结论:

(1) Chebyshev 不等式: 对任何正常数 α, ε, $P(|\xi| \geqslant \varepsilon) \leqslant \mathrm{E}|\xi|^{\alpha}/\varepsilon^{\alpha}$;

(2) 如果 $\mathrm{E}|\xi| = 0$, 则 $P(\xi = 0) = 1$;

(3) 如果 $\mathrm{Var}(\xi) = 0$, 则 $P(\xi = m) = 1$, 这里 $m = \mathrm{E}\xi$;

(4) 如果 $\mathrm{E}|\xi| < \infty$, 则 $P(|\xi| < \infty) = 1$.

§1.2　平　稳　序　列

从例 1.1.2 看出, 时间序列的趋势项和季节项的预报是比较简单的. 这是因为它们可以用非随机的函数进行刻画. 分离出趋势项和季节项后的时间序列往往表现出平稳波动性, 我们称这种时间序列为平稳序列. 平稳序列的波动和独立的时间序列的波动有所不同. 对于独立的时间序列 $\{X_t\}$, 因为 $X_1, X_2, \cdots, X_n$ 和 X_{n+1} 独立, 所以 $X_1, X_2, \cdots, X_n$ 不会含有 X_{n+1} 的信息. 而平稳时间序列的历史 $X_1, X_2, \cdots, X_n$ 中往往含有 X_{n+1} 的信息. 这就使得利用历史数据 $x_1, x_2, \cdots, x_n$ 预测将来 x_{n+1} 成为可能.

为方便, 我们以后总用 $\mathbb{Z}$ 表示全体整数, 用 $\mathbb{N}_+$ 表示全体正整数, 用 $\mathbb{N}$ 表示 $\mathbb{Z}$ 或者 $\mathbb{N}_+$.

1.2.1　平稳序列及其自协方差函数

定义 1.2.1　如果时间序列 $\{X_t\} = \{X_t \mid t \in \mathbb{N}\}$ 满足

(1) 对任何 $t \in \mathbb{N}$, 有 $\mathrm{E}X_t^2 < \infty$,

(2) 对任何 $t \in \mathbb{N}$, 有 $\mathrm{E}X_t = \mu$,

(3) 对任何 $t, s \in \mathbb{N}$, 有 $\mathrm{E}[(X_t - \mu)(X_s - \mu)] = \gamma_{t-s}$,

则称 $\{X_t\}$ 是**平稳时间序列**, 简称为**平稳序列**. 称实数列 $\{\gamma_t\}$ 为 $\{X_t\}$ 的**自协方差函数**.

由定义 1.2.1 看出, 平稳序列中的随机变量 X_t 的数学期望 $\mathrm{E}X_t$ 和方差 $\mathrm{Var}(X_t) = \mathrm{E}(X_t - \mu)^2$ 都是与 t 无关的常数. 对任何 $s, t \in \mathbb{Z}$ 和 $k \in \mathbb{Z}$, (X_t, X_s) 和平移 k 步后的 (X_{t+k}, X_{s+k}) 有相同的协方差

$$\mathrm{Cov}(X_t, X_s) = \mathrm{Cov}(X_{t+k}, X_{s+k}) = \gamma_{s-t}.$$

协方差结构的平移不变性是平稳序列的特征. 为此, 又称平稳序列是**二阶矩平稳序列**.

平稳序列的统计性质在自协方差函数中得到充分体现. 时间序列分析的重要特点之一是利用自协方差函数研究平稳时间序列的统计性质, 所以有必要对 $\{\gamma_t\}$ 的性质进行探讨.

从概率论的知识知道, 随机变量的方差越小, 这个随机变量就越向它的数学期望集中. 特别当一个随机变量的方差等于 0 时, 该随机变量等于其数学期望的概率为 1. 平稳序列中的每个随机变量有相同的方差 γ_0 和数学期望 μ. 当 $\gamma_0 = 0$ 时, 该平稳序列中的观测数据都等于常数 μ, 对这样的时间序列没有进一步分析的必要. 因而, 以后所述平稳序列的方差 $\gamma_0 = \mathrm{Var}(X_t) > 0$.

自协方差函数满足以下三个基本性质:

(1) 对称性: $\gamma_k = \gamma_{-k}$ 对所有 $k \in \mathbb{Z}$ 成立;

(2) 非负定性: 对任何 $n \in \mathbb{N}_+$, n 阶自协方差矩阵

$$\boldsymbol{\Gamma}_n = (\gamma_{k-j})_{k,j=1}^n = \begin{pmatrix} \gamma_0 & \gamma_1 & \cdots & \gamma_{n-1} \\ \gamma_1 & \gamma_0 & \cdots & \gamma_{n-2} \\ \vdots & \vdots & & \vdots \\ \gamma_{n-1} & \gamma_{n-2} & \cdots & \gamma_0 \end{pmatrix} \tag{1.2.1}$$

是非负定矩阵;

(3) 有界性: $|\gamma_k| \leqslant |\gamma_0|$ 对所有 $k \in \mathbb{Z}$ 成立.

任何满足上述三个基本性质的实数列都被称为**非负定序列**. 所以平稳序列的自协方差函数是非负定序列. 可以证明: 每个非负定序列都是某个平稳序列的自协方差函数 (见文献 [7]).

下面是三个基本性质的证明. 对称性由定义直接得到. 为证明非负定性, 任取 n 维实向量 $\boldsymbol{\alpha} = (a_1, a_2, \cdots, a_n)^{\mathrm{T}}$, 有

$$\begin{aligned} \boldsymbol{\alpha}^{\mathrm{T}} \boldsymbol{\Gamma}_n \boldsymbol{\alpha} &= \sum_{i=1}^n \sum_{j=1}^n a_i a_j \gamma_{i-j} = \sum_{i=1}^n \sum_{j=1}^n a_i a_j \mathrm{E}[(X_i - \mu)(X_j - \mu)] \\ &= \mathrm{E}\Big[\sum_{i=1}^n \sum_{j=1}^n a_i a_j (X_i - \mu)(X_j - \mu) \Big] = \mathrm{E}\Big[\sum_{i=1}^n a_i (X_i - \mu) \Big]^2 \\ &= \mathrm{Var}\Big[\sum_{i=1}^n a_i (X_i - \mu) \Big] \geqslant 0. \end{aligned} \tag{1.2.2}$$

为了得到性质 (3), 需要下面的常用不等式.

引理 1.2.1 (内积不等式) 设 $\mathrm{E}X^2 < \infty$, $\mathrm{E}Y^2 < \infty$, 则有

$$|\mathrm{E}(XY)| \leqslant \sqrt{(\mathrm{E}X^2)(\mathrm{E}Y^2)}, \tag{1.2.3}$$

并且等号成立的充要条件是有不全为 0 的常数 a, b, 使得

$$aX + bY = 0, \quad \mathrm{a.s..}$$

证明 对于不全为 0 的常数 a, b, 二次型

$$\mathrm{E}(aX + bY)^2 = a^2 \mathrm{E}X^2 + 2ab\mathrm{E}(XY) + b^2 \mathrm{E}Y^2 = (a, b)\boldsymbol{\Sigma}(a, b)^{\mathrm{T}} \geqslant 0,$$

其中

$$\boldsymbol{\Sigma} = \begin{pmatrix} \mathrm{E}X^2 & \mathrm{E}(XY) \\ \mathrm{E}(XY) & \mathrm{E}Y^2 \end{pmatrix}.$$

由 $\boldsymbol{\Sigma}$ 的半正定性得到 (1.2.3) 式. 从

$$\det(\boldsymbol{\Sigma}) = (\mathrm{E}X^2)(\mathrm{E}Y^2) - [\mathrm{E}(XY)]^2$$

知道, (1.2.3) 式中的等号成立当且仅当 $\boldsymbol{\Sigma}$ 退化, 当且仅当有不全为 0 的常数 a,b 使 $\mathrm{E}(aX+bY)^2 = 0$, 当且仅当有不全为 0 的常数 a,b 使 $aX+bY = 0$, a.s..

取 $Y_t = X_t - \mu$, 性质 (3) 由内积不等式得到

$$|\gamma_k| = |\mathrm{E}(Y_{k+1}Y_1)| \leqslant \sqrt{(\mathrm{E}Y_{k+1}^2)(\mathrm{E}Y_1^2)} = \gamma_0, \quad k \in \mathbb{Z}.$$

从高等数学的知识和 (1.2.2) 式知道, 自协方差矩阵 $\boldsymbol{\Gamma}_n$ 退化的充要条件是存在非 0 的 n 维实向量 $\boldsymbol{\alpha} = (a_1, a_2, \cdots, a_n)^{\mathrm{T}}$, 使得

$$\mathrm{Var}\left[\sum_{i=1}^{n} a_i(X_i - \mu)\right] = 0.$$

这时我们称随机变量 $X_1, X_2, \cdots, X_n$ **线性相关**. 容易看出, 如果 $\boldsymbol{\Gamma}_n$ 退化, 则只要 $m > n$, $\boldsymbol{\Gamma}_m$ 退化. 于是, 如果 $X_1, X_2, \cdots, X_n$ 线性相关, 则只要 $m > n$, $X_1, X_2, \cdots, X_m$ 就线性相关.

例 1.2.1 证明: 平稳序列 $\{X_t\}$ 经过线性变换后得到平稳序列. 特别取

$$Y_t = \frac{X_t - \mu}{\sqrt{\gamma_0}}, \quad t \in \mathbb{Z},$$

则得到标准化的平稳序列 $\{Y_t\}$. 这时 $\mathrm{E}Y_t = 0$, $\mathrm{E}Y_t^2 = 1$ 对每个 t 成立, 而且有

$$\gamma_Y(k) = \mathrm{E}(Y_{k+1}Y_1) = \gamma_k/\gamma_0, \quad k \in \mathbb{Z}.$$

证明 设 a,b 是常数, 只需证明 $Y_t = aX_t + b, t \in \mathbb{Z}$ 是平稳序列.

对任何 $s, t \in \mathbb{Z}$, 有

$$\mathrm{E}Y_t = \mathrm{E}(aX_t + b) = a\mathrm{E}X_t + b = a\mu + b \stackrel{\text{def}}{=\!=} \mu_Y,$$

$$\mathrm{E}[(Y_t - \mu_Y)(Y_s - \mu_Y)] = \mathrm{E}[a^2(X_t - \mu)(X_s - \mu)] = a^2\gamma_{t-s}$$
$$\stackrel{\text{def}}{=\!=} \gamma_Y(t - s).$$

定义 1.2.2 设平稳序列 $\{X_t\}$ 的标准化序列是 $\{Y_t\}$. 称 $\{Y_t\}$ 的自协方差函数

$$\rho_k = \gamma_k/\gamma_0, \quad k \in \mathbb{Z}$$

为 $\{X_t\}$ 的**自相关系数**.

于是, 自相关系数 $\{\rho_t\}$ 是满足 $\rho_0 = 1$ 的自协方差函数, 从而也是非负定序列.

例 1.2.2 (调和平稳序列) 设 a, b 是常数, 随机变量 U 在 $(-\pi, \pi)$ 上服从均匀分布, 则

$$X_t = b\cos(at + U), \quad t \in \mathbb{Z} \tag{1.2.4}$$

是平稳序列. 实际上,

$$\mathrm{E}X_t = \frac{1}{2\pi}\int_{-\pi}^{\pi} b\cos(at + u)\,\mathrm{d}u = 0,$$

$$\mathrm{E}(X_t X_s) = \frac{1}{2\pi}\int_{-\pi}^{\pi} b^2\cos(at + u)\cos(as + u)\,\mathrm{d}u$$
$$= \frac{1}{2}b^2\cos[(t - s)a]. \tag{1.2.5}$$

这个平稳序列的观测数据和自协方差函数 $\gamma_k = \frac{1}{2}b^2\cos(ak), k \in \mathbb{Z}$ 都是以 a 为角频率, 以 $2\pi/a$ 为周期的函数. 这个例子告诉我们, 平稳序列也可以有很强的周期性. 更一般的调和平稳序列将在 §1.8 中介绍.

调和平稳序列是连续时时间序列. 处理连续时时间序列时, 由于处理技术的限制, 常采用在时间的整数点采样的方法, 称为离散采样. 图 1.2.1 是连续时时间序列

$$X_t = 2.7\cos(1.6t + U), \quad t \in [1, 160] \tag{1.2.6}$$

的实现. 图 1.2.2 是 (1.2.6) 式在时间整点的离散采样, 即

$$X_t = 2.7\cos(1.6t + U), \quad t = 0, 4, 9, \cdots, 159$$

的数据图.

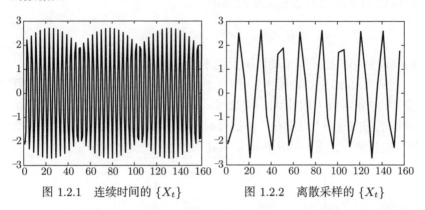

图 1.2.1 连续时间的 $\{X_t\}$　　　　图 1.2.2 离散采样的 $\{X_t\}$

这两个数据图有所不同, 数据图 1.2.2 有些失真. 如何从离散采样将原始数据图 1.2.1 完全恢复出来是信号处理领域的基本工作. 我们将在第七章对更复杂的调和信号进行研究.

1.2.2 白噪声

最简单的平稳序列是白噪声, 它在时间序列分析中有特殊的重要地位.

定义 1.2.3 设 $\{\varepsilon_t\}$ 是平稳序列. 如果对任何 $s, t \in \mathbb{N}$, 有

$$\mathrm{E}\varepsilon_t = \mu, \quad \mathrm{Cov}(\varepsilon_t, \varepsilon_s) = \begin{cases} \sigma^2, & t = s, \\ 0, & t \neq s, \end{cases} \tag{1.2.7}$$

则称 $\{\varepsilon_t\}$ 是**白噪声**, 记作 $\mathrm{WN}(\mu, \sigma^2)$.

设 $\{\varepsilon_t\}$ 是白噪声, 当 $\{\varepsilon_t\}$ 是独立序列时, 称 $\{\varepsilon_t\}$ 是**独立白噪声**; 当 $\mu = 0$ 时, 称 $\{\varepsilon_t\}$ 为**零均值白噪声**; 当 $\mu = 0, \sigma^2 = 1$ 时, 称 $\{\varepsilon_t\}$ 为**标准白噪声**. 对于独立白噪声 $\{\varepsilon_t\}$, 当 ε_t 服从正态分布时, 称 $\{\varepsilon_t\}$ 是**正态白噪声**.

引入 Kronecker 函数

$$\delta_t = \begin{cases} 1, & t = 0, \\ 0, & t \neq 0, \end{cases} \tag{1.2.8}$$

可以将 (1.2.7) 式写成更简单的形式:

$$\mathrm{E}\varepsilon_t = \mu, \quad \mathrm{Cov}(\varepsilon_t, \varepsilon_s) = \sigma^2 \delta_{t-s}.$$

白噪声是用来描述简单随机干扰的平稳序列.

例 1.2.3 (正态白噪声) 图 1.2.3 是正态白噪声的 100 个观测数据, 方差分别为 1(粗线) 和 9 (细线). 我们收听无线电广播时的背景噪声是正态白噪声. 当没有广播信号时听到的嘶嘶声音便是所述的白噪声. 电视机中没有画面出现时的雪花斑点也是正态白噪声.

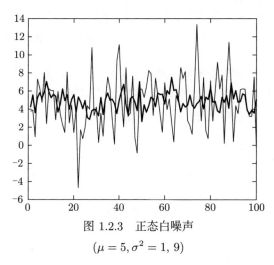

图 1.2.3 正态白噪声

$(\mu = 5, \sigma^2 = 1, 9)$

正态白噪声是干扰噪声, 方差越大表示干扰强度 (或能量) 越大. 图 1.2.3 中振幅大的曲线是方差等于 9 的白噪声.

例 1.2.4 (t 分布白噪声) 设独立白噪声 $\{X_t\}$ 中的 X_t 服从自由度为 n 的 t 分布, 有概率密度

$$f_n(s) = \frac{1}{a_n}\left(1 + \frac{s^2}{n}\right)^{-(n+1)/2}, \quad s \in (-\infty, \infty),$$

其中 a_n 是使得 $f_n(s)$ 的积分等于 1 的平衡常数. 因为 $s \to \infty$ 时, $f_n(s) = O(s^{-(n+1)})$, 所以只有当 $n \geqslant 3$ 时, $EX_t^2 < \infty$. $n \geqslant 3$ 时, 称 $\{X_t\}$ 是 t 分布白噪声. 因为 $f_n(s)$ 是偶函数, 所以 $EX_t = 0$. 从 $f_n(s)$ 的表达式看出: $s \to \infty$ 时, n 越小, $f_n(s)$ 趋于 0 越慢, 即 $f_n(s)$ 的尾部越厚, 简称**厚尾**, 说明白噪声 $\{X_t\}$ 的干扰能量越大.

图 1.2.4 是自由度 $n = 3$ 和 $n = 30$ 的 100 个观测数据. 图中, 振幅大的曲线 (细线) 是自由度 $n = 3$ 的白噪声, 其干扰强度要大于正态白噪声的干扰强度. 因为 t 分布白噪声在自由度较低时常会出现异常, 所以常被用来描述期货、股票、债券等金融收益率序列中的干扰噪声, 以便较好地描述金融收益率序列的突发涨跌.

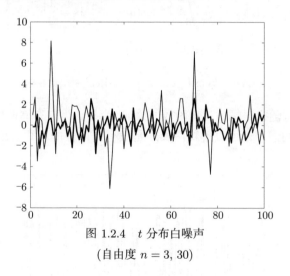

图 1.2.4 t 分布白噪声

(自由度 $n = 3, 30$)

自由度 $n = 30$ 时 t 分布白噪声的能量就比较低了, 有点类似正态白噪声. 这是因为从

$$\lim_{n \to \infty} \left(1 + s^2/n\right)^{-(n+1)/2} = \exp\left(-s^2/2\right)$$

得到

$$\lim_{n \to \infty} f_n(s) = \frac{1}{\sqrt{2\pi}} \exp\left(-s^2/2\right).$$

也就是说, t 分布白噪声随着自由度的增加, 能量逐渐减少, 越来越接近标准正态白噪声.

例 1.2.5 设 a, b 是常数, 随机变量 $U_1, U_2, \cdots$ 独立同分布且都在 $(0, 2\pi)$ 上服从均匀分布, 则

$$X_t = b\cos(at + U_t), \quad t \in \mathbb{Z}$$

是独立序列, 满足

$$\mathrm{E}X_t = \frac{1}{2\pi} \int_0^{2\pi} b\cos(at + s) \, \mathrm{d}s = 0,$$
$$\mathrm{E}X_t^2 = \frac{1}{2\pi} \int_0^{2\pi} b^2 \cos(at + s)^2 \, \mathrm{d}s = \frac{1}{2}b^2.$$

于是 $\{X_t\}$ 是独立的 $\mathrm{WN}(0, b^2/2)$. 由于

$$X_t = b\cos U_t \cos(at) - b\sin U_t \sin(at)$$

是两个具有随机振幅的三角函数的叠加, 容易认为它有周期性, 但是从平稳序列的谱理论可以解释白噪声是没有周期性的. 图 1.2.5 是 $\{X_t\}$

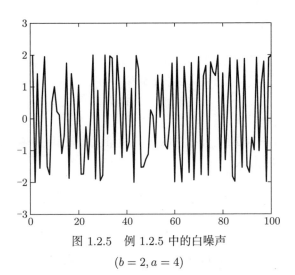

图 1.2.5 例 1.2.5 中的白噪声

$(b = 2, a = 4)$

的 100 个观测数据. 因为 $|X_t| \leqslant 2$, 所以此白噪声比前述的白噪声要整齐得多.

1.2.3 正交平稳序列

设 X 和 Y 是方差有限的随机变量. 如果 $E(XY) = 0$, 则称 X 和 Y 是正交的. 如果 $\mathrm{Cov}(X, Y) = 0$, 则称 X 和 Y 是不相关的. 容易看出, 对数学期望为 0 的随机变量, 正交性和不相关性等价.

定义 1.2.4 设 $\{X_t\}$ 和 $\{Y_t\}$ 是平稳序列.

(1) 若对任何 $s, t \in \mathbb{Z}$, $E(X_t Y_s) = 0$, 则称 $\{X_t\}$ 和 $\{Y_t\}$ **正交**.

(2) 若对任何 $s, t \in \mathbb{Z}$, $\mathrm{Cov}(X_t, Y_s) = 0$, 则称 $\{X_t\}$ 和 $\{Y_t\}$ **不相关**.

可以看出, 对于数学期望为 0 的平稳序列, 正交性和不相关性等价.

定理 1.2.2 设 $\gamma_X(k)$ 和 $\gamma_Y(k)$ 分别是平稳序列 $\{X_t\}$ 和 $\{Y_t\}$ 的自协方差函数. 记 $\mu_X = EX_t$ 和 $\mu_Y = EY_t$. 定义

$$Z_t = X_t + Y_t, \ \ t \in \mathbb{Z}. \tag{1.2.9}$$

(1) 若 $\{X_t\}$ 和 $\{Y_t\}$ 正交, 则 $\{Z_t\}$ 是平稳序列, 有自协方差函数

$$\gamma_Z(k) = \gamma_X(k) + \gamma_Y(k) - 2\mu_X \mu_Y, \ \ k = 0, 1, 2, \cdots. \tag{1.2.10}$$

(2) 若 $\{X_t\}$ 和 $\{Y_t\}$ 不相关, 则 $\{Z_t\}$ 是平稳序列, 有自协方差函数

$$\gamma_Z(k) = \gamma_X(k) + \gamma_Y(k), \ \ \ k = 0, 1, 2, \cdots. \tag{1.2.11}$$

证明 首先, 对每个 t 利用不等式 $(a + b)^2 \leqslant 2a^2 + 2b^2$ 得到

$$EZ_t^2 \leqslant 2EX_t^2 + 2EY_t^2 < \infty,$$

并且 $\mu_Z = EZ_t = EX_t + EY_t = \mu_X + \mu_Y$ 和 t 无关.

(1) 当 $\{X_t\}$ 和 $\{Y_t\}$ 正交. 利用公式

$$\mathrm{Cov}(X, Y) = E(XY) - (EX)(EY)$$

得到

$$\begin{aligned}
\mathrm{Cov}(Z_t, Z_s) &= \mathrm{Cov}(X_t + Y_t, X_s + Y_s) \\
&= \mathrm{Cov}(X_t, X_s) + \mathrm{Cov}(Y_t, Y_s) + \mathrm{Cov}(X_t, Y_s) + \mathrm{Cov}(Y_t, X_s) \\
&= \gamma_X(t-s) + \gamma_Y(t-s) - (\mathrm{E}X_t)(\mathrm{E}Y_s) - (\mathrm{E}Y_t)(\mathrm{E}X_s) \\
&= \gamma_X(t-s) + \gamma_Y(t-s) - 2\mu_X\mu_Y.
\end{aligned}$$

(2) 由上面的推导和 $\mathrm{Cov}(X_t, Y_s) = \mathrm{Cov}(Y_t, X_s) = 0$ 得到 (1.2.11) 式.

习　题　1.2

1.2.1　如果时间序列 $\{X_t\} = \{X_t \,|\, t \in \mathbb{Z}\}$ 满足
(1) 对任何 $t \in \mathbb{Z}$, $\mathrm{E}X_t^2 < \infty$,
(2) 对任何 $t \in \mathbb{Z}$, $\mathrm{E}X_t = \mu$,
(3) 对任何 $t, s \in \mathbb{Z}$, $\mathrm{E}(X_t X_s) = b_{t-s}$.
证明 $\{X_t\}$ 是平稳序列, 并求它的自协方差函数.

1.2.2　设 X 和 Y 是方差有限的随机变量. 证明: 若 $\mathrm{E}X = 0$, 则

$$\mathrm{E}(XY) = \mathrm{Cov}(X, Y).$$

1.2.3　如果平稳序列 $\{X_t\}$ 的 n 阶自协方差矩阵退化, 则对任何 $m > n$, 一定存在常数 $a_0, a_1, \cdots, a_{n-1}$ 使得

$$X_m = a_0 + \sum_{j=1}^{n-1} a_j X_{n-j}, \quad \text{a.s.}.$$

1.2.4　平稳序列 $\{X_t\}$ 有 n 阶自协方差矩阵 $\boldsymbol{\Gamma}_n$. 求 $X_n, X_{n-1}, \cdots, X_1$ 的协方差矩阵.

§1.3　线性平稳序列和线性滤波

在应用时间序列分析中, 最常用到的平稳序列是线性平稳序列. 它是由白噪声的线性组合构成的平稳序列. 最简单的线性平稳序列是有限运动平均.

1.3.1 有限运动平均

设 $\{\varepsilon_t\} = \{\varepsilon_t \,|\, t \in \mathbb{Z}\}$ 是 $\mathrm{WN}(0, \sigma^2)$. 对于非负整数 q 和常数 $a_0, a_1, \cdots, a_q$, 称

$$X_t = a_0\varepsilon_t + a_1\varepsilon_{t-1} + \cdots + a_q\varepsilon_{t-q}, \quad t \in \mathbb{Z} \tag{1.3.1}$$

是白噪声 $\{\varepsilon_t\}$ 的 **(有限) 运动平均**, 简记为 MA (moving average). 运动平均又称作**滑动平均**. 可以直接计算

$$\mathrm{E}X_t = \sum_{j=0}^{q} a_j \mathrm{E}\varepsilon_{t-j} = 0, \quad t \in \mathbb{Z},$$

$$\mathrm{E}(X_t X_s) = \sum_{j=0}^{q}\sum_{k=0}^{q} a_k a_j \mathrm{E}(\varepsilon_{t-k}\varepsilon_{s-j})$$

$$= \begin{cases} \sigma^2 \displaystyle\sum_{j=0}^{q-(t-s)} a_j a_{t-s+j}, & 0 \leqslant t-s \leqslant q, \\ 0, & t-s > q. \end{cases}$$

于是, $\{X_t\}$ 是平稳序列, 有自协方差函数

$$\gamma_k = \mathrm{E}(X_k X_0) = \begin{cases} \sigma^2 \displaystyle\sum_{j=0}^{q-k} a_j a_{j+k}, & 0 \leqslant k \leqslant q, \\ 0, & k > q. \end{cases} \tag{1.3.2}$$

如果 $\{X_t\}$ 是用来描述随机干扰, 上述运动平均序列说明现在的随机干扰 X_n 是现时刻及前面的 q 个时间的白噪声 (简单随机干扰) 的线性叠加. 由于当 $k > q$ 时, $\gamma_k = 0$, 所以时间间隔大于 q 步的 X_t 和 X_s 是不相关的. 这样的序列又被称作 q 步相关的.

为了把上面的有限运动平均推广到无限的场合, 我们需要介绍下面的两个定理. 从概率论的知识知道, 随机变量是样本空间上的实值函数, 所以可以比较随机变量的大小以及讨论随机变量序列的极限和求和问题. 下面的单调收敛定理和控制收敛定理是对随机变量的无穷级数求数学期望的有力工具.

定理 1.3.1 (单调收敛定理)　如果非负随机变量序列单调不减: $0 \leqslant \xi_1 \leqslant \xi_2 \leqslant \cdots$, a.s., 则当 $\xi_n \to \xi$, a.s. 时, 有 $\lim\limits_{n \to \infty} \mathrm{E}\xi_n = \mathrm{E}\xi$.

由于单调不减序列必有极限 (极限可以是正无穷), 所以上述定理中的随机变量 ξ 一定存在. 但是可能会有 $P(\xi = \infty) > 0$, 这时 $\mathrm{E}\xi = \infty$. 可以取值 $\pm\infty$ 的随机变量通常被称为广义随机变量.

对于任何时间序列 $\{Y_t\}$, 利用单调收敛定理得到

$$\mathrm{E}\Big(\sum_{t=-\infty}^{\infty} |Y_t| \Big) = \lim_{n \to \infty} \mathrm{E}\Big(\sum_{t=-n}^{n} |Y_t| \Big) = \sum_{t=-\infty}^{\infty} \mathrm{E}|Y_t|. \tag{1.3.3}$$

定理 1.3.2 (控制收敛定理)　如果随机变量序列 $\{\xi_n\}$ 满足 $|\xi_n| \leqslant \xi_0$, a.s. 和 $\mathrm{E}|\xi_0| < \infty$, 则当 $\xi_n \to \xi$, a.s. 时, 有

$$\mathrm{E}|\xi| < \infty, \quad \mathrm{E}\xi_n \to \mathrm{E}\xi.$$

1.3.2　线性平稳序列

如果实数列 $\{a_j\}$ 满足 $\sum\limits_{j=-\infty}^{\infty} |a_j| < \infty$, 则称 $\{a_j\}$**绝对可和**. 对于绝对可和的实数列 $\{a_j\}$, 定义零均值白噪声 $\{\varepsilon_t\}$ 的无穷滑动和如下:

$$X_t = \sum_{j=-\infty}^{\infty} a_j \varepsilon_{t-j}, \quad t \in \mathbb{Z}. \tag{1.3.4}$$

下面说明 $\{X_t\}$ 是平稳序列. 由 (1.3.3) 式和内积不等式得到

$$\mathrm{E}\Big(\sum_{j=-\infty}^{\infty} |a_j \varepsilon_{t-j}| \Big) = \sum_{j=-\infty}^{\infty} |a_j| \mathrm{E}|\varepsilon_{t-j}| \leqslant \sigma \sum_{j=-\infty}^{\infty} |a_j| < \infty.$$

于是, (1.3.4) 式右边的无穷级数是几乎必然绝对收敛的, 从而几乎必然收敛. 由于

$$\left| \sum_{j=-n}^{n} a_j \varepsilon_{t-j} \right| \leqslant \sum_{j=-\infty}^{\infty} |a_j \varepsilon_{t-j}|,$$

所以用控制收敛定理得到

$$\mathrm{E}X_t = \lim_{n\to\infty} \mathrm{E}\Big(\sum_{j=-n}^{n} a_j \varepsilon_{t-j} \Big) = 0.$$

现在对 $t, s \in \mathbb{Z}$, 定义

$$\xi_n = \sum_{j=-n}^{n} a_j \varepsilon_{t-j}, \quad \eta_n = \sum_{k=-n}^{n} a_k \varepsilon_{s-k},$$

则 $\xi_n \eta_n \to X_t X_s$, a.s., 并且

$$|\xi_n \eta_n| \leqslant \sum_{j=-\infty}^{\infty} \sum_{k=-\infty}^{\infty} |a_j a_k \varepsilon_{t-j} \varepsilon_{s-k}| \overset{\text{def}}{=\!=} V.$$

利用 (1.3.3) 式得到

$$\mathrm{E}V = \sum_{j=-\infty}^{\infty} \sum_{k=-\infty}^{\infty} |a_j a_k| \mathrm{E}|\varepsilon_{t-j} \varepsilon_{s-k}| \leqslant \sigma^2 \Big(\sum_{j=-\infty}^{\infty} |a_j| \Big)^2 < \infty.$$

所以由控制收敛定理得到

$$\begin{aligned}
\mathrm{E}(X_t X_s) &= \lim_{n\to\infty} \mathrm{E}(\xi_n \eta_n) \\
&= \lim_{n\to\infty} \sum_{j=-n}^{n} \sum_{k=-n}^{n} a_j a_k \mathrm{E}(\varepsilon_{t-j} \varepsilon_{s-k}) \\
&= \sigma^2 \sum_{j=-\infty}^{\infty} a_j a_{j+(t-s)}.
\end{aligned}$$

说明 $\{X_t\}$ 是平稳序列, 有自协方差函数

$$\gamma_k = \sigma^2 \sum_{j=-\infty}^{\infty} a_j a_{j+k}, \quad k \in \mathbb{Z}. \tag{1.3.5}$$

一般的线性平稳序列只要求 $\{a_j\}$ 平方可和, 即只要求

$$\sum_{j=-\infty}^{\infty} a_j^2 < \infty. \tag{1.3.6}$$

这时由 (1.3.4) 式定义的时间序列 $\{X_t\}$ 仍然是平稳序列, 数学期望为 0, 自协方差函数为 (1.3.5) 式. 这时可以证明 (1.3.4) 式右边的无穷级数是均方收敛的 (见例 1.6.3).

定理 1.3.3 设 $\{\varepsilon_t\}$ 是 $\mathrm{WN}(0, \sigma^2)$, 实数列 $\{a_j\}$ 平方可和, 线性平稳序列 $\{X_t\}$ 由 (1.3.4) 式定义, 则自协方差函数 $\lim\limits_{k \to \infty} \gamma_k = 0$.

证明 利用 Cauchy 不等式

$$\sum_{j=-\infty}^{\infty} |a_j b_j| \leqslant \Big(\sum_{j=-\infty}^{\infty} a_j^2 \sum_{j=-\infty}^{\infty} b_j^2 \Big)^{1/2}$$

得到

$$
\begin{aligned}
|\gamma_k| &= \sigma^2 \Big| \sum_{j=-\infty}^{\infty} a_j a_{j+k} \Big| \leqslant \sigma^2 \sum_{|j| \leqslant k/2} |a_j a_{j+k}| + \sigma^2 \sum_{|j| > k/2} |a_j a_{j+k}| \\
&\leqslant \sigma^2 \Big(\sum_{j=-\infty}^{\infty} a_j^2 \sum_{|j| \leqslant k/2} a_{j+k}^2 \Big)^{1/2} + \sigma^2 \Big(\sum_{j=-\infty}^{\infty} a_j^2 \sum_{|j| > k/2} a_j^2 \Big)^{1/2} \\
&\leqslant 2\sigma^2 \Big(\sum_{j=-\infty}^{\infty} a_j^2 \sum_{|j| \geqslant k/2} a_j^2 \Big)^{1/2} \to 0, \quad \text{当 } k \to \infty. \quad (1.3.7)
\end{aligned}
$$

线性平稳序列描述了相当广泛的一类平稳序列. 如果 $x_1, x_2, \cdots, x_N$ 是平稳序列的观测数据, 则当 $N \to \infty$ 时, 只要样本自协方差函数

$$\hat{\gamma}_k = \frac{1}{N} \sum_{t=1}^{N-k} (x_{t+k} - \overline{x})(x_t - \overline{x}), \quad 1 \leqslant k \leqslant \sqrt{N}$$

趋于 0, 就可以用线性平稳序列描述这个时间序列. 实际工作中遇到的大部分平稳时间序列的样本自协方差函数 $\hat{\gamma}_k$ 都有收敛到 0 的性质. 所以线性平稳序列是时间序列分析的研究重点之一.

应用时间序列分析中最常用到的是单边运动平均, 也叫单边无穷滑动和, 即

$$X_t = \sum_{j=0}^{\infty} a_j \varepsilon_{t-j}, \quad t \in \mathbb{Z}. \quad (1.3.8)$$

这里单边的含义是指求和项只有右半部分, 它表明现在的观测 X_t 由 t 时刻及以前的所有白噪声造成, 不受 t 时刻以后的白噪声的影响.

1.3.3 时间序列的线性滤波

在数字信号分析和处理中, 时间序列 $\{X_t\}$ 被称为信号过程. 按通常的定义, 信号过程的频率是单位时间内该信号过程的振动次数. 振动次数越大, 频率就越高. 在一些通信工程问题里, 常常需要设计线性滤波器来滤掉信号过程中的高频噪声. 这种滤波器被称为线性低通滤波器.

在线性滤波问题中, 绝对可和的实数列 $H = \{h_j\}$ 被称作保时线性滤波器. 信号 $\{X_t\}$ 通过滤波器 H 后得到输出

$$Y_t = \sum_{j=-\infty}^{\infty} h_j X_{t-j}, \quad t \in \mathbb{Z}. \tag{1.3.9}$$

如果 $\{X_t\}$ 是平稳信号 (即平稳序列), 有数学期望 $\mathrm{E}X_t = \mu$ 和自协方差函数 $\{\gamma_k\}$, 则参照 1.3.2 小节中的推导, 可以证明 (1.3.9) 式是平稳信号, 有数学期望

$$\mu_Y = \mathrm{E}Y_t = \sum_{j=-\infty}^{\infty} h_j \mathrm{E}X_{t-j} = \mu \sum_{j=-\infty}^{\infty} h_j \tag{1.3.10}$$

和自协方差函数

$$\begin{aligned}
\gamma_Y(n) &= \mathrm{Cov}(Y_{n+1}, Y_1) \\
&= \sum_{j,k=-\infty}^{\infty} h_j h_k \mathrm{E}[(X_{n+1-j} - \mu)(X_{1-k} - \mu)] \\
&= \sum_{j,k=-\infty}^{\infty} h_j h_k \gamma_{n+k-j}. \tag{1.3.11}
\end{aligned}$$

如果保时线性滤波器 H 满足

$$h_j = \begin{cases} \dfrac{1}{2M+1}, & |j| \leqslant M, \\ 0, & |j| > M, \end{cases} \tag{1.3.12}$$

则

$$Y_t = \frac{1}{2M+1}(X_{t-M} + X_{t+1-M} + \cdots + X_{t+M}), \quad t \in \mathbb{Z}$$

是 $\{X_t\}$ 的逐步平均. 它可以对平稳信号 $\{X_t\}$ 起平滑的作用, 同时对抑制噪声, 特别是抑制高频噪声是有效的. 但是要得到更有效的滤波效果, 必须针对具体的信号序列设计不同的滤波器 H.

例 1.3.1 (余弦波信号的滤波)   设 $\{\varepsilon_t\}$ 是数学期望为 0 的平稳序列, b 是非 0 常数, ω 是 $(0, \pi]$ 中的常数, 随机变量 U 和 $\{\varepsilon_t\}$ 独立并且在 $[0, 2\pi]$ 上服从均匀分布. 这时观测信号

$$X_t = b\cos(\omega t + U) + \varepsilon_t, \quad t \in \mathbb{Z} \tag{1.3.13}$$

是余弦波信号 $\{b\cos(\omega t + U)\}$ 和随机干扰噪声 $\{\varepsilon_t\}$ 的叠加. 从例 1.2.2 知道余弦波信号是平稳序列, 方差为 $b^2/2$. 由于这两个平稳序列是正交的, 所以观测序列 $\{X_t\}$ 是平稳序列. 噪声的方差 $\sigma^2 = \mathrm{Var}(\varepsilon_t)$ 表示噪声的强弱. 信号的方差 $b^2/2$ 表示信号的强弱. 于是信噪比可由

$$b^2/(2\sigma^2) \tag{1.3.14}$$

定义. 信噪比 $b^2/(2\sigma^2)$ 大, 信号容易被识别; 信噪比 $b^2/(2\sigma^2)$ 过小, 信号会被噪声淹没. 采用滤波器 (1.3.12) 对观测信号 (1.3.13) 进行滤波后得到

$$
\begin{aligned}
Y_t &= \frac{1}{2M+1}(X_{t-M} + X_{t+1-M} + \cdots + X_{t+M}) \\
&= \frac{1}{2M+1} \sum_{j=-M}^{M} [b\cos(\omega(t-j) + U) + \varepsilon_{t-j}] \\
&= \frac{1}{2M+1} \sum_{j=-M}^{M} b\cos(\omega j)\cos(\omega t + U) + \eta_t,
\end{aligned}
$$

其中

$$\eta_t = \frac{1}{2M+1} \sum_{j=-M}^{M} \varepsilon_{t-j}, \quad t \in \mathbb{Z}$$

是数学期望为 0 的平稳序列. 利用三角求和公式

$$\sum_{j=-M}^{M} \cos(\omega j) = \frac{\cos(\omega M) - \cos[\omega(M+1)]}{1 - \cos\omega}$$
$$= \frac{2\sin[\omega(M+1/2)]\sin(\omega/2)}{2\sin^2(\omega/2)}$$
$$= \frac{\sin[\omega(M+1/2)]}{\sin(\omega/2)},$$

得到

$$Y_t = \frac{b\sin[\omega(M+1/2)]}{(2M+1)\sin(\omega/2)} \cos(\omega t + U) + \eta_t.$$

于是, 从滤波器 (1.3.12) 输出的信号序列 $\{Y_t\}$ 和输入的信号序列 $\{X_t\}$ 有相同的角频率 ω 和初始相位 U. 如果 $\{\varepsilon_t\}$ 是白噪声, 则输出序列的随机干扰 $\{\eta_t\}$ 的方差是

$$\mathrm{Var}(\eta_t) = \frac{\sigma^2}{2M+1}.$$

于是输出序列的信噪比变为

$$\frac{b^2\sin^2[\omega(M+1/2)]}{2(2M+1)\sin^2(\omega/2)\sigma^2}.$$

特别当 $\omega(M+1/2) = \pi/2$, 即 $M = \pi/2\omega - 1/2$ 时, 信噪比为

$$\frac{b^2\omega}{2\pi\sigma^2\sin^2(\omega/2)} > \frac{2b^2}{\pi\omega\sigma^2}.$$

这里用到了不等式 $x > \sin x, x > 0$. 与输入序列的信噪比相比较, 输出序列的信噪比至少增加了 $4/\pi\omega$ 倍. ω 越小, 信噪比增加得越大.

图 1.3.1 中的数据是来自模型 (1.3.13) 的 100 个观测, $b = 1.5$, $\omega = \pi/7$, $\{\varepsilon_t\}$ 是方差等于 1 的正态白噪声. 信噪比是 $1.5^2/2 = 1.125$. 保时线性滤波器由 (1.3.12) 式定义, $M = 3$. 输出过程的信噪比是 3.245, 是输入过程信噪比的 2.884 倍. 为了方便比较, 图 1.3.1 中把输出过程提高了 3 个单位.

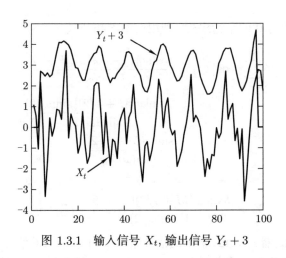

图 1.3.1　输入信号 X_t, 输出信号 $Y_t + 3$

从图 1.3.1 中看出, 输入过程的高频干扰噪音被较大程度地过滤掉了. 输出过程明显是具有角频率 $\omega = \pi/7$ 的余弦波, 周期是 $T = 2\pi/\omega = 14$. 这时的滤波器就像一个硬毛刷, 它蹭掉了信号过程中的毛刺.

1.3.4　采样定理

设 $\{x(t) \,|\, t \in (-\infty, \infty)\}$ 是连续时时间序列, 在信号处理领域, 称 $\{x(t)\}$ 为**连续信号**, 称 $\{x(t)\}$ 的 Fourier 变换

$$y(s) = \int_{-\infty}^{\infty} x(t) \mathrm{e}^{-\mathrm{i}2\pi st}\, \mathrm{d}t, \quad s \in (-\infty, \infty) \tag{1.3.15}$$

为 $\{x(t)\}$ 的**频谱**. 在适当的条件下, 对频谱 $\{y(s)\}$ 进行 Fourier 逆变换

$$x(t) = \int_{-\infty}^{\infty} y(s) \mathrm{e}^{\mathrm{i}2\pi ts}\, \mathrm{d}s, \quad t \in (-\infty, \infty), \tag{1.3.16}$$

可以确定信号 $\{x(t)\}$. 这时, 连续信号 $\{x(t)\}$ 和它的频谱 $\{y(s)\}$ 相互唯一确定.

如果连续信号 $\{x(t)\}$ 的频谱 $\{y(s)\}$ 是有限长度的, 即存在有限区

间 (a, b) 使得

$$y(s) = \begin{cases} y(s), & s \in (a, b), \\ 0, & s \notin (a, b), \end{cases} \tag{1.3.17}$$

则称 $\{x(t)\}$ 是**带限信号**.

如果 $\{x(t)\}$ 是带限信号, 其频谱 $\{y(s)\}$ 满足 (1.3.17) 式, 则从 $\{x(t)\}$ 的离散采样

$$x\left(\frac{k}{b-a}\right), \quad k = 0, \pm 1, \pm 2, \cdots,$$

可以通过公式

$$y(s) = \frac{1}{b-a} \sum_{j=-\infty}^{\infty} x\left(\frac{j}{b-a}\right) \exp\left(-\frac{\mathrm{i}2\pi js}{b-a}\right)$$

计算出 $\{x(t)\}$ 的频谱 $\{y(s)\}$, 从而可由 (1.3.16) 式恢复出连续信号 $\{x(t)\}$.

以上结论被称为**采样定理**. 采样定理说明, 适当条件下的离散采样能够保留原始数据的信息. 不同形式的采样定理见文献 [2].

习 题 1.3

1.3.1 如果输入序列 $\{X_t\}$ 是由 (1.3.4) 式定义的线性平稳序列, 则从保时线性滤波器 H 输出的序列 $\{Y_t\}$ 也是线性平稳序列.

1.3.2 设 $\{X_t\}$ 是由 (1.3.1) 式定义的有限滑动和. 如果 $a(z) = \sum_{j=0}^{q} a_j z^j \neq 0$ 对一切 $|z| = 1$ 成立, 则存在实数 $b_0, b_1, \cdots, b_q$ 和零均值白噪声 $\{\eta_t\}$ 使得

$$X_t = b_0\eta_t + b_1\eta_{t-1} + \cdots + b_q\eta_{t-q}, \quad t \in \mathbb{Z},$$

并且当 $|z| \leqslant 1$ 时, 多项式 $b(z) = \sum_{j=0}^{q} b_j z^j \neq 0$.

1.3.3 设 $\{X_t\}$ 和 $\{Y_t\}$ 是相互独立的平稳序列, 并且有相同的数学期望和自协方差函数 γ_k. 定义加密序列

$$Z_t = \begin{cases} X_t, & \text{当 } t = 2n+1, \\ Y_t, & \text{当 } t = 2n. \end{cases}$$

$\{Z_t\}$ 是否是平稳序列? 证明你的结果.

1.3.4 设 $\{\varepsilon_t\}$ 是 $\mathrm{WN}(0, \sigma^2)$, $X_0 = 0$. 对 $X_t = X_{t-1} + \varepsilon_t$, $t \in \mathbb{N}_+$, 计算 X_t, X_s 的相关系数 $\rho(t, s)$.

§1.4 正态时间序列和随机变量的收敛性

和统计学中正态分布的重要性一样, 在时间序列分析中, 多元正态分布和正态白噪声也有重要的地位.

1.4.1 随机向量的数学期望和方差

对于以随机变量 $X_{i,j}$ 构成的 $m \times n$ 矩阵 $\boldsymbol{X} = (X_{i,j})$, 如果每个随机变量的数学期望 $\mathrm{E}X_{i,j} = \mu_{i,j}$ 存在, 则定义 $\boldsymbol{X}$ 的数学期望

$$\mathrm{E}\boldsymbol{X} = (\mathrm{E}X_{i,j}) = (\mu_{i,j}). \tag{1.4.1}$$

如果 n 维随机向量 $\boldsymbol{X} = (X_1, X_2, \cdots, X_n)^{\mathrm{T}}$ 中每个 X_j 的方差有限, 则定义 $\boldsymbol{X}$ 的协方差矩阵

$$\boldsymbol{\Sigma_X} = \mathrm{Cov}(\boldsymbol{X}, \boldsymbol{X}) = \mathrm{E}[(\boldsymbol{X} - \boldsymbol{\mu})(\boldsymbol{X} - \boldsymbol{\mu})^{\mathrm{T}}] = (\sigma_{i,j}), \tag{1.4.2}$$

这里 $\boldsymbol{\mu} = \mathrm{E}\boldsymbol{X}$, $\sigma_{i,j} = \mathrm{Cov}(X_i, X_j)$ 是 $\boldsymbol{\Sigma_X}$ 的第 (i, j) 元素. 从 (1.2.2) 式的推导可以看出协方差矩阵 $\boldsymbol{\Sigma_X}$ 总是对称非负定的. 和一维的情况一样, 利用 $\mathrm{E}(\boldsymbol{X} - \boldsymbol{\mu}) = \boldsymbol{0}$ 得到下面的计算公式:

$$\begin{aligned} \boldsymbol{\Sigma_X} = \mathrm{Cov}(\boldsymbol{X}, \boldsymbol{X}) &= \mathrm{E}[(\boldsymbol{X} - \boldsymbol{\mu})(\boldsymbol{X} - \boldsymbol{\mu})^{\mathrm{T}}] \\ &= \mathrm{E}[(\boldsymbol{X} - \boldsymbol{\mu})\boldsymbol{X}^{\mathrm{T}}] \\ &= \mathrm{E}(\boldsymbol{X}\boldsymbol{X}^{\mathrm{T}}) - (\mathrm{E}\boldsymbol{X})(\mathrm{E}\boldsymbol{X})^{\mathrm{T}}. \end{aligned} \tag{1.4.3}$$

由概率论的知识知道, 对于 m 维常数列向量 $\boldsymbol{a}$ 和 $m \times n$ 常数矩阵 $\boldsymbol{B}$, 由线性变换

$$\boldsymbol{Y} = \boldsymbol{a} + \boldsymbol{B}\boldsymbol{X} \tag{1.4.4}$$

定义的 m 维随机向量 $\boldsymbol{Y}$ 分别有数学期望和协方差矩阵

$$\mathrm{E}\boldsymbol{Y} = \boldsymbol{a} + \boldsymbol{B}\mathrm{E}\boldsymbol{X}, \quad \mathrm{Cov}(\boldsymbol{Y}, \boldsymbol{Y}) = \boldsymbol{B}\boldsymbol{\Sigma_X}\boldsymbol{B}^{\mathrm{T}}. \tag{1.4.5}$$

定义 1.4.1　称随机向量 $\boldsymbol{Y} = (Y_1, Y_2, \cdots, Y_m)^{\mathrm{T}}$ 服从 m **维 (或多维) 正态分布**, 如果存在 m 维常数列向量 $\boldsymbol{\mu}$, $m \times n$ 常数矩阵 $\boldsymbol{B}$ 和相互独立的标准正态随机变量 $X_1, X_2, \cdots, X_n$, 使得 $\boldsymbol{Y} = \boldsymbol{\mu} + \boldsymbol{BX}$.

利用 (1.4.5) 式得到,

$$\mathrm{E}\boldsymbol{Y} = \boldsymbol{\mu}, \quad \boldsymbol{\Sigma} = \mathrm{Cov}(\boldsymbol{Y}, \boldsymbol{Y}) = \boldsymbol{B}\boldsymbol{B}^{\mathrm{T}}.$$

在定义 1.4.1 中, 由于 X_i 有特征函数

$$\mathrm{E}\exp(\mathrm{i}tX_i) = \exp(-t^2/2), \quad t \in \mathbb{R}, i = 1, 2, \cdots, n,$$

所以随机向量 $\boldsymbol{X} = (X_1, X_2, \cdots, X_n)^{\mathrm{T}}$ 有特征函数

$$\phi_{\boldsymbol{X}}(\boldsymbol{t}) = \mathrm{E}\exp(\mathrm{i}\boldsymbol{t}^{\mathrm{T}}\boldsymbol{X}) = \prod_{j=1}^{n}\exp(-t_j^2/2) = \exp(-\boldsymbol{t}^{\mathrm{T}}\boldsymbol{t}/2),$$

其中 $\boldsymbol{t} = (t_1, t_2, \cdots, t_n)^{\mathrm{T}} \in \mathbb{R}^n$. 于是正态随机向量 $\boldsymbol{Y}$ 有特征函数

$$\begin{aligned}
\phi_{\boldsymbol{Y}}(\boldsymbol{t}) &= \mathrm{E}\exp(\mathrm{i}\boldsymbol{t}^{\mathrm{T}}\boldsymbol{Y}) = \mathrm{E}\exp[\mathrm{i}(\boldsymbol{t}^{\mathrm{T}}\boldsymbol{\mu} + \boldsymbol{t}^{\mathrm{T}}\boldsymbol{BX})] \\
&= \exp(\mathrm{i}\boldsymbol{t}^{\mathrm{T}}\boldsymbol{\mu})\mathrm{E}\exp[\mathrm{i}(\boldsymbol{t}^{\mathrm{T}}\boldsymbol{B})\boldsymbol{X}] \\
&= \exp\left(\mathrm{i}\boldsymbol{t}^{\mathrm{T}}\boldsymbol{\mu} - \frac{1}{2}\boldsymbol{t}^{\mathrm{T}}\boldsymbol{\Sigma}\boldsymbol{t}\right).
\end{aligned} \tag{1.4.6}$$

从 (1.4.6) 式看出, $\boldsymbol{Y}$ 的数学期望和协方差矩阵唯一决定 $\boldsymbol{Y}$ 的特征函数. 由于随机向量的特征函数和分布函数是相互唯一决定的, 所以 $\boldsymbol{Y}$ 的分布由 $\boldsymbol{\mu}$ 和 $\boldsymbol{\Sigma}$ 唯一决定. 这样就可以用 $\boldsymbol{Y} \sim N(\boldsymbol{\mu}, \boldsymbol{\Sigma})$ 表示 $\boldsymbol{Y}$ 服从数学期望为 $\boldsymbol{\mu}$、协方差矩阵为 $\boldsymbol{\Sigma}$ 的正态分布, 或等价地说 $\boldsymbol{Y}$ 有特征函数 (1.4.6).

实际上还可以证明, 如果随机向量 $\boldsymbol{Z}$ 有特征函数 (1.4.6), 则 $\boldsymbol{Z}$ 一定能表示成 (1.4.4) 式的形式 (见习题 1.4.1). 下面的定理在判断一个随机向量是否服从正态分布时是十分有用的.

定理 1.4.1　$\boldsymbol{\xi} = (\xi_1, \xi_2, \cdots, \xi_n)^{\mathrm{T}} \sim N(\boldsymbol{\mu}, \boldsymbol{\Sigma})$ 的充要条件是对任何 $\boldsymbol{a} = (a_1, a_2, \cdots, a_n)^{\mathrm{T}} \in \mathbb{R}^n$,

$$Y \stackrel{\mathrm{def}}{=\!=} \boldsymbol{a}^{\mathrm{T}}\boldsymbol{\xi} \sim N(\boldsymbol{a}^{\mathrm{T}}\boldsymbol{\mu}, \boldsymbol{a}^{\mathrm{T}}\boldsymbol{\Sigma}\boldsymbol{a}). \tag{1.4.7}$$

证明 当 $\boldsymbol{\xi} \sim N(\boldsymbol{\mu}, \boldsymbol{\Sigma})$ 时, 利用 (1.4.6) 式得到 Y 的特征函数

$$
\begin{aligned}
\phi(t) &= \mathrm{E}\exp(\mathrm{i}tY) \\
&= \mathrm{E}\exp[\mathrm{i}(t\boldsymbol{a}^{\mathrm{T}})\boldsymbol{\xi}] \\
&= \exp\left(\mathrm{i}t\boldsymbol{a}^{\mathrm{T}}\boldsymbol{\mu} - \frac{1}{2}t^2\boldsymbol{a}^{\mathrm{T}}\boldsymbol{\Sigma}\boldsymbol{a}\right).
\end{aligned} \tag{1.4.8}
$$

这正是 $N(\boldsymbol{a}^{\mathrm{T}}\boldsymbol{\mu}, \boldsymbol{a}^{\mathrm{T}}\boldsymbol{\Sigma}\boldsymbol{a})$ 的特征函数. 于是 (1.4.7) 式成立. 反之, 若 (1.4.7) 式成立, 则 (1.4.8) 式成立. 取 $t = 1$, 由 (1.4.8) 式得到 $\boldsymbol{\xi}$ 的特征函数

$$
\phi_{\boldsymbol{\xi}}(\boldsymbol{a}) = \mathrm{E}\exp\left(\mathrm{i}\boldsymbol{a}^{\mathrm{T}}\boldsymbol{\xi}\right) = \exp\left(\mathrm{i}\boldsymbol{a}^{\mathrm{T}}\boldsymbol{\mu} - \frac{1}{2}\boldsymbol{a}^{\mathrm{T}}\boldsymbol{\Sigma}\boldsymbol{a}\right).
$$

1.4.2 正态平稳序列

定义 1.4.2 对于时间序列 $\{X_t\}$, 如果对任何 $n \geqslant 1$ 和 $t_1, t_2, \cdots,$ $t_n \in \mathbb{N}$, $(X(t_1), X(t_2), \cdots, X(t_n))$ 服从多元正态分布, 则称 $\{X_t\}$ 是**正态时间序列**. 特别当 $\{X_t\}$ 还是平稳序列时, 又称为**正态平稳序列**.

容易看出, $\{X_t \,|\, t \in \mathbb{N}_+\}$ 是正态时间序列的充要条件是对任何正整数 m, $(X_1, X_2, \cdots, X_m)$ 服从 m 维正态分布. $\{X_t \,|\, t \in \mathbb{Z}\}$ 是正态时间序列的充要条件是对任何正整数 m, $(X_{-m}, X_{-m+1}, \cdots, X_m)$ 服从 $2m + 1$ 维正态分布 (参见习题 1.4.2).

正态分布的主要性质之一是它的封闭性. 这个性质给判断线性平稳序列的正态性带来方便. 为了引进这些结果, 需要回忆随机变量收敛性的基本知识.

定义 1.4.3 设随机变量 $\xi_n, n \in \mathbb{N}$ 和 ξ 分别有分布函数

$$
F_n(x) = P(\xi_n \leqslant x), \quad F(x) = P(\xi \leqslant x).
$$

(1) 如果当 $n \to \infty$ 时, 在 F 的每个连续点 x 有 $F_n(x) \to F(x)$, 则称 ξ_n **依分布收敛**到 ξ.

(2) 如果当 $n \to \infty$ 时, 对任取 $\varepsilon > 0$ 有 $P(|\xi_n - \xi| \geqslant \varepsilon) \to 0$, 则称 ξ_n **依概率收敛**到 ξ.

(3) 如果当 $n \to \infty$ 时, $\mathrm{E}|\xi_n - \xi| \to 0$, 则称 ξ_n **在 L^1 下收敛**到 ξ.

(4) 如果当 $n \to \infty$ 时, $\mathrm{E}(\xi_n - \xi)^2 \to 0$, 则称 ξ_n **均方收敛**到 ξ.

上述定义中, 依分布收敛和依概率收敛都不是生疏的. 因为如果 $\{\varepsilon_t\}$ 是独立同分布的 $\mathrm{WN}(\mu, \sigma^2)$, 中心极限定理就是讲

$$\xi_n = \frac{1}{\sqrt{n\sigma^2}} \sum_{t=1}^{n} (\varepsilon_t - \mu), \quad n = 1, 2, \cdots$$

依分布收敛到 $\xi \sim N(0, 1)$; 弱大数律就是讲

$$\bar{\varepsilon}_n = \frac{1}{n} \sum_{t=1}^{n} \varepsilon_t, \quad n = 1, 2, \cdots$$

依概率收敛到 μ.

定理 1.4.2　在定义 1.4.3 的四种收敛中, $(4) \Rightarrow (3) \Rightarrow (2) \Rightarrow (1)$.

证明　$(4) \Rightarrow (3)$ 由内积不等式得到.

$(3) \Rightarrow (2)$ 由 Chebyshev 不等式得到

$$P(|\xi_n - \xi| \geqslant \varepsilon) \leqslant \frac{1}{\varepsilon} \mathrm{E}|\xi_n - \xi| \to 0.$$

下证 $(2) \Rightarrow (1)$. 对于 F 的连续点 x, 取 $\delta > 0$, $x_0 = x - \delta$ 和 $x_1 = x + \delta$. 利用

$$
\begin{aligned}
F_n(x) - F(x) &= P(\xi_n \leqslant x, \xi > x_1) + P(\xi_n \leqslant x, \xi \leqslant x_1) - F(x) \\
&\leqslant P(|\xi_n - \xi| > \delta) + F(x_1) - F(x)
\end{aligned}
$$

和

$$
\begin{aligned}
F(x) - F_n(x) &= P(\xi_n > x) - P(\xi > x) \\
&= P(\xi_n > x, \xi \leqslant x_0) + P(\xi_n > x, \xi > x_0) - P(\xi > x) \\
&\leqslant P(|\xi_n - \xi| > \delta) + P(\xi > x_0) - P(\xi > x) \\
&= P(|\xi_n - \xi| > \delta) + F(x) - F(x_0),
\end{aligned}
$$

得到

$$|F_n(x) - F(x)| \leqslant 2P(|\xi_n - \xi| > \delta) + F(x_1) - F(x_0).$$

当 $n \to \infty$ 时, 得到

$$\varlimsup_{n\to\infty} |F_n(x) - F(x)| \leqslant F(x_1) - F(x_0).$$

令 $\delta \to 0$, 得到 $\varlimsup\limits_{n\to\infty} |F_n(x) - F(x)| = 0$.

定理 1.4.3　如果正态时间序列 $\{\xi_n | n \in \mathbb{N}_+\}$ 依分布收敛到随机变量 ξ, 则 $\xi \sim N(\mathrm{E}\xi, \mathrm{Var}(\xi))$, 并且 (见文献 [7])

$$\mathrm{E}\xi_n \to \mathrm{E}\xi, \quad \mathrm{Var}(\xi_n) \to \mathrm{Var}(\xi).$$

定理 1.4.4　如果 $\{\varepsilon_t\}$ 是正态 $\mathrm{WN}(0, \sigma^2)$, 实数列 $\{a_j\}$ 平方可和, 则由

$$X_t = \sum_{j=-\infty}^{\infty} a_j \varepsilon_{t-j}, \quad t \in \mathbb{Z} \tag{1.4.9}$$

定义的平稳序列是数学期望为 0 的正态序列, 自协方差函数由 (1.3.5) 式给出.

证明　先对 $\{a_j\}$ 绝对可和时证明对任何 $m \in \mathbb{N}_+$,

$$\boldsymbol{X} = (X_1, X_2, \cdots, X_m)^{\mathrm{T}} \sim N(\boldsymbol{0}, \boldsymbol{\Sigma}_m), \tag{1.4.10}$$

其中 $\boldsymbol{\Sigma}_m = (\gamma_{j-k})_{m\times m}, \gamma_k$ 由 (1.3.5) 式定义. 定义

$$\eta_k(n) = \sum_{j=-n}^{n} a_j \varepsilon_{k-j},$$

则 $n \to \infty$ 时, $\mathrm{E}|\eta_k(n) - X_k| \to 0$. 对任何 $\boldsymbol{b} = (b_1, b_2, \cdots, b_m)^{\mathrm{T}}$, 定义

$$Y = \boldsymbol{b}^{\mathrm{T}} \boldsymbol{X} = \sum_{k=1}^{m} b_k X_k, \quad \eta_n = \sum_{k=1}^{m} b_k \eta_k(n).$$

当 $n \to \infty$ 时, 利用

$$\mathrm{E}|Y - \eta_n| = \mathrm{E}\left|\sum_{k=1}^{m} b_k(X_k - \eta_k(n))\right| \leqslant \sum_{k=1}^{m} |b_k| \mathrm{E}|X_k - \eta_k(n)| \to 0$$

和定理 1.4.2 得到 η_n 依分布收敛到 Y. η_n 服从正态分布, 故

$$Y \sim N(\mathrm{E}Y, \mathrm{Var}(Y)).$$

从 $\mathrm{E}Y = 0, \mathrm{Var}(Y) = \boldsymbol{b}^{\mathrm{T}} \boldsymbol{\Sigma}_m \boldsymbol{b}$ 和定理 1.4.1 得到 (1.4.10) 式.

用同样的方法可以证明: 对任何 $l \in \mathbb{N}_+$,

$$\boldsymbol{X} = (X_{1-l}, X_{2-l}, \cdots, X_{m-l})^{\mathrm{T}} \sim N(\boldsymbol{0}, \boldsymbol{\Sigma}_m), \tag{1.4.11}$$

其中 $\boldsymbol{\Sigma}_m = (\gamma_{j-k})_{m \times m}$. 所以定理 1.4.4 成立.

将 $\{a_j\}$ 平方可和时的证明留作习题 1.6.1.

习　题　1.4

1.4.1　如果随机向量 $\boldsymbol{Z}$ 有特征函数 (1.4.6), 则存在 n 维列向量 $\boldsymbol{\mu}$, $n \times n$ 常数矩阵 $\boldsymbol{B}$ 和相互独立的标准正态随机变量 $X_1, X_2, \cdots, X_n$ 使得 $\boldsymbol{Z} = \boldsymbol{\mu} + \boldsymbol{B}\boldsymbol{X}$, 其中 $\boldsymbol{X} = (X_1, X_2, \cdots, X_n)^{\mathrm{T}}$.

1.4.2　证明以下结论:

(1) $\{X_t \,|\, t \in \mathbb{N}_+\}$ 是正态时间序列的充要条件是对任何正整数 m, $(X_1, X_2, \cdots, X_m)^{\mathrm{T}}$ 服从 m 维正态分布;

(2) $\{X_t \,|\, t \in \mathbb{Z}\}$ 是正态时间序列的充要条件是对任何正整数 m, $(X_{-m}, X_{-m+1}, \cdots, X_m)^{\mathrm{T}}$ 服从 $2m+1$ 维正态分布.

1.4.3　设 $\{\varepsilon_t\}$ 是正态 $\mathrm{WN}(0, \sigma^2)$, 时间序列 $\{X_t \,|\, t \geqslant 1\}$ 由

$$X_t = X_{t-12} + \varepsilon_t, \ t \geqslant 1, \quad X_0 = X_{-1} = \cdots = X_{-11} = 0$$

定义. 对 $t, s \in \mathbb{N}_+$, 求 (X_t, X_s) 的联合分布.

1.4.4　证明: 对线性平稳序列 (1.4.9), 存在正态时间序列 $\{Y_t\}$, 使得 $\{Y_t\}$ 和 $\{X_t\}$ 有相同的自协方差函数.

§1.5　严平稳序列及其遍历性

在概率论中, 随机向量 $(Y_1, Y_2, \cdots, Y_n)^{\mathrm{T}}$ 的联合分布函数由

$$F(y_1, y_2, \cdots, y_n) = P(Y_1 \leqslant y_1, Y_2 \leqslant y_2, \cdots, Y_n \leqslant y_n)$$

定义. 具有相同的联合分布函数的随机向量被称作是同分布的.

在时间序列分析中, 称时间序列 $\{X_t \,|\, t \in \mathbb{N}\}$ 和 $\{Y_t \,|\, t \in \mathbb{N}\}$ **同分布**, 如果对任何正整数 n 和 $t_1, t_2, \cdots, t_n \in \mathbb{N}$, 随机向量

$$(X(t_1), X(t_2), \cdots, X(t_n))^{\mathrm{T}} \quad \text{和} \quad (Y(t_1), Y(t_2), \cdots, Y(t_n))^{\mathrm{T}}$$

同分布.

定义 1.5.1 设 $\{X_t \,|\, t \in \mathbb{N}\}$ 是时间序列. 如果对任何正整数 n 和 $k \in \mathbb{N}$, 随机向量 $(X_1, X_2, \cdots, X_n)^{\mathrm{T}}$ 和 $(X_{1+k}, X_{2+k}, \cdots, X_{n+k})^{\mathrm{T}}$ 同分布, 则称 $\{X_t \,|\, t \in \mathbb{N}\}$ 是**严平稳序列** (或**强平稳序列**).

严平稳序列的特征是它的分布平移不变性: 对任何固定的 $k \geqslant 1$, 时间序列 $\{X_t \,|\, t \in \mathbb{Z}\}$ 和 $\{X_{t+k} \,|\, t \in \mathbb{Z}\}$ 同分布. 于是, 对于多元函数 $\phi(x_1, x_2, \cdots, x_m)$, 只要 $|\phi(X_1, X_2, \cdots, X_m)| < \infty, \text{a.s.}$, 则

$$Y_t = \phi(X_{t+1}, X_{t+2}, \cdots, X_{t+m}), \quad t \in \mathbb{Z} \tag{1.5.1}$$

仍然是严平稳序列 (见习题 1.5.2).

严平稳序列和平稳序列有密切的关系. 由于 $\{X_t\}$ 的数学期望 $\mathrm{E}X_t$ 和协方差 $\mathrm{Cov}(X_t, X_s)$ 都由联合分布决定, 所以如果严平稳序列 $\{X_t\}$ 的方差 $\mathrm{Var}(X_t)$ 有限, 则它一定是平稳序列. 但是, 平稳序列一般不必是严平稳序列. 鉴于这点, 平稳序列又被称为**弱平稳序列**或**宽平稳序列**.

对于正态时间序列 $\{X_t\}$ 来讲, 由于 $\boldsymbol{X} \stackrel{\text{def}}{=} (X(t_1), X(t_2), \cdots, X(t_n))^{\mathrm{T}}$ 的数学期望 $\mathrm{E}\boldsymbol{X}$, 协方差矩阵 $\mathrm{Cov}(\boldsymbol{X}, \boldsymbol{X})$ 和 $\boldsymbol{X}$ 的联合分布相互唯一决定, 所以严平稳性和平稳性是等价的.

在很多的应用科学中, 时间序列的观测是不能重复的. 于是, 人们总是遇到要用时间序列 $\{X_t\}$ 的一次实现 $x_1, x_2, \cdots$ 推断 $\{X_t\}$ 的统计性质这个问题. 要做到这点, 必须对时间序列有所要求. 遍历性的要求就是其中一种.

我们不去关心遍历性的数学定义, 但是需要知道如果严平稳序列是遍历的, 那么从它的一次实现 $x_1, x_2, \cdots$ 就可以推断出这个严平稳

序列的所有有限维分布:

$$F(x_1, x_2, \cdots, x_m) = P(X_1 \leqslant x_1, X_2 \leqslant x_2, \cdots, X_m \leqslant x_m), \quad m \in \mathbb{N}_+.$$

有遍历性的严平稳序列被称作严平稳遍历序列. 在应用中以下定理是有用的. 它的证明超出了本书关心的范围, 这里略去.

定理 1.5.1 设 $\{X_t\}$ 是严平稳序列.

(1) (遍历定理) 如果 $X_t, t \in \mathbb{N}_+$ 是遍历的, 则 $\mathrm{E}|X_1| < \infty$ 时, 有

$$\lim_{n \to \infty} \frac{1}{n} \sum_{t=1}^{n} X_t = \mathrm{E}X_1, \quad \text{a.s.}.$$

(2) 如果 $X_t, t \in \mathbb{Z}$ 是遍历的, 函数 $\phi(x_1, x_2, \cdots)$ 使得

$$|\phi(X_t, X_{t-1}, \cdots)| < \infty, \quad \text{a.s.},$$

则 $Y_t = \phi(X_t, X_{t-1}, \cdots)$, $t \in \mathbb{Z}$ 是严平稳遍历序列.

类似于定理 1.5.1(2), 如果 $X_t, t \in \mathbb{Z}$ 是严平稳遍历的, 函数 ϕ 使得 $|\phi(X_t, X_{t+1}, \cdots)| < \infty$, a.s., 则 $Y_t = \phi(X_t, X_{t+1}, \cdots)$, $t \in \mathbb{Z}$ 是严平稳遍历序列.

下面的定理在判定一个线性平稳序列是否遍历时是十分有用的.

定理 1.5.2 如果 $\{\varepsilon_t\}$ 是独立同分布的 $\mathrm{WN}(0, \sigma^2)$, 实数列 $\{a_j\}$ 平方可和, 则线性平稳序列

$$X_t = \sum_{j=-\infty}^{\infty} a_j \varepsilon_{t-j}, \quad t \in \mathbb{Z} \tag{1.5.2}$$

是严平稳遍历的.

定义事件 A 的示性函数

$$\mathrm{I}[A] = \mathrm{I}_A = \begin{cases} 1, & \text{当 } A \text{ 发生}, \\ 0, & \text{其他}. \end{cases} \tag{1.5.3}$$

例 1.5.1 对严平稳序列 $\{X_t\}$, 定义严平稳序列

$$Y_t = \mathrm{I}[X(t+t_1) \leqslant y_1, X(t+t_2) \leqslant y_2, \cdots, X(t+t_m) \leqslant y_m], \quad t \in \mathbb{Z}.$$

如果 $\{X_t\}$ 是遍历的, 由定理 1.5.1 (2) 知道 $\{Y_t\}$ 也是遍历的, 并且有界. 利用遍历定理得到

$$\lim_{n\to\infty} \frac{1}{n}\sum_{t=1}^{n} Y_t = EY_0$$
$$= P(X(t_1)\leqslant y_1, X(t_2)\leqslant y_2, \cdots, X(t_m)\leqslant y_m), \quad \text{a.s..}$$

例 1.5.1 说明, 在几乎必然的意义下, $\{X_t\}$ 的每一次观测都可以决定 $\{X_t\}$ 的有限维分布.

例 1.5.2 若 $\{X_t\}$ 是严平稳遍历序列, 则 $\{X_t X_{t+k}|t\in\mathbb{N}_+\}$ 也是严平稳遍历序列. 当 $EX_t^2 < \infty$ 时, 有

$$\lim_{N\to\infty} \frac{1}{N}\sum_{t=1}^{N} X_t X_{t+k} = E(X_t X_{t+k}), \quad \text{a.s..}$$

严平稳遍历序列是时间序列在应用和理论分析中常用的时间序列. 如果要使得一个估计量能 (几乎必然) 收敛到所要估计的参数, 通常都需要这个条件.

习 题 1.5

1.5.1 对例 1.2.2 中的调和平稳序列求极限 $\lim_{N\to\infty} \frac{1}{N}\sum_{t=1}^{N} X_t$.

1.5.2 设 $\{X_t\}$ 是严平稳序列. 对多元函数 $\phi(x_1, x_2, \cdots, x_m)$, 证明:

$$Y_t = \phi(X_{t+1}, X_{t+2}, \cdots, X_{t+m}), \quad t\in\mathbb{Z}$$

是严平稳序列.

1.5.3 试举出一个非遍历的严平稳序列的例子.

1.5.4 设 $\{\varepsilon_t\}$ 是独立同分布的白噪声, 实数列 $\{h_j\}$ 绝对可和. 证明: $X_t = \sum_{j=-\infty}^{\infty} h_j \varepsilon_{t-j}, \ t\in\mathbb{Z}$ 是严平稳序列.

§1.6 Hilbert 空间中的平稳序列

早在 1941 年 Kolmogorov 就用泛函分析的方法在 Hilbert 空间中研究了平稳序列的预测问题, 为平稳序列的研究开辟了具有实践意义的领域. 他在这个领域中创立的概念和方法已经成为研究平稳序列的有力工具 (见文献 [5]).

1.6.1 Hilbert 空间

在研究时间序列的预测问题时, 常常考虑用历史资料 $X_1, X_2, \cdots, X_n$ 的线性组合

$$a_1 X_1 + a_2 X_2 + \cdots + a_n X_n \tag{1.6.1}$$

对未来 X_{n+k} 进行预测. 也是为了回答 §1.4 中线性序列的均方收敛问题, 有必要对形如 (1.6.1) 式的线性组合进行详细考察.

用 $L^2(X)$ 表示平稳序列 $\{X_t\}$ 中随机变量有限线性组合的全体:

$$L^2(X) = \Big\{ \sum_{j=1}^{k} a_j X(t_j) \,\Big|\, a_j \in \mathbb{R}, t_j \in \mathbb{Z}, 1 \leqslant j \leqslant k, k \in \mathbb{N}_+ \Big\},$$

则对任何 $X, Y, Z \in L^2(X)$ 和 $a, b \in \mathbb{R}$ 不难看出以下的结论成立.

(1) $X + Y = Y + X \in L^2(X)$, $(X + Y) + Z = X + (Y + Z)$.

(2) $0 \in L^2(X)$, $X + 0 = X$, $X + (-X) = 0 \in L^2(X)$.

(3) $a(X + Y) = aX + aY \in L^2(X)$, $(a + b)X = aX + bX$,
    $a(bX) = (ab)X$.

所以 $L^2(X)$ 是线性空间. 定义内积 $\langle X, Y \rangle = \mathrm{E}(XY)$, 则有

(4) $\langle X, Y \rangle = \langle Y, X \rangle$, $\langle aX + bY, Z \rangle = a\langle X, Z \rangle + b\langle Y, Z \rangle$.

(5) $\langle X, X \rangle \geqslant 0$, 并且 $\langle X, X \rangle = 0$ 当且仅当 $X = 0$, a.s..

于是 $L^2(X)$ 又是内积空间. 在任何内积空间上有内积不等式 (见习题 1.6.2):

$$|\langle X, Y \rangle| \leqslant (\langle X, X \rangle \langle Y, Y \rangle)^{1/2}. \tag{1.6.2}$$

在 $L^2(X)$ 上引入距离 $\| X - Y \| = (\langle X - Y, X - Y \rangle)^{1/2}$, 则有

(6) $\| X - Y \| = \| Y - X \| \geqslant 0$, 并且 $\| X - Y \| = 0$, 当且仅当 $X = Y$, a.s..

利用内积不等式可以证明如下不等式:

(7) (三角不等式) $\| X - Y \| \leqslant \| X - Z \| + \| Z - Y \|$.

这样, $L^2(X)$ 又成为距离空间. 不难看出, 在任何内积空间上都可以定义距离, 使它成为距离空间.

若用 L^2 表示 (某概率空间上) 二阶矩有限的随机变量的全体:

$$L^2 = \{X \mid EX^2 < \infty\}, \tag{1.6.3}$$

则 L^2 也是内积空间和距离空间, 并且 $L^2(X)$ 是 L^2 的子空间.

定义 1.6.1 设 $\xi_n \in L^2$, $\xi_0 \in L^2$.

(1) 如果 $\lim\limits_{n \to \infty} \| \xi_n - \xi_0 \| = 0$, 则称 ξ_n 在 L^2 中 (**均方**) **收敛**到 ξ_0, 记作 $\xi_n \xrightarrow{\text{ms}} \xi_0$.

(2) 如果当 $n, m \to \infty$ 时, $\| \xi_n - \xi_m \| \to 0$, 则称 $\{\xi_n\}$ 是 L^2 中的**基本列**或 **Cauchy 列**.

由于 $\| \xi_n - \xi_0 \|^2 = E(\xi_n - \xi_0)^2$, 所以定义 1.6.1 (1) 和定义 1.4.3 (4) 是一致的.

定理 1.6.1 如果 $\{\xi_n\}$ 是 L^2 中的基本列, 则 (在几乎必然的意义下) 有唯一的 $\xi \in L^2$ 使得 $\xi_n \xrightarrow{\text{ms}} \xi$.

证明 由基本列的定义知道, 存在 $\{n\}$ 的子序列 $\{n_k\}$, 使得当 $n, m \geqslant n_k$ 时, $\| \xi_n - \xi_m \|^2 \leqslant 2^{-3k}$. 利用 Chebyshev 不等式得到

$$P(|\xi_n - \xi_m| \geqslant 2^{-k}) \leqslant 2^{2k} E(\xi_n - \xi_m)^2 \leqslant 2^{-k}.$$

于是由单调收敛定理得到

$$E \sum_{k=1}^{\infty} I[|\xi(n_{k+1}) - \xi(n_k)| \geqslant 2^{-k}]$$
$$= \sum_{k=1}^{\infty} EI[|\xi(n_{k+1}) - \xi(n_k)| \geqslant 2^{-k}]$$
$$= \sum_{k=1}^{\infty} P(|\xi(n_{k+1}) - \xi(n_k)| \geqslant 2^{-k}) \leqslant \sum_{k=1}^{\infty} 2^{-k} < \infty.$$

从而

$$\sum_{k=1}^{\infty} \mathrm{I}[|\xi(n_{k+1}) - \xi(n_k)| \geqslant 2^{-k}] < \infty, \quad \text{a.s..}$$

于是对充分大的 k, 有 $|\xi(n_{k+1}) - \xi(n_k)| \leqslant 2^{-k}$, 这样

$$|\xi(n_{k+m}) - \xi(n_k)| \leqslant \sum_{j=1}^{m} |\xi(n_{k+j}) - \xi(n_{k+j-1})| \leqslant 2^{-k+1}.$$

这说明 (在几乎必然的意义下) $\{\xi(n_k)\}$ 是实数基本列. 由实数的完备性知道, 存在 ξ 使得 $\lim_{k \to \infty} \xi(n_k) = \xi$, a.s., 利用 Fatou 引理 (习题 1.6.3) 得到

$$\begin{aligned}
\mathrm{E}(\xi_n - \xi)^2 &= \mathrm{E}\big(\lim_{k \to \infty} (\xi_n - \xi(n_k))^2 \big) \\
&\leqslant \lim_{k \to \infty} \mathrm{E}(\xi_n - \xi(n_k))^2 \to 0, \quad \text{当 } n \to \infty.
\end{aligned}$$

利用三角不等式知道

$$\sqrt{\mathrm{E}\xi^2} = \| \xi \| \leqslant \| \xi_n - \xi \| + \| \xi_n \| < \infty.$$

于是 $\xi \in L^2$.

下面证明唯一性. 如果又有 $\xi_n \overset{\text{ms}}{\to} \eta$ 成立, 再利用三角不等式得到

$$\| \eta - \xi \| \leqslant \| \xi - \xi_n \| + \| \eta - \xi_n \| \to 0, \quad \text{当 } n \to \infty.$$

所以 $\eta = \xi$, a.s..

如果内积空间中的每个基本列都有极限, 而且极限也在这个内积空间中, 则称这个内积空间是**完备的**. 定理 1.6.1 说明内积空间 L^2 是完备的. 完备的内积空间又称为 **Hilbert 空间**. 所以 L^2 是 Hilbert 空间. 正因为如此, 才使得平稳序列的研究和 Hilbert 空间的理论发生密切的联系.

其实, 著名数学家 Kolmogorov 最早就是在一般的 Hilbert 空间上定义平稳序列的: 设 $\{\xi_n\}$ 是 Hilbert 空间 H 中的序列, 如果对任何 $n, m, \langle \xi_{n+m}, \xi_m \rangle = B(n)$ 不依赖 m, 则称 $\{\xi_n\}$ 是 Hilbert 空间 H 中的平稳序列.

若用 $\overline{L}^2(X)$ 表示 L^2 中含 $L^2(X)$ 的最小闭子空间, 则 $\overline{L}^2(X)$ 是 Hilbert 空间, 称为由平稳序列 $\{X_t\}$ 生成的 Hilbert 空间.

1.6.2　内积的连续性

内积的连续性是内积空间的基本性质. 它便于我们研究时间序列的收敛性.

定理 1.6.2 (内积的连续性)　在内积空间中, 如果当 $n \to \infty$ 时, $\| \xi_n - \xi \| \to 0$, $\| \eta_n - \eta \| \to 0$, 则有

(1) $\| \xi_n \| \to \| \xi \|$, 当 $n \to \infty$;

(2) $\langle \xi_n, \eta_n \rangle \to \langle \xi, \eta \rangle$, 当 $n \to \infty$.

证明　(1) 由三角不等式

$$\| \xi_n \| \leqslant \| \xi_n - \xi \| + \| \xi \| \quad \text{和} \quad \| \xi \| \leqslant \| \xi - \xi_n \| + \| \xi_n \|$$

得到.

(2) 由内积不等式得到

$$
\begin{aligned}
&|\langle \xi_n, \eta_n \rangle - \langle \xi, \eta \rangle| \\
={}& |\langle \xi_n, \eta_n - \eta \rangle + \langle \xi_n - \xi, \eta \rangle| \\
\leqslant{}& |\langle \xi_n, \eta_n - \eta \rangle| + |\langle \xi_n - \xi, \eta \rangle| \\
\leqslant{}& \| \xi_n \| \| \eta_n - \eta \| + \| \xi_n - \xi \| \| \eta \| \to 0, \quad \text{当 } n \to \infty.
\end{aligned}
$$

例 1.6.1　用 $\mathbb{R}^n$ 表示 n 维实向量空间

$$\mathbb{R}^n = \{ \boldsymbol{a} \,|\, \boldsymbol{a} = (a_1, a_2, \cdots, a_n)^{\mathrm{T}}, a_i \in \mathbb{R}, i = 1, 2, \cdots, n \},$$

则 $\mathbb{R}^n$ 是线性空间. 在 $\mathbb{R}^n$ 上定义内积 $\langle \boldsymbol{a}, \boldsymbol{b} \rangle = \boldsymbol{a}^{\mathrm{T}} \boldsymbol{b}$, 则 $\mathbb{R}^n$ 成为内积空间. 利用实数的完备性, 不难证明 $\mathbb{R}^n$ 是完备的, 从而是 Hilbert 空间. 以后用 $|\boldsymbol{a}| = \sqrt{\boldsymbol{a}^{\mathrm{T}} \boldsymbol{a}}$ 表示 $\mathbb{R}^n$ 中的欧氏模.

例 1.6.2　如果随机向量 $\boldsymbol{X} = (X_1, X_2, \cdots, X_n)^{\mathrm{T}}$ 是平稳序列 $\{X_t\}$ 的一段, 数学期望为 0, 则它的线性组合全体构成的内积空间

$$L_n \overset{\text{def}}{=\!=} \mathrm{sp}(X_1, X_2, \cdots, X_n) \overset{\text{def}}{=\!=} \{ \boldsymbol{a}^{\mathrm{T}} \boldsymbol{X} \,|\, \boldsymbol{a} \in \mathbb{R}^n \} \tag{1.6.4}$$

是 Hilbert 空间, 称为由 $\boldsymbol{X}$ 生成的 Hilbert 空间.

证明　L_n 是线性空间和内积空间. 下面证明 L_n 的完备性. 先设 $\{X_t\}$ 是标准 WN$(0,1)$, 对任何线性组合 $\xi_n = \boldsymbol{a}_n^{\mathrm{T}} \boldsymbol{X}$, 只要当 $n, m \to \infty$ 时,

$$\| \xi_n - \xi_m \|^2 = \| \boldsymbol{a}_n^{\mathrm{T}} \boldsymbol{X} - \boldsymbol{a}_m^{\mathrm{T}} \boldsymbol{X} \|^2 = (\boldsymbol{a}_n - \boldsymbol{a}_m)^{\mathrm{T}} (\boldsymbol{a}_n - \boldsymbol{a}_m) \to 0,$$

由例 1.6.1 知道有 $\boldsymbol{a} \in \mathbb{R}^n$ 使得当 $n \to \infty$ 时, $|\boldsymbol{a}_n - \boldsymbol{a}| \to 0$. 取 $\xi = \boldsymbol{a}^{\mathrm{T}} \boldsymbol{X}$ 时, 有

$$|\xi_n - \xi|^2 = (\boldsymbol{a}_n - \boldsymbol{a})^{\mathrm{T}} (\boldsymbol{a}_n - \boldsymbol{a}) \to 0, \quad 当 n \to \infty.$$

于是, L_n 是完备的.

对数学期望为 0 的平稳序列, 可以设协方差矩阵 $\boldsymbol{\Gamma} = \mathrm{E}(\boldsymbol{X}\boldsymbol{X}^{\mathrm{T}})$ 的秩是 m, $m \leqslant n$, 就有非退化矩阵 $\boldsymbol{B}$ 使得 $\boldsymbol{Y} = \boldsymbol{B}\boldsymbol{X}$ 有协方差矩阵

$$\boldsymbol{\Gamma}_Y = \boldsymbol{B}\boldsymbol{\Gamma}\boldsymbol{B}^{\mathrm{T}} = \mathrm{diag}(1, 1, \cdots, 1, 0, 0, \cdots, 0).$$

于是 $\boldsymbol{Y} = (Y_1, Y_2, \cdots, Y_m, 0, \cdots, 0)$, 且 $Y_1, Y_2, \cdots, Y_m$ 是某个 WN$(0,1)$ 的一段. 由 $\boldsymbol{X} = \boldsymbol{B}^{-1}\boldsymbol{Y}$ 知道 L_n 为 $(Y_1, Y_2, \cdots, Y_m)$ 的线性组合的全体, 从而是完备的.

例 1.6.3　设 $\{\varepsilon_t\}$ 是 WN$(0, \sigma^2)$, $\{a_j\}$ 平方可和, 则

$$X_t = \sum_{j=-\infty}^{\infty} a_j \varepsilon_{t-j}, \quad t \in \mathbb{Z} \tag{1.6.5}$$

是平稳序列, 且 $\mathrm{E}X_t = 0$, $\gamma_k = \sigma^2 \sum_{j=-\infty}^{\infty} a_j a_{j+k}$.

证明　定义

$$\xi_n = \sum_{j=-n}^{n} a_j \varepsilon_{t-j}, \quad t \in \mathbb{Z},$$

则对 $m < n$, 当 $m \to \infty$ 时,

$$\| \xi_n - \xi_m \|^2 = \left\| \sum_{j=m+1}^{n} a_j \varepsilon_{t-j} + \sum_{j=-n}^{-m-1} a_j \varepsilon_{t-j} \right\|^2$$
$$= \sigma^2 \left(\sum_{j=m+1}^{n} a_j^2 + \sum_{j=-n}^{-m-1} a_j^2 \right) \to 0,$$

于是有 $X_t \in L^2$, 使得 $\xi_n \xrightarrow{\text{ms}} X_t$. 用 (1.6.5) 式中的 X_t 表示 ξ_n 的均方极限, 由内积的连续性得到

$$\mathrm{E}X_t = \lim_{n \to \infty} \langle \xi_n, 1 \rangle = \lim_{n \to \infty} \mathrm{E}\xi_n = 0,$$
$$\gamma_k = \mathrm{E}(X_t X_{t+k})$$
$$= \lim_{n \to \infty} \left\langle \sum_{j=-n}^{n} a_j \varepsilon_{t-j}, \sum_{j=-n}^{n} a_j \varepsilon_{t+k-j} \right\rangle$$
$$= \lim_{n \to \infty} \mathrm{E}\left(\sum_{j=-n}^{n} a_j \varepsilon_{t-j} \sum_{j=-n}^{n} a_j \varepsilon_{t+k-j} \right)$$
$$= \sigma^2 \sum_{j=-\infty}^{\infty} a_j a_{j+k}. \tag{1.6.6}$$

这说明 $\{X_t\}$ 是平稳序列, 以 (1.6.6) 式为自协方差函数.

1.6.3 复值时间序列

在时间序列分析中, 引入复值的随机变量往往会带来很多的方便. 如果 X 和 Y 是随机变量, 则称 $Z = X + \mathrm{i}Y$ 是复随机变量. 如果 $\mathrm{E}X$ 和 $\mathrm{E}Y$ 都存在, 则称 $Z = X + \mathrm{i}Y$ 的数学期望存在, 并且定义为

$$\mathrm{E}Z = \mathrm{E}X + \mathrm{i}\mathrm{E}Y.$$

如果

$$\mathrm{E}|Z|^2 = \mathrm{E}X^2 + \mathrm{E}Y^2 < \infty,$$

则称 Z 是二阶矩有限的复随机变量.

用 H 表示二阶矩有限的复随机变量的全体, 对 $X, Y \in H$, 用 $\overline{Y}$ 表示 Y 的共轭. 在 H 上定义内积

$$\langle X, Y \rangle = \mathrm{E}(X\overline{Y}),$$

可以证明 H 是复 (复数域上的) Hilbert 空间. 这是因为 $\{Z_n\}$ 是基本列, 当且仅当 $\{Z_n\}$ 的实部和虚部都是基本列. 定理 1.6.2 在复 Hilbert 空间上也成立.

按时间次序排列的复随机变量 $\{Z_n\}$ 的序列称为复时间序列. 如果复时间序列 $\{Z_n\}$ 满足

$$\mathrm{E}Z_n = \mu, \ \gamma_{n-m} = \mathrm{E}[(Z_n - \mu)(\overline{Z_m - \mu})], \quad n, m \in \mathbb{Z},$$

则称 $\{Z_n\}$ 是复值平稳序列, 称 $\{\gamma_k\}$ 是 $\{Z_n\}$ 的自协方差函数.

特别当

$$\mathrm{E}Z_n = 0, \quad \mathrm{E}(Z_n\overline{Z}_m) = \sigma^2 \delta_{n-m}, \quad n, m \in \mathbb{Z}$$

时, 称 $\{Z_n\}$ 是复值零均值白噪声. 这里 δ_{n-m} 是 Kronecker 函数.

例 1.6.4 设随机变量 Y 在 $[-\pi, \pi]$ 上服从均匀分布, 对于平方可和的实数列 $\{a_j\}$, 定义 $\varepsilon_n = \mathrm{e}^{\mathrm{i}nY}$, $n \in \mathbb{Z}$, 则有

$$\sigma^2 \sum_{j=-\infty}^{\infty} a_j a_{j+k} = \int_{-\pi}^{\pi} f(y)\mathrm{e}^{\mathrm{i}ky}\,\mathrm{d}y, \tag{1.6.7}$$

其中 σ^2 是正常数,

$$f(\lambda) = \frac{\sigma^2}{2\pi}\Big| \sum_{j=-\infty}^{\infty} a_j \mathrm{e}^{-\mathrm{i}j\lambda} \Big|^2. \tag{1.6.8}$$

证明 因为 Y 的概率密度 $p(x) = 1/2\pi$, $x \in [-\pi, \pi]$, 所以

$$\mathrm{E}\varepsilon_n = \delta_n, \quad n \in \mathbb{Z},$$
$$\mathrm{E}(\varepsilon_n\overline{\varepsilon}_m) = \frac{1}{2\pi} \int_{-\pi}^{\pi} \mathrm{e}^{\mathrm{i}(n-m)y}\,\mathrm{d}y = \delta_{n-m}, \quad n, m \in \mathbb{Z}.$$

定义

$$Z_n = \sum_{j=-\infty}^{\infty} a_j \varepsilon_{n-j} = \sum_{j=-\infty}^{\infty} a_j \mathrm{e}^{\mathrm{i}(n-j)Y}, \quad n \in \mathbb{Z}.$$

由内积的连续性得到

$$\begin{aligned} \mathrm{E}Z_n &= a_n, \quad n \in \mathbb{Z}, \\ \mathrm{E}(Z_n \overline{Z}_m) &= \sum_{j=-\infty}^{\infty} a_j a_{j+n-m}, \quad n, m \in \mathbb{Z}. \end{aligned} \tag{1.6.9}$$

另一方面又有

$$\begin{aligned} \mathrm{E}(Z_n \overline{Z}_m) &= \mathrm{E}\Big(\sum_{j=-\infty}^{\infty} a_j \mathrm{e}^{\mathrm{i}(n-j)Y} \sum_{k=-\infty}^{\infty} a_k \mathrm{e}^{-\mathrm{i}(m-k)Y} \Big) \\ &= \frac{1}{2\pi} \int_{-\pi}^{\pi} \Big(\sum_{j=-\infty}^{\infty} a_j \mathrm{e}^{\mathrm{i}(n-j)y} \Big) \Big(\sum_{k=-\infty}^{\infty} a_k \mathrm{e}^{-\mathrm{i}(m-k)y} \Big) \mathrm{d}y \\ &= \frac{1}{2\pi} \int_{-\pi}^{\pi} \Big| \sum_{j=-\infty}^{\infty} a_j \mathrm{e}^{-\mathrm{i}jy} \Big|^2 \mathrm{e}^{\mathrm{i}(n-m)y} \, \mathrm{d}y. \end{aligned} \tag{1.6.10}$$

对 $n - m = k$, 从 (1.6.9) 式, (1.6.10) 式得到 (1.6.7) 式.

注 以后在使用复值随机变量时将有说明, 没有说明的随机变量都是实值的.

习 题 1.6

1.6.1 设 $\{\varepsilon_t\}$ 是正态 $\mathrm{WN}(0, \sigma^2)$, $\{a_j\}$ 平方可和, 证明: 由 (1.6.5) 式定义的平稳序列是正态平稳序列.

1.6.2 在任何内积空间上有内积不等式

$$|\langle X, Y \rangle| \leqslant (\langle X, X \rangle \langle Y, Y \rangle)^{1/2}.$$

1.6.3 对时间序列 $\{\xi_n\}$ 证明 Fatou 引理

$$\mathrm{E}\Big(\varliminf_{n \to \infty} |\xi_n| \Big) \leqslant \varliminf_{n \to \infty} \mathrm{E}|\xi_n|.$$

1.6.4 证明 Borel-Cantelli 引理: 对随机事件 A_n, $n = 1, 2, \cdots$, 如果

$$\sum_{n=1}^{\infty} P(A_n) < \infty,$$

则有无穷个 A_n 发生的概率等于 0.

1.6.5 设随机变量 $\xi_j \in L^2$, $j = 1, 2, \cdots, n$. 证明: 由 $1, \xi_1, \xi_2, \cdots, \xi_n$ 的线性组合的全体构成的内积空间是 Hilbert 空间, 称作由 $1, \xi_1, \xi_2, \cdots, \xi_n$ 生成的 Hilbert 空间.

§1.7 平稳序列的谱函数

随机变量的统计性质可以由它的分布函数或概率密度刻画. 分布函数是单调不减的右连续函数. 概率密度是在整个直线上积分值等于 1 的非负函数. 任何随机变量的分布函数都唯一存在, 只有连续型的随机变量才有概率密度.

完全类似地, 平稳序列的二阶矩的统计性质可以由它的谱分布函数或谱密度函数刻画. 下面会看到平稳序列的谱分布函数是唯一存在的, 但是并不是所有的平稳序列都存在谱密度.

定义 1.7.1 设平稳序列 $\{X_t\}$ 有自协方差函数 $\{\gamma_k\}$.

(1) 如果有 $[-\pi, \pi]$ 上的单调不减右连续的函数 $F(\lambda)$, 使得

$$\gamma_k = \int_{-\pi}^{\pi} e^{ik\lambda} \, dF(\lambda), \quad F(-\pi) = 0, \quad k \in \mathbb{Z}, \tag{1.7.1}$$

则称 $F(\lambda)$ 是 $\{X_t\}$ 或 $\{\gamma_k\}$ 的**谱分布函数**, 简称为**谱函数**.

(2) 如果有 $[-\pi, \pi]$ 上的非负函数 $f(\lambda)$, 使得

$$\gamma_k = \int_{-\pi}^{\pi} f(\lambda) e^{ik\lambda} \, d\lambda, \quad k \in \mathbb{Z}, \tag{1.7.2}$$

则称 $f(\lambda)$ 是 $\{X_t\}$ 或 $\{\gamma_k\}$ 的**谱密度函数**或**功率谱密度**, 简称为**谱密度**或**功率谱**.

如果 $\{X_t\}$ 有谱密度 $f(\lambda)$, 则变上限的积分

$$F(\lambda) = \int_{-\pi}^{\lambda} f(s) \, ds \tag{1.7.3}$$

就是 $\{X_t\}$ 的谱函数. 当谱函数 $F(\lambda)$ 绝对连续时, 它的几乎处处导函数 $F'(\lambda)$ 就是谱密度. 特别地, 当 $F(\lambda)$ 是连续函数时, 除去有限点外, 导函数存在且连续, 则谱密度

$$f(\lambda) = \begin{cases} F'(\lambda), & \text{当 } F'(\lambda) \text{ 存在,} \\ 0, & \text{当 } F'(\lambda) \text{ 不存在.} \end{cases}$$

平稳序列的谱函数是否总存在呢? Herglotz 定理给出了肯定的回答. 证明见文献 [9].

定理 1.7.1 (Herglotz 定理) 平稳序列的谱函数是唯一存在的.

从 Herglotz 定理知道, 平稳序列的谱密度如果存在, 则在几乎处处的意义下是唯一的.

定理 1.7.2 如果 $\{\varepsilon_t\}$ 是 $\mathrm{WN}(0, \sigma^2)$, 实数列 $\{a_j\}$ 平方可和, 则线性平稳序列

$$X_t = \sum_{j=-\infty}^{\infty} a_j \varepsilon_{t-j}, \quad t \in \mathbb{Z}$$

有谱密度

$$f(\lambda) = \frac{\sigma^2}{2\pi} \left| \sum_{j=-\infty}^{\infty} a_j \mathrm{e}^{\mathrm{i}j\lambda} \right|^2. \tag{1.7.4}$$

证明 由于 $\{X_t\}$ 有自协方差函数 (1.6.6), 所以从 (1.6.7) 式知道 (1.7.4) 式是它的谱密度.

定理 1.7.3 设 $\{X_t\}$ 和 $\{Y_t\}$ 是相互正交的数学期望为 0 的平稳序列, c 是常数, 定义

$$Z_t = X_t + Y_t + c, \quad t \in \mathbb{Z}.$$

(1) 如果 $\{X_t\}$ 和 $\{Y_t\}$ 分别有谱函数 $F_X(\lambda)$ 和 $F_Y(\lambda)$, 则平稳序列 $\{Z_t\}$ 有谱函数 $F_Z(\lambda) = F_X(\lambda) + F_Y(\lambda)$.

(2) 如果 $\{X_t\}$ 和 $\{Y_t\}$ 分别有谱密度 $f_X(\lambda)$ 和 $f_Y(\lambda)$, 则 $\{Z_t\}$ 有谱密度 $f_Z(\lambda) = f_X(\lambda) + f_Y(\lambda)$.

证明 由定理 1.2.2 知道 $\{Z_t\}$ 是平稳序列, 且有自协方差函数

$$\gamma_Z(k) = \gamma_X(k) + \gamma_Y(k), \quad k \in \mathbb{Z}.$$

于是, 在 (1) 的条件下, 由

$$\int_{-\pi}^{\pi} e^{ik\lambda} \, d(F_X(\lambda) + F_Y(\lambda))$$
$$= \int_{-\pi}^{\pi} e^{ik\lambda} \, dF_X(\lambda) + \int_{-\pi}^{\pi} e^{ik\lambda} \, dF_Y(\lambda)$$
$$= \gamma_X(k) + \gamma_Y(k) = \gamma_Z(k)$$

和谱函数的定义得到 $\{Z_t\}$ 的谱函数 $F_Z(\lambda) = F_X(\lambda) + F_Y(\lambda)$.

在 (2) 的条件下, 由

$$\int_{-\pi}^{\pi} e^{ik\lambda} (f_X(\lambda) + f_Y(\lambda)) \, d\lambda$$
$$= \int_{-\pi}^{\pi} e^{ik\lambda} f_X(\lambda) \, d\lambda + \int_{-\pi}^{\pi} e^{ik\lambda} f_Y(\lambda) \, d\lambda$$
$$= \gamma_X(k) + \gamma_Y(k) = \gamma_Z(k)$$

和谱密度的定义得到 $\{Z_t\}$ 的谱密度 $f_Z(\lambda) = f_X(\lambda) + f_Y(\lambda)$.

下面考察从线性滤波器输出的平稳序列的谱函数和谱密度.

设平稳序列 $\{X_t\}$ 有谱函数 $F_X(\lambda)$ 和自协方差函数 $\{\gamma_k\}$. $H = \{h_j\}$ 是绝对可和的保时线性滤波器 (参见 §1.3). 当输入过程是 $\{X_t\}$ 时, 输出过程为

$$Y_t = \sum_{j=-\infty}^{\infty} h_j X_{t-j}, \quad t \in \mathbb{Z}. \tag{1.7.5}$$

由 (1.3.11) 式知道 $\{Y_t\}$ 有自协方差函数

$$\gamma_Y(k) = \sum_{l,j=-\infty}^{\infty} h_l h_j \gamma_{k+l-j}. \tag{1.7.6}$$

利用等式

$$\sum_{l,j=-\infty}^{\infty} |h_l h_j| = \Big(\sum_{j=-\infty}^{\infty} |h_j| \Big)^2 < \infty$$

和控制收敛定理得到

$$
\begin{aligned}
\gamma_Y(k) &= \sum_{l,j=-\infty}^{\infty} h_l h_j \int_{-\pi}^{\pi} \exp[\mathrm{i}(k+l-j)\lambda]\,\mathrm{d}F_X(\lambda) \\
&= \int_{-\pi}^{\pi} \sum_{l,j=-\infty}^{\infty} h_l h_j \exp[\mathrm{i}(l-j)\lambda]\mathrm{e}^{\mathrm{i}k\lambda}\,\mathrm{d}F_X(\lambda) \\
&= \int_{-\pi}^{\pi} \Big| \sum_{j=-\infty}^{\infty} h_j \exp(-\mathrm{i}j\lambda) \Big|^2 \mathrm{e}^{\mathrm{i}k\lambda}\,\mathrm{d}F_X(\lambda) \\
&= \int_{-\pi}^{\pi} |H(\mathrm{e}^{-\mathrm{i}\lambda})|^2 \mathrm{e}^{\mathrm{i}k\lambda}\,\mathrm{d}F_X(\lambda),
\end{aligned} \tag{1.7.7}
$$

其中

$$
H(z) = \sum_{j=-\infty}^{\infty} h_j z^j, \quad |z| \leqslant 1. \tag{1.7.8}
$$

于是得到 $\{Y_t\}$ 的谱函数

$$
F_Y(\lambda) = \int_{-\pi}^{\lambda} |H(\mathrm{e}^{-\mathrm{i}s})|^2\,\mathrm{d}F_X(s). \tag{1.7.9}
$$

特别当 $\{X_t\}$ 有谱密度 $f_X(\lambda)$ 时, 可以将 (1.7.9) 式写成

$$
F_Y(\lambda) = \int_{-\pi}^{\lambda} |H(\mathrm{e}^{-\mathrm{i}s})|^2 f_X(s)\,\mathrm{d}s. \tag{1.7.10}
$$

于是, 滤波后的平稳序列 $\{Y_t\}$ 有谱密度

$$
f_Y(\lambda) = |H(\mathrm{e}^{-\mathrm{i}\lambda})|^2 f_X(\lambda). \tag{1.7.11}
$$

我们把上述结果总结成下面的定理.

定理 1.7.4 设 $\{X_t\}$ 是平稳序列, $H = \{h_j\}$ 是绝对可和的保时线性滤波器, $\{Y_t\}$ 和 $H(z)$ 分别由 (1.7.5) 式和 (1.7.8) 式定义.

(1) 如果 $\{X_t\}$ 有谱函数 $F_X(\lambda)$, 则 $\{Y_t\}$ 有谱函数 (1.7.9).

(2) 如果 $\{X_t\}$ 有谱密度 $f_X(\lambda)$, 则 $\{Y_t\}$ 有谱密度 (1.7.11).

在本节的最后指出: 实值平稳序列的谱密度是偶函数 (习题 1.7.1).

习 题 1.7

1.7.1 设 $f(\lambda)$ 是实值平稳序列 $\{X_t\}$ 的谱密度. 证明: $f(\lambda)$ 是偶函数, 从而有

$$\mathrm{Cov}(X_t, X_{t+k}) = 2\int_0^\pi \cos(k\lambda)f(\lambda)\,\mathrm{d}\lambda, \quad k = 0, 1, 2, \cdots.$$

1.7.2 设 $g(x)$ 是 $[-\pi, \pi]$ 上的非负可积偶函数, 证明:

$$b_k = 2\int_0^\pi g(\lambda)\cos(k\lambda)\,\mathrm{d}\lambda, \quad k = 0, 1, 2, \cdots$$

是非负定序列.

1.7.3 称实数列 $\{b_k\}$ 是正定的, 如果对任何 $n \in \mathbb{N}_+$ 和不全为 0 的实数 $a_1, a_2, \cdots, a_n$, 二次型

$$\sum_{j,k=1}^n a_j a_k b_{j-k} > 0.$$

在习题 1.7.2 中, 如果 $\int_0^\pi g(\lambda)\,\mathrm{d}\lambda > 0$, 证明: $\{b_k\}$ 是正定序列.

1.7.4 设 $\{X_t\}$ 和 $\{Y_t\}$ 分别有谱密度 $f_X(\lambda)$ 和 $f_Y(\lambda)$, 以及 n 阶自协方差矩阵 $\boldsymbol{\Gamma}_X$ 和 $\boldsymbol{\Gamma}_Y$. 如果 $f_X(\lambda) \geqslant f_Y(\lambda)$ 对 $\lambda \in [-\pi, \pi]$ 成立, 证明: $\boldsymbol{\Gamma}_X - \boldsymbol{\Gamma}_Y$ 非负定.

1.7.5 设平稳序列 $\{X_t\}$ 有谱密度 $f(\lambda)$. 证明: $\{X_t\}$ 为白噪声的充要条件是 $f(\lambda)$ 为非 0 常数.

§1.8 离散谱序列及其周期性

1.8.1 简单的离散谱序列

设随机变量 ξ, η 满足

$$\mathrm{E}\xi = \mathrm{E}\eta = 0, \quad \mathrm{E}(\xi\eta) = 0, \quad \mathrm{E}\xi^2 = \mathrm{E}\eta^2 = \sigma^2.$$

对于常数 $\lambda_0 \in (0, \pi]$ 定义时间序列

$$Z_t = \xi\cos(t\lambda_0) + \eta\sin(t\lambda_0), \quad t \in \mathbb{N}_+. \tag{1.8.1}$$

如果取 A 和 θ 满足

$$A = \sqrt{\xi^2 + \eta^2}, \quad \cos\theta = \frac{\xi}{A}, \quad \sin\theta = \frac{\eta}{A}, \tag{1.8.2}$$

可以把 Z_t 改写成

$$Z_t = A\cos(t\lambda_0 - \theta), \quad t \in \mathbb{N}_+. \tag{1.8.3}$$

这是一个以 λ_0 为角频率、以 $T = 2\pi/\lambda_0$ 为周期的具有随机振幅 A 和随机初始相位 θ 的三角函数. 容易计算出

$$
\begin{aligned}
\mathrm{E}Z_t &= 0, \\
\gamma_{t-s} &= \mathrm{E}(Z_t Z_s) \\
&= \sigma^2[\cos(t\lambda_0)\cos(s\lambda_0) + \sin(t\lambda_0)\sin(s\lambda_0)] \\
&= \sigma^2\cos[(t-s)\lambda_0].
\end{aligned} \tag{1.8.4}
$$

于是 $\{Z_t\}$ 是平稳序列, 有自协方差函数 $\{\gamma_k\}$. (1.8.3) 式中的 $\{Z_t\}$ 也称为调和平稳序列. 完全不同于线性平稳序列的自协方差函数收敛到 0, $\{Z_t\}$ 的自协方差函数 γ_k 是周期函数. 这里我们再次看到: 平稳序列的观测也可以是纯周期函数.

为了得到 (1.8.3) 式中 $\{Z_t\}$ 的谱函数, 用 $\mathrm{I}_{[a,b]}(\lambda)$ 表示集合 $[a,b]$ 上以 λ 为自变量的示性函数:

$$\mathrm{I}_{[a,b]}(\lambda) = \begin{cases} 1, & \lambda \in [a,b], \\ 0, & \text{其他}. \end{cases}$$

当 $\lambda_0 \neq \pi$ 时, 定义阶梯函数

$$F(\lambda) = \frac{\sigma^2}{2}\big(\mathrm{I}_{[-\lambda_0,\pi]}(\lambda) + \mathrm{I}_{[\lambda_0,\pi]}(\lambda)\big),$$

则有 $F(-\pi) = 0$, 并且对任何整数 k,

$$\int_{-\pi}^{\pi} \mathrm{e}^{\mathrm{i}k\lambda}\, \mathrm{d}F(\lambda) = \frac{\sigma^2}{2}\big(\mathrm{e}^{-\mathrm{i}k\lambda_0} + \mathrm{e}^{\mathrm{i}k\lambda_0}\big) = \gamma_k.$$

所以 $F(\lambda)$ 是 $\{Z_t\}$ 的谱函数. 当 $\lambda_0 = \pi$ 时, $\{Z_t\}$ 的谱函数是

$$F(\lambda) = \sigma^2 I_{\{\pi\}}(\lambda).$$

当平稳序列的谱函数 $F(\lambda)$ 是阶梯函数时, 称 $F(\lambda)$ 为离散谱函数, 相应的平稳序列称为离散谱序列. (1.8.1) 式中的 $\{Z_t\}$ 是最简单的离散谱序列.

从数学上讲, $\{Z_t\}$ 的谱密度是不存在的. 但是对 $\lambda_0 < \pi$, 定义集合

$$A_n = \left[\lambda_0 - \frac{1}{2n}, \lambda_0\right], \quad B_n = \left[-\lambda_0, -\lambda_0 + \frac{1}{2n}\right]$$

和非负函数

$$f_n(\lambda) = \begin{cases} n\sigma^2, & \text{当 } \lambda \in A_n \cup B_n, \\ 0, & \text{其他}. \end{cases}$$

相应地按 (1.7.3) 式定义

$$F_n(\lambda) = \int_{-\pi}^{\lambda} f_n(\lambda)\,\mathrm{d}\lambda.$$

这时 $F_n(\lambda)$ 是一连续的折线函数. 当 $n \to \infty$ 时, $F_n(\lambda) \to F(\lambda)$.

利用中值定理, 还知道有 $a_n \in \left(-\frac{1}{2n}, 0\right)$, 当 $n \to \infty$ 时,

$$\begin{aligned}
g_k(n) &= \int_{-\pi}^{\pi} e^{ik\lambda} f_n(\lambda)\,\mathrm{d}\lambda \\
&= \sigma^2 \int_{A_n} n e^{ik\lambda}\,\mathrm{d}\lambda + \sigma^2 \int_{B_n} n e^{ik\lambda}\,\mathrm{d}\lambda \\
&= 2n\sigma^2 \int_{\lambda_0 - \frac{1}{2n}}^{\lambda_0} \cos(k\lambda)\,\mathrm{d}\lambda \\
&= \sigma^2 \cos(k\lambda_0 + k a_n) \\
&\to \sigma^2 \cos(k\lambda_0) = \gamma_k.
\end{aligned} \tag{1.8.5}$$

不难看出, 对任何固定的 m, 当 $n \to \infty$ 时,

$$\max_{0 \leqslant k \leqslant m} |g_k(n) - \gamma_k| \to 0.$$

从图 1.8.1 看到, 当 $n = 20$ 时, 对于 $0 \leqslant k \leqslant 50$, γ_k 和 $g_k(n)$ 已经很接近了. 如果取 $n = 80$, 对 $0 \leqslant k \leqslant 50$, γ_k 和 $g_k(n)$ 就基本相同了.

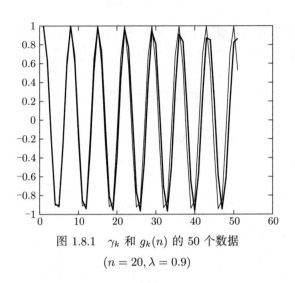

图 1.8.1　γ_k 和 $g_k(n)$ 的 50 个数据

$(n = 20, \lambda = 0.9)$

由于自协方差函数反映平稳序列的统计规律, 所以对较大的 n, 以 $f_n(\lambda)$ 为谱密度的平稳序列有与调和平稳序列 $\{Z_t\}$ 相近的统计规律. 由于 $\{Z_t\}$ 是余弦函数, 角频率是 λ_0, 所以可以想象对较大的 n, 以 $f_n(\lambda)$ 为谱密度的平稳序列也近似地有角频率 λ_0. n 越大, 频率特性越强.

从上面的解释可以联想到下面的现象: 如果平稳序列的谱密度存在, 并且在某一点 λ_0 有显著的峰值, 则该平稳序列应该有一个以 λ_0 为角频率的频率成分. 这个峰值越陡峭, 相应的频率成分就越重要, 或者说在这个频率点集中的能量越大. 实际情况确实是这样的, 我们将在 §9.2 中对此做进一步的解释.

在上面的举例中, $F_n(\lambda)$ 向 $F(\lambda)$ 的收敛是从量变到质变的过程. 每个 F_n 有密度 f_n, 随着谱密度 $f_n(\lambda)$ 的能量逐步向角频率 λ_0 集中, 时间序列的周期性越来越明显, 最终通过质变得到一个以 $F(\lambda)$ 为谱函数的离散谱序列.

1.8.2 多个频率成分的离散谱序列

上面定义了单个频率的平稳序列, 实际问题中常遇到多个频率成分叠加的离散谱序列. 设随机变量 ξ_j, η_k, $j, k = 1, 2, \cdots, p$ 两两正交, 满足

$$\mathrm{E}\xi_j = \mathrm{E}\eta_j = 0, \quad \mathrm{E}\xi_j^2 = \mathrm{E}\eta_j^2 = \sigma_j^2, \quad j = 1, 2, \cdots, p. \tag{1.8.6}$$

对于正整数 p 和 $(0, \pi]$ 中互不相同的 λ_j, 定义时间序列

$$Z_t = \sum_{j=1}^{p} [\xi_j \cos(t\lambda_j) + \eta_j \sin(t\lambda_j)]$$

$$= \sum_{j=1}^{p} A_j \cos(t\lambda_j - \theta_j), \quad t \in \mathbb{N}_+, \tag{1.8.7}$$

其中

$$A_j = \sqrt{\xi_j^2 + \eta_j^2}, \quad \cos\theta_j = \frac{\xi_j}{A_j}, \quad \sin\theta_j = \frac{\eta_j}{A_j}. \tag{1.8.8}$$

这是 p 个以 λ_j 为角频率、以 $T = 2\pi/\lambda_j$ 为周期的具有随机振幅 A_j 和随机初始相位 θ_j 的三角函数的叠加. 不难看到在 (1.8.7) 式中, 尽管 A_j 和 θ_j 是随机变量, 但是在观测数据中它们不随时间 t 变化, 所以只起到常数的作用. 人们把这种随机序列称为伪随机序列.

由于 $\{Z_t\}$ 是 p 个相互正交的数学期望为 0 的平稳序列的和, 利用定理 1.2.2 知道, $\{Z_t\}$ 是平稳序列, 数学期望为 0, 自协方差函数

$$\gamma_k = \sum_{j=1}^{p} \sigma_j^2 \cos(k\lambda_j), \quad k \in \mathbb{Z}.$$

自协方差函数 $\{\gamma_k\}$ 也是 p 个三角函数的叠加. 利用定理 1.7.3 知道, 当 $\lambda_j \neq \pi, 1 \leqslant j \leqslant p$ 时, 阶梯函数

$$F(\lambda) = \sum_{j=1}^{p} \frac{\sigma_j^2}{2} \left(\mathrm{I}_{[-\lambda_j, \pi]}(\lambda) + \mathrm{I}_{[\lambda_j, \pi]}(\lambda) \right) \tag{1.8.9}$$

是 $\{Z_t\}$ 的谱函数. 这是一个纯跳跃函数, 在每个 $\pm\lambda_j$ 处有跳跃 $\sigma_j^2/2$, $j = 1, 2, \cdots, p$.

实际问题中, 用这样的离散谱序列描述具有多个频率成分叠加的观测数据时, 经常取得较满意的结果.

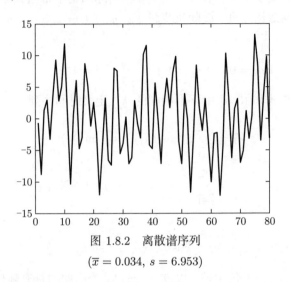

图 1.8.2　离散谱序列

$(\overline{x} = 0.034, \; s = 6.953)$

图 1.8.2 是离散谱序列 (1.8.7) 的 80 个观测值. $p = 5$, ξ_j, η_j 服从正态分布 $N(0, j^2)$,

$$\lambda_1 = 0.12, \quad \lambda_2 = 0.18, \quad \lambda_3 = 0.7, \quad \lambda_4 = 1.45, \quad \lambda_5 = 1.97.$$

只从数据本身来看, 周期性并不明显.

一般的离散谱序列由可列个简单的离散谱序列叠加而成. 设 ξ_j, η_k, $j, k = 1, 2, \cdots$ 两两正交, 满足 (1.8.6) 式. 对于 $\lambda_j \in (0, \pi]$, 当

$$\sum_{j=1}^{\infty} \sigma_j^2 < \infty \tag{1.8.10}$$

时, 定义

$$Z_t = \sum_{j=1}^{\infty} \left[\xi_j \cos(t\lambda_j) + \eta_j \sin(t\lambda_j) \right], \quad t \in \mathbb{N}_+. \tag{1.8.11}$$

由于 Z_t 可以改写成

$$Z_t = \sum_{j=1}^{\infty} \big[(\sigma_j \cos(t\lambda_j))(\xi_j/\sigma_j) + (\sigma_j \sin(t\lambda_j))(\eta_j/\sigma_j)\big], \quad t \in \mathbb{N}_+,$$

(1.8.12)

其中 $\{\xi_j/\sigma_j\}$ 和 $\{\eta_j/\sigma_j\}$ 是 WN$(0,1)$, 组合系数平方可和

$$\sum_{j=1}^{\infty} \big[(\sigma_j \cos(t\lambda_j))^2 + (\sigma_j \sin(t\lambda_j))^2\big] = \sum_{j=1}^{\infty} \sigma_j^2 < \infty.$$

因而, 级数 (1.8.12) 的右端均方收敛. 这样对任何 $t, s \geqslant 1$, 由内积的连续性得到

$$\mathrm{E}Z_t = \mathrm{E}(Z_t \cdot 1) = \lim_{n\to\infty} \mathrm{E}\sum_{j=1}^{n}[\xi_j \cos(t\lambda_j) + \eta_j \sin(t\lambda_j)] = 0,$$

$$\mathrm{E}(Z_t Z_s)$$
$$= \lim_{n\to\infty} \mathrm{E}\Big\{ \sum_{j=1}^{n} \big[\xi_j \cos(t\lambda_j) + \eta_j \sin(t\lambda_j)\big] \sum_{j=1}^{n} \big[\xi_j \cos(s\lambda_j) + \eta_j \sin(s\lambda_j)\big] \Big\}$$
$$= \lim_{n\to\infty} \sum_{j=1}^{n} \sigma_j^2 \cos((t-s)\lambda_j) = \sum_{j=1}^{\infty} \sigma_j^2 \cos((t-s)\lambda_j).$$

于是, 由 (1.8.11) 式定义的 $\{Z_t\}$ 是数学期望为 0 的平稳序列, 由可列个正弦波和余弦波叠加构成, 有自协方差函数

$$\gamma_k = \sum_{j=1}^{\infty} \sigma_j^2 \cos(k\lambda_j), \quad k \in \mathbb{Z}$$

(1.8.13)

和谱函数

$$F(\lambda) = \sum_{j=1}^{\infty} \frac{\sigma_j^2}{2} \big(\mathrm{I}_{[-\lambda_j,\pi]}(\lambda) + \mathrm{I}_{[\lambda_j,\pi]}(\lambda) \big).$$

(1.8.14)

这是有可列个跳跃点的纯阶梯函数, 它在 $\pm\lambda_j$ 处有跳跃 $\sigma_j^2/2$.

　　尽管离散谱序列是平稳序列, 但是它的每一次观测是确定的三角函数的简单叠加, 所以在实际工作中常常被人们视作非随机的处理. 这时的模型称为**调和模型** (harmonic model).

注 (1.8.14) 式中若有 $\lambda_j = \pi$, 则相应的

$$(\sigma_j^2/2)(\mathrm{I}_{[-\lambda_j,\pi]}(\lambda) + \mathrm{I}_{[\lambda_j,\pi]}(\lambda))$$

应当改为 $\sigma_j^2 \mathrm{I}_{\{\pi\}}(\lambda)$, 以保持右连续性和 $F(-\pi) = 0$.

习 题 1.8

1.8.1 设 $A_1, A_2, \cdots, A_p$ 是常数, $\lambda_1, \lambda_2, \cdots, \lambda_p \in [0, \pi]$, 随机变量 $\theta_1, \theta_2,$
$\cdots, \theta_p$ 相互独立且在 $[-\pi, \pi]$ 上服从均匀分布. 证明:

$$Z_t = \sum_{j=1}^{p} A_j \cos(t\lambda_j + \theta_j), \quad t \in \mathbb{Z}$$

是数学期望为 0 的平稳序列. 求它的自协方差函数.

1.8.2 用 $\boldsymbol{\Gamma}_m$ 表示平稳序列 (1.8.1) 的 m 阶自协方差矩阵. 对 $m \geqslant 1$, 计算 $\det(\boldsymbol{\Gamma}_m)$.

第二章 自回归模型

自回归是自然界的普遍现象: 无论初始状态如何, 随着时间的推移, 时间序列只能通过向平稳序列回归而长存. 自回归模型是这一现象的数学描述. 为了研究自回归模型, 需要学习常系数线性差分方程的基本知识.

§2.1 推移算子和常系数差分方程

2.1.1 推移算子

时间序列是按时间次序排列的随机变量序列. 为了便于对时间序列进行讨论, 需要对时间序列的时间指标 t 引入向后推移算子 $\mathcal{B}$.

对任何时间序列 $\{X_t\}$ 和无穷级数

$$\psi(z) = \sum_{j=-\infty}^{\infty} b_j z^j,$$

只要级数

$$\sum_{j=-\infty}^{\infty} b_j X_{t-j}$$

在某种意义下收敛 (例如几乎必然收敛、依概率收敛、均方收敛), 则定义

$$\psi(\mathcal{B}) = \sum_{j=-\infty}^{\infty} b_j \mathcal{B}^j, \quad \psi(\mathcal{B}) X_t = \sum_{j=-\infty}^{\infty} b_j \mathcal{B}^j X_t = \sum_{j=-\infty}^{\infty} b_j X_{t-j}, \quad (2.1.1)$$

并且称 $\mathcal{B}$ 是时间 t 的**向后推移算子**, 简称为**推移算子**.

推移算子又被称为**时滞算子**或**延迟算子**. 从定义 (2.1.1) 式可以得到推移算子 $\mathcal{B}$ 的以下性质:

(1) 对与 t 无关的随机变量 Y, 有 $\mathcal{B}Y = Y$;

(2) 对整数 n, 常数 a, 有 $\mathcal{B}^n(aX_t) = a\mathcal{B}^n X_t = aX_{t-n}$;

(3) 对整数 n, m, 有 $\mathcal{B}^{n+m}X_t = \mathcal{B}^n(\mathcal{B}^m)X_t = X_{t-n-m}$;

(4) 对多项式 $\psi(z) = \sum\limits_{j=0}^{p} c_j z^j$, 有 $\psi(\mathcal{B})X_t = \sum\limits_{j=0}^{p} c_j X_{t-j}$;

(5) 对于多项式 $\psi(z) = \sum\limits_{j=0}^{p} c_j z^j$ 和 $\phi(z) = \sum\limits_{j=0}^{q} d_j z^j$ 的乘积 $A(z) = \psi(z)\phi(z)$, 有

$$A(\mathcal{B})X_t = \psi(\mathcal{B})[\phi(\mathcal{B})X_t] = \phi(\mathcal{B})[\psi(\mathcal{B})X_t];$$

(6) 对于时间序列 $\{X_t\}$, $\{Y_t\}$, 多项式 $\psi(z) = \sum\limits_{j=0}^{p} c_j z^j$ 和随机变量 U, V, W, 有

$$\psi(\mathcal{B})(UX_t + VY_t + W) = U\psi(\mathcal{B})X_t + V\psi(\mathcal{B})Y_t + W\psi(1).$$

证明　(1) 对任意 $t \in \mathbb{Z}$, 定义 $X_t = Y$. 对 $j \neq 1$, 定义 $b_j = 0$. 取 $b_1 = 1$, 由 (2.1.1) 式得到 $\mathcal{B}Y = \mathcal{B}X_t = X_{t-1} = Y$.

(2) 令 $Y_t = aX_t$, $t \in \mathbb{Z}$. 由 (2.1.1) 式得到 $\mathcal{B}^n Y_t = Y_{t-n} = aX_{t-n}$.

(3) $\mathcal{B}^n[\mathcal{B}^m X_t] = \mathcal{B}^n X_{t-m} = X_{t-n-m}$.

(4) 对 $j < 0$ 或 $j > p$, 取 $b_j = 0$, 由 (2.1.1) 式得到性质 (4).

(5) 利用

$$A(z) = \sum_{k=0}^{p}\sum_{j=0}^{q} c_k d_j z^{k+j},$$
$$Z_t \overset{\text{def}}{=} \phi(\mathcal{B})X_t = \sum_{j=0}^{q} d_j X_{t-j}, \quad t \in \mathbb{Z},$$

得到

$$\psi(\mathcal{B})[\phi(\mathcal{B})X_t] = \psi(\mathcal{B})Z_t = \sum_{k=0}^{p} c_k Z_{t-k}$$
$$= \sum_{k=0}^{p} c_k \sum_{j=0}^{q} d_j X_{t-k-j}$$

$$= \sum_{k=0}^{p} \sum_{j=0}^{q} c_k d_j X_{t-k-j} = A(\mathcal{B}) X_t.$$

同理可证 $A(\mathcal{B})X_t = \phi(\mathcal{B})[\psi(\mathcal{B})X_t]$.

(6) 证明留给读者.

2.1.2 常系数齐次线性差分方程

给定 p 个实数 $a_1, a_2, \cdots, a_p, a_p \neq 0$, 称

$$X_t - (a_1 X_{t-1} + a_2 X_{t-2} + \cdots + a_p X_{t-p}) = 0, \quad t \in \mathbb{Z} \qquad (2.1.2)$$

为 p **阶齐次常系数线性差分方程**, 简称为**齐次差分方程**. 满足方程 (2.1.2) 的实值 (或复值) 时间序列 $\{X_t\}$ 称为方程 (2.1.2) 的解.

可以看到, 方程 (2.1.2) 的解 $\{X_t\}$ 可由它的 p 个初值 $X_0, X_1, \cdots,$ X_{p-1} 逐步递推得到:

$$X_t = a_1 X_{t-1} + a_2 X_{t-2} + \cdots + a_p X_{t-p}, \quad t \geqslant p,$$
$$X_t = X_{t+p}/a_p - (a_1 X_{t+p-1} + \cdots + a_{p-1} X_{t+1})/a_p, \quad t < 0.$$

所以 $\{X_t\}$ 可以由这 p 个初值唯一决定.

因为初值是可以任意选择的, 所以方程 (2.1.2) 的解有无穷多个. 如果把 t 看成时间指标, 初值 $(X_0, X_1, \cdots, X_{p-1})$ 是随机向量, 则由这个初值决定的解是时间序列.

利用推移算子 $\mathcal{B}$, 可以把方程 (2.1.2) 写成等价的形式:

$$A(\mathcal{B}) X_t = 0, \quad t \in \mathbb{Z}, \qquad (2.1.3)$$

其中 $A(z) = 1 - \sum_{j=1}^{p} a_j z^j$, 称 $A(z)$ 为方程 (2.1.2) 的特征多项式. 容易看出, 如果时间序列 $\{X_t\}$ 和 $\{Y_t\}$ 都是方程 (2.1.2) 的解, 则它们的线性组合

$$Z_t = \xi X_t + \eta Y_t, \quad t \in \mathbb{Z}$$

也是方程 (2.1.2) 的解. 实际上利用推移算子的性质 (6), 得到

$$A(\mathcal{B}) Z_t = \xi A(\mathcal{B}) X_t + \eta A(\mathcal{B}) Y_t = 0.$$

例 2.1.1 设多项式 $A(z) = 0$ 有 k 个互异根 $z_1, z_2, \cdots, z_k$, 且 z_j 是 $r(j)$ 重根, 则对任何 $1 \leqslant j \leqslant k$, $0 \leqslant l \leqslant r(j) - 1$, 有

$$A(\mathcal{B})t^l z_j^{-t} = 0. \tag{2.1.4}$$

证明 设 $A(z)$ 有因式分解

$$A(z) = \prod_{j=1}^{k}(1 - z_j^{-1}z)^{r(j)},$$

则有

$$A(\mathcal{B}) = \prod_{j=1}^{k}(1 - z_j^{-1}\mathcal{B})^{r(j)}.$$

于是只要证明

$$(1 - z_j^{-1}\mathcal{B})^{r(j)}t^l z_j^{-t} = 0, \quad t \in \mathbb{Z}. \tag{2.1.5}$$

用归纳法. 当 $l = 0$ 时,

$$(1 - z_j^{-1}\mathcal{B})z_j^{-t} = z_j^{-t} - z_j^{-1}z_j^{-(t-1)} = 0.$$

假设对于 $0 \leqslant l < m \leqslant r(j) - 1$ 已经证明

$$(1 - z_j^{-1}\mathcal{B})^{l+1}t^l z_j^{-t} = 0,$$

则对 $1 \leqslant k \leqslant m$, $l = m - k$ 有

$$(1 - z_j^{-1}\mathcal{B})^m t^{m-k}z_j^{-t} = (1 - z_j^{-1}\mathcal{B})^{k-1}(1 - z_j^{-1}\mathcal{B})^{l+1}t^l z_j^{-t} = 0.$$

这样, 对 $l = m$ 有

$$\begin{aligned}
&(1 - z_j^{-1}\mathcal{B})^{m+1}t^m z_j^{-t}\\
&= (1 - z_j^{-1}\mathcal{B})^m\big[t^m z_j^{-t} - z_j^{-1}(t-1)^m z_j^{-t+1}\big]\\
&= (1 - z_j^{-1}\mathcal{B})^m\big[t^m - (t-1)^m\big]z_j^{-t}\\
&= (1 - z_j^{-1}\mathcal{B})^m\big(c_1 t^{m-1} + c_2 t^{m-2} + \cdots + c_m\big)z_j^{-t} = 0,
\end{aligned}$$

其中 $c_1, c_2, \cdots, c_m$ 是与 t 无关的常数. 于是 (2.1.5) 式成立.

定理 2.1.1 设 $A(z) = 0$ 有 k 个互异根 $z_1, z_2, \cdots, z_k$, 且 z_j 是 $r(j)$ 重根, 则

$$\{z_j^{-t}t^l\}, \quad l = 0, 1, \cdots, r(j) - 1, \ j = 1, 2, \cdots, k \tag{2.1.6}$$

是方程 (1.1.2) 的 p 个解, 而且方程 (2.1.2) 的任何解 $\{X_t\}$ 都可以写成这 p 个解的线性组合:

$$X_t = \sum_{j=1}^{k} \sum_{l=0}^{r(j)-1} U_{l,j} t^l z_j^{-t}, \quad t \in \mathbb{Z}, \tag{2.1.7}$$

其中的随机变量 $U_{l,j}$ 可以由 $\{X_t\}$ 的初值 $X_0, X_1, \cdots, X_{p-1}$ 唯一决定 (见文献 [15]).

以后将 (2.1.7) 式称为齐次差分方程 (2.1.2) 的通解. 对差分方程 (2.1.2) 的解, 如果初值 $X_0, X_1, \cdots, X_{p-1}$ 是常数, 则由它决定的解是常数序列. 这时, 通解 (2.1.7) 中的 $U_{l,j}$ 也都是常数.

将 $U_{l,j}$ 和 z_j 写成指数的形式:

$$U_{l,j} = V_{l,j} \mathrm{e}^{\mathrm{i}\theta_{l,j}}, \quad z_j = \rho_j \mathrm{e}^{\mathrm{i}\lambda_j},$$

则 (2.1.7) 式中,

$$U_{l,j} t^l z_j^{-t} = V_{l,j} t^l \rho_j^{-t} \mathrm{e}^{-\mathrm{i}(\lambda_j t - \theta_{l,j})}$$

的实部是

$$V_{l,j} t^l \rho_j^{-t} \cos(\lambda_j t - \theta_{l,j}).$$

于是, 满足差分方程 (2.1.2) 的任何实值时间序列可以表示成

$$\sum_{j=1}^{k} \sum_{l=0}^{r(j)-1} V_{l,j} t^l \rho_j^{-t} \cos(\lambda_j t - \theta_{l,j}), \quad t \in \mathbb{Z}. \tag{2.1.8}$$

因为 $U_{l,j}$ 可以由 $\{X_t\}$ 的初值 $X_0, X_1, \cdots, X_{p-1}$ 唯一决定, 所以作为 $U_{l,j}$ 的模和辐角, $V_{l,j}$ 和 $-\theta_{l,j}$ 也由 $X_0, X_1, \cdots, X_{p-1}$ 唯一决定.

不难看出, 如果特征多项式 $A(z) = 0$ 的根都在单位圆外: $|z_j| > 1$, 则有正数 α 使得 $1 < \alpha < \min\{|z_j| \,|\, 1 \leqslant j \leqslant k\}$. 利用当 $t \to \infty$ 时,

$$t^l |z_j|^{-t} = t^l (\alpha/|z_j|)^t \alpha^{-t} = o(\alpha^{-t}),$$

得到方程 (2.1.2) 的任何解 $\{X_t\}$ 满足

$$|X_t| \leqslant \sum_{j=1}^{k} \sum_{l=0}^{r(j)-1} |U_{l,j}| \, t^l |z_j|^{-t} = o(\alpha^{-t}), \quad 当 t \to \infty. \tag{2.1.9}$$

这时, 我们称 $\{X_t\}$ 以负指数阶收敛到 0.

如果特征多项式 $A(z) = 0$ 在单位圆上有根 $z_j = \exp(\mathrm{i}\lambda_j)$, 利用

$$A(\mathcal{B}) z_j^{-t} = A(\mathcal{B})[\cos(\lambda_j t) - \mathrm{i}\sin(\lambda_j t)] = 0,$$

得到方程 (2.1.2) 的实值解

$$X_t = \cos(\lambda_j t), \quad t \in \mathbb{Z}.$$

这是方程 (2.1.2) 的周期解.

如果特征多项式 $A(z) = 0$ 在单位圆内有根 $z_j = \rho_j \exp(\mathrm{i}\lambda_j)$, 利用

$$A(\mathcal{B}) z_j^{-t} = A(\mathcal{B}) \rho_j^{-t}[\cos(\lambda_j t) - \mathrm{i}\sin(\lambda_j t)] = 0,$$

得到方程 (2.1.2) 的实值解

$$X_t = \rho_j^{-t} \cos(\lambda_j t), \quad t \in \mathbb{Z}.$$

这个解有快速发散的性质.

2.1.3　非齐次线性差分方程

设 $A(z)$ 由 (2.1.3) 式定义, 非齐次线性差分方程由

$$A(\mathcal{B}) X_t = Y_t, \quad t \in \mathbb{Z} \tag{2.1.10}$$

定义, 其中 $\{Y_t\}$ 是实值时间序列. 这时, $A(z)$ 也称作方程 (2.1.10) 的特征多项式. 满足方程 (2.1.10) 的任何时间序列 $\{X_t\}$ 称为方程 (2.1.10)

的解. 如果 $\{X_t^{(0)}\}$ 是方程 (2.1.10) 的解 (可称为特定解), 则对方程 (2.1.10) 的任何解 $\{X_t\}$, 有

$$A(\mathcal{B})(X_t - X_t^{(0)}) = A(\mathcal{B})X_t - A(\mathcal{B})X_t^{(0)} = Y_t - Y_t = 0, \quad t \in \mathbb{Z}.$$

这就得到相应的齐次差分方程 (2.1.2) 的解 $X_t - X_t^{(0)}$, $t \in \mathbb{Z}$. 于是, 利用通解 (2.1.7) 得到

$$X_t = X_t^{(0)} + \sum_{j=1}^{k} \sum_{l=0}^{r(j)-1} U_{l,j} t^l z_j^{-t}, \quad t \in \mathbb{Z}. \qquad (2.1.11)$$

由于非齐次差分方程 (2.1.10) 的任何解都可以用 (2.1.11) 式表示, 所以称 (2.1.11) 式是非齐次差分方程 (2.1.10) 的通解.

习 题 2.1

2.1.1 证明: 推移算子的性质 (6).

2.1.2 设 $\psi(t)$ 是 p 阶多项式, 证明: $(1-\mathcal{B})\psi(t)$ 是 t 的 $p-1$ 阶多项式.

2.1.3 对于二阶差分方程 $(1 - a_1\mathcal{B} - a_2\mathcal{B}^2)X_t = 0$ 和以下各种情况, 分别给出实值通解 $\{X_t\}$:

(1) $A(z) = 1 - a_1 z - a_2 z^2 = 0$ 有两个不同的实根;

(2) $A(z) = 0$ 有相同的实根;

(3) $A(z) = 0$ 有一对共轭根.

2.1.4 设 $A(z)$ 由 (2.1.3) 式定义. 如果 α_j 是 $A(z) = 0$ 的 $r(j)$ 重实根, $\beta_j = \rho_j \exp(\mathrm{i}\lambda_j)$ 是 $A(z) = 0$ 的 $h(j)$ 重复根. 直接验证

$$\alpha_j^{-t} t^l, \quad 0 \leqslant l \leqslant r(j) - 1,$$
$$\rho_j^{-t} t^l \cos(t\lambda_j), \quad 0 \leqslant l \leqslant h(j) - 1,$$
$$\rho_j^{-t} t^l \sin(t\lambda_j), \quad 0 \leqslant l \leqslant h(j) - 1$$

都是差分方程 (2.1.2) 的解.

§2.2 自回归模型

考虑单摆

$$X_t = aX_{t-1} + \varepsilon_t, \quad t \in \mathbb{N}_+, \tag{2.2.1}$$

其中 $\{\varepsilon_t\}$ 是由空气振动造成的随机干扰, 通常认为是 $\mathrm{WN}(0, \sigma^2)$, X_0 是单摆的初始振幅, X_t 是第 t 次摆动的最大振幅. a 越接近 0, 阻尼越大, 单摆稳定得越快 (见图 2.2.1). a 越接近 ± 1, 阻尼越小, 单摆振荡得越剧烈 (见图 2.2.2). 但只要 $a \in (-1, 1)$, 随着时间的推移, 单摆总能稳定下来, 这时的系统 (2.2.1) 被称为稳定的.

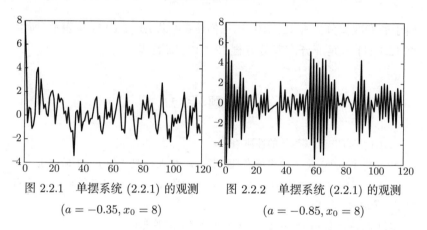

图 2.2.1 单摆系统 (2.2.1) 的观测
($a = -0.35, x_0 = 8$)

图 2.2.2 单摆系统 (2.2.1) 的观测
($a = -0.85, x_0 = 8$)

当 $a = \pm 1$ 时, 单摆成为无阻尼运动, 无法稳定下来, 这时称系统 (2.2.1) 是非稳定的. 类似地可以说明, 当 $|a| > 1$ 时, 系统 (2.2.1) 也是非稳定的.

引入差分方程 (2.2.1) 的特征多项式 $A(z) = 1 - az$, 则 $z_1 = a^{-1}$ 是 $A(z) = 0$ 的根. 上面的分析说明系统 (2.2.1) 是稳定系统的充要条件是特征多项式的根 $z_1 = 1/a$ 在单位圆外: $|z_1| > 1$.

当 $|a| < 1$ 时, 定义平稳序列

$$X_t = \sum_{j=0}^{\infty} a^j \varepsilon_{t-j}, \quad t \in \mathbb{Z}, \tag{2.2.2}$$

则有 $X_t = a \sum\limits_{j=0}^{\infty} a^j \varepsilon_{t-1-j} + \varepsilon_t = a X_{t-1} + \varepsilon_t$, 这说明 (2.2.2) 式是方程
(2.2.1) 的解, 称为平稳解. 由差分方程的知识知道, 方程 (2.2.1) 的通解是

$$X_t = \sum_{j=0}^{\infty} a^j \varepsilon_{t-j} + \xi a^t, \quad t \in \mathbb{Z}, \tag{2.2.3}$$

其中 ξ 是随机变量. 不难看出, 当 $t \to \infty$ 时, 通解和平稳解之间只差
一个无穷小量 $|\xi a^t| = o(|a|^t)$. 也就是说, 系统 (2.2.1) 的任何解都随着
时间的推移回归并稳定于平稳解 (2.2.2). 或者说由 (2.2.2) 式定义的
平稳序列描述的是在稳定状态下单摆的运动情况. 这时, 只有白噪声
$\{\varepsilon_t\}$ 和 a 在起作用. 从

$$\mathrm{Var}(X_t) = \sigma^2 \sum_{j=0}^{\infty} a^{2j} = \frac{\sigma^2}{1-a^2}$$

知道, σ^2 固定时, 特征多项式 $A(z) = 1 - az = 0$ 的根 a^{-1} 越接近 ± 1,
单摆的稳定性越差. $|a^{-1}|$ 越大, 单摆的稳定性越好.

　　模型 (2.2.1) 是一阶自回归模型. 它表明当前的随机现象 X_t 由前
一时间的随机现象 X_{t-1} 和当前的随机干扰 ε_t 造成. 如果当前的随机
现象 X_t 由前 p 个时间的随机现象 $X_{t-1}, X_{t-2}, \cdots, X_{t-p}$ 和当前的随
机干扰 ε_t 造成, 就得到模型 (2.2.1) 的推广.

　　定义 2.2.1 (AR(p) 模型)　如果 $\{\varepsilon_t\}$ 是 WN$(0, \sigma^2)$, 实数 $a_1, a_2, \cdots,$
a_p $(a_p \neq 0)$ 使得多项式 $A(z) = 0$ 的根都在单位圆外:

$$A(z) = 1 - \sum_{j=1}^{p} a_j z^j \neq 0, \quad |z| \leqslant 1, \tag{2.2.4}$$

则称 p 阶差分方程

$$X_t = \sum_{j=1}^{p} a_j X_{t-j} + \varepsilon_t, \quad t \in \mathbb{Z} \tag{2.2.5}$$

为 p **阶自回归模型**, 简称为 **AR(p) 模型**. 称满足 AR(p) 模型 (2.2.5) 的
平稳时间序列 $\{X_t\}$ 为**平稳解**或 **AR(p) 序列**. 称 $\boldsymbol{a} = (a_1, a_2, \cdots, a_p)^{\mathrm{T}}$

是 AR(p) 模型的自回归系数. 称条件 (2.2.4) 是**稳定性条件**或**最小相位条件**.

定义 2.2.1 中的 AR 是 "autoregression" (自回归) 的缩写. 通常把由 (2.2.4) 式定义的 $A(z)$ 称为模型 (2.2.5) 的特征多项式. 利用时间 t 的向后推移算子可以将 AR(p) 模型 (2.2.5) 改写成

$$A(\mathcal{B})X_t = \varepsilon_t, \quad t \in \mathbb{Z}. \tag{2.2.6}$$

设多项式 $A(z) = 0$ 的互异根是 $z_1, z_2, \cdots, z_k$, 则对 $1 < \rho < \min\{|z_j|\}$, $A^{-1}(z) = 1/A(z)$ 是 $\{z \,|\, |z| \leqslant \rho\}$ 内的解析函数. 从而有 Taylor 级数

$$A^{-1}(z) = \sum_{j=0}^{\infty} \psi_j z^j, \quad |z| \leqslant \rho. \tag{2.2.7}$$

由级数 (2.2.7) 在 $z = \rho$ 的绝对收敛性得到 $|\psi_j \rho^j| \to 0$, 当 $j \to \infty$. 于是由

$$\psi_j = o(\rho^{-j}), \quad \text{当 } j \to \infty \tag{2.2.8}$$

知道 $\{\psi_j\}$ 绝对可和. 而且, $\min\{|z_j|\}$ 越大, ψ_j 趋于 0 越快. 定义

$$A^{-1}(\mathcal{B}) = \sum_{j=0}^{\infty} \psi_j \mathcal{B}^j.$$

从 (2.2.6) 式得到下面的形式运算:

$$X_t = A^{-1}(\mathcal{B})A(\mathcal{B})X_t = A^{-1}(\mathcal{B})\varepsilon_t, \quad t \in \mathbb{Z}.$$

上式提示我们, 由

$$X_t = A^{-1}(\mathcal{B})\varepsilon_t = \sum_{j=0}^{\infty} \psi_j \varepsilon_{t-j}, \quad t \in \mathbb{Z} \tag{2.2.9}$$

决定的平稳序列是 AR(p) 序列. 下面的定理证明了这个结论. (2.2.9) 式中的系数 $\{\psi_j\}$ 称为平稳序列 $\{X_t\}$ 的 Wold 系数, 以后对它将有进一步探讨.

定理 2.2.1 设 AR(p) 模型 (2.2.5) 的特征多项式 $A(z) = 0$ 有 k 个互异根 $z_1, z_2, \cdots, z_k$, 且 z_j 是 $r(j)$ 重根, 则

(1) 由 (2.2.9) 式定义的时间序列 $\{X_t\}$ 是 AR(p) 模型 (2.2.5) 的唯一平稳解;

(2) AR(p) 模型的通解有如下的形式:

$$Y_t = \sum_{j=0}^{\infty} \psi_j \varepsilon_{t-j} + \sum_{j=1}^{k} \sum_{l=0}^{r(j)-1} U_{l,j} t^l z_j^{-t}, \quad t \in \mathbb{Z}, \tag{2.2.10}$$

其中 $\{U_{l,j}\}$ 是随机变量.

证明 先证明平稳序列 (2.2.9) 是方程 (2.2.5) 的解. 设 $a_0 = -1$, 对 $k < 0$ 定义 $\psi_k = 0$. 由于 $\{\psi_k\}$ 绝对可和, 所以对 $|z| \leqslant 1$ 有

$$1 = A(z)A^{-1}(z) = -\sum_{j=0}^{p} a_j z^j \sum_{k=0}^{\infty} \psi_k z^k$$

$$= -\sum_{k=0}^{\infty} \Big(\sum_{j=0}^{p} a_j \psi_{k-j} \Big) z^k.$$

比较系数得到

$$\psi_0 = 1, \quad \sum_{j=0}^{p} a_j \psi_{k-j} = -\psi_k + \sum_{j=1}^{p} a_j \psi_{k-j} = 0, \quad k \geqslant 1.$$

通过对系数的相同运算得到

$$A(\mathcal{B})X_t = -\sum_{j=0}^{p} a_j X_{t-j} = -\sum_{j=0}^{p} a_j \sum_{k=0}^{\infty} \psi_k \varepsilon_{t-j-k}$$

$$= -\sum_{k=0}^{\infty} \Big(\sum_{j=0}^{p} a_j \psi_{k-j} \Big) \varepsilon_{t-k} = \varepsilon_t.$$

这就证明了 (2.2.9) 式定义的 $\{X_t\}$ 是平稳解. 如果方程 (2.2.5) 另有平稳解 $\{Y_t\}$, 则 $A(\mathcal{B})Y_t = \varepsilon_t$ 是平稳序列, 并且

$$Y_t = A^{-1}(\mathcal{B})A(\mathcal{B})Y_t = A^{-1}(\mathcal{B})\varepsilon_t = X_t, \quad t \in \mathbb{Z}.$$

于是知道平稳解是唯一的. 最后, 利用非齐次差分方程的通解 (2.1.11) 得到方程 (2.2.5) 的通解 (2.2.10).

从上面的推导, 我们还可以得到由自回归系数 $a_1, a_2, \cdots, a_p$ 递推 Wold 系数 $\{\psi_k\}$ 的公式:

$$\psi_0 = 1, \quad \psi_k = \sum_{j=1}^{p} a_j \psi_{k-j}, \ k \geqslant 1. \tag{2.2.11}$$

从定理 2.2.1 知道 AR(p) 模型的通解 $\{Y_t\}$ 和平稳解之差满足

$$|X_t - Y_t| = \left| \sum_{j=1}^{k} \sum_{l=0}^{r(j)-1} U_{l,j} t^l z_j^{-t} \right| \leqslant O(\rho^{-t}), \quad \text{当 } t \to \infty, \tag{2.2.12}$$

其中 ρ 是 $(1, \min\{|z_j|\})$ 中的数. 也就是说, AR(p) 模型的任何解都随着时间的推移以负指数阶的速度回归到平稳解 (2.2.9). 可以看出, $\min\{|z_j|\}$ 越大, $\{Y_t\}$ 回归平稳解越快, 或者说 $\{Y_t\}$ 稳定下来得越快. 实际上, 从方程 (2.2.5) 的通解表达式 (2.2.10) 也可以看出 (2.2.9) 式定义了 AR(p) 模型 (2.2.5) 的唯一平稳解.

(2.2.12) 式还告诉我们用白噪声 $\{\varepsilon_t\}$ 和 AR(p) 模型的自回归系数 $\boldsymbol{a}$ 产生 AR(p) 序列的方法. 取初值 $Y_0 = Y_1 = \cdots = Y_{p-1} = 0$ 和

$$Y_t = \sum_{j=1}^{p} a_j Y_{t-j} + \varepsilon_t, \quad t = p, p+1, \cdots, m+n,$$

可以将

$$X_t = Y_{m+t}, \quad t = 1, 2, \cdots, n$$

视为所需要的 AR(p) 序列. 一般取 $m \geqslant 50$ 就可以了. 当 $\min\{|z_j|\}$ 较小时, m 要适当放大.

图 2.2.3 是用上述方法产生的模型

$$X_j = 0.35X_{j-1} + 0.23X_{j-2} - 0.15X_{j-3} + 0.06X_{j-4} + \varepsilon_j \tag{2.2.13}$$

的 80 个观测数据, 其中 $m = 50$, $\{\varepsilon_t\}$ 是正态 WN$(0, 1.2^2)$, 特征多项式是

$$A(z) = 1 - 0.35z - 0.23z^2 + 0.15z^3 - 0.06z^4.$$

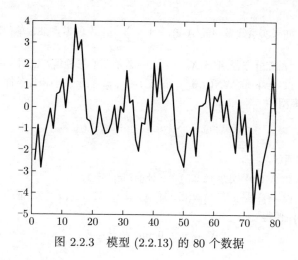

图 2.2.3 模型 (2.2.13) 的 80 个数据

注 如果使用 Matlab 软件, 可用命令语句

$$p = [-0.06, 0.15, -0.23, -0.35, 1]$$

表示 p 是多项式 $A(z) = 0.06z^4 - 0.15z^3 + 0.23z^2 + 0.35z - 1$. 再调用 r=roots(p) 得到多项式 $A(z) = 0$ 的 4 个根如下:

$$r = 1.2047 + 2.1957i, \quad 1.2047 - 2.1957i, \quad 1.6761, \quad -1.5854.$$

反过来, 如果先用命令语句

$$r = [1.2047 + 2.1957i, 1.2047 - 2.1957i, 1.6761, -1.5854]$$

给出多项式的 4 个根, 可以调用 p=poly(r) 得到和多项式 (2.2.13) 同根的多项式: $p = 16.6667[0.06, -0.15, 0.23, 0.35, -1]$.

用 angle(r) 和 abs(r) 还可以得到根 r 的辐角和模.

习 题 2.2

2.2.1 设 $\{\varepsilon_t\}$ 是 $\mathrm{WN}(0, \sigma^2)$, 实数 a 的绝对值大于 1. 讨论差分方程 $X_t = aX_{t-1} + \varepsilon_t$, $t \in \mathbb{Z}$ 有没有平稳解, 并证明你的结论.

2.2.2 如果实系数多项式 $A(z) = 1 - \sum_{j=1}^{p} a_j z^j$ 的零点都在单位圆内, $\{\varepsilon_t\}$ 是 $\mathrm{WN}(0, \sigma^2)$, 差分方程 $A(\mathcal{B})X_t = \varepsilon_t$, $t \in \mathbb{Z}$ 有没有平稳解? 证明你的结论.

2.2.3 设 $\{\varepsilon_t\}$ 是 $\mathrm{WN}(\mu, \sigma^2)$, $a_1, a_2, \cdots, a_p$ 满足最小相位条件. 求非中心化 $\mathrm{AR}(p)$ 模型

$$X_t = a_0 + \sum_{j=1}^{p} a_j X_{t-j} + \varepsilon_t, \quad t \in \mathbb{Z}$$

的平稳解和通解.

2.2.4 在 $\mathrm{AR}(p)$ 模型 (2.2.5) 中, 证明: $|a_p| < 1$.

2.2.5 设 $\{\varepsilon_t\}$ 是正态 $\mathrm{WN}(0, \sigma^2)$, $X_t = \varepsilon_t - 2\varepsilon_{t-1}$, $t \in \mathbb{Z}$. 证明: 存在正态白噪声 $\{\eta_t\}$, 使得

$$X_t = \eta_t - 0.5\eta_{t-1}, \quad t \in \mathbb{Z}.$$

§2.3 AR 序列的谱密度和 Yule-Walker 方程

以后将数学期望为 0 的时间序列简称为**零均值时间序列**, 将数学期望为 0 的平稳序列简称为**零均值平稳序列**.

2.3.1 AR 序列的谱密度

设 $\{X_t\}$ 是 $\mathrm{AR}(p)$ 模型 (2.2.5) 的平稳解, 由 (2.2.9) 式定义. 利用线性平稳序列的性质知道它的数学期望为 0, 有自协方差函数

$$\gamma_k = \mathrm{E}(X_{t+k}X_t) = \sigma^2 \sum_{j=0}^{\infty} \psi_j \psi_{j+k}, \quad k = 0, 1, \cdots. \qquad (2.3.1)$$

设正数 $\rho \in (1, \min\{|z_j|\})$. 利用 Cauchy 不等式和 Wold 系数 $\{\psi_k\}$ 的负指数阶收敛性 (2.2.8) 得到

$$|\gamma_k| \leqslant \sigma^2 \Big(\sum_{j=0}^{\infty} \psi_j^2 \sum_{j=0}^{\infty} \psi_{j+k}^2 \Big)^{1/2} \leqslant c_0 \Big(\sum_{j=k}^{\infty} \rho^{-2j} \Big)^{1/2} \leqslant c_1 \rho^{-k}, \qquad (2.3.2)$$

其中 c_0, c_1 是正常数. 所以, 和 Wold 系数 $\{\psi_k\}$ 一样, $\mathrm{AR}(p)$ 序列的自协方差函数也是以负指数阶收敛到 0 的. 而且 $\min\{|z_j|\}$ 越大, γ_k 收

敛得越快, 这说明 X_t 和 X_{t+k} 的相关性减少得越快. 这种现象又被称为时间序列的短记忆性.

利用线性平稳序列的谱密度公式 (见 (1.7.4) 式) 和 (2.2.9) 式可以得到 AR(p) 序列 $\{X_t\}$ 的谱密度函数

$$f(\lambda) = \frac{\sigma^2}{2\pi}\Big|\sum_{j=0}^{\infty}\psi_j \mathrm{e}^{\mathrm{i}j\lambda}\Big|^2 = \frac{\sigma^2}{2\pi|A(\mathrm{e}^{\mathrm{i}\lambda})|^2}, \tag{2.3.3}$$

其中 $A(z)$ 是 AR(p) 模型 (2.2.5) 的特征多项式. AR(p) 序列的谱密度 $f(\lambda)$ 是一个恒正的偶函数. 通过谱密度 (2.3.3) 知道, 如果 $A(z)=0$ 有复根 $z_j = \rho_j \mathrm{e}^{\mathrm{i}\lambda_j}$ 靠近单位圆, 利用因式分解公式可以看出 $f(\lambda)$ 会在 λ_j 附近表现出峰值. 这说明相应的平稳序列的能量在 λ_j 处比较集中, 或者说平稳序列有一个角频率是 λ_j 的频率成分. ρ_j 越接近于 1, 相应平稳序列的频率性越强. 当 $\rho_j \to 1$, $f(\lambda_j) \to \infty$ 时, (2.2.9) 式的平稳性将遭到破坏. 实际上当 $A(z)=0$ 在单位圆上有根时, 差分方程 (2.2.5) 没有平稳解.

平稳序列的谱密度还可以由它的自协方差函数表示.

定理 2.3.1　如果平稳序列 $\{X_t\}$ 的自协方差函数 $\{\gamma_k\}$ 绝对可和: $\sum_{k=-\infty}^{\infty}|\gamma_k| < \infty$, 则 $\{X_t\}$ 有谱密度

$$f(\lambda) = \frac{1}{2\pi}\sum_{k=-\infty}^{\infty}\gamma_k \mathrm{e}^{-\mathrm{i}k\lambda}. \tag{2.3.4}$$

由于谱密度是实值函数, 所以 (2.3.4) 式还可以写成

$$f(\lambda) = \frac{1}{2\pi}\sum_{k=-\infty}^{\infty}\gamma_k \cos(k\lambda) = \frac{1}{2\pi}\Big[\gamma_0 + 2\sum_{k=1}^{\infty}\gamma_k \cos(k\lambda)\Big].$$

证明　不难验证由 (2.3.4) 式定义的 $f(\lambda)$ 满足

$$\int_{-\pi}^{\pi} f(\lambda)\mathrm{e}^{\mathrm{i}j\lambda}\,\mathrm{d}\lambda = \frac{1}{2\pi}\sum_{k=-\infty}^{\infty}\gamma_k\int_{-\pi}^{\pi}\mathrm{e}^{-\mathrm{i}(k-j)\lambda}\,\mathrm{d}\lambda = \gamma_j.$$

按谱密度的定义, 我们还要验证 $f(\lambda)$ 是非负函数. 由于自协方差函数 $\{\gamma_k\}$ 非负定, 所以对正整数 N,

$$
\begin{aligned}
0 \leqslant f_N(\lambda) &\overset{\text{def}}{=\!=} \frac{1}{2\pi N} \sum_{k=1}^{N} \sum_{j=1}^{N} \gamma_{k-j} \mathrm{e}^{-\mathrm{i}(k-j)\lambda} \\
&= \frac{1}{2\pi N} \sum_{j=1-N}^{N-1} (N - |j|) \gamma_j \mathrm{e}^{-\mathrm{i}j\lambda} \\
&= \frac{1}{2\pi} \sum_{j=1-N}^{N-1} \gamma_j \mathrm{e}^{-\mathrm{i}j\lambda} - \frac{1}{2\pi N} \sum_{j=1-N}^{N-1} |j| \gamma_j \mathrm{e}^{-\mathrm{i}j\lambda}.
\end{aligned}
$$

利用 Kronecker 引理 (见习题 2.3.3) 得到

$$
\lim_{N\to\infty} \frac{1}{2\pi N} \sum_{j=1-N}^{N-1} |j| \gamma_j \mathrm{e}^{-\mathrm{i}j\lambda} = 0.
$$

于是得到

$$
f(\lambda) = \lim_{N\to\infty} f_N(\lambda) \geqslant 0.
$$

推论 2.3.2   由 (2.2.9) 式定义的 AR(p) 序列 $\{X_t\}$ 有谱密度

$$
f(\lambda) = \frac{1}{2\pi} \sum_{k=-\infty}^{\infty} \gamma_k \mathrm{e}^{-\mathrm{i}k\lambda} = \frac{\sigma^2}{2\pi |A(\mathrm{e}^{\mathrm{i}\lambda})|^2}.
$$

2.3.2   Yule-Walker 方程

设 AR(p) 序列 $\{X_t\}$ 是模型 (2.2.5) 的解, 由 (2.2.9) 式定义. 对任何 $k \geqslant 1$, 利用控制收敛定理得到

$$
\mathrm{E}(X_t \varepsilon_{t+k}) = \sum_{j=0}^{\infty} \psi_j \mathrm{E}(\varepsilon_{t-j} \varepsilon_{t+k}) = 0. \tag{2.3.5}
$$

(2.3.5) 式说明了模型 (2.2.5) 和解 (2.2.9) 的合理性: t 时刻的随机现象 X_t 和 t 以后的随机干扰无关. 特别当 $\{\varepsilon_t\}$ 是独立白噪声时, X_t 和 t

以后的随机干扰 ε_{t+k} 独立. 对 $n \geqslant p$, 可以将模型 (2.2.5) 改写成向量的形式:

$$
\begin{pmatrix} X_t \\ X_{t+1} \\ \vdots \\ X_{t+n-1} \end{pmatrix} = \begin{pmatrix} X_{t-1} & \cdots & X_{t-n} \\ X_t & \cdots & X_{t+1-n} \\ \vdots & & \vdots \\ X_{t+n-2} & \cdots & X_{t-1} \end{pmatrix} \boldsymbol{a}_n + \begin{pmatrix} \varepsilon_t \\ \varepsilon_{t+1} \\ \vdots \\ \varepsilon_{t+n-1} \end{pmatrix}, \quad (2.3.6)
$$

其中

$$
\boldsymbol{a}_n = (a_{n,1}, a_{n,2}, \cdots, a_{n,n})^{\mathrm{T}} \overset{\text{def}}{=\!=} (a_1, a_2, \cdots, a_p, 0, \cdots, 0)^{\mathrm{T}}. \quad (2.3.7)
$$

定义自协方程矩阵

$$
\boldsymbol{\Gamma}_n = \begin{pmatrix} \gamma_0 & \gamma_1 & \cdots & \gamma_{n-1} \\ \gamma_1 & \gamma_0 & \cdots & \gamma_{n-2} \\ \vdots & \vdots & & \vdots \\ \gamma_{n-1} & \gamma_{n-2} & \cdots & \gamma_0 \end{pmatrix}
$$

和列向量

$$
\gamma_n = (\gamma_1, \gamma_2, \cdots, \gamma_n)^{\mathrm{T}}, \quad (2.3.8)
$$

在 (2.3.6) 式两边同时乘上 X_{t-1} 后取数学期望, 利用 (2.3.5) 式得到

$$
\gamma_n = \boldsymbol{\Gamma}_n \boldsymbol{a}_n, \quad n \geqslant p.
$$

由此看到对于 $k \geqslant 1$, AR(p) 序列的自协方差函数满足和 AR(p) 模型 (2.2.5) 相应的齐次差分方程

$$
\gamma_k = a_1 \gamma_{k-1} + a_2 \gamma_{k-2} + \cdots + a_p \gamma_{k-p}, \quad k \geqslant 1.
$$

下面看 γ_0 所满足的方程. 利用模型 (2.2.5) 和 (2.3.5) 式得到

$$\begin{aligned}
\gamma_0 = \mathrm{E}X_t^2 &= \mathrm{E}\Big(\sum_{j=1}^{p} a_j X_{t-j} + \varepsilon_t\Big)^2 \\
&= \mathrm{E}\Big(\sum_{j=1}^{p} a_j X_{t-j}\Big)^2 + \mathrm{E}\varepsilon_t^2 \\
&= \mathrm{E}\Big(\sum_{j=1}^{n} a_{n,j} X_{t-j}\Big)^2 + \mathrm{E}\varepsilon_t^2 \\
&= \boldsymbol{a}_n^{\mathrm{T}} \boldsymbol{\Gamma}_n \boldsymbol{a}_n + \sigma^2 \\
&= \boldsymbol{a}_n^{\mathrm{T}} \boldsymbol{\gamma}_n + \sigma^2, \quad n \geqslant p.
\end{aligned}$$

于是可以写出 AR(p) 序列的自协方差函数的 Yule-Walker 方程.

定理 2.3.3 (Yule-Walker 方程) AR(p) 序列的自协方差函数满足

$$\boldsymbol{\gamma}_n = \boldsymbol{\Gamma}_n \boldsymbol{a}_n, \quad \gamma_0 = \boldsymbol{\gamma}_n^{\mathrm{T}} \boldsymbol{a}_n + \sigma^2, \quad n \geqslant p, \tag{2.3.9}$$

其中的 $\boldsymbol{a}_n$ 由 (2.3.7) 式定义.

2.3.3 自协方差函数的周期性

对 $k < 0$, 定义 $\psi_k = 0$. 可把 Yule-Walker 方程写成更一般的形式.

推论 2.3.4 AR(p) 序列的自协方差函数 $\{\gamma_k\}$ 满足和 AR(p) 模型 (2.2.5) 相应的差分方程

$$\gamma_k - (a_1 \gamma_{k-1} + a_2 \gamma_{k-2} + \cdots + a_p \gamma_{k-p}) = \sigma^2 \psi_{-k}, \quad k \in \mathbb{Z}. \tag{2.3.10}$$

证明 对 $k \geqslant 0$, 从 Yule-Walker 方程得到差分方程 (2.3.10). 对 $k < 0$, 利用方程 (2.3.5) 得到

$$\begin{aligned}
&\gamma_k - (a_1 \gamma_{k-1} + a_2 \gamma_{k-2} + \cdots + a_p \gamma_{k-p}) \\
&= \mathrm{E}\Big[X_{t-k}\Big(X_t - \sum_{j=1}^{p} a_j X_{t-j}\Big)\Big] = \mathrm{E}(X_{t-k}\varepsilon_t) \\
&= \mathrm{E}\Big(\sum_{j=0}^{\infty} \psi_j \varepsilon_{t-k-j} \varepsilon_t\Big) = \sigma^2 \psi_{-k}.
\end{aligned}$$

设特征多项式 $A(z) = 0$ 的所有根 $z_j = \rho_j \mathrm{e}^{\mathrm{i}\lambda_j}$ 互异, 这里 $\rho_j = |z_j|$, 则 $A(z)$ 有因式分解

$$A(z) = (1 - z/z_1)(1 - z/z_2) \cdots (1 - z/z_p).$$

从代数的知识知道, 存在非 0 常数 $c_1, c_2, \cdots, c_p$ 使得

$$\begin{aligned} A(z)^{-1} &= \frac{1}{(1 - z/z_1)(1 - z/z_2) \cdots (1 - z/z_p)} \\ &= \frac{c_1}{1 - z/z_1} + \frac{c_2}{1 - z/z_2} + \cdots + \frac{c_p}{1 - z/z_p}, \quad |z| \leqslant 1, \end{aligned}$$

其中 c_j 由下式决定 (见习题 2.3.5):

$$\begin{aligned} c_1 &= \frac{z_2 z_3 \cdots z_p}{(z_2 - z_1)(z_3 - z_1) \cdots (z_p - z_1)}, \\ c_2 &= \frac{z_1 z_3 \cdots z_p}{(z_1 - z_2)(z_3 - z_2) \cdots (z_p - z_2)}, \\ &\cdots \cdots \\ c_p &= \frac{z_1 z_2 \cdots z_{p-1}}{(z_1 - z_p)(z_2 - z_p) \cdots (z_{p-1} - z_p)}. \end{aligned} \tag{2.3.11}$$

于是可以从差分方程 (2.3.10) 得到

$$\begin{aligned} \gamma_t &= A^{-1}(\mathcal{B})\sigma^2 \psi_{-t} = \sigma^2 \sum_{j=1}^{p} c_j (1 - z_j^{-1}\mathcal{B})^{-1} \psi_{-t} \\ &= \sigma^2 \sum_{j=1}^{p} c_j \sum_{l=0}^{\infty} z_j^{-l} \mathcal{B}^l \psi_{-t} = \sigma^2 \sum_{j=1}^{p} c_j \sum_{l=0}^{\infty} z_j^{-l} \psi_{-t+l} \\ &= \sigma^2 \sum_{j=1}^{p} c_j \sum_{l=t}^{\infty} z_j^{-l} \psi_{l-t} = \sigma^2 \sum_{j=1}^{p} c_j \sum_{l=t}^{\infty} \psi_{l-t} z_j^{-l+t} z_j^{-t} \\ &= \sigma^2 \sum_{j=1}^{p} c_j A^{-1}(z_j^{-1}) z_j^{-t} \\ &\stackrel{\text{def}}{=\!=} \sigma^2 \sum_{j=1}^{p} A_j \rho_j^{-t} \cos(\lambda_j t + \theta_j), \quad t \geqslant 0, \end{aligned} \tag{2.3.12}$$

其中 $A_j \cos(\lambda_j t + \theta_j)$ 是 $c_j A^{-1}(z_j^{-1}) \mathrm{e}^{-\mathrm{i}\lambda_j t}$ 的实部. 从这个表达式看到, 当 $A(z) = 0$ 有复根 z_j 接近单位圆 (ρ_j 接近 1) 时, $\{\gamma_k\}$ 的频率特性开

始增强. 这种频率特性会在相应的 AR(p) 序列 $\{X_t\}$ 中得到体现. 如果 $\rho_j = \min\{\rho_k\}$, 则在 $\{X_t\}$ 中, 角频率 λ_j 的作用最重要. 这时我们说 $\{X_t\}$ 的能量在 λ_j 处最集中.

完全类似于单摆的情况, 当 $\min\{|z_j|\}$ 越大时, γ_k 收敛到 0 越快, 这时 $\{X_t\}$ 的平稳性越好. 当 $\min\{|z_j|\}$ 趋于 1 时, $\gamma_k \to 0$ 的性质和 $\{X_t\}$ 的平稳性都将遭到破坏.

例 2.3.1 考虑如下的三个 AR(4) 模型.

(1) $A(z) = 0$ 有两对共轭复根:

$$z_1 = 1.09\mathrm{e}^{\mathrm{i}\pi/3}, \quad z_2 = \overline{z}_1, \quad z_3 = 1.098\mathrm{e}^{\mathrm{i}2\pi/3}, \quad z_4 = \overline{z}_3.$$

由于 z_1, z_3 都很靠近单位圆, 所以谱密度 $f(\lambda)$ 会在 $\pi/3 = 1.047$ 和 $2\pi/3 = 2.094$ 附近有峰值.

图 2.3.1 中最上面的曲线是 $f(\lambda)$, 它在 $\lambda_1 = 1.052$ 和 $\lambda_2 = 2.065$ 处有两个明显峰值, 表示相应的 AR(4) 序列的自协方差函数有周期 $T_1 = 2\pi/\lambda_1 = 5.97$ 和 $T_2 = 2\pi/\lambda_2 = 3.04$ 的特性. λ_1 和 λ_2 分别靠近 1.047 和 2.094. 图 2.3.2 是利用 (2.3.12) 式计算的 25 个自协方差函数 γ_k. 从图中可以看出 $|\gamma_k|$ 递减得比较慢, 并且体现出有周期 T_1, T_2 的特性: 在 $k = 0, 6, \cdots, 24$ 处 $\{\gamma_k\}$ 有大峰值, 在 $k = 0, 3, 6, \cdots, 24$ 处 $\{\gamma_k\}$ 有峰值.

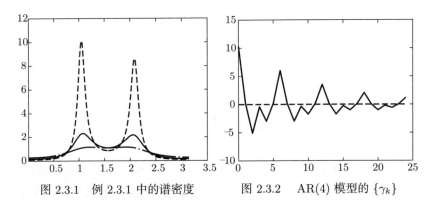

图 2.3.1　例 2.3.1 中的谱密度　　　　图 2.3.2　AR(4) 模型的 $\{\gamma_k\}$

(2) $A(z) = 0$ 有两对共轭复根:

$$z_1 = 1.264\mathrm{e}^{\mathrm{i}\pi/3}, \quad z_2 = \overline{z}_1, \quad z_3 = 1.273\mathrm{e}^{\mathrm{i}2\pi/3}, \quad z_4 = \overline{z}_3.$$

相应的谱密度 $f(\lambda)$ 是图 2.3.1 中间的一条曲线, 它在 $\lambda_1 = 1.07$ 和 $\lambda_2 = 2.06$ 处有两个峰值, 表示相应的 AR(4) 序列的自协方差函数也有角频率 λ_1, λ_2 或周期 $T_1 = 5.87$, $T_2 = 3.05$ 的特性. 图 2.3.3 是利用 (2.3.12) 式计算的 25 个自协方差函数 γ_k. 从图中可以看出 $|\gamma_k|$ 递减得比 (1) 中的自协方差函数要快, 但还是体现出有周期 T_1 和 T_2 的现象.

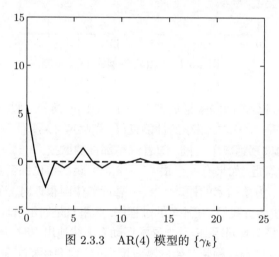

图 2.3.3   AR(4) 模型的 $\{\gamma_k\}$

(3) $A(z) = 0$ 有两对共轭复根:

$$z_1 = 1.635\mathrm{e}^{\mathrm{i}\pi/3}, \quad z_2 = \overline{z}_1, \quad z_3 = 1.647\mathrm{e}^{\mathrm{i}2\pi/3}, \quad z_4 = \overline{z}_3.$$

相应的谱密度 $f(\lambda)$ 是图 2.3.1 中下面的一条曲线, 它在 $\lambda_1 = 1.217$ 和 $\lambda_2 = 1.926$ 处有两个不明显的峰值, 也基本表示相应的 AR(4) 序列的自协方差函数有角频率 λ_1, λ_2 或周期 $T_1 = 5.16$, $T_2 = 3.26$ 的特性. 图 2.3.4 是利用 (2.3.12) 式计算的 25 个自协方差函数 γ_k. 从图中可以看出 $|\gamma_k|$ 递减得很快, 周期特性不再明显.

让我们来看工程师是如何利用特征多项式 $A(z) = 0$ 的根判断机器运行正常与否的. 举例来说, 如果开车在良好的公路上行驶, 对车辆

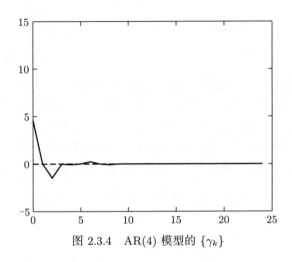

图 2.3.4　AR(4) 模型的 $\{\gamma_k\}$

的综合噪声进行等间隔采样后拟合一个 AR(p) 模型. 假设计算出的特征多项式是 $A(z)$. 如果车的性能良好, 则噪声 $\{X_t\}$ 体现出平稳性, $A(z) = 0$ 的根都远离单位圆. 随着汽车部件的磨损, $A(z) = 0$ 的根逐步向单位圆靠近. 如果有一个根 $z_j = \rho_j \mathrm{e}^{\mathrm{i}\lambda_j}$ 距离单位圆最近, 则噪声表现出以 λ_j 为角频率的振动. 当 z_j 靠近单位圆很近时, 汽车就要大修了. 经验也告诉我们, 在开车的过程中, 如果只是偶尔出现异常振动, 则不会认为是车有问题. 但是当异常振动有节律地出现时, 就会开始怀疑车出问题了. 当这种带节律的噪音增大时, 也会怀疑车需要修理了. 实际上, 这时 $A(z) = 0$ 的一个或几个根开始靠近单位圆了. 于是, 利用 $A(z) = 0$ 的根靠近单位圆的距离, 可以判定出汽车是否需要维修.

　　同样的道理, 用桥梁传感器可以记录桥梁的振动数据. 为数据建立自回归模型后, 如果相应特征多项式的根都远离单位圆, 说明桥梁在正常工作. 如果发现有根开始向单位圆靠近, 则说明桥梁开始出现问题.

2.3.4　自协方差函数的正定性

　　由于 AR(p) 模型 (2.2.5) 的平稳解 (2.2.9) 是唯一的, 所以自回归系数 a_p 和白噪声的方差通过谱密度 (2.3.3) 唯一决定自协方差函数

$\{\gamma_k\}.$

如果协方差矩阵 $\boldsymbol{\Gamma}_p$ 是正定的, 在 Yule-Walker 方程 (2.3.9) 中取 $n = p$, 可以唯一解出 AR(p) 模型的自回归系数和白噪声的方差:

$$a_p = \boldsymbol{\Gamma}_p^{-1}\gamma_p, \quad \sigma^2 = \gamma_0 - \gamma_p^{\mathrm{T}}\boldsymbol{\Gamma}_p^{-1}\gamma_p. \tag{2.3.13}$$

上述方程为构造 AR(p) 模型参数的矩估计打下了基础. 下面的定理告诉我们, 在实际问题中, 许多平稳序列的自协方差矩阵是正定的. 特别地, AR(p) 序列的自协方差矩阵总是正定的.

定理 2.3.5 设 $\boldsymbol{\Gamma}_n$ 是平稳序列 $\{X_t\}$ 的 n 阶自协方差矩阵.

(1) 如果 $\{X_t\}$ 的谱密度 $f(\lambda)$ 存在, 则对任何 $n \geqslant 1$, $\boldsymbol{\Gamma}_n$ 正定.

(2) 如果当 $k \to \infty$ 时 $\gamma_k \to 0$, 则对任何 $n \geqslant 1$, $\boldsymbol{\Gamma}_n$ 正定.

证明 (1) 对任何 n 维实向量 $\boldsymbol{b} = (b_1, b_2, \cdots, b_n)^{\mathrm{T}} \neq \boldsymbol{0}$, λ 的函数 $\sum_{k=1}^{n} b_k \mathrm{e}^{\mathrm{i}k\lambda}$ 最多只有 $n-1$ 个零点. 由于 $\gamma_0 = \int_{-\pi}^{\pi} f(\lambda)\,\mathrm{d}\lambda > 0$, 故

$$\begin{aligned}
\boldsymbol{b}^{\mathrm{T}}\boldsymbol{\Gamma}_n\boldsymbol{b} &= \sum_{j=1}^{n}\sum_{k=1}^{n} b_k \gamma_{k-j} b_j \\
&= \sum_{j=1}^{n}\sum_{k=1}^{n} \int_{-\pi}^{\pi} b_k b_j f(\lambda) \mathrm{e}^{\mathrm{i}(k-j)\lambda}\,\mathrm{d}\lambda \\
&= \int_{-\pi}^{\pi} \left|\sum_{k=1}^{n} b_k \mathrm{e}^{\mathrm{i}k\lambda}\right|^2 f(\lambda)\,\mathrm{d}\lambda > 0.
\end{aligned}$$

(2) 设 $\boldsymbol{\Gamma}_n$ 正定, $\det(\boldsymbol{\Gamma}_{n+1}) = 0$ 和 $\mathrm{E}X_t = 0$. 定义

$$\boldsymbol{X}_n = (X_1, X_2, \cdots, X_n)^{\mathrm{T}}.$$

对任何实向量 $\boldsymbol{b} = (b_1, b_2, \cdots, b_n)^{\mathrm{T}} \neq \boldsymbol{0}$ 有

$$\mathrm{E}(\boldsymbol{b}^{\mathrm{T}}\boldsymbol{X}_n)^2 = \mathrm{E}(\boldsymbol{b}^{\mathrm{T}}\boldsymbol{X}_n\boldsymbol{X}_n^{\mathrm{T}}\boldsymbol{b}) = \boldsymbol{b}^{\mathrm{T}}\boldsymbol{\Gamma}_n\boldsymbol{b} > 0,$$

同时存在 $\boldsymbol{a} = (a_1, a_2, \cdots, a_{n+1})^{\mathrm{T}} \neq \boldsymbol{0}$ 使得

$$\mathrm{E}(\boldsymbol{a}^{\mathrm{T}}\boldsymbol{X}_{n+1})^2 = \boldsymbol{a}^{\mathrm{T}}\boldsymbol{\Gamma}_{n+1}\boldsymbol{a} = 0.$$

于是 $\boldsymbol{a}^{\mathrm{T}}\boldsymbol{X}_{n+1} = a_1 X_1 + a_2 X_2 + \cdots + a_{n+1} X_{n+1} = 0$ a.s. 成立, 并且 $a_{n+1} \neq 0$. 这说明 X_{n+1} 可以由 $\boldsymbol{X}_n$ 线性表示. 利用 $\{X_t\}$ 的平稳性知道对任何 $k \geqslant 1$, X_{n+k} 可以由 $\boldsymbol{X} = (X_n, X_{n-1}, \cdots, X_1)^{\mathrm{T}}$ 线性表示, 即有实向量 $\boldsymbol{\alpha} = (\alpha_1, \alpha_2, \cdots, \alpha_n)^{\mathrm{T}}$ 使得

$$X_{n+k} = \boldsymbol{\alpha}^{\mathrm{T}}\boldsymbol{X}.$$

用 $0 < \lambda_1 \leqslant \lambda_2 \leqslant \cdots \leqslant \lambda_n$ 表示 $\boldsymbol{\Gamma}_n$ 的特征值, 则有正交矩阵 $\boldsymbol{T}$ 使得

$$\boldsymbol{T}\boldsymbol{\Gamma}_n\boldsymbol{T}^{\mathrm{T}} = \mathrm{diag}(\lambda_1, \lambda_2, \cdots, \lambda_n).$$

用 $|\boldsymbol{\alpha}|$ 表示 $\boldsymbol{\alpha}$ 的欧氏模, 则有

$$\begin{aligned}
\gamma_0 = \mathrm{E}X_{n+k}^2 &= \mathrm{E}(\boldsymbol{\alpha}^{\mathrm{T}}\boldsymbol{X})^2 \\
&= \boldsymbol{\alpha}^{\mathrm{T}}\boldsymbol{\Gamma}_n\boldsymbol{\alpha} = (\boldsymbol{\alpha}^{\mathrm{T}}\boldsymbol{T}^{\mathrm{T}})(\boldsymbol{T}\boldsymbol{\Gamma}_n\boldsymbol{T}^{\mathrm{T}})(\boldsymbol{T}\boldsymbol{\alpha}) \\
&\geqslant \lambda_1(\boldsymbol{\alpha}^{\mathrm{T}}\boldsymbol{T}^{\mathrm{T}})(\boldsymbol{T}\boldsymbol{\alpha}) = \lambda_1|\boldsymbol{\alpha}|^2,
\end{aligned}$$

即有 $|\boldsymbol{\alpha}| \leqslant \sqrt{\gamma_0/\lambda_1}$. 另一方面,

$$\begin{aligned}
\gamma_0 &= \mathrm{E}(\boldsymbol{\alpha}^{\mathrm{T}}\boldsymbol{X}X_{n+k}) = \boldsymbol{\alpha}^{\mathrm{T}}\mathrm{E}(\boldsymbol{X}X_{n+k}) \\
&= \boldsymbol{\alpha}^{\mathrm{T}}(\gamma_k, \gamma_{k+1}, \cdots, \gamma_{n+k-1})^{\mathrm{T}} \\
&\leqslant |\boldsymbol{\alpha}|\Big(\sum_{j=0}^{n-1}\gamma_{j+k}^2\Big)^{1/2} \\
&\leqslant (\gamma_0/\lambda_1)^{1/2}\Big(\sum_{j=0}^{n-1}\gamma_{j+k}^2\Big)^{1/2} \to 0, \quad \text{当 } k \to \infty.
\end{aligned}$$

这与 $\gamma_0 > 0$ 矛盾, 故 $\det(\boldsymbol{\Gamma}_{n+1}) = 0$ 不成立.

利用定理 1.3.3 得到定理 2.3.5 的一个推论.

推论 2.3.6 线性平稳序列的自协方差矩阵总是正定的.

为了回答什么时候自协方差矩阵会退化, 我们介绍下面的定理.

定理 2.3.7 设离散谱序列 $\{X_t\}$ 在 §1.8 中定义. 如果它的谱函数 $F(\lambda)$ 恰有 n 个跳跃点, 则 $\boldsymbol{\Gamma}_n$ 正定, $\boldsymbol{\Gamma}_{n+1}$ 退化. 如果 $F(\lambda)$ 有无穷个跳跃点, 则对任何 $n \geqslant 1$, $\boldsymbol{\Gamma}_n$ 正定.

证明 对任何实向量 $\boldsymbol{b} = (b_1, b_2, \cdots, b_n)^{\mathrm{T}}$, λ 的函数 $\sum_{k=1}^{n} b_k \mathrm{e}^{\mathrm{i}k\lambda}$ 最多只有 $n-1$ 个零点. 所以当 $F(\lambda)$ 的跳跃点个数大于等于 n 时, 有

$$\boldsymbol{b}^{\mathrm{T}} \boldsymbol{\Gamma}_n \boldsymbol{b} = \int_{-\pi}^{\pi} \left| \sum_{j=1}^{n} b_j \mathrm{e}^{\mathrm{i}j\lambda} \right|^2 \mathrm{d}F(\lambda) > 0.$$

这说明 $\boldsymbol{\Gamma}_n$ 正定. 当 $F(\lambda)$ 恰有 n 个跳跃点

$$-\pi < t_1 < t_2 < \cdots < t_n \leqslant \pi$$

时, 通过展开

$$\prod_{j=1}^{n} \left(1 - \mathrm{e}^{\mathrm{i}(\lambda - t_j)}\right) = \sum_{k=0}^{n} b_k \mathrm{e}^{\mathrm{i}k\lambda}$$

可以得到实向量 $\boldsymbol{b} = (b_0, b_1, \cdots, b_n)^{\mathrm{T}} \neq \boldsymbol{0}$, 使得

$$\boldsymbol{b}^{\mathrm{T}} \boldsymbol{\Gamma}_{n+1} \boldsymbol{b} = \int_{-\pi}^{\pi} \left| \sum_{k=0}^{n} b_k \mathrm{e}^{\mathrm{i}k\lambda} \right|^2 \mathrm{d}F(\lambda) = 0.$$

所以, $\boldsymbol{\Gamma}_{n+1}$ 退化. 其余部分的证明是明显的.

从应用的角度讲, 如果 $\boldsymbol{\Gamma}_n$ 退化, 就应当认为平稳序列 $\{X_t\}$ 是离散谱序列, 具有周期性. 这点可以从定理 2.3.5、定理 2.3.7 和定理 9.2.3 看出.

2.3.5 时间序列的可完全预测性

在 §1.2 中介绍了随机变量的线性相关性. 对于方差有限的随机变量 $Y_1, Y_2, \cdots, Y_n$, 如果有不全为 0 的常数 $b_0, b_1, \cdots, b_n$ 使得

$$\mathrm{E}\left(\sum_{j=1}^{n} b_j Y_j - b_0 \right)^2 = 0,$$

则称随机变量 $Y_1, Y_2, \cdots, Y_n$ 是线性相关的, 否则称为线性无关的. 线性相关时, $\sum_{j=1}^{n} b_j Y_j = b_0$, a.s. 成立. 并且当 $b_n \neq 0$ 时, Y_n 可以由

$Y_1, Y_2, \cdots, Y_{n-1}$ 线性表示, 这时称 Y_n 可以由 $Y_1, Y_2, \cdots, Y_{n-1}$ 完全线性预测.

对于平稳序列 $\{X_t\}$ 的 n 阶自协方差矩阵 $\boldsymbol{\Gamma}_n$ 和 n 维向量 $\boldsymbol{b} = (b_1, b_2, \cdots, b_n)^{\mathrm{T}}$ 总有

$$\mathrm{E}\Big(\sum_{j=1}^n b_j X_{t-j} - b_0 \Big)^2 \geqslant \mathrm{E}\Big[\sum_{j=1}^n b_j (X_{t-j} - \mathrm{E}X_t) \Big]^2 = \boldsymbol{b}^{\mathrm{T}} \boldsymbol{\Gamma}_n \boldsymbol{b} \geqslant 0.$$

于是 $X_{t-1}, X_{t-2}, \cdots, X_{t-n}$ 线性无关的充要条件是 $\boldsymbol{\Gamma}_n$ 正定.

从推论 2.3.6 知道, 如果 $\{X_t\}$ 是线性平稳序列, 则对任何 n, t, $X_{t-1}, X_{t-2}, \cdots, X_{t-n}$ 线性无关. 于是, 对任何 n, X_n 不能由 $X_1, X_2, \cdots, X_{n-1}$ 完全线性预测. 从定理 2.3.7 知道, 如果离散谱序列 $\{X_t\}$ 只有有限个角频率成分, 则对某个 n, X_n 能由 $X_1, X_2, \cdots, X_{n-1}$ 完全线性预测.

习 题 2.3

2.3.1 对于方差有限的随机变量 $Y_1, Y_2, \cdots, Y_n$, 有常数 $b_0, b_1, \cdots, b_n$ 使得以下两式等价:

$$\mathrm{E}\Big(\sum_{j=1}^n b_j Y_j - b_0 \Big)^2 = 0, \quad \mathrm{E}\Big[\sum_{j=1}^n b_j (Y_j - \mathrm{E}Y_j) \Big]^2 = 0.$$

2.3.2 设 $\{X_t\}$ 和 $\{Y_t\}$ 是相互正交的 AR(p) 序列, 求 $Z_t = X_t + Y_t$, $t \in \mathbb{Z}$ 仍然是 AR 序列的充分条件.

2.3.3 (Kronecker 引理) 如果 $\{b_n\}$ 单调上升趋于 ∞, 复数列 $\{a_n\}$ 使得 $\sum_{n \geqslant 1} a_n$ 收敛, 则

$$\lim_{n \to \infty} \frac{1}{b_n} \sum_{j=1}^n b_j a_j = 0.$$

2.3.4 利用 (2.3.12) 式证明: 对 AR(1) 序列有 $\gamma_k = \sigma^2 a^k / (1 - a^2)$.

2.3.5 设实系数多项式 $A(z)$ 的所有根 z_j 互异, $A(0) \neq 0$. 证明: 由 (2.3.11) 式定义的常数 $c_1, c_2, \cdots, c_p$ 使得

$$A(z)^{-1} = \frac{c_1}{1 - z/z_1} + \frac{c_2}{1 - z/z_2} + \cdots + \frac{c_p}{1 - z/z_p}.$$

§2.4　平稳序列的偏相关系数和 Levinson 递推公式

设 $\{\gamma_k\}$ 和 $\boldsymbol{\Gamma}_n$ 分别是平稳序列 $\{X_t\}$ 的自协方差函数和 n 阶自协方差矩阵, $\boldsymbol{\gamma}_n$ 由 (2.3.8) 式定义. 方程组

$$\boldsymbol{\Gamma}_n \boldsymbol{a}_n = \boldsymbol{\gamma}_n \qquad (2.4.1)$$

称为 $\{\gamma_k\}$ 的 n 阶 Yule-Walker 方程, 其中的

$$\boldsymbol{a}_n = (a_{n,1}, a_{n,2}, \cdots, a_{n,n})^{\mathrm{T}}$$

称为 $\{\gamma_k\}$ 的 n 阶 Yule-Walker 系数. 明显地, 当 $\boldsymbol{\Gamma}_n$ 正定时, $\boldsymbol{a}_n$ 由 $\gamma_0, \gamma_1, \cdots, \gamma_n$ 唯一决定.

例 2.4.1　设 $\{X_t\}$ 是零均值平稳序列, $\boldsymbol{a}_n$ 是 n 阶 Yule-Walker 系数. 用 $X_1, X_2, \cdots, X_n$ 对 X_{n+1} 进行线性预测时, $\boldsymbol{a}_n^{\mathrm{T}} \boldsymbol{X}_n$ 是**最佳线性预测**, 即对于任何线性组合 $\boldsymbol{b}_n^{\mathrm{T}} \boldsymbol{X}_n$, 有

$$\sigma_n^2 \overset{\text{def}}{=\!=} \mathrm{E}(X_{n+1} - \boldsymbol{a}_n^{\mathrm{T}} \boldsymbol{X}_n)^2 \leqslant \mathrm{E}(X_{n+1} - \boldsymbol{b}_n^{\mathrm{T}} \boldsymbol{X}_n)^2, \qquad (2.4.2)$$

其中 $\boldsymbol{X}_n = (X_n, X_{n-1}, \cdots, X_1)^{\mathrm{T}}$, $\boldsymbol{b}_n = (b_{n,1}, b_{n,2}, \cdots, b_{n,n})^{\mathrm{T}}$.

在例 2.4.1 中, 称 σ_n^2 是预测误差的方差.

证明　因为 $\mathrm{E}[(X_{n+1} - \boldsymbol{a}_n^{\mathrm{T}} \boldsymbol{X}_n) \boldsymbol{X}_n^{\mathrm{T}}] = \boldsymbol{\gamma}_n^{\mathrm{T}} - \boldsymbol{a}_n^{\mathrm{T}} \boldsymbol{\Gamma}_n = \boldsymbol{0}$, 所以

$$
\begin{aligned}
&\mathrm{E}(X_{n+1} - \boldsymbol{b}_n^{\mathrm{T}} \boldsymbol{X}_n)^2 \\
&= \mathrm{E}[X_{n+1} - \boldsymbol{a}_n^{\mathrm{T}} \boldsymbol{X}_n + (\boldsymbol{a}_n - \boldsymbol{b}_n)^{\mathrm{T}} \boldsymbol{X}_n]^2 \\
&= \mathrm{E}(X_{n+1} - \boldsymbol{a}_n^{\mathrm{T}} \boldsymbol{X}_n)^2 + \mathrm{E}[(\boldsymbol{a}_n - \boldsymbol{b}_n)^{\mathrm{T}} \boldsymbol{X}_n]^2 \\
&\quad + 2\mathrm{E}[(X_{n+1} - \boldsymbol{a}_n^{\mathrm{T}} \boldsymbol{X}_n) \boldsymbol{X}_n^{\mathrm{T}}](\boldsymbol{a}_n - \boldsymbol{b}_n) \\
&= \mathrm{E}(X_{n+1} - \boldsymbol{a}_n^{\mathrm{T}} \boldsymbol{X}_n)^2 + \mathrm{E}[(\boldsymbol{a}_n - \boldsymbol{b}_n)^{\mathrm{T}} \boldsymbol{X}_n]^2 \\
&\geqslant \mathrm{E}(X_{n+1} - \boldsymbol{a}_n^{\mathrm{T}} \boldsymbol{X}_n)^2.
\end{aligned}
$$

如果 $\{\gamma_k\}$ 是 AR(p) 序列的自协方差函数, 则 Yule-Walker 系数 $\boldsymbol{a}_p = (a_1, a_2, \cdots, a_p)^{\mathrm{T}} = \boldsymbol{\Gamma}_p^{-1} \boldsymbol{\gamma}_p$ 满足最小相位条件:

$$A(z) \neq 0, \quad \text{当 } |z| \leqslant 1. \qquad (2.4.3)$$

对于一般的平稳序列, p 阶 Yule-Walker 系数是否也满足最小相位条件 (2.4.3) 是人们关心的问题. 下面的定理给出了肯定的回答.

定理 2.4.1 如果实数 γ_k, $k = 0, 1, \cdots, n$ 使得

$$\boldsymbol{\Gamma}_{n+1} = \begin{pmatrix} \gamma_0 & \gamma_1 & \cdots & \gamma_n \\ \gamma_1 & \gamma_0 & \cdots & \gamma_{n-1} \\ \vdots & \vdots & & \vdots \\ \gamma_n & \gamma_{n-1} & \cdots & \gamma_0 \end{pmatrix}$$

正定, 则由方程组 (2.4.1) 定义的 Yule-Walker 系数 $\boldsymbol{a}_n$ 满足最小相位条件:

$$1 - \sum_{j=1}^{n} a_{n,j} z^j \neq 0, \quad |z| \leqslant 1.$$

证明见附录 1.1.

从定理 2.4.1 知道线性平稳序列的 n 阶 Yule-Walker 系数满足最小相位条件. 实际问题中, 人们常常需要利用已有的观测 $X_1, X_2, \cdots, X_n$ 对 X_{n+1} 作出最佳线性预测. 按例 2.4.1, 最佳线性预测的组合系数是 Yule-Walker 系数. 在时间序列的应用问题中, 随着时间的延长观测数据的个数 n 不断增加, 为了更快地计算 Yule-Walker 系数, 通常采用下面的递推公式.

定理 2.4.2 (Levinson 递推公式)   当 $\boldsymbol{\Gamma}_{n+1}$ 正定时, 对 $1 \leqslant k \leqslant n$ 有

$$\begin{cases} a_{1,1} = \gamma_1/\gamma_0, \\ \sigma_0^2 = \gamma_0, \\ \sigma_k^2 = \sigma_{k-1}^2 (1 - a_{k,k}^2), \\ a_{k+1,k+1} = \dfrac{\gamma_{k+1} - \gamma_k a_{k,1} - \gamma_{k-1} a_{k,2} - \cdots - \gamma_1 a_{k,k}}{\gamma_0 - \gamma_1 a_{k,1} - \gamma_2 a_{k,2} - \cdots - \gamma_k a_{k,k}}, \\ a_{k+1,j} = a_{k,j} - a_{k+1,k+1} a_{k,k+1-j}, \quad 1 \leqslant j \leqslant k, \end{cases} \qquad (2.4.4)$$

其中

$$\sigma_k^2 = \mathrm{E}(X_{k+1} - \boldsymbol{a}_k^{\mathrm{T}} \boldsymbol{X}_k)^2 \qquad (2.4.5)$$

是用 $\boldsymbol{X}_k$ 预测 X_{k+1} 时的方差.

Levinson 递推公式不仅在计算上提供方便, 也为 AR(p) 模型的理论研究提供了有力的工具. 由于定理的证明较长, 我们把它放入附录 1.2 中.

定义 2.4.1 如果 $\boldsymbol{\Gamma}_n$ 正定, 则称 $a_{n,n}$ 为 $\{X_t\}$ 或 $\{\gamma_k\}$ 的 n 阶**偏相关系数**.

由定理 2.3.5 知道 AR(p) 序列的自协方差矩阵总是正定的. 因而由 Yule-Walker 方程知道它的 Yule-Walker 系数是

$$\boldsymbol{a}_n = (a_1, a_2, \cdots, a_p, 0, \cdots, 0)^{\mathrm{T}}$$
$$= (a_{n,1}, a_{n,2}, \cdots, a_{n,n})^{\mathrm{T}}, \quad n \geqslant p, \tag{2.4.6}$$

即偏相关系数满足

$$a_{n,n} = \begin{cases} a_p, & \text{当}\, n = p, \\ 0, & \text{当}\, n > p. \end{cases} \tag{2.4.7}$$

这时称偏相关系数 $a_{n,n}$ 是 p 后截尾的.

反之, 如果一个零均值平稳序列的偏相关系数是 p 后截尾的, 下面的定理告诉我们这个平稳序列一定是 AR(p) 序列.

定理 2.4.3 零均值平稳序列 $\{X_t\}$ 是 AR(p) 序列的充要条件是它的偏相关系数 $a_{n,n}$ 在 p 后截尾.

证明 只需要证明充分性. 记

$$\boldsymbol{a}_p = (a_{p,1}, a_{p,2}, \cdots, a_{p,p})^{\mathrm{T}} = (a_1, a_2, \cdots, a_p)^{\mathrm{T}}.$$

对 $k \geqslant 1$, 由 Levinson 递推公式 (2.4.4) 和 $a_{p+k,p+k} = 0$ 得到

$$a_{p+1,j} = a_{p,j} - a_{p+1,p+1} a_{p,p+1-j} = a_j, \quad 1 \leqslant j \leqslant p,$$
$$a_{p+k,j} = a_{p+k-1,j} = \cdots = a_{p,j} = a_j, \quad k \geqslant 2,\, 1 \leqslant j \leqslant p,$$
$$a_{p+k,j} = a_{j,j} = 0, \quad p < j \leqslant p + k.$$

因而对 $n \geqslant p$ 总有

$$(a_{n,1}, a_{n,2}, \cdots, a_{n,n})^{\mathrm{T}} = (a_1, a_2, \cdots, a_p, 0, \cdots, 0)^{\mathrm{T}}.$$

这样由 Yule-Walker 方程 (2.4.1) 得到 $\gamma_k = \sum\limits_{j=1}^{p} a_j \gamma_{k-j}, \ k \geqslant 1$. 定义

$$\varepsilon_t = X_t - \sum_{j=1}^{p} a_j X_{t-j}, \quad t \in \mathbb{Z},$$

则 $\{\varepsilon_t\}$ 是平稳序列, 满足 $\mathrm{E}\varepsilon_t = 0$, $\mathrm{E}\varepsilon_t^2 = \sigma_p^2 > 0$.

下面证明 $\{\varepsilon_t\}$ 是 $\mathrm{WN}(0, \sigma_p^2)$. 对任何 $t > s$,

$$\mathrm{E}(\varepsilon_t X_s) = \mathrm{E}\Big[\Big(X_t - \sum_{j=1}^{p} a_j X_{t-j}\Big) X_s\Big] = \gamma_{t-s} - \sum_{j=1}^{p} a_j \gamma_{t-s-j} = 0.$$

所以有

$$\mathrm{E}(\varepsilon_t \varepsilon_s) = \mathrm{E}\Big[\varepsilon_t \Big(X_s - \sum_{j=1}^{p} a_j X_{s-j}\Big)\Big] = 0.$$

于是 $\{\varepsilon_t\}$ 是 $\mathrm{WN}(0, \sigma_p^2)$. 由定理 2.4.1 知道 $a_1, a_2, \cdots, a_p$ 满足最小相位条件.

在应用时间序列分析方面, 对 AR(p) 模型的研究和应用是最多的. 在应用上, 为了从数据 $x_1, x_2, \cdots, x_n$ 得到 p 和 AR(p) 模型系数的估计, 人们总是从自协方差函数的点估计 $\hat{\gamma}_k$(称为样本自协方差函数) 入手, 利用 Levinson 递推公式得到偏相关系数的估计 $\{\hat{a}_{k,k}\}$. 如果偏相关系数的估计 $\{\hat{a}_{k,k}\}$ 在 $\hat{p}$ 后表现出截尾性, 则由定理 2.4.3 可知, 应当用 $\hat{p}$ 作为 p 的估计. 然后利用 Yule-Walker 方程得到 AR($\hat{p}$) 模型回归系数 $\boldsymbol{a}_{\hat{p}}$ 的矩估计

$$(\hat{a}_1, \hat{a}_2, \cdots, \hat{a}_{\hat{p}}).$$

这样得到的 AR($\hat{p}$) 系数是否满足最小相位条件 (2.4.3) 的问题, 对于应用是十分重要的.

如果估计的模型系数没有最小相位条件, 这个模型就不能用来描述任何合理的稳定系统, 用这样的模型作出的预测也是无效的. 定理 2.4.1 帮助人们彻底解决了这个问题: 只要样本自协方差函数使得样本自协方差矩阵

$$\hat{\boldsymbol{\Gamma}}_{\hat{p}+1} = \big(\hat{\gamma}_{k-j}\big)_{(\hat{p}+1) \times (\hat{p}+1)}$$

正定, 就可以得到具有稳定性的 AR($\hat{p}$) 模型.

在应用问题中, 如果行列式 $\det(\hat{\boldsymbol{\Gamma}}_{\hat{p}+1})$ 的取值很小, 说明所考虑的平稳序列的频率性较强. 通常在特征多项式 $A(z)$ 有根靠近单位圆时, 会出现这种情况.

注 在使用 Matlab 软件时, 可以用命令语句 $\det(\Gamma)$ 得到矩阵 $\boldsymbol{\Gamma}$ 的行列式, 用命令语句 $\mathrm{inv}(\Gamma)$ 得到逆矩阵 $\boldsymbol{\Gamma}^{-1}$, 用命令语句 $\mathrm{inv}(\Gamma)*\boldsymbol{\gamma}_p$ 得到 Yule-Walker 方程的解 $\boldsymbol{a}_p$.

习 题 2.4

2.4.1 证明: 如果自协方差函数 $\{\gamma_k\}$ 平方可和, 则

$$f(\lambda) = \frac{1}{2\pi} \sum_{k=-\infty}^{\infty} \gamma_k \mathrm{e}^{-\mathrm{i}k\lambda}$$

是 $\{\gamma_k\}$ 的谱密度函数, 并且 $f(\lambda)$ 平方可积, 即 $\int_{-\pi}^{\pi} f^2(\lambda)\,\mathrm{d}\lambda < \infty$.

§2.5 AR 序列举例

例 2.5.1 对 $|a| < 1$, AR(1) 模型

$$X_t = aX_{t-1} + \varepsilon_t, \quad t \in \mathbb{Z}, \ \{\varepsilon_t\} \sim \mathrm{WN}(0, \sigma^2) \tag{2.5.1}$$

有平稳解 $X_t = \sum_{j=0}^{\infty} a^j \varepsilon_{t-j}$, 自协方差函数

$$\gamma_0 = \sigma^2 \sum_{j=0}^{\infty} a^{2j} = \frac{\sigma^2}{1-a^2}, \quad \gamma_k = a\gamma_{k-1} = \cdots = a^k \gamma_0, \tag{2.5.2}$$

自相关系数 $\rho_k = \gamma_k/\gamma_0 = a^k$ 和谱密度

$$f(\lambda) = \frac{\sigma^2}{2\pi|1-a\mathrm{e}^{\mathrm{i}\lambda}|^2}$$
$$= \frac{\sigma^2}{2\pi(1+a^2-2a\cos\lambda)}, \quad \lambda \in [-\pi, \pi].$$

图 2.5.1 和图 2.5.2 分别是 $a = 0.85$ 和 $a = -0.85$ 时的观测数据图, $N = 80$, $\{\varepsilon_t\}$ 是正态 WN$(0,1)$.

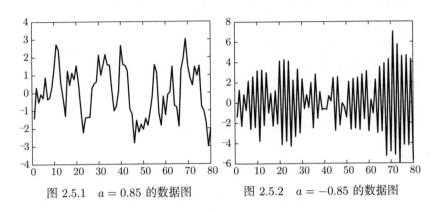

图 2.5.1 $a = 0.85$ 的数据图   图 2.5.2 $a = -0.85$ 的数据图

从图 2.5.1 和图 2.5.2 看到 AR(1) 表现出的特性如下:

$a = 0.85$	$a = -0.85$
(1) 数据表现出趋势性, 相邻的数据差别不大;	(1) 数据上下摆动, 趋势性不明显;
(2) (1) 中的现象在 $\{\rho_k\}$ 得到体现: 相邻随机变量正相关;	(2) (1) 中的现象在 $\{\rho_k\}$ 得到体现: 相邻随机变量负相关;
(3) $\{\rho_k\}$ 单调减少趋于 0;	(3) $\{\rho_k\}$ 正负交替趋于 0;
(4) 谱密度的能量集中在低频 $f(\lambda) < f(0)$, $\lambda \in (0,\pi]$, 数据无周期现象, 周期 $T = \dfrac{2\pi}{0} = \infty$;	(4) 谱密度的能量集中在高频 $f(\lambda) < f(\pi)$, $\lambda \in [0,\pi)$, 数据有周期现象, 周期 $T = \dfrac{2\pi}{\pi} = 2$;
(5) 偏相关系数 $a_{1,1} = 0.85$, $a_{k,k} = 0$, 当 $k > 1$;	(5) 偏相关系数 $a_{1,1} = -0.85$, $a_{k,k}=0$, 当 $k > 1$;
(6) 随 a 接近于 0, ρ_k 以更快的速度收敛到 0.	(6) 上述性质随 a 接近 -1 变得更明显, 随 a 接近 0 变得不明显.

$a = 0.85$ 和 $a = -0.85$ 时模型 (2.5.1) 的谱密度分别见图 2.5.3 和图 2.5.4.

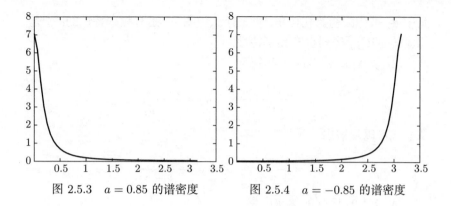

图 2.5.3　$a = 0.85$ 的谱密度　　　　图 2.5.4　$a = -0.85$ 的谱密度

例 2.5.2 AR(2) 模型

$$X_t = a_1 X_{t-1} + a_2 X_{t-2} + \varepsilon_t, \quad t \in \mathbb{Z},$$

其中 $\{\varepsilon_t\}$ 是 $\mathrm{WN}(0, \sigma^2)$. 设 z_1, z_2 是 $A(z) = 0$ 的两个根, 则 $|z_1| > 1$, $|z_2| > 1$. 从 Yule-Walker 方程知道, 平稳解的自相关系数 $\{\rho_k\}$ 满足

$$\rho_0 = 1, \quad \rho_1 = \frac{a_1}{1 - a_2}, \quad \rho_k = a_1 \rho_{k-1} + a_2 \rho_{k-2}, \quad k \geqslant 2.$$

(1) z_1, z_2 是实根的充要条件是 $a_1^2 + 4a_2 \geqslant 0$. 从上述公式知道: 如果 $a_1 > 0, a_2 > 0$, 则对任何 k, $\rho_k > 0$, 并且

$$a_{1,1} = \rho_1, \quad a_{2,2} = a_2, \quad a_{k,k} = 0, \quad k \geqslant 3;$$

如果 $a_1 < 0, a_2 > 0$, 则 $\{\rho_k\}$ 交替变号, 并且

$$a_{1,1} = \rho_1, \quad a_{2,2} = a_2, \quad a_{k,k} = 0, \quad k \geqslant 3.$$

(2) z_1, z_2 是复根的充要条件是 $a_1^2 + 4a_2 < 0$. 这时有常数 ρ 和 λ_0 使得

$$z_1 = \rho e^{i\lambda_0}, \quad z_2 = \rho e^{-i\lambda_0}.$$

利用 (2.3.12) 式可以得到

$$\rho_k = \frac{\cos(k\lambda_0 + \theta_0)}{\rho^k \cos\theta_0}, \quad k \geqslant 0, \tag{2.5.3}$$

其中 θ_0 被称为初始相位角. (2.5.3) 式说明 ρ_k 是有频率特性的. 于是, 相应的 AR(p) 序列也有频率特性.

(3) 解 Yule-Walker 方程得到

$$a_1 = \frac{\rho_1(1-\rho_2)}{1-\rho_1^2}, \quad a_2 = \frac{\rho_2 - \rho_1^2}{1 - \rho_1^2}.$$

从上式可以反解出

$$\rho_1 = \frac{a_1}{1-a_2}, \quad \rho_2 = a_2 + \frac{a_1^2}{1-a_2}.$$

(4) AR(2) 序列的谱密度是

$$f(\lambda) = \frac{\sigma^2}{2\pi|1 - a_1 e^{i\lambda} - a_2 e^{2i\lambda}|^2}.$$

当 $z_1 = \rho e^{i\lambda_0}$, $z_2 = \rho e^{-i\lambda_0}$, ρ 接近于 1 时, 谱密度在 λ_0 附近有一个峰值. 所以 AR(2) 序列的角频率大约是 λ_0, 周期大约在 $2\pi/\lambda_0$ 附近.

图 2.5.5 是 AR(2) 模型

$$X_t = 0.75X_{t-1} - 0.5X_{t-2} + \varepsilon_t \tag{2.5.4}$$

的 80 个观测数据, 其中 $\{\varepsilon_t\}$ 是标准正态 WN$(0,1)$. 特征函数 $A(z) = 1 - 0.75z + 0.5z^2$ 的根是

$$z_1 = 0.75 + 1.2i = 2.135 e^{0.97i}, \quad z_2 = 0.75 - 1.2i = 2.135 e^{-0.97i}.$$

自相关系数

$$\rho_1 = 0.5, \ \rho_2 = -0.1250, \ \rho_3 = -0.3438, \ \rho_4 = -0.1953, \ \rho_5 = 0.0254.$$

Yule-Walker 系数是 (由自相关系数得到)

$$a_1 = 0.5, \quad \boldsymbol{a}_2 = (0.75, -0.5)^{\mathrm{T}}, \quad \boldsymbol{a}_3 = (0.75, -0.5, 0)^{\mathrm{T}}.$$

谱密度

$$f(\lambda) = \frac{1}{2\pi[1.8125 - 2.25\cos\lambda + \cos(2\lambda)]} \tag{2.5.5}$$

的图形见图 2.5.6. 从图中可以看出 $f(\lambda)$ 在 $\lambda_0 = 0.9733$ 处有唯一的最大值, 所以 $\lambda_0 = 0.9733$ 是这个 AR(2) 序列的角频率, 相应的周期是

$$T = 2\pi/\lambda_0 = 6.4555.$$

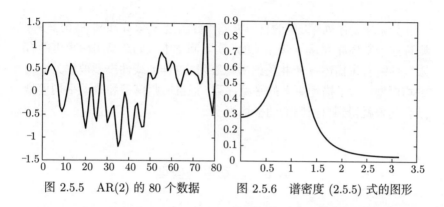

图 2.5.5   AR(2) 的 80 个数据   图 2.5.6   谱密度 (2.5.5) 式的图形

从图 2.5.4 也可以看出这个 AR(2) 序列大致有周期 6.45 的特性: 峰值的间隔大约是 6.45.

习　题　2.5

2.5.1　对 AR(2) 模型 $X_t = -0.1X_{t-1} + 0.72X_{t-2} + \varepsilon_t$, 计算自相关系数 $\rho_k, k = 1, 2, 3, 4, 5$.

2.5.2　对 AR(2) 模型证明: 如果 $a_1 < 0, a_2 > 0$, 则 $\rho_k\rho_{k+1} < 0, k \in \mathbb{Z}$.

2.5.3　设 $\{\gamma_k\}$ 是 AR(p) 序列 $\{X_t\}$ 的自协方差函数, 如果 $f(\lambda)$ 是 $\{X_t\}$ 的谱密度, 求 $Y_t = \sum_{j=-\infty}^{\infty} \gamma_j X_{t-j}, t \in \mathbb{Z}$ 的谱密度. 并证明: $\{Y_t\}$ 也是一个 AR 序列.

第三章 滑动平均与自回归滑动平均模型

如果平稳序列 $\{X_t\}$ 的自协方差函数满足 $\gamma_q \neq 0$ 和 $\gamma_k = 0, k > q$, 则称这个平稳序列是 q 步相关的. 实际问题中人们总是用白噪声的有限线性组合来描述 q 步相关的平稳序列. 这样的线性模型被称为滑动平均模型. 为了描述更多的平稳序列, 把自回归模型和滑动平均模型结合起来就得到自回归滑动平均模型.

§3.1 滑动平均模型

滑动平均模型是时间序列分析中常用的模型之一.

例 3.1.1 (见文献 [14]) 在化学反应过程中每两小时做一次观测, 依次得到溶液浓度的 197 个数据 (见附录 B8). 用 $y_t, t = 1, 2, \cdots, 197$ 表示这 197 个观测, 数据图见图 3.1.1.

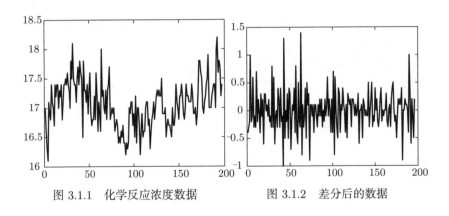

图 3.1.1 化学反应浓度数据   图 3.1.2 差分后的数据

将数据进行一次差分 $x_t = y_{t+1} - y_t$, $t = 1, 2, \cdots, 196$. 得到的数

据 $\{x_t\}$ 见图 3.1.2. 用 $\overline{x}$ 表示样本均值, 可以分别用公式

$$\hat{\gamma}_k = \frac{1}{196} \sum_{t=1}^{196-k} (x_t - \overline{x})(x_{t+k} - \overline{x}), \quad \hat{\rho}_k = \hat{\gamma}_k / \hat{\gamma}_0$$

估计 $\{x_t\}$ 的自协方差函数和自相关系数, 如下表所示:

k	0	1	2	3	4	5
$\hat{\gamma}_k$	0.1361	−0.0562	0.0027	−0.0093	−0.0012	−0.0104
$\hat{\rho}_k$	1.0000	−0.4127	0.0201	−0.0680	−0.0087	−0.0766
k	6	7	8	9	10	11
$\hat{\gamma}_k$	−0.0011	0.0184	−0.0084	0.0048	0.0032	−0.0069
$\hat{\rho}_k$	−0.0083	0.1350	−0.0619	0.0356	0.0232	−0.0506

由于对 $k > 1$, $\hat{\rho}_k$ 的绝对值很小 (见图 3.1.3), 所以可认为 $\{x_t\}$ 是 1 步相关序列. 于是可以用模型

$$X_t = \varepsilon_t + b\varepsilon_{t-1}, \quad t \in \mathbb{Z} \tag{3.1.1}$$

描述, 其中 $\{\varepsilon_t\}$ 是 $\mathrm{WN}(0, \sigma^2)$. 该模型的特点是, 对 $k > 1$,

$$\gamma_k = \mathrm{E}(X_t X_{t+k}) = 0.$$

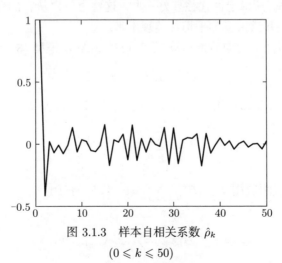

图 3.1.3 样本自相关系数 $\hat{\rho}_k$

$(0 \leqslant k \leqslant 50)$

在历史上, 美国 IBM (国际商业机器公司) 普通股在 1961 年 5 月 17 日至 1962 年 11 月 2 日的收盘价有 369 个数据, 把这批数据进行一次差分后也可以用形如 (3.1.1) 式的模型进行很好的描述 (见文献 [14]).

3.1.1　MA 模型和 MA 序列

定义 3.1.1　设 $\{\varepsilon_t\}$ 是 $\mathrm{WN}(0, \sigma^2)$. 如果实数 $b_1, b_2, \cdots, b_q$ $(b_q \neq 0)$ 使得 $B(z) = 1 + \sum\limits_{j=1}^{q} b_j z^j \neq 0$, $|z| < 1$, 则称

$$X_t = \varepsilon_t + \sum_{j=1}^{q} b_j \varepsilon_{t-j}, \quad t \in \mathbb{Z} \tag{3.1.2}$$

是 q **阶滑动平均模型**, 简称为 **MA(q) 模型**, 称由 (3.1.2) 式决定的平稳序列 $\{X_t\}$ 是**滑动平均序列**, 简称为 **MA(q) 序列**. 如果进一步要求多项式 $B(z) = 0$ 在单位圆上也没有根: $B(z) \neq 0$ 当 $|z| \leqslant 1$, 则称 (3.1.2) 式是**可逆的 MA(q) 模型**, 称相应的平稳序列是**可逆的 MA(q) 序列**.

明显地, 可逆的 MA(q) 序列也是 MA(q) 序列. 由于 MA(q) 序列是白噪声的有限滑动和, 所以和 AR(p) 序列比较起来, 数据的振荡往往会轻一些, 其稳定性往往要好一些. 这些也可以从它的自协方差函数的截尾性和谱密度的平坦性体现出来.

利用时间 t 的向后推移算子 $\mathcal{B}$, 可将 MA(q) 模型 (3.1.2) 写成

$$X_t = B(\mathcal{B})\varepsilon_t, \quad t \in \mathbb{Z}. \tag{3.1.3}$$

对于可逆的 MA(q) 模型 (3.1.3), $B^{-1}(z)$ 有 Taylor 展式

$$B^{-1}(z) = \sum_{j=0}^{\infty} \varphi_j z^j, \quad |z| \leqslant 1.$$

在 (3.1.3) 式两边用 $B^{-1}(\mathcal{B}) = \sum\limits_{j=0}^{\infty} \varphi_j \mathcal{B}^j$ 作用, 得到

$$\varepsilon_t = B^{-1}(\mathcal{B})X_t = \sum_{j=0}^{\infty} \varphi_j X_{t-j}, \quad t \in \mathbb{Z}. \tag{3.1.4}$$

(3.1.4) 式表明了可逆的含义. 实际上, 可逆性还有更深刻的含义 (见 3.1.2 小节).

引入 $b_0 = 1$, 对 MA(q) 序列容易计算出 $\mathrm{E}X_t = 0$, 且

$$
\gamma_k = \begin{cases} \mathrm{E}(X_t X_{t+k}) = \sigma^2 \sum_{j=0}^{q-k} b_j b_{j+k}, & 0 \leqslant k \leqslant q, \\ 0, & k > q. \end{cases} \tag{3.1.5}
$$

于是得到下面的结果.

定理 3.1.1 MA(q) 序列 $\{X_t\}$ 的自协方差函数是 q 后截尾的:

$$
\gamma_q = \sigma^2 b_q \neq 0; \quad \gamma_k = 0, \ |k| > q, \tag{3.1.6}
$$

并且有谱密度

$$
f(\lambda) = \frac{\sigma^2}{2\pi} |B(\mathrm{e}^{\mathrm{i}\lambda})|^2 = \frac{1}{2\pi} \sum_{k=-q}^{q} \gamma_k \mathrm{e}^{-\mathrm{i}k\lambda}, \quad \lambda \in [-\pi, \pi]. \tag{3.1.7}
$$

证明 (3.1.6) 式由 (3.1.5) 式得到. (3.1.7) 式由定理 1.7.2 和定理 2.3.1 得到.

下面我们证明, 任一零均值平稳序列, 如果它的自协方差函数是 q 后截尾的, 则这个平稳序列一定是 MA(q) 序列. 为了证明这个结果, 我们需要下面的引理. 引理的证明需要较多复变函数论的知识, 这里从略.

引理 3.1.2 设实常数 $\{c_j\}$ 使得 $c_q \neq 0$ 和

$$
g(\lambda) = \frac{1}{2\pi} \sum_{j=-q}^{q} c_j \mathrm{e}^{-\mathrm{i}j\lambda} \geqslant 0, \quad \lambda \in [-\pi, \pi],
$$

则有唯一的实系数多项式

$$
B(z) = 1 + \sum_{j=1}^{q} b_j z^j \neq 0, \quad |z| < 1, \ b_q \neq 0, \tag{3.1.8}
$$

使得 $g(\lambda) = (\sigma^2/2\pi)|B(\mathrm{e}^{\mathrm{i}\lambda})|^2$, 这里 σ^2 为某个正常数.

定理 3.1.3   设零均值平稳序列 $\{X_t\}$ 有自协方差函数 $\{\gamma_k\}$, 则 $\{X_t\}$ 是 MA(q) 序列的充要条件是

$$\gamma_q \neq 0; \quad \gamma_k = 0, \ |k| > q.$$

证明   必要性由定理 3.1.1 给出. 当自协方差函数 q 后截尾时, 由定理 2.3.1 知道 $\{X_t\}$ 有谱密度

$$f(\lambda) = \frac{1}{2\pi} \sum_{k=-q}^{q} \gamma_k \mathrm{e}^{-\mathrm{i}k\lambda} \geqslant 0, \quad \lambda \in [-\pi, \pi].$$

由引理 3.1.2 知道存在实数 $b_1, b_2, \cdots, b_q$ 和正数 $\sigma^2 > 0$, 使得 $B(z) = 1 + \sum_{j=1}^{q} b_j z^j$ 满足 (3.1.8) 式和 $f(\lambda) = \dfrac{\sigma^2}{2\pi} \big| B(\mathrm{e}^{\mathrm{i}\lambda}) \big|^2$.

为了简化证明, 以下假定 $f(\lambda)$ 恒正. 这时对 $|z| \leqslant 1$, $B(z) \neq 0$, 于是可以定义平稳序列

$$\varepsilon_t = B^{-1}(\mathcal{B})X_t = \sum_{j=0}^{\infty} h_j X_{t-j}, \quad t \in \mathbb{Z}, \tag{3.1.9}$$

这里 $\{h_j\}$ 是 $B^{-1}(z)$ 的 Taylor 级数的系数. 由于 $\{h_j\}$ 绝对可和, 所以 $\mathrm{E}\varepsilon_t = 0$. 再利用定理 1.7.4 得到 $\{\varepsilon_t\}$ 的谱密度

$$f_\varepsilon(\lambda) = \bigg| \sum_{j=0}^{\infty} h_j \mathrm{e}^{-\mathrm{i}\lambda} \bigg|^2 f(\lambda) = \big| B(\mathrm{e}^{\mathrm{i}\lambda}) \big|^{-2} f(\lambda) = \frac{\sigma^2}{2\pi}.$$

于是得到

$$\mathrm{E}(\varepsilon_t \varepsilon_{t+k}) = \int_{-\pi}^{\pi} \mathrm{e}^{\mathrm{i}k\lambda} f_\varepsilon(\lambda)\, \mathrm{d}\lambda = \begin{cases} \sigma^2, & k = 0, \\ 0, & k \neq 0. \end{cases}$$

这说明 $\{\varepsilon_t\}$ 是 WN($0, \sigma^2$). 最后由 (3.1.9) 式得到

$$X_t = B(\mathcal{B})B^{-1}(\mathcal{B})X_t = B(\mathcal{B})\varepsilon_t, \quad t \in \mathbb{Z}.$$

3.1.2 最小序列

定义 3.1.2 设 $\{X_t \mid t \in \mathbb{Z}\}$ 是平稳序列. 用 H_x 表示 $\{X_t\}$ 产生的 Hilbert 空间, 用 $H_x(s)$ 表示 $\{X_t \mid t \neq s\}$ 产生的 Hilbert 空间. 如果

$$H_x \neq H_x(s)$$

对某个 $s \in \mathbb{Z}$ 成立, 则称 $\{X_t\}$ 是**最小序列**.

从平稳序列的性质可以证明: 如果 $\{X_t\}$ 是最小序列, 则对所有的 $s \in \mathbb{Z}$, $H_x \neq H_x(s)$. 可以看出最小序列中的每个 X_s 都是重要的. 因为 X_s 含有 $\{X_t \mid t \neq s\}$ 中所没有的信息. 如果零均值平稳序列有一个自协方差矩阵退化, 那么这个平稳序列一定不是最小序列. 因为这时 X_s 可以由其他的 X_t 完全预报 (线性表示). 平稳序列具有什么性质才是最小序列呢? 下面的定理给出了回答.

定理 3.1.4 (见文献 [5]) 设平稳序列 $\{X_t\}$ 有谱密度 $f(\lambda)$, 则 $\{X_t\}$ 是最小序列的充要条件是

$$\int_{-\pi}^{\pi} \frac{\mathrm{d}\lambda}{f(\lambda)} < \infty. \tag{3.1.10}$$

从定理 3.1.4 知道, 可逆的 MA(q) 序列是最小序列. 如果 MA(q) 模型 (3.1.2) 的特征多项式 $B(z) = 0$ 有一个单位根 $e^{i\lambda_j}$, 则它的因子分解中有一项 $(1 - ze^{-i\lambda_j})$. 于是相应的 MA(q) 序列的谱密度

$$f(\lambda) = \frac{\sigma^2}{2\pi}\left|B(e^{i\lambda})\right|^2 = O\left(\left|1 - \exp[i(\lambda - \lambda_j)]\right|^2\right) = O((\lambda - \lambda_j)^2),$$

当 $\lambda \to \lambda_j$ 时成立. 这样的 $f(\lambda)$ 不能使 (3.1.10) 式成立. 所以, 不可逆的 MA(q) 序列不是最小序列. 另外容易看出, 任何 AR(p) 序列都是最小序列. 任何有谱密度的平稳序列, 只要谱密度连续和恒正, 则这个平稳序列是最小序列.

3.1.3 MA 系数的递推计算

如果 $\{X_t\}$ 是 MA(q) 序列 (3.1.2), 则它的自协方差函数列满足

$$\frac{1}{2\pi}\sum_{k=-q}^{q} \gamma_k e^{-ik\lambda} \geqslant 0, \quad \lambda \in [-\pi, \pi].$$

按照引理 3.1.2, 系数 $\boldsymbol{b}_q = (b_1, b_2, \cdots, b_q)^{\mathrm{T}}$ 可以由 $\gamma_0, \gamma_1, \cdots, \gamma_q$ 唯一决定. 文献 [3] 给出了由 $\gamma_0, \gamma_1, \cdots, \gamma_q$ 递推 $\boldsymbol{b}_q$ 的如下方法. 定义

$$\boldsymbol{A} = \begin{pmatrix} 0 & 1 & 0 & \cdots & 0 & 0 \\ 0 & 0 & 1 & \cdots & 0 & 0 \\ \vdots & \vdots & & & \vdots & \vdots \\ 0 & 0 & 0 & \cdots & 0 & 1 \\ 0 & 0 & 0 & \cdots & 0 & 0 \end{pmatrix}_{q \times q}, \quad \boldsymbol{C} = \begin{pmatrix} 1 \\ 0 \\ \vdots \\ 0 \end{pmatrix}_{q \times 1},$$

$$\boldsymbol{\Omega}_k = \begin{pmatrix} \gamma_1 & \gamma_2 & \cdots & \gamma_k \\ \gamma_2 & \gamma_3 & \cdots & \gamma_{k+1} \\ \vdots & \vdots & & \vdots \\ \gamma_q & \gamma_{q+1} & \cdots & \gamma_{q+k-1} \end{pmatrix}, \quad \boldsymbol{\gamma}_q = \begin{pmatrix} \gamma_1 \\ \gamma_2 \\ \vdots \\ \gamma_q \end{pmatrix}, \tag{3.1.11}$$

则有

$$\boldsymbol{b}_q = \frac{1}{\sigma^2}(\boldsymbol{\gamma}_q - \boldsymbol{A\Pi C}), \quad \sigma^2 = \gamma_0 - \boldsymbol{C}^{\mathrm{T}}\boldsymbol{\Pi C}, \tag{3.1.12}$$

其中

$$\boldsymbol{\Pi} = \lim_{k \to \infty} \boldsymbol{\Omega}_k \boldsymbol{\Gamma}_k^{-1} \boldsymbol{\Omega}_k^{\mathrm{T}}, \tag{3.1.13}$$

$\boldsymbol{\Gamma}_k$ 是协方差矩阵. (3.1.12) 式和 (3.1.13) 式为用观测数据估计 MA(q) 模型的参数奠定了理论基础.

3.1.4 MA 模型举例

例 3.1.2 对可逆 MA(1) 序列

$$X_t = \varepsilon_t + b\varepsilon_{t-1}, \quad \text{其中 } \varepsilon_t \sim \mathrm{WN}(0, \sigma^2), \; |b| < 1,$$

可以计算出 $\gamma_0 = \sigma^2(1 + b^2)$, $\gamma_1 = b\sigma^2$ 和 $\gamma_k = 0$, 当 $|k| \geqslant 2$. 自相关系数为

$$\rho_k = \begin{cases} b/(1 + b^2), & |k| = 1, \\ 0, & |k| > 1. \end{cases}$$

谱密度为

$$f(\lambda) = \frac{\sigma^2}{2\pi}|1 + b\mathrm{e}^{\mathrm{i}\lambda}|^2 = \frac{\sigma^2}{2\pi}(1 + b^2 + 2b\cos\lambda), \quad \lambda \in [-\pi, \pi].$$

偏相关系数不截尾:

$$a_{k,k} = -(-b)^k(1-b^2)(1-b^{2k+2})^{-1}, \quad k \geqslant 1.$$

逆转形式是 $\varepsilon_t = \displaystyle\sum_{j=0}^{\infty}(-b)^j X_{t-j}$.

例 3.1.3 设 $\{\varepsilon_t\}$ 是 WN$(0,\sigma^2)$. MA(2) 模型

$$X_t = \varepsilon_t + b_1\varepsilon_{t-1} + b_2\varepsilon_{t-2}, \quad t \in \mathbb{Z}$$

的特征多项式是 $B(z) = 1 + b_1 z + b_2 z^2 \neq 0, |z| < 1$.

(1) 可逆域为 $\{(b_1,b_2) \mid B(z) \neq 0, |z| \leqslant 1\}$.

(2) 自协方差函数为

$$\gamma_0 = \sigma^2(1 + b_1^2 + b_2^2),$$
$$\gamma_1 = \sigma^2(b_1 + b_1 b_2),$$
$$\gamma_2 = \sigma^2 b_2,$$
$$\gamma_k = 0, \quad |k| > 2.$$

(3) 自相关系数为

$$\rho_1 = \frac{b_1 + b_1 b_2}{1 + b_1^2 + b_2^2}, \quad \rho_2 = \frac{b_2}{1 + b_1^2 + b_2^2}, \quad \rho_k = 0, \quad |k| > 2.$$

(4) 谱密度为

$$f(\lambda) = \frac{\sigma^2}{2\pi}\big|1 + b_1 \mathrm{e}^{\mathrm{i}\lambda} + b_2 \mathrm{e}^{\mathrm{i}2\lambda}\big|^2.$$

图 3.1.4 是 MA(2) 模型

$$X_t = \varepsilon_t - 0.36\varepsilon_{t-1} + 0.85\varepsilon_{t-2}, \quad \text{其中 } \{\varepsilon_t\} \text{是 WN}(0, 2^2) \qquad (3.1.14)$$

的谱密度, 图 3.1.5 是模型 (3.1.14) 的 100 个观测数据. 利用 (2) 可以计算出自协方差函数 $(\gamma_0, \gamma_1, \gamma_2) = (7.4084, -2.664, 3.4)$ 和自相关系数 $(\rho_1, \rho_2) = (-0.3596, 0.4589)$.

如果从自协方差函数 $(\gamma_0, \gamma_1, \gamma_2) = (7.4084, -2.664, 3.4)$ 出发, 利用 (3.1.12) 式和 (3.1.13) 式可以计算出 b_1, b_2 和 σ^2 的近似值, 如下:

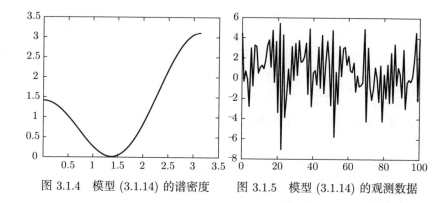

图 3.1.4 模型 (3.1.14) 的谱密度   图 3.1.5 模型 (3.1.14) 的观测数据

k	6	12	20	30	40	$\geqslant 51$
b_1	-0.3367	-0.3527	-0.3587	-0.3597	-0.3599	-0.36
b_2	0.7515	0.8234	0.8421	0.8487	0.8497	0.85
σ^2	4.5243	4.1292	4.0374	4.0062	4.0014	4.00

从上述的计算看出, 对较大的 k 利用 (3.1.12) 式和 (3.1.13) 式计算 b_1, b_2 和 σ^2 的效果是理想的.

习 题 3.1

3.1.1 对 $q = 2$ 证明引理 3.1.2 中 $B(z)$ 的存在性.

3.1.2 证明: 实数 $\gamma_k, k = 0, \pm 1, \pm 2, \cdots, \pm q$ 成为某 MA(q) 序列的自协方差函数的充要条件是 $\sum\limits_{k=-q}^{q} \gamma_k \mathrm{e}^{-ik\lambda} \geqslant 0$.

3.1.3 对 $p > 0$, 证明: AR(p) 序列不能是 MA(q) 序列.

3.1.4 对于 MA(2) 模型 $X_t = \varepsilon_t - 0.66\varepsilon_{t-1} + 0.765\varepsilon_{t-2}$, 其中 $\{\varepsilon_t\}$ 是 WN(0, 4), 计算 $\gamma_0, \gamma_1, \gamma_2, \rho_1, \rho_2$.

3.1.5 (计算机作业) 已知平稳序列的自协方差函数

$$(\gamma_0, \gamma_1, \gamma_2) = (12.4168, \ -4.7520, \ 5.2), \quad \gamma_k = 0, k \geqslant 3,$$

试为该平稳序列建立 MA(2) 模型.

§3.2 自回归滑动平均模型

3.2.1 ARMA 模型及其平稳解

定义 3.2.1 设 $\{\varepsilon_t\}$ 是 $\mathrm{WN}(0, \sigma^2)$, 实系数多项式 $A(z) = 0$ 和 $B(z) = 0$ 没有公共根, 满足 $b_0 = 1$, $a_p b_q \neq 0$ 和

$$A(z) = 1 - \sum_{j=1}^{p} a_j z^j \neq 0, |z| \leqslant 1, \quad B(z) = \sum_{j=0}^{q} b_j z^j \neq 0, |z| < 1, \quad (3.2.1)$$

则称差分方程

$$X_t = \sum_{j=1}^{p} a_j X_{t-j} + \sum_{j=0}^{q} b_j \varepsilon_{t-j}, \quad t \in \mathbb{Z} \quad (3.2.2)$$

为**自回归滑动平均模型**, 简称为 **ARMA**(p, q) **模型**, 称满足 (3.2.2) 式的平稳序列 $\{X_t\}$ 为**平稳解**或 **ARMA**(p, q) **序列**.

利用推移算子可以将 (3.2.2) 式写成等价的形式

$$A(\mathcal{B})X_t = B(\mathcal{B})\varepsilon_t, \quad t \in \mathbb{Z}. \quad (3.2.3)$$

由于 $A(z)$ 满足最小相位条件, 所以有 $\rho > 1$, 使得在 $\{z \mid |z| \leqslant \rho\}$ 内, $A^{-1}(z)B(z)$ 解析, 从而有 Taylor 展开式

$$\Phi(z) = A^{-1}(z)B(z) = \sum_{j=0}^{\infty} \psi_j z^j, \quad |z| \leqslant \rho. \quad (3.2.4)$$

利用当 $j \to \infty$ 时, $|\psi_j \rho^j| \to 0$ 知, $\psi_j = o(\rho^{-j})$. 于是可以定义

$$\Phi(\mathcal{B}) = A^{-1}(\mathcal{B})B(\mathcal{B}) = \sum_{j=0}^{\infty} \psi_j \mathcal{B}^j. \quad (3.2.5)$$

定理 3.2.1 在 ARMA(p, q) 模型中, 设 $z_1, z_2, \cdots, z_k$ 为 $A(z) = 0$ 的全体互异根, 且 $z_j = \rho_j \mathrm{e}^{\mathrm{i}\lambda_j}$ 是 $r(j)$ 重根, 则

(1) ARMA(p, q) 模型 (3.2.3) 有唯一平稳解

$$X_t = A^{-1}(\mathcal{B})B(\mathcal{B})\varepsilon_t = \Phi(\mathcal{B})\varepsilon_t = \sum_{j=0}^{\infty} \psi_j \varepsilon_{t-j}, \quad t \in \mathbb{Z}; \quad (3.2.6)$$

(2) ARMA(p, q) 模型 (3.2.3) 的通解是

$$Y_t = X_t + \sum_{j=1}^{k} \sum_{l=0}^{r(j)-1} V_{l,j} t^l \rho_j^{-t} \cos(\lambda_j t - \theta_{l,j}), \quad t \in \mathbb{Z}, \tag{3.2.7}$$

其中, 随机变量 $V_{l,j}, \theta_{l,j}$ 由 $Y_0 - X_0, Y_1 - X_1, \cdots, Y_{p-1} - X_{p-1}$ 唯一决定.

证明 (1) 由 (3.2.6) 式定义的时间序列是平稳序列. 因为在 (3.2.6) 式两边同乘 $A(\mathcal{B})$ 得到 (3.2.3) 式, 所以 (3.2.6) 式是方程 (3.2.2) 的平稳解. 如果 $\{X_t\}$ 是满足 (3.2.3) 式的 ARMA(p, q) 序列, 在 (3.2.3) 式两边同乘 $A^{-1}(\mathcal{B})$, 则得到 (3.2.6) 式. 说明 (3.2.3) 式的平稳解是唯一的.

(2) 由线性差分方程的理论知道, 满足 ARMA(p, q) 模型 (3.2.3) 的任何实值时间序列都可以用 (3.2.7) 式表示.

在 (3.2.6) 式中, 称 $\{\psi_j\}$ 为 $\{X_t\}$ 的 **Wold 系数**.

从 (3.2.7) 式知道, 对满足方程 (3.2.2) 的实值时间序列 $\{Y_t\}$, 总有

$$|X_t - Y_t| \leqslant \sum_{j=1}^{k} \sum_{l=0}^{r(j)-1} |V_{l,j}| t^l \rho_j^{-t} \to 0, \quad t \to \infty. \tag{3.2.8}$$

由于上述收敛是负指数阶的, 所以随着时间 t 的推移, 任何解 $\{Y_t\}$ 都会很快地回归于平稳解. 这一点也告诉我们利用 ARMA(p, q) 模型的参数

$$(\boldsymbol{a}_p^{\mathrm{T}}, \boldsymbol{b}_q^{\mathrm{T}}) = (a_1, a_2, \cdots, a_p, b_1, b_2, \cdots, b_q) \tag{3.2.9}$$

和白噪声 $\{\varepsilon_t\}$ 递推产生 ARMA(p, q) 序列的方法: 取初值 $Y_0 = Y_1 = \cdots = Y_{p-1} = 0$ 和

$$Y_t = \sum_{j=1}^{p} a_j Y_{t-j} + \sum_{j=0}^{q} b_j \varepsilon_{t-j}, \quad t = p, p+1, \cdots, m+n.$$

对较大的 m, 可以视

$$X_t = Y_{m+t}, \quad t = 1, 2, \cdots, n$$

为所需要的 ARMA(p,q) 序列. 和 AR(p) 序列的产生一样, 当 $A(z) = 0$ 有靠近单位圆的根时, m 要适当加大.

由于 (3.2.8) 式成立, 我们以后只讨论平稳解 (3.2.6).

3.2.2 ARMA 序列的自协方差函数

从 (3.2.6) 式知道 ARMA(p,q) 序列 $\{X_t\}$ 的自协方差函数可以由 Wold 系数 $\{\psi_j\}$ 表示:

$$\gamma_k = \sigma^2 \sum_{j=0}^{\infty} \psi_j \psi_{j+k}, \quad k \geqslant 0. \tag{3.2.10}$$

于是, 自协方差函数由 ARMA(p,q) 模型的参数唯一决定. 利用 ARMA 模型 (3.2.2) 的参数 $\boldsymbol{a}_p, \boldsymbol{b}_q$ 计算 Wold 系数 $\{\psi_j\}$ 时, 可以采用如下的递推方法:

$$\psi_j = \begin{cases} 1, & j = 0, \\ b_j + \sum_{k=1}^{p} a_k \psi_{j-k}, & j = 1, 2, \cdots, \end{cases} \tag{3.2.11}$$

其中规定 $b_j = 0, j > q$ 和 $\psi_j = 0, j < 0$.

下面证明 (3.2.11) 式. 补充定义 $a_0 = -1$. 设 $\Phi(z)$ 由 (3.2.4) 式定义, 利用级数乘法得到

$$\begin{aligned} A(z)\Phi(z) &= -\sum_{k=0}^{p} a_k z^k \sum_{j=0}^{\infty} \psi_j z^j \\ &= -\sum_{j=0}^{\infty} \sum_{k=0}^{p} a_k \psi_{j-k} z^j = \sum_{j=0}^{q} b_j z^j. \end{aligned}$$

比较上式两端的系数得到

$$-\sum_{k=0}^{p} a_k \psi_{j-k} = b_j, \quad j \geqslant 1.$$

于是 (3.2.11) 式成立.

由于 Wold 系数 ψ_k 是负指数阶趋于 0 的, 所以从 (2.3.2) 式知道

$$|\gamma_k| \leqslant c_1 \rho^{-k}, \quad \rho > 1. \tag{3.2.12}$$

故 $\{\gamma_k\}$ 也以负指数阶趋于 0.

3.2.3 ARMA 模型的可识别性

ARMA(p, q) 模型中要求 $A(z)$ 和 $B(z)$ 没有公因子. 这个条件保证了 ARMA(p, q) 模型参数

$$(\boldsymbol{a}^{\mathrm{T}}, \boldsymbol{b}^{\mathrm{T}}, \sigma^2) = (a_1, a_2, \cdots, a_p, b_1, b_2, \cdots, b_q, \sigma^2) \tag{3.2.13}$$

的可识别性. 也就是说这个条件保证了模型参数 (3.2.13) 可以由平稳解的自协方差函数唯一决定. 为得到这个结果, 需要下面的引理. 我们略去这个引理的证明.

引理 3.2.2 设 $\{X_t\}$ 是 ARMA(p, q) 模型 (3.2.2) 的平稳解. 如果又有白噪声 $\{\eta_t\}$ 和实系数多项式 $C(\mathcal{B}), D(\mathcal{B})$ 使得

$$C(\mathcal{B})X_t = D(\mathcal{B})\eta_t, \quad t \in \mathbb{Z}$$

成立, 则 $C(z)$ 的阶数 $\geqslant p$, $D(z)$ 的阶数 $\geqslant q$.

和 AR(p) 序列相同, ARMA(p, q) 序列也有合理性:

$$\mathrm{E}(\varepsilon_s X_t) = 0, \quad s > t,$$

表明 X_t 不受 t 以后的噪声干扰. 对 $k < 0$, 补充定义 $\psi_k = 0$. 记 $b_0 = 1$. 在 ARMA(p, q) 模型 (3.2.2) 的两边同乘 X_{t-k} 后求数学期望, 对 $k \geqslant 1$ 得到

$$
\begin{aligned}
\gamma_k &= \mathrm{E}(X_t X_{t-k}) \\
&= \mathrm{E}\Big[\Big(\sum_{j=1}^{p} a_j X_{t-j} + \sum_{j=0}^{q} b_j \varepsilon_{t-j}\Big) X_{t-k}\Big] \\
&= \sum_{j=1}^{p} a_j \gamma_{k-j} + \mathrm{E}\Big(\sum_{j=0}^{q} b_j \varepsilon_{t-j} \sum_{l=0}^{\infty} \psi_l \varepsilon_{t-k-l}\Big) \\
&= \sum_{j=1}^{p} a_j \gamma_{k-j} + \sigma^2 \sum_{j=0}^{q} b_j \psi_{j-k}.
\end{aligned}
$$

于是 ARMA(p,q) 序列的自协方差函数 $\{\gamma_k\}$ 满足差分方程

$$\gamma_k - \sum_{j=1}^{p} a_j \gamma_{k-j} = \begin{cases} \sigma^2 \displaystyle\sum_{j=k}^{q} b_j \psi_{j-k}, & 1 \leqslant k < q, \\ \sigma^2 b_q, & k = q, \\ 0, & k > q. \end{cases} \tag{3.2.14}$$

对满足模型 (3.2.2) 的 ARMA(p,q) 序列和自协方差函数 $\{\gamma_k\}$, 从方程 (3.2.14) 可以得出延伸的 Yule-Walker 方程:

$$\begin{pmatrix} \gamma_{q+1} \\ \gamma_{q+2} \\ \vdots \\ \gamma_{q+p} \end{pmatrix} = \begin{pmatrix} \gamma_q & \gamma_{q-1} & \cdots & \gamma_{q-p+1} \\ \gamma_{q+1} & \gamma_q & \cdots & \gamma_{q-p+2} \\ \vdots & \vdots & & \vdots \\ \gamma_{q+p-1} & \gamma_{q+p-2} & \cdots & \gamma_q \end{pmatrix} \begin{pmatrix} a_1 \\ a_2 \\ \vdots \\ a_p \end{pmatrix}. \tag{3.2.15}$$

如果线性方程组 (3.2.15) 的系数矩阵

$$\boldsymbol{\Gamma}_{p,q} = \begin{pmatrix} \gamma_q & \gamma_{q-1} & \cdots & \gamma_{q-p+1} \\ \gamma_{q+1} & \gamma_q & \cdots & \gamma_{q-p+2} \\ \vdots & \vdots & & \vdots \\ \gamma_{q+p-1} & \gamma_{q+p-2} & \cdots & \gamma_q \end{pmatrix}$$

可逆, 则已知 p, q 时, 参数 $a_1, a_2, \cdots, a_p$ 由 $\gamma_0, \gamma_1, \cdots, \gamma_{q+p}$ 唯一决定. 这时,

$$Y_t = X_t - \sum_{j=1}^{p} a_j X_{t-j} = B(\mathcal{B})\varepsilon_t, \quad t \in \mathbb{Z}$$

是 MA(q) 序列, 其自协方差函数 $\{\gamma_y(k)\}$ 是 q 后截尾的. 对 $|k| \leqslant q$ 可利用下面的公式计算 $\gamma_y(k)$:

$$\begin{aligned} \gamma_y(k) &= \mathrm{E}(Y_t Y_{t-k}) \\ &= \sum_{j=0}^{p} \sum_{l=0}^{p} a_j a_l \mathrm{E}(X_{t-j} X_{t-k-l}) \\ &= \sum_{j=0}^{p} \sum_{l=0}^{p} a_j a_l \gamma_{k+l-j}, \quad |k| \leqslant q, \end{aligned}$$

其中 $a_0 = -1$. 把上式表示成矩阵形式往往会带来方便: 对 $|k| \leqslant q$,

$$\gamma_y(k) = \boldsymbol{a}^{\mathrm{T}} \begin{pmatrix} \gamma_k & \gamma_{k+1} & \gamma_{k+2} & \cdots & \gamma_{k+p} \\ \gamma_{k-1} & \gamma_k & \gamma_{k+1} & \cdots & \gamma_{k+p-1} \\ \vdots & \vdots & \vdots & & \vdots \\ \gamma_{k-p} & \gamma_{k-p+1} & \gamma_{k-p+2} & \cdots & \gamma_k \end{pmatrix} \boldsymbol{a}, \quad (3.2.16)$$

其中 $\boldsymbol{a}^{\mathrm{T}} = (-1, a_1, \cdots, a_p)$.

按照 (3.1.12) 式, 理论上可以从 $\gamma_y(0), \gamma_y(1), \cdots, \gamma_y(q)$ 唯一解出参数 $b_1, b_2, \cdots, b_q$ 和 σ^2. 于是, 只要 $\boldsymbol{\varGamma}_{p,q}$ 可逆, 则 ARMA(p,q) 序列的自协方差函数和 ARMA(p,q) 模型的参数 $(\boldsymbol{a}_p^{\mathrm{T}}, \boldsymbol{b}_q^{\mathrm{T}}, \sigma^2)$ 相互唯一决定. 下面的定理证明 $\boldsymbol{\varGamma}_{p,q}$ 是可逆的.

定理 3.2.3 (见文献 [4]) 设 $\{\gamma_k\}$ 为 ARMA(p,q) 序列 $\{X_t\}$ 的自协方差函数列, 则 $m \geqslant p$ 时, 下面的矩阵可逆:

$$\boldsymbol{\varGamma}_{m,q} = \begin{pmatrix} \gamma_q & \gamma_{q-1} & \cdots & \gamma_{q-m+1} \\ \gamma_{q+1} & \gamma_q & \cdots & \gamma_{q-m+2} \\ \vdots & \vdots & & \vdots \\ \gamma_{q+m-1} & \gamma_{q+m-2} & \cdots & \gamma_q \end{pmatrix}. \quad (3.2.17)$$

证明 如果 $\det(\boldsymbol{\varGamma}_{m,q}) = 0$, 有 $\boldsymbol{\beta} = (\beta_0, \beta_1, \cdots, \beta_{m-1})^{\mathrm{T}} \neq \boldsymbol{0}$, 使得 $\boldsymbol{\varGamma}_{m,q}\boldsymbol{\beta} = \boldsymbol{0}$, 即

$$\sum_{l=0}^{m-1} \beta_l \gamma_{q+k-l} = 0, \quad k = 0, 1, 2, \cdots, m-1. \quad (3.2.18)$$

再用方程 (3.2.14) 得到

$$\sum_{l=0}^{m-1} \beta_l \gamma_{q+m-l} = \sum_{k=1}^{p} a_k \sum_{l=0}^{m-1} \beta_l \gamma_{q+m-l-k} = 0.$$

以此类推得到

$$\sum_{l=0}^{m-1} \beta_l \gamma_{q+k-l} = 0, \quad k \geqslant 0.$$

令 $Y_t = \sum\limits_{l=0}^{m-1} \beta_l X_{t-l}$, 则 $\{Y_t\}$ 是零均值平稳序列. 利用

$$\mathrm{E}(Y_t X_{t-q-k}) = \sum_{l=0}^{m-1} \beta_l \gamma_{q+k-l} = 0, \quad k \geqslant 0,$$

得到 $\mathrm{E}(Y_t Y_{t-q-k}) = 0$, $k \geqslant 0$. 这样 $\gamma_y(k) = \mathrm{E}(Y_0 Y_k)$ 是 $q-1$ 后截尾的. 于是有 $\alpha_0, \alpha_1, \alpha_2, \cdots, \alpha_{q-1}$ 使得

$$\sum_{l=0}^{m-1} \beta_l X_{t-l} = \sum_{j=0}^{q-1} \alpha_j \varepsilon_{t-j}, \quad \{\varepsilon_t\} \sim \mathrm{WN}(0, \sigma^2).$$

这和引理 3.2.2 矛盾.

定理 3.2.3 为自回归滑动平均模型参数的矩估计提供了理论保证.

定理 3.2.4 设零均值平稳序列 $\{X_t\}$ 有自协方差函数 $\{\gamma_k\}$. 又设实数 $a_1, a_2, \cdots, a_p$ $(a_p \neq 0)$ 使得 $A(z) = 1 - \sum\limits_{j=1}^{p} a_j z^j$ 满足最小相位条件和

$$\gamma_k - \sum_{j=1}^{p} a_j \gamma_{k-j} = \begin{cases} c \neq 0, & k = q, \\ 0, & k > q, \end{cases} \tag{3.2.19}$$

则 $\{X_t\}$ 是 $\mathrm{ARMA}(p', q')$ 序列, 其中 $p' \leqslant p$, $q' \leqslant q$.

证明 设 $Y_t = A(\mathcal{B}) X_t = X_t - \sum\limits_{j=1}^{p} a_j X_{t-j}$, 则 $\{Y_t\}$ 是零均值平稳序列, 满足

$$\mathrm{E}(Y_t X_{t-k}) = \gamma_k - \sum_{j=1}^{p} a_j \gamma_{k-j} = \begin{cases} c \neq 0, & k = q, \\ 0, & k > q. \end{cases}$$

所以有

$$\gamma_Y(k) = \mathrm{E}(Y_t Y_{t-k}) = \mathrm{E}\left[Y_t \left(X_{t-k} - \sum_{j=1}^{p} a_j X_{t-k-j} \right) \right]$$
$$= \begin{cases} c \neq 0, & k = q, \\ 0, & k > q. \end{cases}$$

这说明 $\{Y_t\}$ 的自协方差函数是 q 后截尾的. 由定理 3.1.3 知道, $\{Y_t\}$ 为 MA(q) 序列, 即存在单位圆内没有根的 q 阶实系数多项式 $B(z)$ 使得 $B(0) = b_0 = 1$ 和

$$A(\mathcal{B})X_t = B(\mathcal{B})\varepsilon_t, \quad t \in \mathbb{Z}, \tag{3.2.20}$$

其中 $\{\varepsilon_t\}$ 是 WN($0, \sigma^2$). 如果 $A(z)$ 和 $B(z)$ 没有公因子, 上述模型就是所需要的 ARMA(p, q) 模型. 否则设公因子是 $C(z)$, 则有 $A(z) = C(z)A'(z)$, $B(z) = C(z)B'(z)$. 这时 (3.2.20) 式变成

$$C(\mathcal{B})A'(\mathcal{B})X_t = C(\mathcal{B})B'(\mathcal{B})\varepsilon_t.$$

两边乘 $C^{-1}(\mathcal{B})$ 后得到所需 ARMA(p', q') 模型: $A'(\mathcal{B})X_t = B'(\mathcal{B})\varepsilon_t$.

3.2.4 ARMA 序列的谱密度和可逆性

由于 ARMA 序列的自协方差函数 $\{\gamma_k\}$ 绝对可和, 所以 ARMA 序列 (3.2.6) 有谱密度:

$$\begin{aligned}
f(\lambda) &= \frac{1}{2\pi} \sum_{k=-\infty}^{\infty} \gamma_k e^{-ik\lambda} \\
&= \frac{\sigma^2}{2\pi} \left| \sum_{j=0}^{\infty} \psi_j e^{ij\lambda} \right|^2 \\
&= \frac{\sigma^2}{2\pi} \left| \frac{B(e^{i\lambda})}{A(e^{i\lambda})} \right|^2.
\end{aligned} \tag{3.2.21}$$

形如 (3.2.21) 式的谱密度被称为**有理谱密度**.

定义 3.2.2 在 ARMA(p, q) 模型的定义 3.2.1 中, 如果进一步要求 $B(z) = 0$ 在单位圆上无根, 即

$$B(z) = 1 + \sum_{j=1}^{q} b_j z^j \neq 0, \quad |z| \leqslant 1, \tag{3.2.22}$$

则称 ARMA(p, q) 模型 (3.2.2) 为**可逆的 ARMA 模型**, 称相应的平稳解为**可逆的 ARMA(p, q) 序列**.

从定义 3.1.2 和定理 3.1.4 知道, 可逆的 ARMA(p,q) 序列是最小序列. 对于可逆的 ARMA(p,q) 模型 (3.2.3), 由于 $B^{-1}(z)A(z)$ 在 $\{z\,|\,|z|\leqslant\rho,\rho>1\}$ 内解析, 所以有 Taylor 展式:

$$B^{-1}(z)A(z)=\sum_{j=0}^{\infty}\varphi_j z^j,\quad |z|\leqslant\rho,\qquad(3.2.23)$$

其中 $|\varphi_j|=o(\rho^{-j})$, 当 $j\to\infty$, 从而可以定义

$$B^{-1}(\mathcal{B})A(\mathcal{B})=\sum_{j=0}^{\infty}\varphi_j\mathcal{B}^j.$$

在 (3.2.3) 式两边乘以 $B^{-1}(\mathcal{B})$, 得到:

$$\varepsilon_t=B^{-1}(\mathcal{B})A(\mathcal{B})X_t=\sum_{j=0}^{\infty}\varphi_j X_{t-j},\quad t\in\mathbb{Z}.\qquad(3.2.24)$$

(3.2.24) 式是 (3.2.6) 式的逆转形式, 表明可逆 ARMA(p,q) 序列和它的噪声序列可以相互线性表示.

例 3.2.1 设 $\{\varepsilon_t\}$ 是标准正态白噪声, 图 3.2.1 是 ARMA$(4,2)$ 模型 $A(\mathcal{B})X_t=B(\mathcal{B})\varepsilon_t$ 的 60 个观测数据. 这里

$$\begin{aligned}&a_1=-0.9,\ a_2=-1.4,\ a_3=-0.7,\ a_4=-0.6;\\&b_1=0.5,\ b_2=-0.4.\end{aligned}\qquad(3.2.25)$$

$A(z)=0$ 的共轭根是

$$z_1=1.1380\mathrm{e}^{\mathrm{i}2.2062},\quad z_2=\overline{z}_1,\quad z_3=1.1344\mathrm{e}^{\mathrm{i}1.4896},\quad z_4=\overline{z}_3.$$

$B(z)=0$ 的两个实根分别是 2.3252 和 -1.0752. 谱密度的图形见图 3.2.2. 可以看出, 谱密度的峰值分别靠近 z_1, z_3 的辐角, 说明这个平稳序列有两个频率成分.

利用 (3.2.11) 式和 (3.2.10) 式计算出 $\{X_t\}$ 的前 21 个自协方差函数 $\{\gamma_k\,|\,0\leqslant k\leqslant20\}$, 如下 (见图 3.2.3):

6.6708, -1.5078, -4.5792, 2.4672, 1.2433, -0.4630, -0.3035, -1.4293, 1.2894, 1.3309, -1.8203, -0.2699, 1.0861, -0.1239, -0.1279, -0.3097, -0.1071, 0.6939, -0.1810, -0.5477, 0.3249.

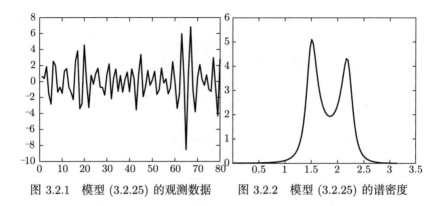

图 3.2.1   模型 (3.2.25) 的观测数据   图 3.2.2   模型 (3.2.25) 的谱密度

以上数据将用于例 5.1.1 和例 5.4.3.

注   利用 (3.2.15) 式, (3.2.16) 式和 (3.1.12) 式还可以从上述的自协方差函数解出 $A(z), B(z)$ 的系数和白噪声的方差.

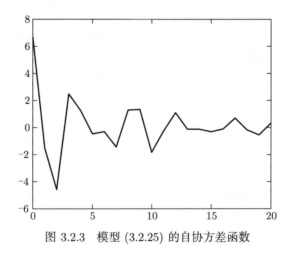

图 3.2.3   模型 (3.2.25) 的自协方差函数

例 3.2.2   给定平稳序列 $\{X_t\}$ 的前 5 个自协方差函数:

$$(\gamma_0, \gamma_1, \gamma_2, \gamma_3, \gamma_4) = (4.61,\ -1.06,\ 0.29,\ 0.69,\ -0.12).$$

下面利用这 5 个自协方差函数为 $\{X_t\}$ 建立一个 ARMA$(2,2)$ 模型.

(1) 利用 (3.2.15) 式计算出自回归部分的系数:

$$(a_1, a_2) = (0.0894, -0.6265).$$

(2) 利用 (3.2.16) 式计算出

$$(\gamma_y(0), \gamma_y(1), \gamma_y(2)) = (7.1278, -2.4287, 3.2729).$$

(3) 利用 (3.1.12) 式和 (3.1.13) 式计算出滑动平均部分的系数和白噪声的方差:

$$(b_1, b_2) \approx (-0.3334, 0.8158), \quad \sigma^2 \approx 4.0119.$$

(4) 所要求的模型是对 $t \in \mathbb{Z}$,

$$X_t = 0.0894 X_{t-1} - 0.6265 X_{t-2} + \varepsilon_t - 0.3334 \varepsilon_{t-1} + 0.8158 \varepsilon_{t-2}, \quad (3.2.26)$$

其中 $\{\varepsilon_t\}$ 是 $\mathrm{WN}(0, 4.0119)$. $A(z) = 0$ 的共轭根是

$$z_1 = 0.0713 + 1.2614\,\mathrm{i}, \quad z_2 = 0.0713 - 1.2614\,\mathrm{i},$$

$B(z) = 0$ 的共轭根是

$$0.2043 + 1.0881\,\mathrm{i}, \quad 0.2043 - 1.0881\,\mathrm{i}.$$

习 题 3.2

3.2.1 设平稳序列 $\{X_t\}$ 有谱密度 $f(\lambda)$. 证明: $\{X_t\}$ 为 $\mathrm{ARMA}(p, q)$ 序列的充要条件是 $f(\lambda)$ 为有理谱密度.

3.2.2 对 $\mathrm{ARMA}(1, 1)$ 序列 $X_t = a X_{t-1} + \varepsilon_t + b \varepsilon_{t-1}$, $\{\varepsilon_t\}$ 是 $\mathrm{WN}(0, \sigma^2)$. 证明: $\gamma_0 = \sigma^2 (1 + 2ab + b^2)/(1 - a^2)$.

3.2.3 设 $\{\varepsilon_t\}$ 是 $\mathrm{WN}(0, \sigma^2)$, $X_t = \sum_{j=1}^{p} a_j X_{t-j} + \varepsilon_t, t \in \mathbb{Z}$ 是 $\mathrm{AR}(p)$ 序列, 又设 $\{\eta_t\}$ 是和 $\{\varepsilon_t\}$ 独立的 $\mathrm{WN}(0, a^2)$, 证明: $Y_t = X_t + \eta_t, t \in \mathbb{Z}$ 是 $\mathrm{ARMA}(p, p)$ 序列.

3.2.4 (计算机作业) 给定平稳序列 $\{X_t\}$ 的自协方差函数:

$$(\gamma_0, \gamma_1, \gamma_2, \gamma_3, \gamma_4) = (5.61, \ -1.1, \ 0.23, \ 0.43, \ -0.1),$$

试为 $\{X_t\}$ 建立 ARMA$(2,2)$ 模型.

3.2.5 (计算机作业) 利用 (3.2.10) 式和 (3.2.11) 式计算 ARMA$(2,2)$ 模型 (3.2.26) 的自协方差函数 γ_k, $k = 5, 6, \cdots, 10$.

§3.3 广义 ARMA 模型和 ARIMA 模型

3.3.1 广义 ARMA 模型

设 $A(z) = 1 - \sum_{j=1}^{p} a_j z^j$, $B(z) = 1 + \sum_{j=1}^{q} b_j z^j$ 是两个没有公共根的实系数多项式, $a_p b_q \neq 0$, $\{\varepsilon_t\}$ 是 WN$(0, \sigma^2)$. 如果不对 $A(z) = 0$, $B(z) = 0$ 的根做任何限制, 则称差分方程

$$A(\mathcal{B})X_t = B(\mathcal{B})\varepsilon_t, \quad t \in \mathbb{Z} \tag{3.3.1}$$

为**广义 ARMA(p,q) 模型**, 称满足差分方程 (3.3.1) 的序列 $\{X_t\}$ 为**广义 ARMA(p,q) 序列**.

在模型 (3.3.1) 中, 给定初始值 $x_0, x_{-1}, x_{-2}, \cdots, x_{-p+1}$ 后, $x_t, t \geqslant 1$ 可以由模型参数 $(\boldsymbol{a}_p, \boldsymbol{b}_q)$ 和白噪声 $\{\varepsilon_t\}$ 递推得到. 如果 $A(z) = 0$ 在单位圆上有根, 可以证明方程 (3.3.1) 没有平稳解. 如果 $A(z) = 0$ 在单位圆上没有根, 则有 $0 < \rho_1 < 1 < \rho_2$ 使得复变函数 $B(z)/A(z)$ 在圆环

$$D = \{z \,|\, \rho_1 \leqslant |z| \leqslant \rho_2\} \tag{3.3.2}$$

内解析. 于是 $B(z)/A(z)$ 有 Laurent 级数展开

$$A^{-1}(z)B(z) = \sum_{j=-\infty}^{\infty} c_j z^j, \quad z \in D. \tag{3.3.3}$$

利用 $|c_j \rho_2^j| \to 0$ 和 $|c_{-j} \rho_1^{-j}| \to 0$, 当 $j \to \infty$ 知道, 取

$$\rho = \min(\rho_2, \rho_1^{-1})$$

时, 有

$$c_{|j|} = o(\rho^{-j}).$$

因此, $\{c_j\}$ 是负指数阶收敛到 0 的. 于是可以定义

$$A^{-1}(\mathcal{B})B(\mathcal{B}) = \sum_{j=-\infty}^{\infty} c_j \mathcal{B}^j.$$

这样, 从方程 (3.3.1) 可以得到唯一的平稳解

$$X_t = A^{-1}(\mathcal{B})B(\mathcal{B})\varepsilon_t = \sum_{j=-\infty}^{\infty} c_j \varepsilon_{t-j}, \quad t \in \mathbb{Z}. \tag{3.3.4}$$

如果 $A(z)$ 在单位圆内有根, 由 (3.3.4) 式定义的平稳序列是白噪声的双边无穷滑动和. 这个平稳序列不是合理的, 因为 t 时的观测受到了 t 以后干扰的影响. 再由差分方程的理论知道, 这时方程 (3.2.2) 的其他解都随着时间的增加而加速振荡. 为此, 人们把这时的广义 ARMA 模型称为**爆炸模型**.

3.3.2 求和 ARIMA 模型

采用求和 ARIMA(p, d, q) 模型拟合数据的过程, 实质上是先对观测数据进行 d 次差分处理, 然后再拟合 ARMA(p, q) 模型. 具体来说, 设 d 是一个正整数, 如果

$$Y_t = (1 - \mathcal{B})^d X_t = \sum_{k=0}^{d} \mathrm{C}_d^k (-1)^k X_{t-k}, \quad t \in \mathbb{Z} \tag{3.3.5}$$

是 ARMA(p, q) 序列, 则称 $\{X_t\}$ 是**求和 ARIMA**(p, d, q) **序列**, 简称为 **ARIMA**(p, d, q) **序列**, 其中 C_d^k 是二项式系数. 于是 ARIMA(p, d, q) 序列满足的模型是

$$A(\mathcal{B})(1 - \mathcal{B})^d X_t = B(\mathcal{B})\varepsilon_t, \quad t \in \mathbb{Z}, \tag{3.3.6}$$

其中的实系数多项式 $A(z)$, $B(z)$ 满足定义 3.2.1 中的条件.

称 $\{X_t\}$ 是求和 ARIMA(p,d,q) 序列等价于说由 (3.3.5) 式定义的 $\{Y_t\}$ 是 ARMA(p,q) 序列. 下面设 $\{Y_t\}$ 是由 (3.3.5) 式定义的平稳序列.

例 3.3.1 (求和 ARIMA$(p,1,q)$ 序列) 这时 $d = 1$, $Y_t = (1 - \mathcal{B})X_t = X_t - X_{t-1}$ 为 ARMA(p,q) 序列. 给定初值 X_0 后, 有

$$
\begin{aligned}
X_t &= X_{t-1} + Y_t \\
&= X_{t-2} + Y_{t-1} + Y_t \\
&= \cdots\cdots \\
&= X_0 + Y_1 + Y_2 + \cdots + Y_t \\
&= X_0 + \sum_{j=1}^{t} Y_j, \quad t \geqslant 1.
\end{aligned}
\tag{3.3.7}
$$

(3.3.7) 式是模型 (3.3.6) 的解. 从差分方程的理论知道模型 (3.3.6) 的通解也有 (3.3.7) 式的形式. 所以, 求和 ARIMA$(p,1,q)$ 序列不是平稳序列. 对正整数 d, 求和 ARIMA(p,d,q) 序列也都不是平稳序列. 当 $\{y_t\}$ 是例 3.2.1 中 ARMA$(4,2)$ 序列的 $N = 62$ 个观测数据时, 取初值 $X_0 = 0$, 由求和公式 (3.3.7) 计算的 60 个数据见图 3.3.1 中下面的曲线 (实线), 这时样本均值 $\bar{x} = 0.6335$, 样本标准差 $s = 1.6749$. 看起来这组数据振荡得并不严重, 计算机的多次模拟也都显示类似结论.

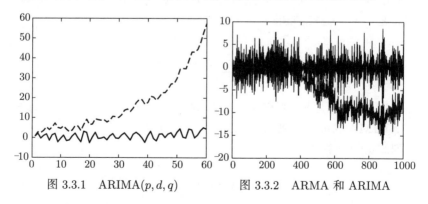

图 3.3.1　ARIMA(p,d,q)　　　　图 3.3.2　ARMA 和 ARIMA

但是当把数据量增加到 $N = 1000$ 时, 非平稳性就明显了. 图 3.3.2

是 $N = 1000$ 的数据图, 波动趋势大的是 $\{x_t\}$, 没有明显波动趋势的是 $\{y_t\}$.

例 3.3.2 (求和 ARIMA$(p, 2, q)$ 序列) 这时 $d = 2$,

$$Y_t = (1 - \mathcal{B})^2 X_t = X_t - 2X_{t-1} + X_{t-2}$$

是一个 ARMA(p, q) 序列. 给定初值 X_0, X_{-1}, 有

$$X_t - X_{t-1} = X_{t-1} - X_{t-2} + Y_t, \quad t \geqslant 1.$$

上式两边对 $t = 1, 2, \cdots, n_1$ 求和, 得

$$X_{n_1} - X_0 = X_{n_1-1} - X_{-1} + \sum_{t=1}^{n_1} Y_t,$$

整理后得到

$$X_{n_1} - X_{n_1-1} = X_0 - X_{-1} + \sum_{j=1}^{n_1} Y_j.$$

上式两边再对 $n_1 = 1, 2, \cdots, t$ 求和, 得

$$X_t - X_0 = t(X_0 - X_{-1}) + \sum_{n_1=1}^{t} \sum_{j=1}^{n_1} Y_j, \quad t \geqslant 1,$$

或

$$X_t = X_0 + t(X_0 - X_{-1}) + \sum_{n_1=1}^{t} \sum_{j=1}^{n_1} Y_j, \quad t \geqslant 1. \tag{3.3.8}$$

这是 ARMA(p, q) 序列 $\{Y_t\}$ 的两重求和. 由差分方程的知识知道 $d = 2$ 时, 模型 (3.3.6) 的通解是

$$X_t = C_0 + C_1 t + \sum_{n_1=1}^{t} \sum_{j=1}^{n_1} Y_j, \quad t \geqslant 1.$$

利用归纳法容易得到模型 (3.3.6) 的通解

$$X_t = C_0 + C_1 t + \cdots + C_{d-1} t^{d-1} + \sum_{n_{d-1}=1}^{t} \cdots \sum_{n_1=1}^{n_2} \sum_{j=1}^{n_1} Y_j,$$

其中 $C_0, C_1, \cdots, C_{d-1}$ 是随机变量. 可以看出, 求和 ARIMA(p, d, q) 序列是 ARMA(p, q) 序列 $\{Y_t\}$ 的 d 重求和再加上一个多项式趋势.

对于 $d=2$, 当 $\{y_t\}$ 是例 2.2.1 中的 62 个数据时, 取初值 $X_0=0$, $X_{-1}=0$, 由 (3.3.8) 式计算的 60 个数据见图 3.3.1 中上面的曲线 (虚线), 样本均值 $\bar{x} = 25.4618$, 样本标准差 $s = 9.7947$. 这组数据不再平稳. 计算机的计算结果表明, 由计算机产生的不同 $\{Y_t\}$, $\{X_t\}$ 的差异非常大. 但无论如何, 将 $\{X_t\}$ 进行两次差分后得到的时间序列是平稳的.

实际问题中有许多数据经过一或两次差分后会稳定下来. 差分运算是对数据进行预处理的常用方法之一.

3.3.3 单位根序列

$d = 1$ 时的求和 ARIMA(p, d, q) 模型又被称为**单位根模型**, 相应的时间序列被称为**单位根序列**, 这是因为 $A(z)(1-z) = 0$ 有一个单位根 $z = 1$ 的原因. 如何判断一个时间序列是单位根序列还是 ARMA 序列是经济学家感兴趣的问题. 但是没有足够的观测数据时, 区分这两类时间序列并不容易. 因为给定有限个数据 $\{x_t \,|\, 1 \leqslant t \leqslant N\}$ 后, 总可以取 $\rho < 1$ 使得模型

$$A(\mathcal{B})(1 - \mathcal{B})X_t = B(\mathcal{B})\varepsilon_t, \quad t \in \mathbb{Z} \tag{3.3.9}$$

和

$$A(\mathcal{B})(1 - \rho\mathcal{B})X_t = B(\mathcal{B})\varepsilon_t, \quad t \in \mathbb{Z} \tag{3.3.10}$$

有相似的前 N 个观测. 这只要取 ρ 接近于 1 就够了.

设 $A(z), B(z)$ 在例 3.2.1 中定义, $\{\varepsilon_t\}$ 是标准正态白噪声, 数据 $\{x_t\}$ 由模型 (3.3.9) 给出, $\{z_t\}$ 由模型 (3.3.10) 给出, 取 $\rho = 0.98$. 这两组数据的前 10000 个由图 3.3.3 给出. 这两组数据有显著的差异. 但是仅从前 1000 个数据看, 差距并不明显, 说明要把单位根序列检测出来需要较大的样本量.

在金融领域还会遇到带线性趋势的 ARMA(p, q) 模型

$$X_t = c_0 + c_1 t + Y_t, \quad t \in \mathbb{Z}, \tag{3.3.11}$$

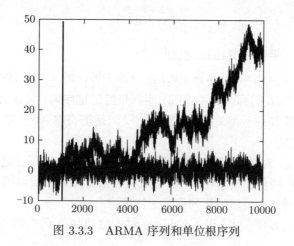

图 3.3.3 ARMA 序列和单位根序列

其中 c_0, c_1 是常数, $\{Y_t\}$ 是 ARMA(p, q) 序列. 由 (3.3.11) 式定义的 $\{X_t\}$ 描述了平稳序列的线性增长. 和单位根序列一样, 它也是非平稳序列, 并且经过一次差分后也成为平稳序列. 但是这两种非平稳序列有本质的差别. (3.3.11) 式减去线性趋势 $c_0 + c_1 t$ 后成为 ARMA 序列, 单位根序列减去任何线性趋势后仍是非平稳的.

单位根检验是应用时间序列分析中的重要问题. 我们将在后面详加介绍.

如果 $\{X_t\}$ 是单位根序列, 且差分后的 $Y_t = X_t - X_{t-1}$ 是可逆的 ARMA(p, q) 序列, 则 $\{Y_t\}$ 的谱密度

$$f(\lambda) = \frac{\sigma^2}{2\pi} \frac{|B(\mathrm{e}^{\mathrm{i}\lambda})|^2}{|A(\mathrm{e}^{\mathrm{i}\lambda})|^2}$$

满足

$$f(0) = \frac{\sigma^2}{2\pi} \frac{B^2(1)}{A^2(1)} > 0.$$

这时, $\{Y_t\}$ 是最小序列.

如果 $\{X_t\}$ 是带线性趋势的 ARMA 序列, 由定理 1.7.4 知道差分后的平稳序列 $Z_t = X_t - X_{t-1}$ 的谱密度

$$f(\lambda) = \frac{\sigma^2}{2\pi} \frac{|B(\mathrm{e}^{\mathrm{i}\lambda})(1 - \mathrm{e}^{\mathrm{i}\lambda})|^2}{|A(\mathrm{e}^{\mathrm{i}\lambda})|^2}$$

满足 $f(0) = 0$. 于是, $\{Z_t\}$ 不是最小序列.

3.3.4 平稳 ARIMA 模型

由于 ARMA(p,q) 序列 $\{X_t\}$ 的自协方差函数 $\{\gamma_k\}$ 以负指数阶收敛到 0, 所以人们称 ARMA(p,q) 序列是**短记忆序列**. 对较大的 n, X_1 和 X_{n+1} 基本是不相关的. 特别当白噪声是正态序列时, X_1 和 X_{n+1} 基本是独立的.

很明显, 对短记忆序列不宜进行中长期预测. 只有长记忆序列才具有做中长期预测的基础. 通常可以按自协方差函数收敛到 0 的速度把平稳序列分为短记忆序列和长记忆序列.

为表达方便, 引入以下的记号: 对于收敛到 0 的实数列 $\{a_n\}$ 和 $\{b_n\}$, 如果

$$\lim_{n \to \infty} \frac{a_n}{b_n} = c_0 > 0,$$

则称 a_n 和 b_n 是同阶无穷小, 记作 $a_n \sim b_n$.

对实数 $d < 0.5$, 如果自协方差函数

$$\gamma_k \sim k^{2d-1}, \quad 当 k \to \infty, \tag{3.3.12}$$

则称 $\{X_t\}$ 是**长记忆序列**.

长记忆序列常在经济和水文等领域得到应用. 可以用下面的方法来定义长记忆序列. 对于 $d \neq 0$, $d \in (-0.5, 0.5)$, $(1-z)^{-d}$ 有 Taylor 展开公式

$$(1-z)^{-d} = \sum_{j=0}^{\infty} \pi_j z^j, \quad |z| \leqslant 1, \tag{3.3.13}$$

其中

$$\pi_j = \frac{\Gamma(j+d)}{\Gamma(d)\Gamma(j+1)} = \prod_{k=1}^{j} \frac{k+d-1}{k}, \quad j = 0, 1, \cdots. \tag{3.3.14}$$

这里, $\Gamma(x)$ 是 Γ 函数, 当 $x > 0$ 时, 由积分

$$\Gamma(x) = \int_0^{\infty} t^{x-1} \mathrm{e}^{-t} \, \mathrm{d}t \tag{3.3.15}$$

定义, 当 $x < 0$ 时, 定义 $\Gamma(x) = \Gamma(x+1)/x$.

利用 Stirling 公式

$$\Gamma(x) \sim \sqrt{2\pi}\mathrm{e}^{1-x}(x-1)^{x-0.5}, \quad \text{当 } x \to \infty,$$

可以验证

$$\frac{\Gamma(j+d)}{\Gamma(j+1)} \sim \frac{\mathrm{e}^{1-j-d}(j+d-1)^{j+d-0.5}}{\mathrm{e}^{-j}\,j^{j+0.5}}$$

$$= \mathrm{e}^{1-d}\Big(\frac{j+d-1}{j}\Big)^j \frac{(j+d-1)^{d-0.5}}{j^{0.5}}$$

$$\sim j^{d-1}, \quad \text{当 } j \to \infty.$$

所以对 $d \neq 0$, $d \in (-0.5, 0.5)$, 有

$$\pi_j \sim j^{d-1}, \quad \text{当 } j \to \infty.$$

于是知道 $\{\pi_j\}$ 是平方可和的.

例 3.3.3 设 $\{\varepsilon_t\}$ 是 $\mathrm{WN}(0,\sigma^2)$, $d \neq 0$, $d \in (-0.5, 0.5)$, 则

$$X_t = (1-\mathcal{B})^{-d}\varepsilon_t = \sum_{j=0}^{\infty} \pi_j \varepsilon_{t-j}, \quad t \in \mathbb{Z} \tag{3.3.16}$$

是 ARIMA$(0,d,0)$ 模型

$$(1-\mathcal{B})^d X_t = \varepsilon_t, \quad t \in \mathbb{Z} \tag{3.3.17}$$

的唯一平稳解, 有谱密度

$$f(\lambda) = \frac{\sigma^2}{2\pi|2\sin(\lambda/2)|^{2d}}, \quad \lambda \in [-\pi, \pi]. \tag{3.3.18}$$

相应的自协方差函数 $\gamma_k \sim k^{2d-1}$, 当 $k \to \infty$.

证明 $\{\pi_j\}$ 平方可和. 在 (3.3.17) 式两边同时乘以 $(1-\mathcal{B})^{-d}$ 就得到模型 (3.3.17) 的唯一平稳解 (3.3.16). 平稳解 $\{X_t\}$ 有谱密度

$$f(\lambda) = \frac{\sigma^2}{2\pi}\Big|\sum_{j=0}^{\infty}\pi_j \mathrm{e}^{ij\lambda}\Big|^2 = \frac{\sigma^2}{2\pi}|1-\mathrm{e}^{i\lambda}|^{-2d}$$

$$= \frac{\sigma^2}{2\pi|2\sin(\lambda/2)|^{2d}}, \quad \lambda \in [-\pi, \pi]$$

和自协方差函数

$$\gamma_k = \int_{-\pi}^{\pi} f(\lambda) e^{ik\lambda} \, d\lambda = \frac{\sigma^2}{\pi} \int_0^{\pi} \frac{\cos(k\lambda)}{[2\sin(\lambda/2)]^{2d}} \, d\lambda \qquad (3.3.19)$$
$$= \frac{\sigma^2 \Gamma(1-2d)\Gamma(k+d)}{\Gamma(k-d+1)\Gamma(d)\Gamma(1-d)} \sim \frac{\Gamma(k+d)}{\Gamma(k-d+1)}, \quad 当\, k \to \infty.$$

利用 Stirling 公式得到

$$\frac{\Gamma(k+d)}{\Gamma(k-d+1)} \sim \frac{e^{1-k-d}(k+d-1)^{k+d-0.5}}{e^{d-k}(k-d)^{k-d+0.5}}$$
$$= e^{1-2d}\left(\frac{k-d+2d-1}{k-d}\right)^k (k+d-1)^{d-0.5}(k-d)^{d-0.5}$$
$$\sim k^{2d-1}, \quad 当\, k \to \infty.$$

所以有 $\gamma_k \sim k^{2d-1}$, 当 $k \to \infty$.

例 3.3.3 说明 $\{X_t\}$ 是长记忆序列. 在 (3.3.19) 式中取 $k=1$ 得到 $d = \rho_1/(1+\rho_1)$. 另外, 不难看出

$$\begin{cases} \sum_{k=0}^{\infty} |\gamma_k| < \infty, & 当\, d \in (-0.5, 0), \\ \sum_{k=0}^{\infty} |\gamma_k| = \infty, & 当\, d \in (0, 0.5). \end{cases} \qquad (3.3.20)$$

为区别, 有时还称使得 $\sum_{k=0}^{\infty} |\gamma_k| < \infty$ 的长记忆序列为**中记忆序列**.

利用 Levinson 递推公式和归纳法还可以计算出 $\{X_t\}$ 的 k 阶偏相关系数

$$a_{k,k} = \frac{d}{k-d}, \quad k = 1, 2, \cdots. \qquad (3.3.21)$$

这个公式为估计 d 提供了依据.

例 3.3.4 ARIMA$(0, 0.3, 0)$ 和 ARIMA$(0, -0.3, 0)$ 模型平稳解的谱密度见图 3.3.4, 可以看出 ARIMA$(0, 0.3, 0)$ 序列的能量主要集中在低频. 图 3.3.5 是这两个平稳序列的自相关系数的收敛情况, $d = 0.3$ 时的自相关系数收敛得较慢.

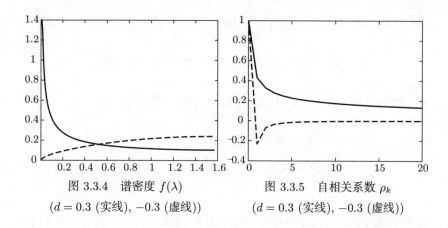

图 3.3.4 谱密度 $f(\lambda)$
($d = 0.3$ (实线), -0.3 (虚线))

图 3.3.5 自相关系数 ρ_k
($d = 0.3$ (实线), -0.3 (虚线))

下面考虑 ARIMA(p, d, q) 模型. 在下面的例题中, 设实系数多项式 $A(z)$, $B(z)$ 满足 ARMA(p, q) 模型的条件, $B(1) \neq 0$, $\{\psi_j\}$ 由下式定义:

$$A^{-1}(z)B(z) = \sum_{j=0}^{\infty} \psi_j z^j, \quad |z| \leqslant 1.$$

例 3.3.5 设 $\{\varepsilon_t\}$ 是 WN$(0, \sigma^2)$, $d \neq 0$, $d \in (-0.5, 0.5)$, 平稳序列

$$\eta_t \overset{\text{def}}{=} (1 - \mathcal{B})^{-d}\varepsilon_t = \sum_{k=0}^{\infty} \pi_k \varepsilon_{t-k}, \quad t \in \mathbb{Z},$$

则

$$X_t = \sum_{j=0}^{\infty} \psi_j \eta_{t-j}, \quad t \in \mathbb{Z} \tag{3.3.22}$$

是 ARIMA(p, d, q) 模型

$$A(\mathcal{B})(1 - \mathcal{B})^d X_t = B(\mathcal{B})\varepsilon_t, \quad t \in \mathbb{Z} \tag{3.3.23}$$

的唯一平稳解, 有谱密度

$$f_x(\lambda) = \frac{\sigma^2}{2\pi} \frac{|B(\mathrm{e}^{\mathrm{i}\lambda})|^2}{|A(\mathrm{e}^{\mathrm{i}\lambda})|^2 |2\sin(\lambda/2)|^{2d}}. \tag{3.3.24}$$

相应的自协方差函数 $\gamma_k \sim k^{2d-1}$, 当 $k \to \infty$.

证明 利用 $(1-z)^{-d}A^{-1}(z)B(z) = A^{-1}(z)B(z)(1-z)^{-d}$ 得到

$$(1-\mathcal{B})^{-d}A^{-1}(\mathcal{B})B(\mathcal{B}) = A^{-1}(\mathcal{B})B(\mathcal{B})(1-\mathcal{B})^{-d}.$$

于是得到 ARIMA(p,d,q) 模型 (3.3.23) 的唯一平稳解

$$\begin{aligned}
X_t &= A^{-1}(\mathcal{B})B(\mathcal{B})(1-\mathcal{B})^{-d}\varepsilon_t \\
&= A^{-1}(\mathcal{B})B(\mathcal{B})\eta_t = \sum_{j=0}^{\infty}\psi_j\eta_{t-j}, \quad t\in\mathbb{Z}. \quad (3.3.25)
\end{aligned}$$

因为平稳序列 $\{\eta_t\}$ 有谱密度 (3.3.18), 所以由 (1.7.11) 式得到平稳解 $\{X_t\}$ 的谱密度

$$f_x(\lambda) = \Big|\sum_{j=0}^{\infty}\psi_j\mathrm{e}^{-\mathrm{i}j\lambda}\Big|^2 \frac{\sigma^2}{2\pi|2\sin(\lambda/2)|^{2d}} \quad (3.3.26)$$

$$= \frac{\sigma^2}{2\pi}\frac{|B(\mathrm{e}^{\mathrm{i}\lambda})|^2}{|A(\mathrm{e}^{\mathrm{i}\lambda})|^2|2\sin(\lambda/2)|^{2d}}. \quad (3.3.27)$$

$\{X_t\}$ 的自协方差函数

$$\begin{aligned}
\gamma_x(t) &= \mathrm{E}(X_s X_{s-t}) \\
&= \sum_{k=0}^{\infty}\sum_{j=0}^{\infty}\psi_j\psi_k\mathrm{E}(\eta_{s-j}\eta_{s-t-k}) \\
&= \sum_{k=0}^{\infty}\sum_{j=0}^{\infty}\psi_j\psi_{j+k-j}\gamma_{t+k-j} \\
&= \sum_{k=-\infty}^{\infty}\Big(\sum_{j=0}^{\infty}\psi_j\psi_{j+k}\Big)\gamma_{t+k} \\
&= \sigma^{-2}\sum_{k=-\infty}^{\infty}g_k\gamma_{t+k},
\end{aligned}$$

其中 γ_k 是 η_t 的自协方差函数, g_k 由 (3.2.11) 式的右端定义.

从例 3.3.3 知道, 当 $t \to \infty$ 时 $\gamma_{t+k} \sim (t+k)^{2d-1} \sim t^{2d-1}$, 且 g_k 绝对可和, 所以由例 3.3.3 得到

$$\lim_{t \to \infty} t^{1-2d} \gamma_x(t) = \sigma^{-2} \sum_{k=-\infty}^{\infty} g_k \lim_{t \to \infty} t^{1-2d} \gamma_{t+k}$$
$$\sim \sum_{k=-\infty}^{\infty} g_k \frac{\Gamma(1-2d)}{\Gamma(1-d)\Gamma(d)}$$
$$= \frac{\sigma^2 B^2(1)}{A^2(1)} \frac{\Gamma(1-2d)}{\Gamma(1-d)\Gamma(d)},$$

其中 $\sum\limits_{k=-\infty}^{\infty} g_k = \dfrac{\sigma^2 B^2(1)}{A^2(1)} \neq 0$, 即有 $\gamma_x(t) \sim t^{2d-1}$.

例 3.3.5 说明由 (3.3.22) 式定义的 $\{X_t\}$ 是长记忆序列.

例 3.3.6   图 3.3.6 和图 3.3.7 分别是 $d = 0.35$ 和 $d = -0.35$ 时 ARIMA$(2, d, 2)$ 模型

$$(1 + 0.52\mathcal{B} + 0.39\mathcal{B}^2)(1 - \mathcal{B})^d X_t = (1 + 0.5\mathcal{B} - 0.4\mathcal{B}^2)\varepsilon_t, \quad t \in \mathbb{Z}$$

平稳解的谱密度. $\sigma^2 = 1$. $A(z) = 0$ 的根是 $z_1 = 1.6\mathrm{e}^{2\mathrm{i}}$, $z_2 = \overline{z}_1$.

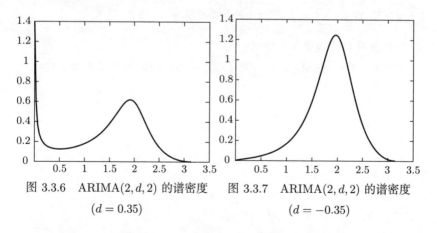

图 3.3.6   ARIMA$(2, d, 2)$ 的谱密度   图 3.3.7   ARIMA$(2, d, 2)$ 的谱密度
　　　　　　($d = 0.35$)　　　　　　　　　　　　　($d = -0.35$)

(1) 当 $d = 0.35$ 时, $(1 - \mathcal{B})^{0.35}$ 造成谱密度 $f(\lambda)$ 在 $\lambda = 0$ 处的无穷大峰值, z_1 的辐角 $\theta_1 = 2$ 造成 $\lambda_1 = 1.92$ 处的峰值.

(2) 当 $d = -0.35$ 时, 只有 z_1 的辐角 $\theta_1 = 2$ 造成谱密度 $f(\lambda)$ 在 $\lambda_1 = 1.95$ 处的峰值.

习 题 3.3

3.3.1 设 d 是正整数, $\{X_t\}$ 是求和 ARIMA(p, d, q) 序列. 证明: 对常数 $c_0, c_1, c_2, \cdots, c_{d-1}$,

$$Z_t = X_t + c_0 + c_1 t + c_2 t^2 + \cdots + c_{d-1} t^{d-1}, \quad t \in \mathbb{N}_+$$

满足相同的求和 ARIMA(p, d, q) 模型.

3.3.2 设 $\{g_k\}$ 由 (3.2.11) 式右端定义, 证明: $\displaystyle\sum_{k=-\infty}^{\infty} g_k = \frac{\sigma^2 B^2(1)}{A^2(1)}$.

3.3.3 当 $d \geqslant 0.5$ 时, 证明由 (3.3.14) 式定义的 π_j 不是平方可和的.

3.3.4 当 $d < 0.5$ 时, 直接验证由 (3.3.25) 式定义的平稳序列 $\{X_t\}$ 满足 ARIMA(p, d, q) 模型 (3.3.23).

3.3.5 对于平稳 ARIMA$(0, d, 0)$ 序列证明 (3.3.21) 式.

3.3.6 设 $\{\gamma_k\}$ 是 MA(q) 序列 $\{X_t\}$ 的自协方差函数. 如果 $\{X_t\}$ 满足可逆的 MA(q) 模型: $X_t = B(\mathcal{B})\varepsilon_t$, $\{\varepsilon_t\}$ 是 WN$(0, \sigma^2)$.

(1) 求 $Y_t = \displaystyle\sum_{j=-\infty}^{\infty} \gamma_j X_{t-j}$, $t \in \mathbb{N}$ 的谱密度.

(2) 证明 $\{Y_t\}$ 也是 MA 序列.

(3) 对可逆的 ARMA(p, q) 序列 $\{X_t\}$, 讨论 (1) 和 (2) 中的类似问题.

第四章 数学期望和自协方差函数的估计

由于自回归模型、滑动平均模型和自回归滑动平均模型的参数可以由相应平稳序列的自协方差函数唯一决定, 所以从平稳时间序列的观测数据出发, 为了对数据建立上述模型就要估计自协方差函数. 在对平稳序列进行预测时也需要先对自协方差函数进行估计. 为了得到样本自协方差函数的大样本统计性质, 先要讨论样本均值的统计性质.

§4.1 数学期望的估计

本节总设 $\{\varepsilon_t\}$ 是零均值的白噪声和实数列 $\{\psi_k\}$ 平方可和.

设 $x_1, x_2, \cdots, x_N$ 是平稳序列 $\{X_t\}$ 的观测值, $\mu = \mathrm{E}X_t$ 的点估计是样本均值, 由

$$\overline{x}_N = \frac{1}{N}\sum_{k=1}^{N} x_k \qquad (4.1.1)$$

定义. 为了更明确地表示出 $\hat{\mu}$ 是 μ 的点估计, 还常常用 $\hat{\mu}$ 表示上述的估计量, 即

$$\hat{\mu} = \frac{1}{N}\sum_{k=1}^{N} x_k.$$

研究估计量的统计性质时, 我们用大写的 X_t 代替 x_t, 用大写的 $\overline{X}_N$ 代替 $\overline{x}_N$.

4.1.1 相合性

定义 4.1.1 设 $\hat{\theta}_N$ 是 θ 的估计. 如果 $\mathrm{E}\hat{\theta}_N = \theta$, 则称 $\hat{\theta}_N$ 是 θ 的**无偏估计**.

(1) 如果当 $N \to \infty$ 时, $\mathrm{E}\hat{\theta}_N \to \theta$, 则称 $\hat{\theta}_N$ 是 θ 的**渐近无偏估计**.

(2) 如果当 $N \to \infty$ 时, $\hat{\theta}_N$ 依概率收敛到 θ, 则称 $\hat{\theta}_N$ 是 θ 的**相合估计**.

(3) 如果 $\hat{\theta}_N$ 几乎必然收敛到 θ, 称 $\hat{\theta}_N$ 是 θ 的**强相合估计**.

一般情况下, 无偏估计比有偏估计来得好. 对于样本均值 $\overline{X}_N$, 有

$$\mathrm{E}\overline{X}_N = \frac{1}{N}\sum_{k=1}^{N}\mathrm{E}X_k = \frac{1}{N}\sum_{k=1}^{N}\mu = \mu.$$

所以, $\overline{X}_N$ 是均值 μ 的无偏估计.

从理论上讲, 一个好的估计量起码应当是相合的. 否则, 估计量不收敛到要估计的参数, 就无助于实际问题的解决. 对于平稳序列 $\{X_t\}$, 如果它的自协方差函数 $\{\gamma_k\}$ 收敛到 0, 则

$$\begin{aligned}
\mathrm{E}(\overline{X}_N - \mu)^2 &= \mathrm{E}\Big[\frac{1}{N}\sum_{k=1}^{N}(X_k - \mu)\Big]^2 \\
&= \frac{1}{N^2}\sum_{j=1}^{N}\sum_{k=1}^{N}\gamma_{k-j} \\
&= \frac{1}{N^2}\sum_{k=-N+1}^{N-1}(N-|k|)\gamma_k \\
&\leqslant \frac{1}{N}\sum_{k=-N}^{N}|\gamma_k| \to 0, \quad \text{当 } N \to \infty.
\end{aligned} \tag{4.1.2}$$

也就是说, $\overline{X}_N$ 均方收敛到 μ. 对 $\delta > 0$, 用 Chebyshev 不等式

$$P(|\overline{X}_N - \mu| \geqslant \delta) \leqslant \frac{\mathrm{E}(\overline{X}_N - \mu)^2}{\delta^2} \to 0$$

得到 $\overline{X}_N$ 依概率收敛到 μ. 于是 $\overline{X}_N$ 是 μ 的相合估计.

我们将上面的叙述总结成下面的定理.

定理 4.1.1 设平稳序列 $\{X_t\}$ 有均值 μ 和自协方差函数 $\{\gamma_k\}$, 则

(1) $\overline{X}_N$ 是 μ 的无偏估计;

(2) 如果 $\gamma_k \to 0$, 则 $\overline{X}_N$ 是 μ 的相合估计;

(3) 如果 $\{X_t\}$ 是严平稳遍历序列, 则 $\overline{X}_N$ 是 μ 的强相合估计.

这里只需要证明 (3). 从定理 1.5.1 知道

$$\lim_{N\to\infty}\overline{X}_N = \mu, \quad \text{a.s.}$$

成立. 于是 $\overline{X}_N$ 是 μ 的强相合估计.

可以证明任何强相合估计一定是相合估计.

4.1.2 中心极限定理

如果 $\{X_t\}$ 是独立同分布序列, $\sigma^2 = \mathrm{Var}(X_1) < \infty$. 当 N 趋于 ∞ 时, 从中心极限定理知道 $\sqrt{N}(\overline{X}_N - \mu)$ 依分布收敛到 $N(0, \sigma^2)$. 利用这个结果可以给出 μ 的置信度为 0.95 的渐近置信区间

$$\left[\, \overline{X}_N - 1.96\sigma/\sqrt{N}, \ \overline{X}_N + 1.96\sigma/\sqrt{N} \,\right]. \tag{4.1.3}$$

当标准差 σ 未知和 N 较大时, 可以用样本标准差 S 代替 σ, 其中

$$S = \left[\frac{1}{N-1}\sum_{t=1}^{N}(X_t - \overline{X}_N)^2\right]^{1/2}. \tag{4.1.4}$$

关于平稳序列的样本均值有完全相同的问题, 所以人们也研究了 $\overline{X}_N$ 的中心极限定理. 为了方便使用, 相应的定理叙述如下.

定理 4.1.2 设 $\{\varepsilon_t\}$ 是独立同分布的 $\mathrm{WN}(0, \sigma^2)$. 平稳序列 $\{X_t\}$ 由

$$X_t = \mu + \sum_{k=-\infty}^{\infty} \psi_k \varepsilon_{t-k}, \quad t \in \mathbb{Z} \tag{4.1.5}$$

定义. 如果 $\{X_t\}$ 的谱密度

$$f(\lambda) = \frac{\sigma^2}{2\pi}\left|\sum_{k=-\infty}^{\infty} \psi_k \mathrm{e}^{-\mathrm{i}k\lambda}\right|^2 \tag{4.1.6}$$

在 $\lambda = 0$ 连续, 并且 $f(0) \neq 0$, 则当 $N \to \infty$ 时, $\sqrt{N}(\overline{X}_N - \mu)$ 依分布收敛到正态分布 $N(0, 2\pi f(0))$.

定理 4.1.2 的证明见文献 [21] 的推论 5.2.

由于 $\{\psi_k\}$ 绝对可和时, $f(\lambda)$ 连续, 所以由定理 4.1.2 可以得到下面的推论.

推论 4.1.3 如果 $\displaystyle\sum_{k=-\infty}^{\infty} |\psi_k| < \infty$ 和 $\displaystyle\sum_{k=-\infty}^{\infty} \psi_k \neq 0$ 成立, 则当

$N \to \infty$ 时 $\sqrt{N}(\overline{X}_N - \mu)$ 依分布收敛到正态分布 $N(0, 2\pi f(0))$, 其中

$$2\pi f(0) = \gamma_0 + 2\sum_{j=1}^{\infty} \gamma_j. \tag{4.1.7}$$

在推论 4.1.3 中, 如果 $\{\varepsilon_t\}$ 是正态白噪声, 可以给出简单证明.

证明 由正态分布的性质知道 $\sqrt{N}(\overline{X}_N - \mu)$ 仍然服从正态分布, 方差

$$\sigma_N^2 = \mathrm{E}[\sqrt{N}(\overline{X}_N - \mu)]^2 = \frac{1}{N}\sum_{j=1}^{N}\sum_{k=1}^{N} \mathrm{E}[(X_k - \mu)(X_j - \mu)]$$

$$= \sum_{k=-N}^{N}\Big(1 - \frac{|k|}{N}\Big)\gamma_k = \sum_{k=-N}^{N}\gamma_k - \frac{1}{N}\sum_{k=-N}^{N}|k|\gamma_k.$$

从 (1.3.5) 式知道

$$\gamma_k = \sigma^2 \sum_{t=-\infty}^{\infty} \psi_t\psi_{t+k}.$$

于是

$$\sum_{k=-\infty}^{\infty} |\gamma_k| \leqslant \sigma^2 \sum_{k=-\infty}^{\infty}\sum_{t=-\infty}^{\infty} |\psi_t\psi_{t+k}| = \sigma^2\Big(\sum_{k=-\infty}^{\infty} |\psi_k|\Big)^2 < \infty.$$

所以, 用 Kronecker 引理 (见习题 2.3.3) 知道

$$\frac{1}{N}\sum_{k=-N}^{N} |k|\gamma_k \to 0, \quad \text{当 } N \to \infty,$$

并且

$$\lim_{N\to\infty} \sigma_N^2 = \sum_{k=-\infty}^{\infty} \gamma_k = \sigma^2 \sum_{k=-\infty}^{\infty}\sum_{t=-\infty}^{\infty} \psi_t\psi_{t+k}$$

$$= \sigma^2\Big(\sum_{k=-\infty}^{\infty} \psi_k\Big)^2 = 2\pi f(0).$$

于是对任何 $x \in (-\infty, \infty)$,

$$P(\sqrt{N}(\overline{X}_N - \mu) \leqslant x) = \frac{1}{\sqrt{2\pi\sigma_N^2}} \int_{-\infty}^{x} \exp\left(-\frac{t^2}{2\sigma_N^2}\right) \mathrm{d}t$$

$$\to \frac{1}{\sqrt{4\pi^2 f(0)}} \int_{-\infty}^{x} \exp\left(-\frac{t^2}{4\pi f(0)}\right) \mathrm{d}t, \quad \text{当 } N \to \infty.$$

有了上述中心极限定理就可以方便地构造均值 $\mu = \mathrm{E}X_1$ 的渐近置信区间和关于假设 $\mu = \mu_0$ 的检验了.

4.1.3 收敛速度

通常, 关于估计量人们除了关心它是否服从中心极限定理外, 还关心这个估计量的收敛速度. 收敛速度的描述方法之一是所谓的重对数律. 重对数律成立时, 得到的几乎必然收敛速度的阶数一般是

$$O\left(\sqrt{\frac{2\ln\ln N}{N}}\right).$$

除了个别的情况, 这个阶数一般不能再被改进. 我们把 $\overline{X}_N$ 服从的重对数律叙述如下.

定理 4.1.4 设 $\{\varepsilon_t\}$ 是独立同分布的 $\mathrm{WN}(0, \sigma^2)$, 线性平稳序列 $\{X_t\}$ 由 (4.1.5) 式定义, 谱密度 $f(\lambda)$ 满足 $f(0) \neq 0$. 当以下条件

(1) 当 $k \to \pm\infty$ 时, $\psi_{|k|}$ 以负指数阶收敛于 0,

(2) $f(\lambda)$ 在 $\lambda = 0$ 处连续, 并且对某个 $r > 2$ 有 $\mathrm{E}|\varepsilon_t|^r < \infty$

之一成立时, 有重对数律

$$\varlimsup_{N\to\infty} \sqrt{\frac{N}{2\ln\ln N}} (\overline{X}_N - \mu) = \sqrt{2\pi f(0)}, \quad \text{a.s.} \tag{4.1.8}$$

(见文献 [21]).

如果 $\{X_t\}$ 满足定理 4.1.4 中的条件 (1) 或 (2), 那么 $\{-X_t\}$ 也满足相应条件, 因而重对数律 (4.1.8) 对 $-(\overline{X}_N - \mu)$ 也成立. 由此得到

$$\varliminf_{N\to\infty} \sqrt{\frac{N}{2\ln\ln N}} (\overline{X}_N - \mu) = -\sqrt{2\pi f(0)}, \quad \text{a.s.,} \tag{4.1.9}$$

再综合 (4.1.8) 式和 (4.1.9) 式就知道, 当 $N \to \infty$ 时,

$$\sqrt{\frac{N}{2\ln\ln N}}(\overline{X}_N - \mu)$$

的几乎必然极限并不存在.

设平稳序列 $\{X_t\}$ 满足定理 4.1.4 的条件, $\{R_t\}$ 是单位根序列, 由

$$X_t = R_t - R_{t-1}, \quad t = 0, 1, \cdots$$

定义, 则根据 (3.3.7) 式得到

$$R_N = X_0 + X_1 + \cdots + X_N, \quad t \in \mathbb{N}_+.$$

在金融时间序列分析领域, 上述 $\{R_t\}$ 经常被用来描述金融收益率序列 (见 §8.1), 也有大量的实证分析支持这一结论. 利用定理 4.1.4 得到

$$\varlimsup_{N\to\infty} (R_N - N\mu)/\sqrt{2N\ln\ln N} = \sqrt{2\pi f(0)}, \quad \text{a.s.},$$
$$\varliminf_{N\to\infty} (R_N - N\mu)/\sqrt{2N\ln\ln N} = -\sqrt{2\pi f(0)}, \quad \text{a.s.},$$

说明随着时间 $N \to \infty$, 金融收益率 R_N 会在区间

$$\left[N\mu - 2\sqrt{\pi f(0)N\ln\ln N}, \ N\mu + 2\sqrt{\pi f(0)N\ln\ln N}\,\right]$$

中宽幅振荡, 并且会无限次接近该区间的上下端. 这就解释了在自由竞争市场, 某些时间段收益率序列会持续上升, 而在另外的时间段又会持续下跌.

4.1.4　样本均值的模拟计算

为了实际考察 $\overline{X}_N$ 的收敛效果, 我们考虑标准正态白噪声 $\{\varepsilon_t\}$ 和 AR(2) 模型

$$X_t = (2\rho\cos\theta)X_{t-1} - \rho^2 X_{t-2} + \varepsilon_t, \quad t \in \mathbb{Z}. \tag{4.1.10}$$

这时特征多项式

$$A(z) = (1 - \rho e^{i\theta}z)(1 - \rho e^{-i\theta}z) = 1 - (2\rho\cos\theta)z + \rho^2 z^2$$

有共轭根

$$z_1 = \rho^{-1}\mathrm{e}^{\mathrm{i}\theta}, \quad z_2 = \rho^{-1}\mathrm{e}^{-\mathrm{i}\theta}.$$

在计算机上产生模型 (4.1.10) 的 $N = 1000$ 个观测数据 $x_1, x_2, \cdots,$ x_N. 对于 $n = 10, 20, 30, \cdots, 1000$ 分别计算出 $\overline{x}_n$. 为了和相应的白噪声进行比较, 同时还计算出 $\{\varepsilon_t\}$ 的相应样本均值 $\overline{\varepsilon}_n$, 这时真值 $\mu = 0$. 下面列出了计算结果.

模拟计算 4.1.1 $\rho = 1/1.1$, $\theta = 2.34$.

n	10	20	40	100	400	600	1000
$\overline{x}_n$	-0.1849	-0.1852	-0.0579	0.0696	0.0184	-0.0012	0.0057
$\overline{\varepsilon}_n$	-0.3210	-0.3934	-0.1214	0.1333	0.0875	0.0019	0.0163

图 4.1.1 给出了对 $n = 10, 20, \cdots, 1000$ 时, $\overline{X}_n$ 和 $\overline{\varepsilon}_n$ 的图形. 为了方便区分, 图形中把 $\overline{\varepsilon}_n$ 提高了 0.1, 绘出的是 $\overline{\varepsilon}_n + 0.1$ 的图形.

模拟计算 4.1.2 $\rho = 1/4$, $\theta = 2.34$.

n	10	20	40	100	400	600	1000
$\overline{x}_n$	-0.0748	-0.0156	0.0627	-0.0023	-0.0274	0.0013	0.0183
$\overline{\varepsilon}_n$	-0.1334	-0.0199	0.0896	0.0029	-0.0390	0.0027	0.0263

图 4.1.2 给出了对 $n = 10, 20, \cdots, 1000$ 时, $\overline{X}_n$ 和 $\overline{\varepsilon}_n$ 的图形. 图形中同样把 $\overline{\varepsilon}_n$ 提高了 0.1.

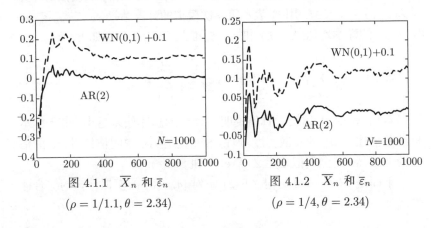

图 4.1.1　$\overline{X}_n$ 和 $\overline{\varepsilon}_n$　　　　图 4.1.2　$\overline{X}_n$ 和 $\overline{\varepsilon}_n$

$(\rho = 1/1.1, \theta = 2.34)$　　　　$(\rho = 1/4, \theta = 2.34)$

从图 4.1.1 和图 4.1.2 可以发现, 估计曲线 $\{\overline{X}_n\}$ 和 $\{\overline{\varepsilon}_n\}$ 的形状大致相似, 而且随着 n 的增加和特征多项式 $A(z)$ 的根 $\rho^{-1}\mathrm{e}^{\mathrm{i}\theta}$ 远离单位圆, $\{\overline{x}_n\}$ 和 $\{\overline{\varepsilon}_n\}$ 的图形更趋于一致. 这些也可以从 AR(2) 模型本身得到解释. 在模型 (4.1.10) 的两端对指标 t 求和后除以 n, 得到

$$
\begin{aligned}
\overline{x}_n &= 2\rho\cos\theta[\overline{x}_n + (x_0 - x_n)/n] \\
&\quad -\rho^2[\overline{x}_n + (x_{-1} + x_0 - x_{n-1} - x_n)/n] + \overline{\varepsilon}_n \\
&= (2\rho\cos\theta - \rho^2)\overline{x}_n + \overline{\varepsilon}_n \\
&\quad + [2\rho\cos\theta(x_0 - x_n) - \rho^2(x_{-1} + x_0 - x_{n-1} - x_n)]/n \\
&\approx (2\rho\cos\theta - \rho^2)\overline{x}_n + \overline{\varepsilon}_n.
\end{aligned}
$$

于是对较大的 n,

$$
\overline{x}_n \approx \frac{1}{1 - 2\rho\cos\theta + \rho^2}\overline{\varepsilon}_n. \tag{4.1.11}
$$

从上式看出, 除了 ρ^{-1} 对 $\overline{x}_n - \overline{\varepsilon}_n$ 造成影响, 辐角 θ 对 $\overline{x}_n - \overline{\varepsilon}_n$ 也会造成较大的影响. 当 $\theta \in [\pi/2, \pi)$ 时, $\overline{x}_n$ 会比 $\overline{\varepsilon}_n$ 收敛得好. 同样的方法可以分析 $\theta \in (0, \pi/2]$ 的情况.

计算机产生观测数据的随机性会影响计算结果. 所以, 一次模拟计算通常并不能说明估计量的估计精度. 为了进一步通过模拟了解估计量 $\overline{X}_N$ 的估计精度, 对固定的样本量 N, 再对 $\hat{\mu} = \overline{x}_N$ 的 $M = 1000$ 次独立重复模拟计算的结果进行综合评价. 用 $\hat{\mu}_j$ 表示第 j 次模拟的计算结果 $\overline{x}_N$, $1 \leqslant j \leqslant M$. 用 $\hat{e}_j$ 表示第 j 次模拟的计算结果 $\overline{\varepsilon}_N$, $1 \leqslant j \leqslant M$. 定义 $\hat{\mu}_j$ 的样本均值 $\mathrm{Ave}(\hat{\mu})$ 和样本标准差 $\mathrm{Std}(\hat{\mu})$ 分别如下:

$$
\mathrm{Ave}(\hat{\mu}) = \frac{1}{M}\sum_{j=1}^{M}\hat{\mu}_j, \quad \mathrm{Std}(\hat{\mu}) = \left[\frac{1}{M-1}\sum_{j=1}^{M}(\hat{\mu}_j - \overline{\mu})^2\right]^{1/2}. \tag{4.1.12}
$$

可以看出, $\mathrm{Ave}(\hat{\mu})$ 越接近真值说明估计量的总体偏差越小. 由于样本标准差描述了 $\hat{\mu}_j$ 的发散程度, 所以 $\mathrm{Std}(\hat{\mu})$ 越小, 说明估计量 $\overline{x}_N$ 的估计精度越高. 完全类似地定义 $\mathrm{Ave}(\hat{e})$ 和 $\mathrm{Std}(\hat{e})$.

下面是 $M = 1000$ 时对 AR(2) 序列 (4.1.10) 的模拟计算的综合评价.

模拟计算 4.1.3 $\rho = 1/4$, $\theta = 2.34$, $M = 1000$.

N	10	20	50	100	200	1000
Ave($\hat{\mu}$)	-0.0187	-0.0172	0.0046	-0.0057	-0.0014	-0.0000
Ave($\hat{e}$)	-0.0211	-0.0272	0.0055	-0.0082	-0.0019	-0.0001
Std($\hat{\mu}$)	0.2486	0.1684	0.1119	0.0741	0.0362	0.0070
Std($\hat{e}$)	0.3317	0.2308	0.1564	0.1039	0.0508	0.0099

本计算结果说明 $\overline{x}_N$ 比 $\overline{\varepsilon}_N$ 精度高.

模拟计算 4.1.4 $\rho = 1/1.5$, $\theta = 0.34$, $M = 1000$.

N	10	20	50	100	200	1000
Ave($\hat{\mu}$)	0.0136	0.0762	-0.1247	-0.0333	0.0244	-0.0009
Ave($\hat{e}$)	0.0016	0.0191	-0.1247	-0.0070	0.0051	-0.0002
Std($\hat{\mu}$)	1.6003	1.2423	0.7441	0.5012	0.2645	0.05290
Std($\hat{e}$)	0.3154	0.0191	0.1430	0.0966	0.0501	0.0100

本计算结果说明 $\overline{x}_N$ 比 $\overline{\varepsilon}_N$ 精度低.

习 题 4.1

4.1.1   如果当 $k \to \pm\infty$ 时, $\psi_{|k|}$ 以负指数阶收敛于 0, 证明:

$$\sum_{n=1}^{\infty} \left[\left(\sum_{k=n}^{\infty} \psi_k \right)^2 + \left(\sum_{k=n}^{\infty} \psi_{-k} \right)^2 \right] < \infty.$$

实际上定理 4.1.4 中的条件 (1) 可以放松到上述条件.

4.1.2   在 AR(2) 模型 (4.1.10) 中, 证明: 当 $\rho \to 0$ 时, $\{X_t\}$ 的谱密度收敛到标准白噪声的谱密度.

4.1.3   设 $\{X_t\}$ 是独立同分布的时间序列. 当 $x \to \infty$ 时, 如果有 $xP(X_1 > x) \to 0$, $xP(X_1 < -x) \to 0$, 证明以下统计量都依概率收敛到 0:

$$\frac{1}{n} \max(X_1, X_2, \cdots, X_n), \quad \frac{1}{n} \min(X_1, X_2, \cdots, X_n).$$

4.1.4 如果 $\{X_t\}$ 依分布收敛到 $N(\mu_1, \sigma_1^2)$, $\{Y_t\}$ 依分布收敛到 $N(\mu_2, \sigma_2^2)$. 当 $\{X_t\}$ 和 $\{Y_t\}$ 独立时, 证明: $\{X_t + Y_t\}$ 依分布收敛到 $N(\mu_1 + \mu_2, \sigma_1^2 + \sigma_2^2)$.

4.1.5 对于不同的实数 $a, b \in (-1, 1)$ 和正态 $\mathrm{WN}(0, 2^2)$, 产生 AR(2) 模型

$$(1 - a\mathcal{B})(1 - b\mathcal{B})X_t = \varepsilon_t, \quad t \in \mathbb{Z}$$

的 $N = 200$ 个数据, 计算 $\overline{x}_N$, 并分析 a, b 的取值怎样影响估计量 $\overline{x}_N$ 的精度.

§4.2   自协方差函数的估计

4.2.1   样本自协方差矩阵的正定性

给定平稳序列 $\{X_t\}$ 的 N 个观测数据

$$x_1, x_2, \cdots, x_N, \tag{4.2.1}$$

样本自协方差函数

$$\begin{cases} \hat{\gamma}_k = \dfrac{1}{N} \sum_{j=1}^{N-k} (x_j - \overline{x}_N)(x_{j+k} - \overline{x}_N), & 0 \leqslant k \leqslant N-1, \\ \hat{\gamma}_{-k} = \hat{\gamma}_k, & 1 \leqslant k \leqslant N-1 \end{cases} \tag{4.2.2}$$

是 $\gamma_k = \mathrm{Cov}(X_1, X_{k+1})$ 的估计. 样本自相关系数

$$\hat{\rho}_k = \hat{\gamma}_k / \hat{\gamma}_0, \quad |k| \leqslant N-1 \tag{4.2.3}$$

是 $\rho_k = \gamma_k / \gamma_0$ 的估计.

理论上说, 样本自协方差函数 $\hat{\gamma}_k$ 可以对 $|k| \leqslant N-1$ 定义. 但是, 从 (4.2.2) 式看出, 对绝对值逐步增加的 k, 数据 (4.2.1) 中含 γ_k 的信息在逐步减少. 因而, 对绝对值比较大的 $|k|$, $\hat{\gamma}_k$ 的精度就会较低. 同样的道理适用于样本自相关系数. 对绝对值比较大的 k, $\hat{\rho}_k$ 的估计精度较低.

如果只是要估计自协方差函数, 还可以采用下面的样本自协方差函数

$$
\begin{cases}
\hat{\gamma}_k = \dfrac{1}{N-k} \sum_{j=1}^{N-k} (x_j - \overline{x}_N)(x_{j+k} - \overline{x}_N), & 0 \leqslant k \leqslant N-1, \\
\hat{\gamma}_{-k} = \hat{\gamma}_k, & 1 \leqslant k \leqslant N-1
\end{cases} \tag{4.2.4}
$$

作为 γ_k 的估计. 对于较大的 N 和绝对值较小的 k, 由 (4.2.2) 式和 (4.2.4) 式定义的样本自协方差函数的精度相差不大. 容易看到, 由 (4.2.2) 式定义的样本自协方差函数的绝对值较小. 由于线性平稳序列的自协方差函数都收敛到 0 (定理 1.3.3), 特别 AR(p), MA(q) 和 ARMA(p,q) 序列的自协方差函数都以负指数阶收敛到 0, 于是在对平稳序列的数据拟合 AR(p), MA(q) 或 ARMA(p,q) 模型时, 自然也希望实际计算的样本自协方差函数也能以很快的速度收敛. 基于这个原因, 人们更愿意使用由 (4.2.2) 式定义的样本自协方差函数.

利用由 (4.2.2) 式定义的样本自协方差函数还有另外更重要的原因, 这就是它能够使得样本自协方差矩阵

$$
\hat{\boldsymbol{\Gamma}}_N = (\hat{\gamma}_{k-j})_{k,j=1,2,\cdots,N}
$$

正定. 实际上, 只要 $x_1, x_2, \cdots, x_N$ 不全相同, 则 $y_i = x_i - \overline{x}_N$, $i = 1, 2, \cdots, N$ 不全为 0. 于是 $N \times (2N-1)$ 矩阵

$$
\boldsymbol{A} = \begin{pmatrix}
0 & \cdots & 0 & y_1 & y_2 & \cdots & y_{N-1} & y_N \\
0 & \cdots & y_1 & y_2 & y_3 & \cdots & y_N & 0 \\
\vdots & & \vdots & \vdots & \vdots & & \vdots & \vdots \\
y_1 & \cdots & y_{N-1} & y_N & 0 & \cdots & 0 & 0
\end{pmatrix} \tag{4.2.5}
$$

是满秩的. 样本自协方差矩阵的正定性可从

$$
\hat{\boldsymbol{\Gamma}}_N = \begin{pmatrix}
\hat{\gamma}_0 & \hat{\gamma}_1 & \cdots & \hat{\gamma}_{N-1} \\
\hat{\gamma}_1 & \hat{\gamma}_0 & \cdots & \hat{\gamma}_{N-2} \\
\vdots & \vdots & & \vdots \\
\hat{\gamma}_{N-1} & \hat{\gamma}_{N-2} & \cdots & \hat{\gamma}_0
\end{pmatrix} = \frac{1}{N} \boldsymbol{A} \boldsymbol{A}^{\mathrm{T}}
$$

得到. 从正定矩阵的性质知道, 对任何 $1 \leqslant n \leqslant N$, 作为 $\hat{\boldsymbol{\Gamma}}_N$ 的主子式, $\hat{\boldsymbol{\Gamma}}_n$ 也是正定的.

如果已知平稳序列 $\{X_t\}$ 是零均值的, 由于 $\gamma_k = \mathrm{E}(X_1 X_{k+1})$, 所以还可以利用

$$\frac{1}{N-k} \sum_{j=1}^{N-k} X_j X_{j+k}, \quad 0 \leqslant k \leqslant N-1 \tag{4.2.6}$$

作为 γ_k 的估计. 这是 γ_k 的一个无偏估计. 一般来讲, 无偏估计要好一些. 但是在实际问题中, 一般无法判断所关心的平稳序列是否有零均值, 所以要先对数据进行零均值化, 得到 $y_k = x_k - \overline{x}_N, k = 1, 2, \cdots, N$. 将零均值化的数据 $y_k, k = 1, 2, \cdots, N$ 代入 (4.2.6) 式得到 (4.2.4) 式. (4.2.4) 式不再是无偏估计. 为保证 $\hat{\boldsymbol{\Gamma}}_N$ 的正定性, 对 (4.2.4) 式做适当修正就得到 (4.2.2) 式. 所以人们很少使用估计量 (4.2.6).

4.2.2 样本自协方差函数的相合性

关于由 (4.2.2) 式定义的样本自协方差函数的相合性, 有下面的定理.

定理 4.2.1 设平稳序列的样本自协方差函数 $\hat{\gamma}_k$ 由 (4.2.2) 式或 (4.2.4) 式定义.

(1) 如果当 $k \to \infty$ 时, $\gamma_k \to 0$, 则 $\hat{\gamma}_k$ 是 γ_k 的渐近无偏估计, 即

$$\lim_{N \to \infty} \mathrm{E}\hat{\gamma}_k = \gamma_k.$$

(2) 如果 $\{X_t\}$ 是严平稳遍历序列, 则 $\hat{\gamma}_k$ 和 $\hat{\rho}_k$ 分别是 γ_k 和 ρ_k 的强相合估计, 即

$$\lim_{N \to \infty} \hat{\gamma}_k = \gamma_k, \quad \text{a.s.}, \quad \lim_{N \to \infty} \hat{\rho}_k = \rho_k, \quad \text{a.s..}$$

证明 只对由 (4.2.2) 式定义的样本自协方差函数证明定理 4.2.1, 对由 (4.2.4) 式定义的 $\hat{\gamma}_k$ 的证明是一样的.

(1) 设 $\mu = \mathrm{E}X_1$, 则 $\{Y_t\} = \{X_t - \mu\}$ 是零均值的平稳序列. 利用

$$\overline{Y}_N = \frac{1}{N} \sum_{j=1}^{N} Y_j = \overline{X}_N - \mu$$

得到

$$\hat{\gamma}_k = \frac{1}{N} \sum_{j=1}^{N-k} (Y_j - \overline{Y}_N)(Y_{j+k} - \overline{Y}_N)$$

$$= \frac{1}{N} \sum_{j=1}^{N-k} \left[Y_j Y_{j+k} - \overline{Y}_N(Y_{j+k} + Y_j) + \overline{Y}_N^2 \right]. \qquad (4.2.7)$$

利用 (4.1.2) 式得到 $\mathrm{E}\overline{Y}_N^2 = \mathrm{E}(\overline{X}_N - \mu)^2 \to 0$, 当 $N \to \infty$. 利用内积不等式得到

$$\mathrm{E}|\overline{Y}_N(Y_{j+k} + Y_j)| \leqslant \left[\mathrm{E}\overline{Y}_N^2 \mathrm{E}(Y_{j+k} + Y_j)^2 \right]^{1/2}$$

$$\leqslant \left(4\gamma_0 \mathrm{E}\overline{Y}_N^2 \right)^{1/2} \to 0, \quad \text{当 } N \to \infty.$$

所以当 $N \to \infty$ 时,

$$\mathrm{E}\hat{\gamma}_k = \frac{1}{N} \sum_{j=1}^{N-k} \mathrm{E}(Y_j Y_{j+k}) + o(1)$$

$$= \frac{N-k}{N} \gamma_k + o(1) \to \gamma_k, \quad \text{当 } N \to \infty.$$

(2) 用遍历定理得到, 当 $N \to \infty$ 时,

$$\overline{Y}_N \to \mathrm{E}Y_1 = 0, \quad \text{a.s.},$$

$$\frac{1}{N} \sum_{j=1}^{N-k} (Y_{j+k} + Y_j) = \frac{1}{N} \left(\sum_{j=1}^{N} Y_j - \sum_{j=1}^{k} Y_j + \sum_{j=1}^{N-k} Y_j \right) \to 0, \quad \text{a.s.},$$

于是, 从 (4.2.7) 式知道, 当 $N \to \infty$ 时,

$$\hat{\gamma}_k = \frac{1}{N} \sum_{j=1}^{N-k} Y_j Y_{j+k} + o(1) \to \mathrm{E}(Y_1 Y_{1+k}) = \gamma_k, \quad \text{a.s..}$$

从定理 4.2.1 知道, 只要 $\{X_t\}$ 是线性平稳序列, 则样本自协方差函数 $\hat{\gamma}_k$ 是渐近无偏估计. 特别当 $\{X_t\}$ 是 AR(p), MA(q) 或 ARMA(p, q) 序列时, $\hat{\gamma}_k$ 是 γ_k 的渐近无偏估计. 在上述平稳序列中, 只要噪声项 $\{\varepsilon_t\}$ 是独立同分布的零均值白噪声, 则 $\{X_t\}$ 是严平稳遍历序列. 于是 $\hat{\gamma}_k$ 是 γ_k 的强相合估计.

4.2.3 样本自协方差函数的渐近分布

为了讨论样本自协方差函数的渐近分布, 我们把平稳序列限制在线性序列的范围. 设 $\{\varepsilon_t\}$ 是 4 阶矩有限的独立同分布的 $\mathrm{WN}(0, \sigma^2)$, 实数列 $\{\psi_k\}$ 平方可和. 这时平稳序列

$$X_t = \sum_{j=-\infty}^{\infty} \psi_j \varepsilon_{t-j}, \quad t \in \mathbb{Z} \tag{4.2.8}$$

有自协方差函数

$$\gamma_k = \sigma^2 \sum_{j=-\infty}^{\infty} \psi_j \psi_{j+k} \tag{4.2.9}$$

和谱密度

$$f(\lambda) = \frac{\sigma^2}{2\pi} \Big| \sum_{j=-\infty}^{\infty} \psi_j \mathrm{e}^{\mathrm{i}j\lambda} \Big|^2. \tag{4.2.10}$$

当自协方差函数 $\{\gamma_k\}$ 平方可和时, 对于独立同分布的标准正态白噪声 $\{W_t\}$, 定义正态时间序列

$$\xi_j = M_0 \gamma_j W_0 + \sum_{t=1}^{\infty} (\gamma_{t+j} + \gamma_{t-j}) W_t, \quad j \geqslant 0, \tag{4.2.11}$$

$$R_j = \sum_{t=1}^{\infty} (\rho_{t+j} + \rho_{t-j} - 2\rho_t \rho_j) W_t, \quad j \geqslant 1, \tag{4.2.12}$$

其中

$$M_0 = \frac{1}{\sigma^2} (\mu_4 - \sigma^4)^{1/2}, \quad \mu_4 = \mathrm{E}\varepsilon_1^4.$$

注意, 只要 $P(\varepsilon_1^2 = \sigma^2) < 1$, 就有 $M_0 > 0$.

文献 [16] 证明了下面的中心极限定理.

定理 4.2.2 设 $\{\varepsilon_t\}$ 是独立同分布的 $\mathrm{WN}(0, \sigma^2)$, $\mu_4 = \mathrm{E}\varepsilon_t^4 < \infty$. 如果线性平稳序列 (4.2.8) 的谱密度 (4.2.10) 平方可积, 即

$$\int_{-\pi}^{\pi} f(\lambda)^2 \, \mathrm{d}\lambda < \infty,$$

则对任何正整数 h, 当 $N \to \infty$ 时, 有下面的结果:

(1) $\sqrt{N}(\hat{\gamma}_0-\gamma_0,\hat{\gamma}_1-\gamma_1,\cdots,\hat{\gamma}_h-\gamma_h)$ 依分布收敛到 $(\xi_0,\xi_1,\cdots,\xi_h)$;

(2) $\sqrt{N}(\hat{\rho}_1-\rho_1,\hat{\rho}_2-\rho_2,\hat{\rho}_h-\rho_h)$ 依分布收敛到 $(R_1,R_2,\cdots,R_h)$.

有了上面的中心极限定理, 人们可以方便地构造自协方差函数和自相关系数的渐近区间估计, 并且可以解决有关自协方差函数和自相关系数的假设检验问题.

例 4.2.1 (接例 3.1.1) 对 MA(q) 序列 $\{X_t\}$, 利用定理 4.2.2 得到, 只要 $m>q$, 就有 $\sqrt{N}\hat{\rho}_m$ 依分布收敛到期望为 0, 方差为 $1+2\rho_1^2+2\rho_2^2+\cdots+2\rho_q^2$ 的正态分布. 在假设 H_0: $\{X_t\}$ 是 MA(q) 下, 对 $m>q$ 有

$$P\left(\frac{\sqrt{N}|\hat{\rho}_m|}{\sqrt{1+2\rho_1^2+2\rho_2^2+\cdots+2\rho_q^2}}\geqslant 1.96\right)\approx 0.05.$$

现在用 $\{X_t\}$ 表示例 3.1.1 中差分后的化学浓度数据, 在原假设 "H_0: $\{X_t\}$ 是 MA(q)" 下, 用 $\hat{\rho}_k$ 代替真值 ρ_k 后分别对 $q=0,1$ 计算出

$$T_q(m)=\frac{\sqrt{N}\hat{\rho}_{m+q}}{\sqrt{1+2\hat{\rho}_1^2+2\hat{\rho}_2^2+\cdots+2\hat{\rho}_q^2}},\quad m=1,2,\cdots,6.$$

对 $m=1,2,\cdots,6,q=0,1$, 将 $T_q(m)$ 列入下表:

m	1	2	3	4	5	6
$q=0$	-5.778	0.281	-0.951	-0.121	-1.071	-0.116
$q=1$	0.243	-0.821	-0.104	-0.925	-0.100	1.631

在 $q=0$ 的假设下, $|T_0(1)|=5.778>1.96$, 所以应当否定 $q=0$.

对于实际工作者来讲, 谱密度平方可积的条件通常很难验证, 于是希望能把定理 4.2.2 中谱密度平方可积的条件改加在自协方差函数 $\{\gamma_k\}$ 的收敛速度上. 下面的定理解决了这个问题.

定理 4.2.3 对于有谱密度的平稳序列 $\{X_t\}$, 其自协方差函数平方可和的充要条件是它的谱密度平方可积.

证明 如果 $\{X_t\}$ 的自协方差函数 $\{\gamma_k\}$ 满足 $\sum_{j=-\infty}^{\infty}\gamma_j^2<\infty$, 由习

题 2.4.1 知道

$$g(\lambda) = \frac{1}{2\pi} \sum_{j=-\infty}^{\infty} \gamma_j \mathrm{e}^{-\mathrm{i}j\lambda}$$

在区间 $[-\pi,\pi]$ 上平方可积. 而且, 对任何整数 k,

$$\int_{-\pi}^{\pi} g(\lambda)\mathrm{e}^{\mathrm{i}k\lambda}\,\mathrm{d}\lambda = \gamma_k.$$

要证明 $g(\lambda)$ 是 $\{X_t\}$ 的谱密度, 只需要再证明 $g(\lambda)$ 在 $[-\pi,\pi]$ 上非负. 定义非负函数

$$
\begin{aligned}
g_N(\lambda) &= \frac{1}{2\pi N} \sum_{k=1}^{N} \sum_{j=1}^{N} \gamma_{k-j} \mathrm{e}^{-\mathrm{i}(k-j)\lambda} \\
&= \frac{1}{2\pi} \sum_{k=-N}^{N} \left(1 - \frac{|k|}{N}\right) \gamma_k \mathrm{e}^{-\mathrm{i}k\lambda} \\
&= \frac{1}{2\pi} \sum_{k=-N}^{N} \gamma_k \mathrm{e}^{-\mathrm{i}k\lambda} - \frac{1}{2\pi N} \sum_{k=-N}^{N} |k| \gamma_k \mathrm{e}^{-\mathrm{i}k\lambda}.
\end{aligned}
$$

由于当 $N \to \infty$ 时, $\dfrac{1}{2\pi} \sum\limits_{k=-N}^{N} \gamma_k \mathrm{e}^{-\mathrm{i}k\lambda}$ 均方收敛到 $g(\lambda)$, 又由 Kronecker 引理得到

$$\int_{-\pi}^{\pi} \left(\frac{1}{2\pi N} \sum_{k=-N}^{N} |k| \gamma_k \mathrm{e}^{-\mathrm{i}k\lambda}\right)^2 \mathrm{d}\lambda = \frac{1}{2\pi N^2} \sum_{k=-N}^{N} k^2 \gamma_k^2 \to 0, \quad \text{当 } n \to \infty.$$

所以, 当 $N \to \infty$ 时, $g_N(\lambda) \geqslant 0$ 均方收敛到 $g(\lambda)$. 于是, 作为非负函数 $g_N(\lambda)$ 的均方极限, $g(\lambda)$ 是非负的.

反之, 当 $\{X_t\}$ 的谱密度满足 $\int_{-\pi}^{\pi} f^2(\lambda)\,\mathrm{d}\lambda < \infty$ 时, 由 Fourier 级数的理论知道 $f(\lambda)$ 的 Fourier 系数

$$\gamma_k = \int_{-\pi}^{\pi} f(\lambda)\mathrm{e}^{\mathrm{i}k\lambda}\,\mathrm{d}\lambda, \quad k \in \mathbb{Z}$$

平方可和. 由谱密度的定义知道, 这里的 Fourier 系数 $\{\gamma_k\}$ 正是 $\{X_t\}$ 的自协方差函数.

推论 4.2.4 设 $\{\varepsilon_t\}$ 是独立同分布的 $\mathrm{WN}(0,\sigma^2)$, $\mu_4 = \mathrm{E}\varepsilon_t^4 < \infty$. 如果线性平稳序列 (4.2.8) 的自协方差函数平方可和, 则定理 4.2.2 的结论成立.

定理 4.2.2 要求白噪声的方差有 4 阶矩. 通常的白噪声只有有限的方差. 为了用于白噪声的检验, 下面介绍不要求噪声项 4 阶矩有限的中心极限定理.

定理 4.2.5 (见文献 [24]) 设 $\{\varepsilon_t\}$ 是独立同分布的 $\mathrm{WN}(0,\sigma^2)$, 平稳序列 $\{X_t\}$ 由 (4.2.8) 式定义. 如果自协方差函数 $\{\gamma_k\}$ 平方可和, 并且

$$m^\alpha \sum_{|k| \geqslant m} \psi_k^2 \to 0, \quad m \to \infty \qquad (4.2.13)$$

对某个常数 $\alpha > 0.5$ 成立, 则对任何正整数 h, 当 $N \to \infty$ 时, $\sqrt{N}(\hat{\rho}_1 - \rho_1, \hat{\rho}_2 - \rho_2, \cdots, \hat{\rho}_h - \rho_h)$ 依分布收敛到 $(R_1, R_2, \cdots, R_h)$.

由于 $\mathrm{ARMA}(p,q)$ 序列是单边线性平稳序列, Wold 系数以负指数阶收敛到 0, 所以条件 (4.2.13) 被满足. 于是, 若 $\mathrm{ARMA}(p,q)$ 模型中的白噪声是独立同分布的, 则该 $\mathrm{ARMA}(p,q)$ 序列满足定理 4.2.5 的条件.

推论 4.2.6 如果 $\{X_t\}$ 是独立同分布的白噪声, $\hat{\rho}_k = \hat{\gamma}_k/\hat{\gamma}_0$ 由 (4.2.3) 式定义, 则对任何正整数 h,

(1) $\sqrt{N}(\hat{\rho}_1, \hat{\rho}_2, \cdots, \hat{\rho}_h)$ 依分布收敛到多元标准正态分布 $N(\mathbf{0}, \boldsymbol{I}_h)$, 其中, $\boldsymbol{I}_h$ 是 $h \times h$ 单位矩阵,

(2) 当 $\mu_4 = \mathrm{E}\varepsilon_t^4 < \infty$ 时, $\sqrt{N}(\hat{\gamma}_0 - \sigma^2, \hat{\gamma}_1, \cdots, \hat{\gamma}_h)$ 依分布收敛到 $\sigma^2(M_0 W_0, W_1, \cdots, W_h)$.

注 在上面的定理 4.2.2、定理 4.2.5 及其推论 4.2.4、推论 4.2.6 中, 并不必要求所述的平稳序列是零均值的. 但是如果所述的平稳序列是零均值的, 则在相应的条件下, 相应的结论对于

$$\hat{\gamma}_k = \frac{1}{N} \sum_{j=1}^{N-k} X_j X_{j+k} \quad \text{和} \quad \hat{\rho}_k = \hat{\gamma}_k/\hat{\gamma}_0$$

也成立. 见文献 [24].

4.2.4　模拟计算结果

为了考察 $\hat{\gamma}_k$ 的实际收敛效果, 下面考虑标准正态白噪声 $\{\varepsilon_t\}$ 和 AR(2) 模型

$$X_t = 2\rho\cos(\theta)X_{t-1} - \rho^2 X_{t-2} + \varepsilon_t, \quad t \in \mathbb{Z}. \tag{4.2.14}$$

这时特征多项式 $A(z) = 1 - 2\rho\cos(\theta)z + \rho^2 z^2$ 有共轭根 $\rho^{-1}\mathrm{e}^{\pm i\theta}$, 其中 $\rho = 1/0.8, \theta = 2.13$. 从计算机上产生模型 (4.2.14) 的 1000 个观测数据 $x_1, x_2, \cdots, x_N$ 备用. 对于 $k = 0, 1, \cdots, 60$ 分别计算出

$$\hat{\gamma}_k = \frac{1}{N}\sum_{j=1}^{N-k}(x_j - \overline{x}_N)(x_{j+k} - \overline{x}_N),$$

并和真值 γ_k 比较. 图 4.2.1、图 4.2.2 和图 4.2.3 分别是用前 100 个、前 500 个和前 1000 个观测数据计算的 $\hat{\gamma}_k$ 的误差图.

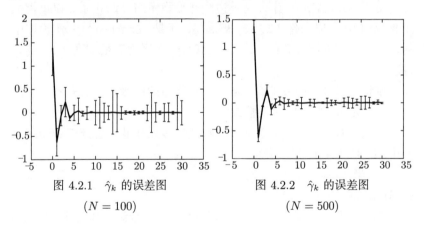

图 4.2.1　$\hat{\gamma}_k$ 的误差图　　　　图 4.2.2　$\hat{\gamma}_k$ 的误差图

$(N = 100)$　　　　　　　　　　$(N = 500)$

为了进一步综合评价 $\hat{\gamma}_k$ 的估计精度, 下面对模型 (4.2.14) 进行 M 次重复模拟试验, 然后综合评价. Ave 和 Std 按照 (4.1.12) 式定义, 样本量是 N. 模型 (4.2.14) 的真实自协方差函数可以通过递推公式 (3.2.10) 和 (3.2.11) 近似获得. 另外还可以根据定理 4.2.1 近似获得. 根据定理 4.2.1 的结论 (2), 当 $N \to \infty$ 时, $\hat{\gamma}_k \to \gamma_k$. 取 $N = 10^7, M = 20$, 计算结果如下 ($\rho = 1/1.8, \theta = 2.13$):

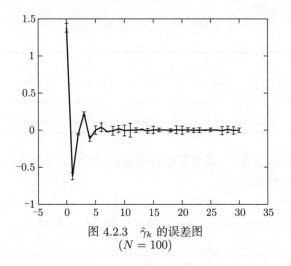

图 4.2.3 $\hat{\gamma}_k$ 的误差图
$(N = 100)$

k	0	1	2	3	4	5
Ave($\hat{\gamma}_k$)	1.3869	-0.6247	-0.0597	0.2283	-0.1162	-0.0020
Std($\hat{\gamma}_k$)	0.0023	0.0017	0.0016	0.0020	0.0021	0.0019

由于 $M = 20$ 次重复模拟计算的标准差已经很小, 所以可以把上述的 $M = 20$ 次的模拟计算平均 Ave($\hat{\gamma}_k$), $k = 0, 1, \cdots, 5$ 认为真值, 然后再对较小的样本量看计算的综合结果. 误差指 Ave 和真值的差的绝对值. 下面的 (1), (2), (3) 是对不同的 N 分别计算的结果.

(1) $N = 300$, $M = 1000$, $\rho = 1/1.8$, $\theta = 2.13$.

k	0	1	2	3	4	5
Ave($\hat{\gamma}_k$)	1.3820	-0.6223	-0.0576	0.2239	-0.1163	0.0019
误差	0.0049	0.0024	0.0021	0.0044	0.0001	0.0039
Std($\hat{\gamma}_k$)	0.1439	0.0982	0.0849	0.1036	0.0986	0.0945

(2) $N = 100$, $M = 1000$, $\rho = 1/1.8$, $\theta = 2.13$.

k	0	1	2	3	4	5
Ave($\hat{\gamma}_k$)	1.3752	-0.6148	-0.0604	0.2067	-0.0977	-0.0091
误差	0.0117	0.0099	0.0007	0.0216	0.0185	0.0071
Std($\hat{\gamma}_k$)	0.2404	0.1713	0.1513	0.1737	0.1718	0.1649

(3) $N = 50, M = 1000, \rho = 1/1.8, \theta = 2.13$.

k	0	1	2	3	4	5
Ave($\hat{\gamma}_k$)	1.3865	-0.6176	-0.0680	0.2046	-0.1008	-0.0082
误差	0.0004	0.0071	0.0083	0.0237	0.0154	0.0062
Std($\hat{\gamma}_k$)	0.3272	0.2275	0.2062	0.2415	0.2218	0.2162

从上述结果看出, 随着使用样本量的减少, 估计的标准差在增加, 说明估计的精度在减少.

下面把 $A(z) = 0$ 的根向单位圆靠近一些, 再看有什么结果. 先取 $N = 10^7, M = 20, \rho = 1/1.1, \theta = 2.13$, 得到近似真值如下:

k	0	1	2	3	4	5
Ave($\hat{\gamma}_k$)	4.3793	-2.3128	-1.3890	3.2519	-1.9887	-0.7699
Std($\hat{\gamma}_k$)	0.0129	0.0087	0.0068	0.0117	0.0109	0.0061

因为 N 较大, 所以上面的 Ave($\hat{\gamma}_k$) 被认为是真值. 下面的 (4), (5), (6) 是对不同的 N 分别计算的结果.

(4) $N = 300, M = 1000, \rho = 1/1.1, \theta = 2.13$.

k	0	1	2	3	4	5
Ave($\hat{\gamma}_k$)	4.3371	-2.2819	-1.3672	3.1857	-1.9390	-0.7536
误差	0.0422	0.0309	0.0218	0.0662	0.0497	0.0163
Std($\hat{\gamma}_k$)	0.8032	0.4346	0.3569	0.7663	0.5119	0.3506

(5) $N = 100, M = 1000, \rho = 1/1.1, \theta = 2.13$.

k	0	1	2	3	4	5
Ave($\hat{\gamma}_k$)	4.3892	-2.2948	-1.3741	3.1683	-1.9178	-0.7321
误差	0.0099	0.0180	0.0149	0.0836	0.0709	0.0378
Std($\hat{\gamma}_k$)	1.3644	0.7346	0.6121	1.2851	0.8648	0.6254

(6) $N = 50$, $M = 1000$, $\rho = 1/1.1$, $\theta = 2.13$.

k	0	1	2	3	4	5
Ave($\hat{\gamma}_k$)	4.4016	-2.2838	-1.3459	3.0844	-1.8519	-0.7046
误差	0.0223	0.0290	0.0431	0.1675	0.1368	0.0653
Std($\hat{\gamma}_k$)	1.9819	1.0770	0.8516	1.8364	1.2357	0.8254

从计算结果看出, 随着使用样本量的减少, 估计的标准差在增加, 所以估计的精度在减少. 另外, (4), (5), (6) 中的结果不如相应的 (1), (2), (3) 好. 这是因为特征多项式 $A(z)$ 的根向单位圆靠近时, $\{X_t\}$ 的方差增加或振荡加剧的原因.

习　题　4.2

4.2.1　利用定理 4.2.2 证明: 对 MA(q) 序列 $\{X_t\}$, 如果白噪声是独立同分布的, 则当 $m > q$ 时, $\sqrt{N}\hat{\rho}_m$ 依分布收敛到期望为 0、方差为 $1 + 2\rho_1^2 + 2\rho_2^2 + \cdots + 2\rho_q^2$ 的正态分布.

4.2.2　对于 ARMA(1,1) 序列 $X_t = aX_{t-1} + \varepsilon_t + b\varepsilon_{t-1}$, $t \in \mathbb{Z}$, 证明: 自相关系数
$$\rho_k = \begin{cases} (1+ab)(a+b)/(1+b^2+2ab), & k = 1, \\ a^{k-1}\rho_1, & k > 1. \end{cases}$$

4.2.3　对于由 (4.2.11) 式定义的 ξ_j, 证明: $P(|\xi_j| > 0) > 0$.

4.2.4　设 $\hat{\gamma}_k$ 是时间序列观测数据 $x_1, x_2, \cdots, x_N$ 的样本自协方差函数, 由 (4.2.2) 式定义. 对任何正整数 $n \leqslant N - 1$, 证明:
$$\begin{pmatrix} \hat{a}_1 \\ \hat{a}_2 \\ \vdots \\ \hat{a}_n \end{pmatrix} = \begin{pmatrix} \hat{\gamma}_0 & \hat{\gamma}_1 & \cdots & \hat{\gamma}_{n-1} \\ \hat{\gamma}_1 & \hat{\gamma}_0 & \cdots & \hat{\gamma}_{n-2} \\ \vdots & \vdots & & \vdots \\ \hat{\gamma}_{n-1} & \hat{\gamma}_{n-2} & \cdots & \hat{\gamma}_0 \end{pmatrix}^{-1} \begin{pmatrix} \hat{\gamma}_1 \\ \hat{\gamma}_2 \\ \vdots \\ \hat{\gamma}_n \end{pmatrix}$$

满足最小相位条件
$$1 - \sum_{j=1}^{n} \hat{a}_j z^j \neq 0, \quad |z| \leqslant 1.$$

4.2.5 习题 4.2.4 中的结论对由 (4.2.4) 式定义的样本自协方差函数成立吗?

§4.3 白噪声检验

为观测数据建立时间序列模型后, 称利用该模型得到的随机误差项的估计为**残差**. 在判断所建立的模型是否合理时, 可以通过检验上述残差是否是白噪声来解决. 如果检验的结果不能拒绝残差是白噪声, 就可以认为建立的模型合理, 否则应当寻找其他的合适模型.

4.3.1 白噪声的 χ^2 检验法

从统计学的知识知道, 如果 $W_1, W_2, \cdots, W_m$ 是独立同分布的标准正态随机变量, 则平方和

$$W_1^2 + W_2^2 + \cdots + W_m^2$$

服从 $\chi^2(m)$ 分布. 这里 $\chi^2(m)$ 表示 m 个自由度的 χ^2 分布.

对于独立同分布的白噪声 $\{X_t\}$, 用 $\hat{\rho}_j$ 表示基于观测数据 $x_1, x_2, \cdots, x_N$ 的样本自相关系数, 由 (4.2.3) 式定义. 由推论 4.2.6 知道, 当 N 充分大后,

$$\sqrt{N}(\hat{\rho}_1, \hat{\rho}_2, \cdots, \hat{\rho}_m) \tag{4.3.1}$$

近似服从 m 维标准正态分布. 也就是说, 对充分大的 N, (4.3.1) 式和随机向量 $(W_1, W_2, \cdots, W_m)$ 的分布基本相同. 于是,

$$\hat{\chi}^2(m) \stackrel{\text{def}}{=\!=} N(\hat{\rho}_1^2 + \hat{\rho}_2^2 + \cdots + \hat{\rho}_m^2)$$

近似服从 $\chi^2(m)$ 分布. 这里的 m 应当满足 $m \leqslant \sqrt{N}$.

假设

$$H_0: \{X_t\} \text{ 是独立白噪声}; \quad H_1: \{X_t\} \text{ 是相关序列}.$$

由于在原假设 H_0 下,

$$\rho_1^2 + \rho_2^2 + \cdots + \rho_m^2 = 0,$$

所以当检验统计量

$$\hat{\chi}^2(m) = N(\hat{\rho}_1^2 + \hat{\rho}_2^2 + \cdots + \hat{\rho}_m^2) \tag{4.3.2}$$

的取值较大时应当拒绝原假设, 否则不能否定 H_0. 这样, 给定检验水平 $\alpha = 0.05$ (或 0.01), 查 m 个自由度的 χ^2 分布表得到满足

$$P(\chi^2(m) > \lambda_\alpha) = \alpha$$

的上 α 分位数 λ_α. 当实际计算结果 $N(\hat{\rho}_1^2 + \hat{\rho}_2^2 + \cdots + \hat{\rho}_m^2) \geqslant \lambda_\alpha$ 时, 否定 $\{X_t\}$ 是独立白噪声的原假设; 当 $N(\hat{\rho}_1^2 + \hat{\rho}_2^2 + \cdots + \hat{\rho}_m^2) < \lambda_\alpha$ 时, 不能否定 $\{X_t\}$ 是独立白噪声.

尽管上述方法是在独立同分布的条件下得到的, 实际中也可以用于非独立同分布的情况.

模拟计算 4.3.1 本模拟计算中的数据是来自 AR(2) 模型 (4.2.14) 的 $N = 400$ 个观测, 对于 $\theta = 1.13$ 和不同的 ρ 均进行 500 次独立重复试验. 用 p 表示 500 次独立重复试验中否定 H_0 的比例, $\rho = 0$ 表示观测数据是白噪声. 本试验在检验统计量 (4.3.2) 中取 $m = 5$, $\alpha = 0.05$, 结果如下:

ρ	0	1/10	1/6	1/4	1/3	1/2	1/1.5
p	4.2%	19.6 %	49.4%	90.8%	100%	100%	100%

如果在检验统计量 (4.3.2) 中取 $m = 20$, 得到的结果如下:

ρ	0	1/10	1/6	1/4	1/3	1/2	1/1.5
p	3.4 %	11%	28.2%	70.4 %	94.2%	100%	100%

不难看出, 取 $m = 5$ 的效果总体上比取 $m = 20$ 要好. 这时称 $m = 5$ 时的检验功效比 $m = 20$ 的检验功效高. 这个试验也说明, 对于较小的 ρ, $\{X_t\}$ 的行为类似于白噪声.

模拟计算 4.3.2 设 $\{\varepsilon_t\}$ 是标准正态白噪声, 数据是 MA(1) 模型

$$X_t = \varepsilon_t + b\varepsilon_{t-1} \tag{4.3.3}$$

的 $N = 400$ 个观测数据, 对于 b 的每次不同取值, 均进行 500 次独立重复试验. 用 p 表示 500 次重复试验中否定 H_0 的比例. $b = 0$ 时, $X_t = \varepsilon_t$. 本试验中取 $m = 5$, $\alpha = 0.05$, 结果如下:

b	0	0.1	0.2	0.3	0.5	0.8	0.9
p	3.6%	25.4%	87.0%	99.8%	100%	100%	100%

如果在检验统计量中取 $m = 20$, 得到的结果如下:

b	0	0.1	0.2	0.3	0.5	0.8	0.9
p	3.4%	14.0 %	61.6%	95.4%	100%	100%	100%

本例也说明, 取 $m = 5$ 的效果总体上比取 $m = 20$ 要好.

在实际问题中, 如果用 a 表示从数据计算出的检验统计量 $\hat{\chi}^2(m)$ 的值, 即

$$a = N(\hat{\rho}_1^2 + \hat{\rho}_2^2 + \cdots + \hat{\rho}_m^2),$$

还可以在 H_0 下计算出检验的 P 值: $P(\chi_m^2 > a)$, 其中 χ_m^2 是服从 $\chi^2(m)$ 分布的随机变量.

P 值越小, 数据提供的拒绝 H_0 的依据越充分. 如果 P 值小于预定的检验水平 α, 应当否定 H_0.

4.3.2 白噪声的 Ljung-Box 检验法

文献 [25] 建议将前述的检验统计量 $\hat{\chi}^2(m)$ 改造成更易于拒绝原假设的检验统计量

$$\hat{\chi}^2(m) = N(N + 2) \sum_{i=1}^{m} \frac{\hat{\rho}_i^2}{N - i},$$

并证明: 在独立同分布白噪声的条件下, 对于较大的样本量 N, $\hat{\chi}^2(m)$ 近似服从 $\chi^2(m)$ 分布. 于是得到 H_0 的显著水平为 α 的近似否定域

$$W = \{\hat{\chi}^2(m) \geqslant \lambda_\alpha\}.$$

在实际问题中, 可以选 $m = O(\ln n)$.

4.3.3 白噪声的正态分布检验法

检验 $\{X_t\}$ 是白噪声的另一个简单方法是计算

$$Q(m) = \frac{1}{m} \,^{\#}\{j \mid \sqrt{N}|\hat{\rho}_j| \geqslant 1.96,\ 1 \leqslant j \leqslant m\}. \qquad (4.3.4)$$

由推论 4.2.6 知道, 在原假设 H_0 下, 当 N 较大, $m \leqslant \sqrt{N}$ 时, $Q(m) \approx$ 0.05, 所以当 $Q(m) \geqslant 0.05$ 时, 应当拒绝 $\{X_t\}$ 是白噪声这一假设. 也就是说, 当超出 5% 样本自相关系数的绝对值 $|\rho_j| > 1.96/\sqrt{N}$ 时, 应当否定 H_0.

上面的问题叙述的依据都基于 $\{X_t\}$ 是独立同分布的白噪声的假设. 在实际问题中, 对于假设 H_0: $\{X_t\}$ 是白噪声, 一般都可以采用上面的方法.

下面是几个模拟计算的例子, 都取 $m = \sqrt{N}$.

模拟计算 4.3.3 设 $\{x_t\}$ 是正态 WN$(0,1)$ 的 $N = 400$ 个观测数据, 样本自相关系数估计 $\hat{\rho}_j, j = 1, 2, \cdots, 20$ 由 (4.2.3) 式定义. 图 4.3.1 是 $\hat{\rho}_j$ 的数据图. $1.96/\sqrt{N} = 0.098$. 由于没有 $\hat{\rho}_j$ 超出 $[-0.098, 0.098]$, 所以不能否定 $\{X_t\}$ 是白噪声.

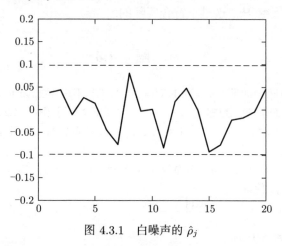

图 4.3.1   白噪声的 $\hat{\rho}_j$

模拟计算 4.3.4 设序列 $\{\varepsilon_t\}$ 是正态 WN$(0,1)$, 用 MA(1) 序列 $X_t = \varepsilon_t + 0.8\varepsilon_{t-1}$ 的 400 个观测数据计算的样本自相关系数的图形见

图 4.3.2. 由于有 2 个 $\hat{\rho}_j$ 超出 $[-0.098, 0.098]$, 所以应当否定 $\{X_t\}$ 是白噪声.

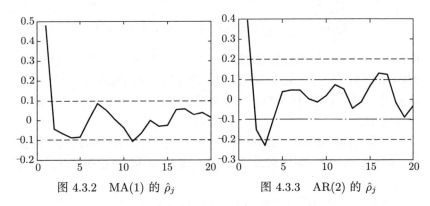

图 4.3.2 MA(1) 的 $\hat{\rho}_j$ 图 4.3.3 AR(2) 的 $\hat{\rho}_j$

模拟计算 4.3.5 由 AR(2) 模型 (4.2.14), $\rho = 1/1.8$, $\theta = 1.13$ 的 400 个观测数据计算的样本自相关系数见图 4.3.3. 由于有 4 个 $\hat{\rho}_j$ 超出 $[-0.098, 0.098]$, 所以应当否定 $\{X_t\}$ 是白噪声.

在上面的模拟计算 4.3.4 和 4.3.5 中, 如果 $N = 400$ 不变, 而加大 m, 都不能拒绝 H_0. 这是不符合实际的.

习 题 4.3

4.3.1 证明: 如果 $EX = 0$, $EX^2 = \sigma^2$ 且 X^2 不是常数, 则 $EX^4 > \sigma^4$.

4.3.2 证明: 观测数据 $x_1, x_2, \cdots, x_N$ 只要不全相同, 则由 (4.2.2) 式定义的样本自协方差函数 $\hat{\gamma}_k$, $k = 0, \pm 1, \cdots, \pm(N-1)$ 是某个 MA 序列的自协方差函数.

4.3.3 设 $\{\varepsilon_t\}$ 是独立同分布的 $\mathrm{WN}(0, \sigma^2)$, $a \in (-1, 1)$, $X_t = aX_{t-1} + \varepsilon_t$. 求常数 μ_n, σ_n, 使得

$$\frac{\exp(\overline{X}_n) - \mu_n}{\sigma_n}, \quad n \in \mathbb{N}_+$$

依分布收敛到 $N(0, 1)$.

4.3.4 (计算机作业) 设 $\{\varepsilon_t\}$ 是正态 $\mathrm{WN}(0, \sigma^2)$, 对于 ARMA(2, 2) 模型

$$(1 - c_1\mathcal{B})(1 - c_2\mathcal{B})X_t = (1 - d_1\mathcal{B})(1 - d_2\mathcal{B})\varepsilon_t, \quad t \in \mathbb{Z}$$

中的不同参数 $c_1, c_2, d_1, d_2 \in (-1, 1)$, 在计算机上产生 500 个 ARMA$(2,2)$ 数据. 用 χ^2 检验方法检验 H_0: $\{X_t\}$ 是白噪声. 取 $m = 6$. 回答以下问题: 当 c_1, c_2, d_1, d_2 取何值时, χ^2 检验对 H_0 的否定率可以达到 90% 或以上.

4.3.5 如果 $\{X_n\}$ 依分布收敛到 $N(\mu, \sigma^2)$, $\{Y_n\}$ 依概率收敛到 0, 证明: $\{X_n + Y_n\}$ 依分布收敛到 $N(\mu, \sigma^2)$.

§4.4 单位根检验

单位根检验是金融时间序列分析中的重要问题. 设 $\{\varepsilon_t\}$ 是独立同分布的 WN$(0, \sigma^2)$, 实数列 $\{\psi_j\}$ 满足条件 $\psi_0 = 1, \sum_{j=0}^{\infty} j|\psi_j| < \infty$, 从定理 1.7.2 知道平稳序列

$$Y_t = \sum_{j=0}^{\infty} \psi_j \varepsilon_{t-j}, \quad j \in \mathbb{Z} \tag{4.4.1}$$

有谱密度

$$f_Y(\lambda) = \frac{\sigma^2}{2\pi} \left| \sum_{j=0}^{\infty} \psi_j e^{ij\lambda} \right|^2, \quad \lambda \in [-\pi, \pi].$$

设一阶单位根序列 $\{X_t\}$ 由

$$X_t = X_{t-1} + Y_t, \quad t \in \mathbb{Z} \tag{4.4.2}$$

定义. 从图 3.3.2 和图 3.3.3 看出, 随着样本量 N 增加, 单位根序列 $\{X_t\}$ 的样本自协方差函数

$$\hat{\gamma}_x(k) = \frac{1}{N} \sum_{j=1}^{N-k} (X_j - \overline{X}_N)(X_{j+k} - \overline{X}_N)$$

要比平稳序列 $\{Y_t\}$ 的样本自协方差函数

$$\hat{\gamma}_Y(k) = \frac{1}{N} \sum_{j=1}^{N-k} Y_j Y_{j+k}$$

变化更大. 所以对非负整数 m, 利用统计量

$$\hat{\eta}(N, m) = \frac{\hat{\gamma}_X(0) + 2\hat{\gamma}_X(1) + \cdots + 2\hat{\gamma}_X(m)}{\hat{\gamma}_Y(0) + 2\hat{\gamma}_Y(1) + \cdots + 2\hat{\gamma}_Y(m)} \qquad (4.4.3)$$

构造原假设 "$H_0 : \{X_t\}$ 是一阶单位根序列" 的拒绝域是合理的.

为了得到 $\hat{\eta}(N, m)$ 的渐近分布, 先来看 Brown 运动.

定义 4.4.1 (标准 Brown 运动) 如果随机过程 $\{B(t) \,|\, t \geqslant 0\}$ 的轨迹以概率 1 连续, 对任何 $0 < t_1 < t_2 < \cdots < t_k$, $(B(t_1), B(t_2), \cdots, B(t_k))$ 服从联合正态分布, 且对 $t \geqslant s \geqslant 0$, 有

$$X(0) = 0, \quad \mathrm{E}B(t) = 0, \quad \mathrm{E}\big[B(t)B(s)\big] = s, \qquad (4.4.4)$$

则称 $\{B(t) \,|\, t \geqslant 0\}$ 为**标准 Brown 运动**.

标准 Brown 运动 $\{B(t) | t \geqslant 0\}$ 的基本性质见习题 4.4.1. 设

$$W = \int_0^1 \left(B(t) - \int_0^1 B(s)\,\mathrm{d}s \right)^2 \mathrm{d}t. \qquad (4.4.5)$$

定理 4.4.1 (文献 [20]) 在以上假设下, 如果 $f_Y(0) \neq 0$, 则

$$\hat{\xi}_0 = \frac{\hat{\gamma}_X(0)}{N 2\pi f_Y(0)} \xrightarrow{\;\mathrm{d}\;} W, \quad \text{当 } N \to \infty,$$

其中 $\xrightarrow{\;\mathrm{d}\;}$ 表示依分布收敛.

基于定理 4.4.1, 我们得到下面的结论. 证明见附录 1.3.

定理 4.4.2 在定理 4.4.1 的条件下, 设 $\mathrm{E}|\varepsilon_t|^r < \infty$ 对某个 $r > 2$ 成立或者 ψ_j 以负指数阶收敛到 0, 非负整数 $m = m_N \leqslant \sqrt{N/\ln N}$, 且当 $N \to \infty$ 时 $m \to \infty$, 则有

$$\hat{\eta}_m = \frac{\hat{\eta}(N, m)}{N(2m+1)} \xrightarrow{\;\mathrm{d}\;} W, \quad \text{当 } N \to \infty, \qquad (4.4.6)$$

其中 $\hat{\eta}(N, m)$ 由 (4.4.3) 式定义.

从定理 4.4.2 知道原假设 "$H_0 : \{X_t\}$ 是一阶单位根序列" 的检验水平为 α 的否定域应当定义为

$$A_\alpha = \{\hat{\eta}_m \leqslant w_{\alpha/2}\} \bigcup \{\hat{\eta}_m \geqslant w_{1-\alpha/2}\}, \qquad (4.4.7)$$

其中 w_α 由 $P(W \leqslant w_\alpha) = \alpha$ 定义.

对于标准正态白噪声 $\{Y_t\}$ 及其产生的单位根序列 $\{X_t\}$, 利用定理 4.4.1 和 $2\pi f_Y(0) = 1$ 得到

$$\hat{\gamma}_x(0)/N \xrightarrow{\mathrm{d}} W, \quad \text{当 } N \to \infty.$$

由此可模拟计算出 w_α 如下:

α	0.01	0.025	0.05	0.50	0.95	0.975	0.99
w_α	0.0248	0.0304	0.0366	0.1189	0.4614	0.5807	0.7435

例 4.4.1 设 $\{X_t\}$ 是由 (4.4.2) 式定义的单位根序列, 其中

$$Y_t = 0.35Y_{t-1} + 0.23Y_{t-2} - 0.15Y_{t-3} + 0.06Y_{t-4} + \varepsilon_t + 0.0.78\varepsilon_{t-1} \quad (4.4.8)$$

是 ARMA(4, 2) 序列, 对于 $\alpha = 0.1, 0.05$ 模拟计算 A_α 发生的频率.

解 (1) 用计算机产生 $N + 100$ 个独立同分布的白噪声 $\{\varepsilon_t\}$, 其中 ε_t 服从自由度为 4 的 t 分布. 给定初值 $Y_1 = Y_2 = Y_3 = Y_4 = 0$, 用 (4.4.8) 式递推计算出 $\{Y_t\}$, 舍去前 50 个数据, 将数据重新记作 $Y_1, Y_2, \cdots$. 用

$$X_t = \rho X_{t-1} + Y_t, \quad \rho \in [-1, 1] \quad (4.4.9)$$

递推计算出 $\{X_t\}$, 再舍去 $\{X_t\}$ 的前 50 数据, 将数据重新记作 $X_1, X_2, \cdots, X_N$.

(2) 取 m 为 $\sqrt{N/\ln N}$ 的整数部分, 按 (4.4.6) 式计算 $\hat{\eta}_m$. 当 A_α 发生时拒绝 H_0.

(3) 取 $\rho = 1$, 则 H_0 成立. 将步骤 (1), (2) 独立重复 $M = 5000$ 次. 用 $\hat{\alpha}$ 表示这 M 次计算中拒绝 H_0 而犯第一类错误的频率, 结果列入下表:

N	15	30	60	100	160	200	300	500
$\alpha = 0.10$	0.024	0.094	0.128	0.091	0.109	0.112	0.102	0.103
$\alpha = 0.05$	0.009	0.035	0.069	0.041	0.053	0.063	0.050	0.050

结果显示, 随着 N 增加, $\hat{\alpha}$ 和检验水平 α 趋于一致.

(4) 取 $\rho = 0$, 则 H_0 不成立, $\{X_t\}$ 是平稳序列. 重复步骤 (3), 将结果列入下表:

N	15	30	60	100	160	200	300	500
$\alpha = 0.10$	0.259	0.650	0.997	0.986	1.00	0.992	0.992	0.999
$\alpha = 0.05$	0.150	0.438	0.983	0.974	0.989	0.994	0.992	0.999

这时 A_α 发生的频率 $\hat{\alpha}$ 是作出正确选择的频率, 被称为模拟功效. 可以看出模拟功效 $\hat{\alpha}$ 随 N 增加很快接近 1, 说明检验法 A_α 可以合理地区分一阶单位根序列和本例中的平稳序列.

(5) 取 $\rho = 0.9$, 则 H_0 不成立. $\{X_t\}$ 是平稳序列, 但是有一个实根 $z = 1/0.9 \approx 1.111$ 靠近单位圆. 重复步骤 (3), 将结果列入下表:

N	60	100	200	300	500	700	900
$\alpha = 0.10$	0.069	0.295	0.843	0.992	1.000	1.000	1.000
$\alpha = 0.05$	0.036	0.175	0.693	0.968	1.000	1.000	1.000

这时模拟功效 $\hat{\alpha}$ 随 N 增加接近 1 的速度慢了许多.

(6) 取 $\rho = 0.95$, 则 $\{X_t\}$ 有一个实根 $z = 1/0.95 \approx 1.053$ 更靠近单位圆. 重复步骤 (3), 将结果列入下表:

N	60	100	200	300	500	700	900
$\alpha = 0.10$	0.045	0.108	0.330	0.680	0.975	1.000	1.000
$\alpha = 0.05$	0.020	0.050	0.202	0.492	0.925	0.998	1.000

这时模拟功效 $\hat{\alpha}$ 随 N 增加接近 1 的速度就更慢了.

(7) 取 $\rho = -0.95$, 则 $\{X_t\}$ 有一个实根 $z = -1/0.95 \approx -1.053$ 也靠近单位圆. 重复步骤 (3), 将结果列入下表:

N	10	15	30	60	100	200	300	500
$\alpha = 0.10$	0.732	0.786	0.886	0.965	1.000	1.000	1.000	1.000
$\alpha = 0.05$	0.730	0.757	0.861	0.957	1.000	1.000	1.000	1.000

这时模拟功效 $\hat{\alpha}$ 随 N 增加接近 1 的速度反而更快了.

(8) 取 $\rho = -1$, 则 $\{X_t\}$ 有一个实根 $z = -1$. 重复步骤 (3), 将结果列入下表:

N	10	15	30	60	100	150	200	300
$\alpha = 0.10$	0.893	0.917	0.966	0.995	1.00	1.000	1.000	1.000
$\alpha = 0.05$	0.873	0.906	0.969	0.994	1.00	1.000	1.000	1.000

这时模拟功效 $\hat{\alpha}$ 随 N 增加接近 1 的速度更快了.

例 4.4.1 的结果表明检验法 A_α 对于备择假设 "$H_1 : \{X_t\}$ 是平稳序列" 的表现合理. 同时, A_α 区分单位根 $\rho = 1$ 和 $\rho = -1$ 的能力也令人满意.

例 4.4.2 设 $\{Y_t\}$ 是满足 (4.4.8) 式的 ARMA 序列, $\{X_t\}$ 是带线性增长趋势的 ARMA 序列, 由

$$X_t = a + bt + Y_t, \quad t \in \mathbb{Z} \tag{4.4.10}$$

决定. 对于检验水平 $\alpha = 0.05$ 模拟计算 A_α 发生的频率.

解 按例 4.4.1 的步骤 (1) 的方法产生 ARMA 序列, 然后用 (4.4.10) 式产生 $\{X_t\}$, 也舍去前 50 个数据, 得到 N 个观测数据 $X_1, X_2, \cdots, X_N$. 对于 $b = 0.2, 0.4, 0.6$, 重复例 4.4.1 中的步骤 (3), 计算结果如下 (注意 a 对计算结果无影响):

N	100	150	200	250	300	350	500	900
$b = 0.2$	0.007	0.007	0.008	0.035	0.754	0,902	0.996	1.000
$b = 0.4$	0.231	0.702	0.955	0.995	0.999	0.999	0.999	1.000
$b = 0.6$	0.844	0.994	0.998	0.999	1.000	1.000	1.000	1.000
$b = 0.8$	0.985	0.999	0.999	1.000	1.000	1.000	1.000	1.000

结果表明随着斜率 b 增加, 模拟功效也随之增加. 检验法 A_α 对于备择假设 "$H_1 : \{X_t\}$ 有线性增长趋势" 也表现合理.

习 题 4.4

4.4.1 证明标准 Brown 运动 $\{B(t) \,|\, t \geqslant 0\}$ 的以下性质:

(1) (独立增量性) 对任何 $0 \leqslant t_1 < t_2 < \cdots < t_k$, 随机变量

$$B(t_j) - B(t_{j-1}), \quad j = 2, 3, \cdots, k$$

相互独立;

(2) (平稳增量性) 对于任何 $t > s \geqslant 0$, $B(t) - B(s) \sim N(0, t - s)$.

4.4.2 对例 4.4.2 中的 $\{X_t\}$ 证明以下结论:

(1) $\hat{\eta}_m$ 和 a 无关;

(2) 在 (4.4.10) 式中将 b 改为 $-b$ 后, $\{X_t\}$ 的分布不变.

4.4.3 试分析例 4.4.1 的步骤 (7) 中, $\rho < 0$ 时模拟功效 $\hat{\alpha}$ 表现更好的原因.

第五章   时间序列的预测

时间序列的预测重点在于平稳序列的预测. 平稳序列的方差有限, 所以本章中随机变量的方差都是有限的. 由于平稳序列总是零均值平稳序列加上一个常数, 所以本章只讨论零均值平稳序列的预测问题.

§5.1   最佳线性预测的性质

5.1.1   最佳线性预测

设 $X_1, X_2, \cdots, X_n$ 来自零均值时间序列, Y 是随机变量, $\mathrm{E}Y = 0$. 考虑用 $X_1, X_2, \cdots, X_n$ 对 Y 进行线性预测的问题, 记

$$\boldsymbol{X} = (X_1, X_2, \cdots, X_n)^{\mathrm{T}}, \quad \boldsymbol{a} = (a_1, a_2, \cdots, a_n)^{\mathrm{T}} \in \mathbb{R}^n,$$

则 Y 的线性预测有下面的形式:

$$\boldsymbol{a}^{\mathrm{T}} \boldsymbol{X} = \sum_{j=1}^{n} a_j X_j = \boldsymbol{X}^{\mathrm{T}} \boldsymbol{a}, \quad \boldsymbol{a} \in \mathbb{R}^n. \tag{5.1.1}$$

现在要在上面的所有预测中找出最好的一个, 即要找一个 $\boldsymbol{a}$ 使得 $\boldsymbol{a}^{\mathrm{T}} \boldsymbol{X}$ 离 Y 最近, 于是引入下面的定义.

定义 5.1.1   设 Y 和 $X_j, 1 \leqslant j \leqslant n$ 是数学期望为 0、方差有限的随机变量. 如果 $\boldsymbol{a} \in \mathbb{R}^n$ 使得对任何的 $\boldsymbol{b} \in \mathbb{R}^n$, 有

$$\mathrm{E}(Y - \boldsymbol{a}^{\mathrm{T}} \boldsymbol{X})^2 \leqslant \mathrm{E}(Y - \boldsymbol{b}^{\mathrm{T}} \boldsymbol{X})^2,$$

则称 $\boldsymbol{a}^{\mathrm{T}} \boldsymbol{X}$ 是用 $X_1, X_2, \cdots, X_n$ 对 Y 进行预测时的**最佳线性预测**, 记作 $L(Y|\boldsymbol{X})$ 或 $\hat{Y}$, 即有

$$\hat{Y} = L(Y|\boldsymbol{X}) = \boldsymbol{a}^{\mathrm{T}} \boldsymbol{X}. \tag{5.1.2}$$

当 $\hat{Y} = \boldsymbol{a}^{\mathrm{T}} \boldsymbol{X}$ 时, $Y - \hat{Y} = Y - \boldsymbol{a}^{\mathrm{T}} \boldsymbol{X}$ 是预测误差, $\mathrm{E}(Y - \hat{Y})^2 = \mathrm{E}(Y - \boldsymbol{a}^{\mathrm{T}} \boldsymbol{X})^2$ 是预测误差的方差. 所以在方差最小的意义下, 最佳线性预测确实是线性预测中最好的.

定义 5.1.2 如果 $\mathrm{E}Y = b, \mathrm{E}\boldsymbol{X} = \boldsymbol{\mu}$, 定义

$$L(Y|\boldsymbol{X}) = L(Y - b|\boldsymbol{X} - \boldsymbol{\mu}) + b, \tag{5.1.3}$$

并称 $L(Y|\boldsymbol{X})$ 是用 $X_1, X_2, \cdots, X_n$ 对 Y 进行预测时的**最佳线性预测**.

在定义 5.1.2 下, $L(Y|\boldsymbol{X}) - b = L(Y - b|\boldsymbol{X} - \boldsymbol{\mu})$ 是用 $\boldsymbol{X} - \boldsymbol{\mu}$ 预测 $Y - b$ 时的最佳线性预测. 由于 b 是常数, 所以 Y 的最佳线性预测定义为 (5.1.3) 式是合理的. 这时

$$\mathrm{E}L(Y|\boldsymbol{X}) = \mathrm{E}Y \tag{5.1.4}$$

总成立, 说明最佳线性预测是无偏预测. 当 $b = 0, \boldsymbol{\mu} = \boldsymbol{0}$ 时, (5.1.3) 式和 (5.1.2) 式一致.

除非特殊声明, 以下总设所述随机变量的数学期望为 0, 方差有限. 用 $\boldsymbol{\Gamma} = \mathrm{E}(\boldsymbol{X}\boldsymbol{X}^{\mathrm{T}})$ 表示 $\boldsymbol{X}$ 的协方差矩阵. 最佳线性预测有以下的基本性质.

性质 1 如果 $\boldsymbol{a} \in \mathbb{R}^n$, 使得

$$\boldsymbol{\Gamma}\boldsymbol{a} = \mathrm{E}(\boldsymbol{X}Y), \tag{5.1.5}$$

则 $L(Y|\boldsymbol{X}) = \boldsymbol{a}^{\mathrm{T}} \boldsymbol{X}$, 并且

$$\mathrm{E}[Y - L(Y|\boldsymbol{X})]^2 = \mathrm{E}Y^2 - \boldsymbol{a}^{\mathrm{T}} \boldsymbol{\Gamma} \boldsymbol{a}. \tag{5.1.6}$$

如果 $\boldsymbol{\Gamma}$ 和 $\mathrm{E}(\boldsymbol{X}Y)$ 已知, 那么以 $\boldsymbol{a}$ 为未知数的线性方程组 (5.1.5) 被称为**预测方程**.

证明 设 $\sigma^2 = \mathrm{E}(Y - \boldsymbol{a}^{\mathrm{T}} \boldsymbol{X})^2$, 对任何 $\boldsymbol{b} \in \mathbb{R}^n$,

$$\mathrm{E}(Y - \boldsymbol{b}^{\mathrm{T}} \boldsymbol{X})^2$$
$$= \mathrm{E}[(Y - \boldsymbol{a}^{\mathrm{T}} \boldsymbol{X}) + (\boldsymbol{a}^{\mathrm{T}} - \boldsymbol{b}^{\mathrm{T}})\boldsymbol{X}]^2$$
$$= \sigma^2 + \mathrm{E}[(\boldsymbol{a}^{\mathrm{T}} - \boldsymbol{b}^{\mathrm{T}})\boldsymbol{X}]^2 + 2\mathrm{E}[(\boldsymbol{a}^{\mathrm{T}} - \boldsymbol{b}^{\mathrm{T}})\boldsymbol{X}(Y - \boldsymbol{a}^{\mathrm{T}} \boldsymbol{X})]$$

$$= \sigma^2 + \mathrm{E}[(\boldsymbol{a}^{\mathrm{T}} - \boldsymbol{b}^{\mathrm{T}})\boldsymbol{X}]^2 + 2(\boldsymbol{a}^{\mathrm{T}} - \boldsymbol{b}^{\mathrm{T}})[\mathrm{E}(\boldsymbol{X}Y) - \mathrm{E}(\boldsymbol{X}\boldsymbol{X}^{\mathrm{T}})\boldsymbol{a}]$$

$$= \sigma^2 + \mathrm{E}[(\boldsymbol{a}^{\mathrm{T}} - \boldsymbol{b}^{\mathrm{T}})\boldsymbol{X}]^2 + 0 \geqslant \sigma^2.$$

所以, $\boldsymbol{a}^{\mathrm{T}}\boldsymbol{X}$ 是 Y 的最佳线性预测. 利用 (5.1.5) 式得到

$$\begin{aligned} \sigma^2 &= \mathrm{E}(Y - \boldsymbol{a}^{\mathrm{T}}\boldsymbol{X})^2 \\ &= \mathrm{E}Y^2 + \boldsymbol{a}^{\mathrm{T}}\mathrm{E}(\boldsymbol{X}\boldsymbol{X}^{\mathrm{T}})\boldsymbol{a} - 2\boldsymbol{a}^{\mathrm{T}}\mathrm{E}(\boldsymbol{X}Y) \\ &= \mathrm{E}Y^2 + \boldsymbol{a}^{\mathrm{T}}\boldsymbol{\varGamma}\boldsymbol{a} - 2\boldsymbol{a}^{\mathrm{T}}\boldsymbol{\varGamma}\boldsymbol{a} \\ &= \mathrm{E}Y^2 - \boldsymbol{a}^{\mathrm{T}}\boldsymbol{\varGamma}\boldsymbol{a}. \end{aligned}$$

性质 2 (1) 如果 $\boldsymbol{\varGamma} = \mathrm{E}(\boldsymbol{X}\boldsymbol{X}^{\mathrm{T}})$ 可逆, 则 $\boldsymbol{a} = \boldsymbol{\varGamma}^{-1}\mathrm{E}(\boldsymbol{X}Y)$.

(2) 预测方程 $\boldsymbol{\varGamma}\boldsymbol{a} = \mathrm{E}(\boldsymbol{X}Y)$ 总有解.

(3) 如果 $\det(\boldsymbol{\varGamma}) = 0$, 取正交矩阵 $\boldsymbol{A}$ 使得

$$\boldsymbol{A}\boldsymbol{\varGamma}\boldsymbol{A}^{\mathrm{T}} = \mathrm{diag}(\lambda_1, \lambda_2, \cdots, \lambda_r, 0, \cdots, 0), \quad \lambda_j \neq 0, j = 1, 2, \cdots, r.$$

定义 $\boldsymbol{Z} = \boldsymbol{A}\boldsymbol{X} = (Z_1, Z_2, \cdots, Z_n)^{\mathrm{T}} = (Z_1, Z_2, \cdots, Z_r, 0, \cdots, 0)^{\mathrm{T}}$ 和 $\boldsymbol{\xi} = (Z_1, Z_2, \cdots, Z_r)^{\mathrm{T}}$, 则 $\mathrm{E}(\boldsymbol{\xi}\boldsymbol{\xi}^{\mathrm{T}})$ 正定, 并且对

$$\boldsymbol{\alpha} = [\mathrm{E}(\boldsymbol{\xi}\boldsymbol{\xi}^{\mathrm{T}})]^{-1}\mathrm{E}(\boldsymbol{\xi}Y), \tag{5.1.7}$$

有 $L(Y|\boldsymbol{X}) = L(Y|\boldsymbol{\xi}) = \boldsymbol{\alpha}^{\mathrm{T}}\boldsymbol{\xi}$.

证明 仅证明 (3) 和 (2). 由于

$$\begin{aligned} \mathrm{E}(\boldsymbol{Z}\boldsymbol{Z}^{\mathrm{T}}) &= \mathrm{E}(\boldsymbol{A}\boldsymbol{X}\boldsymbol{X}^{\mathrm{T}}\boldsymbol{A}^{\mathrm{T}}) \\ &= \boldsymbol{A}\boldsymbol{\varGamma}\boldsymbol{A}^{\mathrm{T}} \\ &= \mathrm{diag}(\lambda_1, \lambda_2, \cdots, \lambda_r, 0, \cdots, 0), \end{aligned}$$

所以 $Z_{r+1} = \cdots = Z_n = 0$, 并且 $\mathrm{E}(\boldsymbol{\xi}\boldsymbol{\xi}^{\mathrm{T}}) = \mathrm{diag}(\lambda_1, \lambda_2, \cdots, \lambda_r)$ 是正定矩阵. 当 $\boldsymbol{\alpha}$ 按 (5.1.7) 式定义时, 有 $\mathrm{diag}(\lambda_1, \lambda_2, \cdots, \lambda_r)\boldsymbol{\alpha} = \mathrm{E}(\boldsymbol{\xi}Y)$. 用 $\boldsymbol{0}_{n-r}$ 表示 $n - r$ 维零向量, 则有

$$\boldsymbol{A}\boldsymbol{\varGamma}\boldsymbol{A}^{\mathrm{T}}\begin{pmatrix} \boldsymbol{\alpha} \\ \boldsymbol{0}_{n-r} \end{pmatrix} = \mathrm{diag}(\lambda_1, \lambda_2, \cdots, \lambda_r, 0, \cdots, 0)\begin{pmatrix} \boldsymbol{\alpha} \\ \boldsymbol{0}_{n-r} \end{pmatrix}$$

$$= \begin{pmatrix} \mathrm{E}(\boldsymbol{\xi} Y) \\ \mathbf{0}_{n-r} \end{pmatrix} = \mathrm{E}\left[\begin{pmatrix} \boldsymbol{\xi} \\ \mathbf{0}_{n-r} \end{pmatrix} Y \right]$$
$$= \mathrm{E}(\boldsymbol{Z} Y) = \mathrm{E}(\boldsymbol{A} \boldsymbol{X} Y) = \boldsymbol{A} \mathrm{E}(\boldsymbol{X} Y).$$

所以上式两边同时乘以 $\boldsymbol{A}^{\mathrm{T}}$ 后, 得到

$$\boldsymbol{\Gamma} \boldsymbol{A}^{\mathrm{T}} \begin{pmatrix} \boldsymbol{\alpha} \\ \mathbf{0}_{n-r} \end{pmatrix} = \mathrm{E}(\boldsymbol{X} Y).$$

按性质 1,

$$L(Y|\boldsymbol{X}) = \left[\boldsymbol{A}^{\mathrm{T}} \begin{pmatrix} \boldsymbol{\alpha} \\ \mathbf{0}_{n-r} \end{pmatrix} \right]^{\mathrm{T}} \boldsymbol{X} = (\boldsymbol{\alpha}^{\mathrm{T}}, 0, \cdots, 0) \boldsymbol{A} \boldsymbol{X} = \boldsymbol{\alpha}^{\mathrm{T}} \boldsymbol{\xi}.$$

也说明方程组 $\boldsymbol{\Gamma} \boldsymbol{a} = \mathrm{E}(\boldsymbol{X} Y)$ 总有解, 即 (2) 成立.

性质 3　尽管 $\boldsymbol{a}$ 由 $\boldsymbol{\Gamma} \boldsymbol{a} = \mathrm{E}(\boldsymbol{X} Y)$ 决定时可以不唯一, 但 $L(Y|\boldsymbol{X})$ 总是几乎必然唯一的.

证明　设 $\boldsymbol{a}$ 满足 $\boldsymbol{\Gamma} \boldsymbol{a} = \mathrm{E}(\boldsymbol{X} Y)$. 按性质 1 的证明, 对任何 $\boldsymbol{b} \in \mathbb{R}^n$,

$$\mathrm{E}(Y - \boldsymbol{b}^{\mathrm{T}} \boldsymbol{X})^2 = \mathrm{E}(Y - \boldsymbol{a}^{\mathrm{T}} \boldsymbol{X})^2 + \mathrm{E}[(\boldsymbol{a}^{\mathrm{T}} - \boldsymbol{b}^{\mathrm{T}}) \boldsymbol{X}]^2.$$

如果 $\tilde{Y} = \boldsymbol{b}^{\mathrm{T}} \boldsymbol{X}$ 也是最佳线性预测, 则必有 $\mathrm{E}[(\boldsymbol{a}^{\mathrm{T}} - \boldsymbol{b}^{\mathrm{T}}) \boldsymbol{X}]^2 = 0$, 即

$$\tilde{Y} = \boldsymbol{a}^{\mathrm{T}} \boldsymbol{X}, \quad \text{a.s..}$$

性质 4　(1) 如果 $\mathrm{E}(\boldsymbol{X} Y) = \mathbf{0}$, 则 $L(Y|\boldsymbol{X}) = 0$.

(2) 如果 $Y = \sum_{j=1}^{m} b_j X_j$, 则 $L(Y|\boldsymbol{X}) = Y$.

证明　(1) 由性质 1 直接得到.

(2) 由最佳线性预测的定义得到.

性质 5　设 $Y_1, Y_2, \cdots, Y_m$ 是随机变量, $b_1, b_2, \cdots, b_m$ 是常数, 有

$$L\left(\sum_{j=1}^{m} b_j Y_j \,\Big|\, \boldsymbol{X} \right) = \sum_{j=1}^{m} b_j L(Y_j|\boldsymbol{X}).$$

证明 设 $L(Y_j|\boldsymbol{X}) = \boldsymbol{a}_j^{\mathrm{T}}\boldsymbol{X}$, $\boldsymbol{\Gamma}\boldsymbol{a}_j = \mathrm{E}(\boldsymbol{X}Y_j), 1 \leqslant j \leqslant m$, 则有

$$\boldsymbol{\Gamma}\Big(\sum_{j=1}^{m} b_j \boldsymbol{a}_j\Big) = \sum_{j=1}^{m} b_j(\boldsymbol{\Gamma}\boldsymbol{a}_j) = \sum_{j=1}^{m} b_j\mathrm{E}(\boldsymbol{X}Y_j)$$

$$= \mathrm{E}\Big[\boldsymbol{X}\Big(\sum_{j=1}^{m} b_j Y_j\Big)\Big] = \mathrm{E}(\boldsymbol{X}Y),$$

其中 $Y = \sum_{j=1}^{m} b_j Y_j$. 于是, 由性质 1 得到

$$L\Big(\sum_{j=1}^{m} b_j Y_j \,\Big|\, \boldsymbol{X}\Big) = \Big(\sum_{j=1}^{m} b_j \boldsymbol{a}_j\Big)^{\mathrm{T}}\boldsymbol{X} = \sum_{j=1}^{m} b_j \boldsymbol{a}_j^{\mathrm{T}}\boldsymbol{X} = \sum_{j=1}^{m} b_j L(Y_j|\boldsymbol{X}).$$

性质 5 说明, 求最佳线性预测的运算 $L(\cdot|\boldsymbol{X})$ 是线性运算.

性质 6 设 $\tilde{Y} = \boldsymbol{b}^{\mathrm{T}}\boldsymbol{X}$ 是 $\boldsymbol{X}$ 的线性组合, 则 $\tilde{Y} = L(Y|\boldsymbol{X})$ 的充要条件是

$$\mathrm{E}[X_j(Y - \tilde{Y})] = 0, \quad 1 \leqslant j \leqslant n. \tag{5.1.8}$$

证明 当 $\tilde{Y} = L(Y|\boldsymbol{X})$ 时, 由性质 1 和性质 2 知道, 可设 $\boldsymbol{b}$ 满足预测方程 (5.1.5), 用性质 1 得到

$$\mathrm{E}[\boldsymbol{X}(Y - \tilde{Y})] = \mathrm{E}[\boldsymbol{X}(Y - \boldsymbol{b}^{\mathrm{T}}\boldsymbol{X})] = \mathrm{E}(\boldsymbol{X}Y) - \boldsymbol{\Gamma}\boldsymbol{b} = \boldsymbol{0},$$

即 (5.1.8) 式成立.

当 (5.1.8) 式成立时, 有 $\mathrm{E}[\boldsymbol{X}(Y - \boldsymbol{b}^{\mathrm{T}}\boldsymbol{X})] = \mathrm{E}(\boldsymbol{X}Y) - \boldsymbol{\Gamma}\boldsymbol{b} = \boldsymbol{0}$. 说明 $\boldsymbol{b}$ 满足预测方程 (5.1.5), 故 $\tilde{Y} = L(Y|\boldsymbol{X})$.

性质 7 设 $\boldsymbol{X} = (X_1, X_2, \cdots, X_n)^{\mathrm{T}}, \boldsymbol{Z} = (Z_1, Z_2, \cdots, Z_m)^{\mathrm{T}}$. 如果 $\mathrm{E}(\boldsymbol{X}\boldsymbol{Z}^{\mathrm{T}}) = \boldsymbol{0}$, 则有

$$L(Y|\boldsymbol{X}, \boldsymbol{Z}) = L(Y|\boldsymbol{X}) + L(Y|\boldsymbol{Z}),$$

其中 $L(Y|\boldsymbol{X}, \boldsymbol{Z}) = L(Y|X_1, X_2, \cdots, X_n, Z_1, Z_2, \cdots, Z_m)$.

证明 设 $\tilde{Y} = L(Y|\boldsymbol{X}) + L(Y|\boldsymbol{Z})$, 因为 $L(Y|\boldsymbol{X})$, $L(Y|\boldsymbol{Z})$ 分别是 $\boldsymbol{X}, \boldsymbol{Y}$ 的线性组合, 所以从性质 6 得到

$$\mathrm{E}[X_j(Y - \tilde{Y})] = \mathrm{E}[X_j(Y - L(Y|\boldsymbol{X}))] - \mathrm{E}[X_j L(Y|\boldsymbol{Z})] = 0,$$

$$\mathrm{E}[Z_i(Y - \tilde{Y})] = \mathrm{E}[Z_i(Y - L(Y|\boldsymbol{Z}))] - \mathrm{E}[Z_i L(Y|\boldsymbol{X})] = 0,$$

$j = 1, 2, \cdots, n; i = 1, 2, \cdots, m.$ 再用性质 6 得到结论.

性质 8 如果

$$\hat{Y} = L(Y|X_1, X_2, \cdots, X_n), \quad \tilde{Y} = L(Y|X_1, X_2, \cdots, X_{n-1}),$$

则有 $L(\hat{Y}|X_1, X_2, \cdots, X_{n-1}) = \tilde{Y}$, 并且有

$$\mathrm{E}(Y - \hat{Y})^2 \leqslant \mathrm{E}(Y - \tilde{Y})^2. \tag{5.1.9}$$

证明 $Y_0 \overset{\text{def}}{=\!=} L(\hat{Y}|X_1, X_2, \cdots, X_{n-1})$ 是 $X_1, X_2, \cdots, X_{n-1}$ 的线性组合, 利用 $Y - \hat{Y}, \hat{Y} - Y_0$ 都和 $X_j, 1 \leqslant j \leqslant n-1$ 正交, 得到

$$Y - Y_0 = (Y - \hat{Y}) + (\hat{Y} - Y_0)$$

和 $X_j, 1 \leqslant j \leqslant n-1$ 也正交. 利用性质 6 得到 $Y_0 = \tilde{Y}$. 因为 $\tilde{Y} = L(Y|X_1, X_2, \cdots, X_{n-1})$ 也是 $X_1, X_2, \cdots, X_n$ 的线性组合, 所以从最佳线性预测的定义得到 (5.1.9) 式.

(5.1.9) 式表明在方差最小的意义下, $\hat{Y}$ 比 $\tilde{Y}$ 要好. 这是由于 $X_1, X_2, \cdots, X_n$ 中包含的信息比 $X_1, X_2, \cdots, X_{n-1}$ 中包含的信息多的原因.

性质 9 设 $\boldsymbol{X}$ 和 $\boldsymbol{Y}$ 分别是 m 和 n 维向量, 如果有实矩阵 $\boldsymbol{A}, \boldsymbol{B}$ 使得 $\boldsymbol{X} = \boldsymbol{A}\boldsymbol{Y}$, $\boldsymbol{Y} = \boldsymbol{B}\boldsymbol{X}$, 则 $L(Z|\boldsymbol{X}) = L(Z|\boldsymbol{Y})$.

证明留作习题.

如果用 $L_n = \overline{\mathrm{sp}}\{X_1, X_2, \cdots, X_n\}$ 表示随机变量 $X_1, X_2, \cdots, X_n$ 的线性组合全体, 根据性质 9 知道也可以用 $L(Z|L_n)$ 表示 $L(Z|X_1, X_2, \cdots, X_n)$ (参见 5.1.2* 小节).

例 5.1.1 (接例 3.2.1) 给定 ARMA 模型 (3.2.25) 的 $n = 14$ 个观测值 $\boldsymbol{x}_n = (x_1, x_2, \cdots, x_{14})^{\mathrm{T}}$:

$-0.4587, \quad 0.7125, \quad 1.9948, \quad -4.5285, \quad -0.7514, \quad 5.8782, \quad -0.1273,$
$-2.9223, \quad -0.7581, \quad 1.1422, \quad 2.1107, \quad -0.5640, \quad -2.4452, \quad -0.5105.$

试用 x_n 预测 x_{n+k}, $k = 1, 2, \cdots, 6$, 并计算预测的置信区间.

解　用 $\boldsymbol{\Gamma}_n$ 表示该 ARMA 序列的 14 阶自协方差矩阵, 定义

$$\boldsymbol{g}_k = \mathrm{E}(\boldsymbol{X}_n X_{n+k}) = (\gamma_{n+k-1}, \gamma_{n+k-2}, \cdots, \gamma_k)^{\mathrm{T}}, \quad k = 1, 2, \cdots, 6,$$

其中 γ_j, $0 \leqslant j \leqslant 20$ 在例 3.2.1 中给出. 在 (5.1.5) 式中取 $Y = X_{n+k}$, 得到最佳线性预测

$$\begin{aligned}\hat{X}_{14+k} &\stackrel{\text{def}}{=\!=} L(X_{14+k}|\boldsymbol{X}_n) \\ &= (\boldsymbol{\Gamma}_n^{-1}\boldsymbol{g}_k)^{\mathrm{T}}\boldsymbol{X}_n \\ &= \boldsymbol{g}_k^{\mathrm{T}}\boldsymbol{\Gamma}_n^{-1}\boldsymbol{X}_n, \quad k = 1, 2, \cdots, 7.\end{aligned}$$

利用 (5.1.6) 式得到预测误差的方差

$$\sigma^2(k) = \gamma_0 - (\boldsymbol{\Gamma}_n^{-1}\boldsymbol{g}_k)^{\mathrm{T}}\boldsymbol{\Gamma}_n(\boldsymbol{\Gamma}_n^{-1}\boldsymbol{g}_k) = \gamma_0 - \boldsymbol{g}_k^{\mathrm{T}}\boldsymbol{\Gamma}_n^{-1}\boldsymbol{g}_k, \quad k = 1, 2, \cdots, 6.$$

由于 $\{X_t\}$ 是正态平稳序列, 所以 $X_{14+k} - \hat{X}_{14+k}$ 作为 $\{X_t\}$ 的有限线性组合也服从正态分布, 并且 $X_{14+k} - \hat{X}_{14+k} \sim N(0, \sigma^2(k))$. 利用

$$P\big(|X_{14+k} - \hat{X}_{14+k}|/\sigma(k) \leqslant 1.96\big) = 0.95, \quad k = 1, 2, \cdots, 6,$$

得到 X_{14+k} 的置信度为 0.95 的置信区间的下、上限分别为

$$\hat{L}_k = \hat{X}_{14+k} - 1.96\sigma(k), \quad \hat{R}_k = \hat{X}_{14+k} + 1.96\sigma(k), \quad k = 1, 2, \cdots, 6.$$

计算结果如下:

k	1	2	3	4	5	6
$\hat{R}_k$	8.023	6.319	3.638	6.215	8.451	7.179
x_{14+k}	1.992	1.006	-4.381	-1.218	5.209	-0.068
$\hat{x}_{14+k}$	2.585	0.818	-2.530	-0.370	1.753	0.222
$\hat{L}_k$	-2.852	-4.683	-8.699	-6.956	-4.946	-6.734

图 5.1.1 是计算出的数据图, 最上面的是置信上限, 最下面的是置信下限, 实线是 $\{X_t\}$ 的真值, 虚线是预测值 $\hat{x}_{14+k}$.

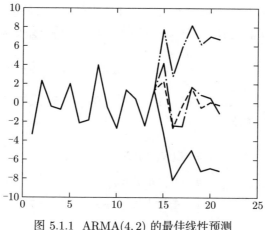

图 5.1.1　ARMA$(4, 2)$ 的最佳线性预测

可以从图 5.1.1 中看出随着 k 增加, 置信区间的长度增加得比较快, 说明预测的效果随 k 增加而降低. 由于该 ARMA 序列自回归部分的特征多项式的共轭根靠近单位圆, 使得平稳序列 $\{X_t\}$ 有比较明显的周期特性, 因而预测值基本可以预测出 $\{X_{14+k}\}$ 的走向.

实际应用中要根据以往观测数据先估计出 $\boldsymbol{\Gamma}$ 和 E$(\boldsymbol{XY})$, 然后利用预测方程 (5.1.5) 求解出预测系数 $\boldsymbol{a}$.

对于平稳序列来讲, 给定观测数据 $x_1, x_2, \cdots, x_N$, 如果需要用

$$\boldsymbol{x} = (x_{N-n+1}, x_{N-n+2}, \cdots, x_N)^{\mathrm{T}}$$

预测 x_{N+k}, 可以利用样本自协方差矩阵 $\hat{\boldsymbol{\Gamma}}_n$ 和 E$(\boldsymbol{X}X_{N+k})$ 的估计

$$\hat{\boldsymbol{\gamma}} = (\hat{\gamma}_{n+k-1}, \hat{\gamma}_{n+k-2}, \cdots, \hat{\gamma}_k)^{\mathrm{T}}$$

构造样本预测方程

$$\hat{\boldsymbol{\Gamma}}_n \boldsymbol{a} = \hat{\gamma},$$

这时 $\hat{\boldsymbol{\Gamma}}_n$ 是正定的. 最佳线性预测由

$$\hat{X}_{N+k} = (x_{N-n+1} - \overline{x}, x_{N-n+2} - \overline{x}, \cdots, x_N - \overline{x})\boldsymbol{a} + \overline{x} \qquad (5.1.10)$$

给出, 其中 $\overline{x}$ 是观测数据 $x_1, x_2, \cdots, x_N$ 的样本均值.

5.1.2* Hilbert 空间中的投影

最佳线性预测实际上是 Hilbert 空间中的投影. 用 L^2 表示 (某概率空间中) 全体方差有限的随机变量构成的 Hilbert 空间 (见 §1.6). 设 H 是 L^2 的闭子空间, $Y \in L^2$. 下面证明 H 中存在唯一的 $\hat{Y}$ 使得

$$\mathrm{E}(Y - \hat{Y})^2 = \inf_{\xi \in H} \mathrm{E}(Y - \xi)^2. \tag{5.1.11}$$

实际上, 取 $Y_n \in H$, 使得

$$d = \inf_{\xi \in H} \mathrm{E}(Y - \xi)^2 = \lim_{n \to \infty} \mathrm{E}(Y - Y_n)^2,$$

则 $(Y_n + Y_m)/2 \in H$, 并且当 $n, m \to \infty$ 时,

$$\begin{aligned}
&\mathrm{E}(Y_n - Y_m)^2 \\
&= \mathrm{E}[(Y_n - Y) - (Y_m - Y)]^2 + \mathrm{E}[(Y_n - Y) + (Y_m - Y)]^2 \\
&\quad - \mathrm{E}[(Y_n + Y_m) - 2Y]^2 \\
&= 2\mathrm{E}(Y_n - Y)^2 + 2\mathrm{E}(Y_m - Y)^2 - 4\mathrm{E}[(Y_n + Y_m)/2 - Y]^2 \\
&\leqslant 2\mathrm{E}(Y_n - Y)^2 + 2\mathrm{E}(Y_m - Y)^2 - 4d \\
&\to 2d + 2d - 4d = 0. \tag{5.1.12}
\end{aligned}$$

于是, $\{Y_n\}$ 是 H 中的基本列, 从而有 $\hat{Y} \in H$ 使得 Y_n 均方收敛到 $\hat{Y}$. 由内积的连续性知道,

$$\mathrm{E}(Y - \hat{Y})^2 = \lim_{n \to \infty} \mathrm{E}(Y - Y_n)^2 = d.$$

于是, $\hat{Y}$ 满足 (5.1.11) 式. 如果又有 $\hat{\xi} \in H$ 也使得 (5.1.11) 式成立, 仿照 (5.1.12) 式的推导得到

$$\begin{aligned}
\mathrm{E}(\hat{Y} - \hat{\xi})^2 &= \mathrm{E}[(\hat{Y} - Y) - (\hat{\xi} - Y)]^2 + \mathrm{E}[(\hat{Y} - Y) + (\hat{\xi} - Y)]^2 \\
&\quad - \mathrm{E}[(\hat{Y} + \hat{\xi}) - 2Y]^2 \\
&= 2\mathrm{E}(\hat{Y} - Y)^2 + 2\mathrm{E}(\hat{\xi} - Y)^2 - 4\mathrm{E}[(\hat{Y} + \hat{\xi})/2 - Y]^2 \\
&\leqslant 2d + 2d - 4d = 0.
\end{aligned}$$

所以 $\hat{\xi} = \hat{Y}$, a.s..

定义 5.1.3　如果 H 是 L^2 的闭子空间, $Y \in L^2$, $\hat{Y} \in H$ 使得 (5.1.11) 式成立, 则称 $\hat{Y}$ 是 Y 在 H 上的**投影**, 记作 $P_H(Y)$, 并且称 P_H 是**投影算子**.

定义 5.1.4　设 $Y \in L^2$, 如果对 H 中的任何 ξ, 有 $\mathrm{E}(Y\xi) = 0$, 则称 Y **垂直于** H.

定理 5.1.1　设 $Y \in L^2$, $\hat{Y} \in H$, 则 $\hat{Y} = P_H(Y)$ 的充要条件是 $Y - \hat{Y}$ 垂直于 H.

证明　先证必要性. 设 $\hat{Y} = P_H(Y)$. 对 $\xi \in H$, 我们证明

$$a \overset{\text{def}}{=\!=} \mathrm{E}[(Y - \hat{Y})\xi] = 0.$$

不妨设 $\mathrm{E}\xi^2 = 1$, 这时

$$
\begin{aligned}
d \overset{\text{def}}{=\!=}\ & \mathrm{E}(Y - \hat{Y})^2 \\
\leqslant\ & \mathrm{E}(Y - \hat{Y} - a\xi)^2 \\
=\ & \mathrm{E}(Y - \hat{Y})^2 + \mathrm{E}(a\xi)^2 - 2a\mathrm{E}[(Y - \hat{Y})\xi] \\
=\ & d + a^2 - 2a^2.
\end{aligned}
$$

由此得到 $a = 0$.

再证充分性. 如果 H 中的 $\hat{Y}$ 使得 $(Y - \hat{Y})$ 垂直于 H, 则对任何 $\xi \in H$, 有 $\hat{Y} - \xi \in H$, 于是

$$
\begin{aligned}
\mathrm{E}(Y - \xi)^2 =\ & \mathrm{E}(Y - \hat{Y} + \hat{Y} - \xi)^2 \\
=\ & \mathrm{E}(Y - \hat{Y})^2 + \mathrm{E}(\hat{Y} - \xi)^2 + 2\mathrm{E}[(Y - \hat{Y})(\hat{Y} - \xi)] \\
=\ & \mathrm{E}(Y - \hat{Y})^2 + \mathrm{E}(\hat{Y} - \xi)^2 \\
\geqslant\ & \mathrm{E}(Y - \hat{Y})^2.
\end{aligned}
$$

说明 $\hat{Y}$ 是 Y 在 H 上的投影, 即 $\hat{Y} = P_H(Y)$.

用 $L^2(\boldsymbol{X})$ 表示 $\boldsymbol{X} = (X_1, X_2, \cdots, X_n)^{\mathrm{T}}$ 的分量和常数 1 生成的 Hilbert 空间. 它是 $X_1, X_2, \cdots, X_n$ 和常数 1 的线性组合的全体 (参见

习题 1.6.5). 设 $\boldsymbol{\mu} = (\mu_1, \mu_2, \cdots, \mu_n)^{\mathrm{T}} = \mathrm{E}\boldsymbol{X}$. 对任何方差有限的随机变量 Y, 设 $\mathrm{E}Y = b$, $\hat{Y} = L(Y|\boldsymbol{X})$ 由 (5.1.3) 式定义, 则有

$$Y - \hat{Y} = (Y - b) - L(Y - b|\boldsymbol{X} - \boldsymbol{\mu}).$$

利用性质 6 知道,

$$\mathrm{E}[1 \cdot (Y - \hat{Y})] = \mathrm{E}(Y - b) - \mathrm{E}L(Y - b|\boldsymbol{X} - \boldsymbol{\mu}) = 0,$$
$$\mathrm{E}[X_i(Y - \hat{Y})] = \mathrm{E}[(X_i - \mu_i)(Y - \hat{Y})] + \mu_i\mathrm{E}(Y - \hat{Y}) = 0,$$

即得到 $(Y - \hat{Y})$ 垂直于 $H \stackrel{\text{def}}{=\!=} L^2(\boldsymbol{X})$. 由定理 5.1.1 知道,

$$L(Y|\boldsymbol{X}) = P_H(Y).$$

基于上述原因, 对于可列的指标集 T, 当 H 是 $\{X_j \,|\, j \in T\}$ 和常数 1 生成的 Hilbert 空间时, 我们也用

$$L(Y|1, X_j, j \in T) \quad \text{或} \quad L(Y|H)$$

表示 $P_H(Y)$.

对于 L^2 的闭子空间 H, 我们也用 $L(Y|H)$ 表示投影 $P_H(Y)$. 关于投影算子, 有如下的性质值得介绍.

定理 5.1.2 设 H, M 是 L^2 的闭子空间, $X, Y \in L^2$, a, b 是常数.

(1) $L(aX + bY|H) = aL(X|H) + bL(Y|H)$.

(2) $\mathrm{E}Y^2 = \mathrm{E}[L(Y|H)]^2 + \mathrm{E}[Y - L(Y|H)]^2$.

(3) $\mathrm{E}[L(Y|H)]^2 \leqslant \mathrm{E}Y^2$.

(4) $Y \in H$ 的充要条件是 $L(Y|H) = Y$.

(5) Y 垂直于 H 的充要条件是 $L(Y|H) = 0$.

(6) 如果 H 是 M 的子空间, 则 $P_H P_M = P_H$, 并且对 $Y \in L^2$,

$$\mathrm{E}[Y - L(Y|M)]^2 \leqslant \mathrm{E}[Y - L(Y|H)]^2.$$

证明 (1) 设 $Z = aL(X|H) + bL(Y|H)$, 则 $Z \in H$. 从

$$(aX + bY) - Z = a[X - L(X|H)] + b[Y - L(Y|H)]$$

垂直于 H, 知道 (1) 成立.

(2) 由于 $Y - L(Y|H)$ 和 H 中的 $L(Y|H)$ 正交, 所以

$$EY^2 = E[L(Y|H) + Y - L(Y|H)]^2$$
$$= E[L(Y|H)]^2 + E[Y - L(Y|H)]^2.$$

(3) 由 (2) 得到.

(4) 由定义 5.1.3 得到.

(5) 当 $Y = Y - 0$ 垂直于 H, 由定理 5.1.1 和 $0 \in H$ 知道 $L(Y|H) = 0$. 又当 $L(Y|H) = 0$, 由定理 5.1.1 知道 $Y = Y - L(Y|H)$ 垂直于 H.

(6) 对任何 $Y \in L^2$, $Y - P_M(Y)$ 垂直 M, 从而 $Y - P_M(Y)$ 垂直于 H. 从 $P_M(Y) - P_H[P_M(Y)]$ 垂直于 H 知道

$$Y - P_H[P_M(Y)] = Y - P_M(Y) + P_M(Y) - P_H[P_M(Y)]$$

垂直于 H. 从定理 5.1.1 知道 $P_H(Y) = P_H P_M(Y)$.

最后从 $L(Y|M) - L(Y|H) \in M$ 和 $Y - L(Y|M)$ 垂直于 M 得到

$$E[Y - L(Y|H)]^2$$
$$= E[Y - L(Y|M) + L(Y|M) - L(Y|H)]^2$$
$$= E[Y - L(Y|M)]^2 + E[L(Y|M) - L(Y|H)]^2 + 0$$
$$\geqslant E[Y - L(Y|M)]^2.$$

5.1.3 最佳预测

最佳线性预测只是考虑用 $\boldsymbol{X}$ 和常数 1 的线性组合对 Y 进行预测, 并没有考虑用 $\boldsymbol{X}$ 的任意可测函数

$$g(\boldsymbol{X}) \in \left\{ g(\boldsymbol{X}) \,|\, Eg^2(\boldsymbol{X}) < \infty \right\} \tag{5.1.13}$$

对 Y 进行预测. 显然, 考虑在所有形如 (5.1.13) 式的非线性函数中寻找 Y 的最佳预测是有意义的, 并且会得到更好的预测结果. 用 M 表示全体形如 (5.1.13) 式的随机变量生成的 Hilbert 空间:

$$M = \overline{\mathrm{sp}} \left\{ g(\boldsymbol{X}) \,\Big|\, Eg^2(\boldsymbol{X}) < \infty, g(\cdot) \text{ 是可测函数} \right\}. \tag{5.1.14}$$

定义 5.1.5 设 M 由 (5.1.14) 式定义. 用 $\boldsymbol{X} = (X_1, X_2, \cdots, X_n)^{\mathrm{T}}$ 对 Y 进行预测时, 称

$$L(Y|M) = P_M(Y) \tag{5.1.15}$$

为 Y 的**最佳预测**.

注 Y 的最佳预测 $L(Y|M)$ 实际上是概率论中的条件数学期望 $\mathrm{E}(Y|\boldsymbol{X})$, 参见 5.2.4 小节.

由于 $L^2(\boldsymbol{X})$ 是 M 的子空间, 从定理 5.1.2(6) 知道,

$$\mathrm{E}[Y - L(Y|M)]^2 \leqslant \mathrm{E}[Y - L(Y|\boldsymbol{X})]^2.$$

所以, 在方差最小的意义下, 最佳预测确实比最佳线性预测好. 但是由于 M 要比 $L^2(\boldsymbol{X})$ 复杂很多, 实际计算最佳预测往往比计算最佳线性预测困难得多. 但是对于正态序列来讲, 最佳预测和最佳线性预测是一致的.

定理 5.1.3 如果 $(X_1, X_2, \cdots, X_n, Y)^{\mathrm{T}}$ 服从联合正态分布 $N(\boldsymbol{\mu}, \boldsymbol{\Sigma})$, M 由 (5.1.14) 式定义, 则

$$L(Y|M) = L(Y|X_1, X_2, \cdots, X_n). \tag{5.1.16}$$

证明 设 $\hat{Y} = L(Y|X_1, X_2, \cdots, X_n)$, 则 $Y - \hat{Y}$ 与 $\boldsymbol{X}$ 正交. 由于 $\mathrm{E}(Y - \hat{Y}) = 0$, 所以 $Y - \hat{Y}$ 与 $\boldsymbol{X}$ 不相关. 由正态分布的性质知道, $Y - \hat{Y}$ 与 $\boldsymbol{X}$ 独立, 从而 $Y - \hat{Y}$ 和 M 中的任何随机变量独立. 对任何 $\xi \in M$, $\mathrm{E}[\xi(Y - \hat{Y})] = (\mathrm{E}\xi)\mathrm{E}(Y - \hat{Y}) = 0$, 即 $Y - \hat{Y}$ 垂直于 M. 从 $\hat{Y} \in M$ 和定理 5.1.1 知道 (5.1.16) 式成立.

下面给出 $L(Y|M) \neq L(Y|X_1, X_2, \cdots, X_n)$ 的例子.

例 5.1.2 设随机变量 ε, η 独立, 都服从标准正态分布 $N(0,1)$, 则 $\mathrm{E}\eta^4 = 3$. 取 $X = \eta, Y = (3\varepsilon^2 - \eta^2)\eta$, 则

$$\mathrm{E}X = \mathrm{E}Y = 0, \quad \mathrm{E}(XY) = \mathrm{E}(3\varepsilon^2\eta^2 - \eta^4) = 0.$$

从而 $L(Y|X) = 0$. 但是容易验证 $Y - (3\eta - \eta^3) = 3\varepsilon^2\eta - 3\eta$ 垂直于

$$M = \overline{\mathrm{sp}}\left\{ g(X) \,\middle|\, \mathrm{E}g^2(X) < \infty, g(\cdot) \text{ 是可测函数} \right\}.$$

于是, 从 $3\eta - \eta^3 \in M$ 知道 $L(Y|M) = 3\eta - \eta^3$.

习 题 5.1

5.1.1 证明最佳线性预测的性质 9.

5.1.2 设 $\{X_t\}$ 是可逆的 ARMA(p,q) 序列, 对

$$\hat{X}_{n+k} = L(X_{n+k}|X_n, X_{n-1}, \cdots, X_1),$$

证明: $\lim\limits_{k\to\infty} \mathrm{E}\hat{X}_{n+k}^2 = 0$.

5.1.3 如果 $\mathrm{E}Y = b$, $\mathrm{E}\boldsymbol{X} = \boldsymbol{\mu}$, 证明: 对任何 $c_0 \in \mathbb{R}$, $\boldsymbol{c} \in \mathbb{R}^n$,

$$\mathrm{E}[Y - L(Y|\boldsymbol{X})]^2 \leqslant \mathrm{E}[Y - (c_0 + \boldsymbol{c}^{\mathrm{T}}\boldsymbol{X})]^2.$$

§5.2 平稳序列的 Wold 表示

对平稳序列, 考虑用所有的历史 $\{X_t,\ t \leqslant n\}$ 对 X_{n+1} 进行最佳线性预测. 当预测误差是 0 时, X_{n+1} 的信息完全含在历史资料中. 这样的平稳序列被称为决定性的.

实际问题中, 决定性平稳序列描述事物的发展没有新的信息出现. 如果预测的误差不是 0, 说明 X_{n+1} 含有历史资料中没有的新信息, 我们称这种时间序列是非决定性的. 非决定性平稳序列描述事物的发展总伴随新的信息出现. 平稳序列的 Wold 表示定理告诉我们, 非决定性平稳序列总是可以分解成白噪声的单边滑动和再加上一个决定性平稳序列. 从应用的角度讲, 非决定性平稳序列总是白噪声的单边滑动和离散谱序列的叠加.

5.2.1 非决定性平稳序列

设 $\{X_n\,|\,n \in \mathbb{Z}\}$ 是零均值平稳序列. 记

$$\boldsymbol{X}_{n,m} = (X_n, X_{n-1}, \cdots, X_{n-m+1})^{\mathrm{T}},$$

这里 n 表示向量的第一个下标, m 表示向量的维数. 定义

$$\hat{X}_{n+1,m} = L(X_{n+1}|\boldsymbol{X}_{n,m}).$$

从 §5.1 中最佳线性预测的性质 8 知道,

$$\sigma_{1,m}^2 = \mathrm{E}(X_{n+1} - \hat{X}_{n+1,m})^2$$

是 m 的单调减少函数, 于是定义

$$\sigma_1^2 = \lim_{m \to \infty} \sigma_{1,m}^2.$$

定理 5.2.1 $\sigma_1^2 = \lim\limits_{m \to \infty} \sigma_{1,m}^2$ 与 n 无关.

证明 设 $\boldsymbol{a} = (a_1, a_2, \cdots, a_m)^\mathrm{T}$ 满足 (5.1.5) 式, 则 $\boldsymbol{a}$ 和 n 无关. 由于

$$
\begin{aligned}
Y_n \overset{\text{def}}{=\!=} & X_{n+1} - \sum_{j=1}^m a_j X_{n+1-j} \\
= & X_{n+1} - \hat{X}_{n+1,m}, \quad n \in \mathbb{Z}
\end{aligned}
\tag{5.2.1}
$$

是平稳序列, 所以 $\sigma_{1,m}^2 = \mathrm{E}Y_n^2 = \mathrm{E}Y_0^2$ 与 n 无关. 因而 $\sigma_1^2 = \lim\limits_{m \to \infty} \sigma_{1,m}^2$ 与 n 无关.

对充分大的 m, $L(X_{n+1}|\boldsymbol{X}_{n,m})$ 表示用充分多的历史对未来 X_{n+1} 进行预测. $\sigma_{1,m}^2$ 表示的是预测误差的方差. 当 $m \to \infty$ 时, $\sigma_{1,m}^2 \to 0$ 说明 X_{n+1} 可以由所有历史 $X_n, X_{n-1}, \cdots$ 进行完全预测. $\sigma_1^2 > 0$ 说明 X_{n+1} 不可以由所有历史 $X_n, X_{n-1}, \cdots$ 进行完全预测. 于是引入下面的定义.

定义 5.2.1 设 $\{X_t\}$ 是零均值平稳序列.

(1) 如果 $\sigma_1^2 = 0$, 称 $\{X_t\}$ 是**决定性平稳序列**.

(2) 如果 $\sigma_1^2 > 0$, 称 $\{X_t\}$ 是**非决定性平稳序列**, 并且称 $\sigma_1^2 = \lim\limits_{m \to \infty} \sigma_{1,m}^2$ 为 $\{X_t\}$ 的 **1 步预测误差的方差**.

对于平稳序列 $\{X_t\}$, 如果 $\mathrm{E}X_t = \mu$, 引入 $\{Y_t\} = \{X_t - \mu\}$ 和 m 维向量 $\boldsymbol{\mu}_m = (\mu, \mu, \cdots, \mu)^\mathrm{T}$. 按照最佳线性预测的定义 5.1.2,

$$\hat{X}_{n+1,m} = \mu + L(X_{n+1} - \mu | \boldsymbol{X}_{n,m} - \boldsymbol{\mu}_m) = \mu + \hat{Y}_{n+1,m}.$$

于是

$$\mathrm{E}(Y_{n+1} - \hat{Y}_{n+1,m})^2 = \mathrm{E}(X_{n+1} - \hat{X}_{n+1,m})^2.$$

因而, 当且仅当 $\{X_t - \mu\}$ 是决定性平稳序列时, 称 $\{X_t\}$ 是决定性平稳序列. 于是以后只需要讨论零均值的平稳序列.

例 5.2.1 如果平稳序列 $\{X_t\}$ 的 $n+1$ 阶自协方差矩阵退化, 则 $\{X_t\}$ 是决定性平稳序列.

证明 因为这时 $X_1, X_2, \cdots, X_{n+1}$ 线性相关, 所以 X_{n+1} 可以由 $X_n, X_{n-1}, \cdots, X_1$ 线性表示. 于是, $L(X_{n+1}|X_n, X_{n-1}, \cdots, X_1) = X_{n+1}$. 当 $m \geqslant n$ 时, $L(X_{n+1}|X_n, X_{n-1}, \cdots, X_{n-m+1}) = X_{n+1}$, 即有 $\sigma_{1,m}^2 = 0$.

例 5.2.2 设随机变量 $\xi_j, \eta_k, j, k = 1, 2, \cdots, p$ 两两正交, 满足

$$\mathrm{E}\xi_j = \mathrm{E}\eta_j = 0, \quad \mathrm{E}\xi_j^2 = \mathrm{E}\eta_j^2 = \sigma_j^2, \quad j \in \mathbb{Z}, \tag{5.2.2}$$

则对 $(0, \pi]$ 中互不相同的 λ_j, 离散谱序列

$$Z_t = \sum_{j=1}^{p} [\xi_j \cos(t\lambda_j) + \eta_j \sin(t\lambda_j)], \quad t \in \mathbb{Z} \tag{5.2.3}$$

是决定性平稳序列.

证明 由 (1.8.9) 式知道 $\{Z_t\}$ 的谱函数最多有 $2p$ 个跳跃点. 再由定理 2.3.7 知道由 (5.2.3) 式定义的平稳序列的 $2p+1$ 阶协方差矩阵退化, 因而是决定性的.

按照 (1.8.4) 式, 平稳序列

$$Z_j(t) = \xi_j \cos(t\lambda_j) + \eta_j \sin(t\lambda_j), \quad t \in \mathbb{Z}$$

的每一次实现是周期函数, 其周期 $T = 2\pi/\lambda_j$, 振幅可以由历史 $Z_j(t)$, $t = n, n-1, \cdots$ 决定, 因而是可以完全预报的. 所以 $\{Z_j(t)\}$ 是决定性平稳序列. 实际上, 由定理 2.3.7 知道 $\{Z_j(t)\}$ 的 3 阶自协方差矩阵是退化的, 由例 5.2.1 知道序列 (5.2.3) 是决定性的.

定义离散谱序列

$$Z_t = \sum_{j=1}^{p} Z_j(t), \quad t \in \mathbb{Z}. \tag{5.2.4}$$

这是 p 个简单离散谱序列的叠加. 由定理 2.3.7 知道, 由 (5.2.4) 式定义的离散谱序列也是决定性的.

最简单的决定性平稳序列是对所有的 n, $X_n = X_0$. 最典型的非决定性平稳序列是白噪声.

完全相似地可以定义用 $\boldsymbol{X}_{n,m}$ 预测 X_{n+k} 时的方差如下:

$$\sigma_{k,m}^2 = \mathrm{E}[X_{n+k} - L(X_{n+k}|X_n, X_{n-1}, \cdots, X_{n-m+1})]^2. \tag{5.2.5}$$

$\sigma_{k,m}^2$ 也是 m 的单调减少函数, 并且也与 n 无关 (见习题 5.2.3). 于是, $\sigma_k^2 = \lim\limits_{m\to\infty} \sigma_{k,m}^2$ 与 n 无关.

容易看到, 用充分多的历史对未来 X_{n+k} 进行预测时, k 越大, 说明预测量和被预测量的时间间隔越长, 预测的误差就应当越大. 这点也可以用 $\sigma_k^2 \geqslant \sigma_{k-1}^2$ 表述. 实际上, 利用 §5.1 中最佳线性预测的性质 8 得到

$$\begin{aligned}
\sigma_k^2 &= \lim_{m\to\infty} \mathrm{E}[X_{n+k} - L(X_{n+k}|X_n, X_{n-1}, \cdots, X_{n-m})]^2 \\
&= \lim_{m\to\infty} \mathrm{E}[X_{n+k-1} - L(X_{n+k-1}|X_{n-1}, X_{n-2}, \cdots, X_{n-1-m})]^2 \\
&\geqslant \lim_{m\to\infty} \mathrm{E}[X_{n+k-1} - L(X_{n+k-1}|X_n, X_{n-1}, \cdots, X_{n-m-1})]^2 \\
&= \sigma_{k-1}^2.
\end{aligned} \tag{5.2.6}$$

从最佳线性预测的定义知道 $\sigma_k^2 \leqslant \mathrm{E}(X_{n+k} - 0)^2 = \gamma_0$.

如果当 $k \to \infty$ 时, $\sigma_k^2 \to \gamma_0$, 说明用充分多的历史对遥远的未来进行预测和用 0 对其进行预测的效果差不多. 因为用 0 对 X_{n+k} 预测误差的方差也是 γ_0.

定义 5.2.2 设 $\{X_t\}$ 是非决定性平稳序列. 如果 $\lim\limits_{k\to\infty} \sigma_k^2 = \gamma_0$, 则称 $\{X_t\}$ 是**纯非决定性**的.

对纯非决定性平稳序列, 有如下的结果:

$$\lim_{k\to\infty} \lim_{m\to\infty} \mathrm{E}[L(X_{n+k}|X_n, X_{n-1}, \cdots, X_{n-m+1})]^2 = 0. \tag{5.2.7}$$

因为对 $\hat{X}_{n+k,m} = L(X_{n+k}|X_n, X_{n-1}, \cdots, X_{n-m+1})$, 由 (5.1.6) 式得到

$$\sigma_{k,m}^2 = \mathrm{E}(X_{n+k} - \hat{X}_{n+k,m})^2 = \mathrm{E}X_{n+k}^2 - \mathrm{E}\hat{X}_{n+k,m}^2.$$

于是得到

$$\lim_{k\to\infty}\lim_{m\to\infty}\mathrm{E}\hat{X}_{n+k,m}^2 = \lim_{k\to\infty}\lim_{m\to\infty}(\gamma_0 - \sigma_{k,m}^2)$$
$$= \gamma_0 - \gamma_0 = 0. \tag{5.2.8}$$

从 (5.2.7) 式看出, 对于纯非决定性平稳序列作长期或超长期预测是不合适的.

5.2.2　Wold 表示定理

按定理 1.6.1, 全体方差有限的随机变量构成 Hilbert 空间 L^2. 对于零均值平稳序列 $\{X_t\}$, 用

$$H_n = \overline{\mathrm{sp}}\{X_n, X_{n-1}, X_{n-2}, \cdots\} \tag{5.2.9}$$

表示由 $\{X_n, X_{n-1}, X_{n-2}, \cdots\}$ 生成的闭子空间, 则 X_{n+1} 在 H_n 中的投影

$$\hat{X}_{n+1} = L(X_{n+1}|H_n) = L(X_{n+1}|X_{n-j}, j = 0, 1, \cdots)$$

是用全部历史 $X_n, X_{n-1}, \cdots$ 对 X_{n+1} 的最佳线性预测. 为了讲述平稳序列的 Wold 表示定理, 先做一些准备工作.

引理 5.2.2　用 K_n 表示 $X_n, X_{n-1}, \cdots$ 的有限线性组合

$$\sum_{j=0}^m c_j X_{n-j}, \quad c_j \in (-\infty, \infty), \quad m \in \mathbb{N}_+ \tag{5.2.10}$$

的全体, 则对任何 $\xi \in H_n$, 有 $\xi_m \in K_n$, 使得 $\lim_{m\to\infty}\mathrm{E}(\xi_m - \xi)^2 \to 0$.

证明　用 $\overline{K}_n$ 表示形如 (5.2.10) 式的随机变量及它们的均方极限的全体. 只要证明 $\overline{K}_n = H_n$. 先证明 $\overline{K}_n$ 是完备的. 对 $\overline{K}_n$ 中的任何基本列 $\{\xi_m\}$, 因为 $\overline{K}_n$ 是 H_n 的子空间, 所以有 $\xi \in H_n$, 使得

$$\mathrm{E}(\xi - \xi_m)^2 \to 0, \quad \text{当 } m \to \infty.$$

同时有 $\xi_{m,m} \in K_n$, 使得

$$\mathrm{E}(\xi_{m,m} - \xi_m)^2 \leqslant 1/m, \quad m = 1, 2, \cdots.$$

当 $m \to \infty$ 时,

$$\begin{aligned}
\mathrm{E}(\xi - \xi_{m,m})^2 &= \mathrm{E}(\xi - \xi_m + \xi_m - \xi_{m,m})^2 \\
&\leqslant 2\mathrm{E}(\xi - \xi_m)^2 + 2\mathrm{E}(\xi_m - \xi_{m,m})^2 \\
&\leqslant 2\mathrm{E}(\xi - \xi_m)^2 + 2/m \to 0.
\end{aligned}$$

说明 $\xi \in \overline{K}_n$. 这样, $\overline{K}_n$ 是完备的. 显然, $\overline{K}_n$ 是 $X_n, X_{n-1}, \cdots$ 生成的最小闭子空间, 即有 $\overline{K}_n = H_n$.

作为引理 5.2.2 的推论, 有下面的结果.

定理 5.2.3 设 $Y \in L^2$, $\xi \in H_n$, 则 $\xi = L(Y|H_n)$ 的充要条件是

$$\mathrm{E}[X_j(Y - \xi)] = 0, \quad j \leqslant n.$$

证明 必要性从定理 5.1.1 得到. 下证充分性. 由于 $Y - \xi$ 垂直于 H_n 中的每个 X_j, 所以 $Y - \xi$ 垂直于 K_n, 再由引理 5.2.2 和内积的连续性知道 $Y - \xi$ 垂直于 H_n, 即 $\xi = L(Y|H_n)$.

定理 5.2.4 设 $\boldsymbol{X}_{n,m} = (X_n, X_{n-1}, \cdots, X_{n-m+1})^{\mathrm{T}}$, $Y \in L^2$, 则当 $m \to \infty$ 时,

$$L(Y|\boldsymbol{X}_{n,m}) \xrightarrow{\mathrm{ms}} \hat{Y} = L(Y|H_n). \tag{5.2.11}$$

证明 记 $\hat{Y}_m = L(Y|\boldsymbol{X}_{n,m})$. 先证明 $\{\hat{Y}_m\}$ 是 H_n 中的基本列. 设当 $m \to \infty$ 时,

$$\eta_m^2 \stackrel{\text{def}}{=\!=} \mathrm{E}(Y - \hat{Y}_m)^2 \to \eta^2.$$

对 $m, k \to \infty$, 注意 $\hat{Y}_m, \hat{Y}_{m+k}$ 都和 $Y - \hat{Y}_{m+k}$ 正交, 得到

$$\begin{aligned}
&\mathrm{E}(\hat{Y}_m - \hat{Y}_{m+k})^2 \\
&= \mathrm{E}(\hat{Y}_m - Y + Y - \hat{Y}_{m+k})^2 \\
&= \mathrm{E}(\hat{Y}_m - Y)^2 + \mathrm{E}(Y - \hat{Y}_{m+k})^2 + 2\mathrm{E}[(\hat{Y}_m - Y)(Y - \hat{Y}_{m+k})] \\
&= \eta_m^2 + \eta_{m+k}^2 - 2\mathrm{E}[Y(Y - \hat{Y}_{m+k})] \\
&= \eta_m^2 + \eta_{m+k}^2 - 2\mathrm{E}[(Y - \hat{Y}_{m+k})(Y - \hat{Y}_{m+k})] \\
&= \eta_m^2 + \eta_{m+k}^2 - 2\eta_{m+k}^2 \to 0.
\end{aligned}$$

说明 $\{\hat{Y}_m\}$ 是 H_n 中的基本列, 从而在 H_n 中有唯一的极限 ξ. 由内积的连续性知道, 对任何 $t \leqslant n$,

$$\mathrm{E}[X_t(Y - \xi)] = \lim_{m \to \infty} \mathrm{E}\{X_t[Y - L(Y|\boldsymbol{X}_{n,m})]\} = 0.$$

利用定理 5.2.3 得到 $\xi = L(Y|H_n)$.

在定理 5.2.4 中取 $Y = X_{n+1}$, 得到当 $m \to \infty$ 时,

$$\hat{X}_{n+1,m} \stackrel{\text{def}}{=\!=} L(X_{n+1}|\boldsymbol{X}_{n,m}) \stackrel{\text{ms}}{\longrightarrow} \hat{X}_{n+1} \stackrel{\text{def}}{=\!=} L(X_{n+1}|H_n).$$

利用内积的连续性得到

$$\begin{aligned}
\sigma_1^2 &= \lim_{m \to \infty} \mathrm{E}(X_{n+1} - \hat{X}_{n+1,m})^2 \\
&= \mathrm{E}[X_{n+1} - L(X_{n+1}|H_n)]^2 \\
&= \mathrm{E}[X_1 - L(X_1|H_0)]^2.
\end{aligned} \tag{5.2.12}$$

说明 $\sigma_1^2 = 0$ 的充要条件是 $X_1 = L(X_1|H_0)$, a.s.. 从定理 5.1.2 (4) 知道, $\sigma_1^2 = 0$ 的充要条件是 $X_1 \in H_0$.

完全类似地, 在定理 5.2.4 中取 $Y = X_{n+k}$, 知道 $L(X_{n+k}|H_n)$ 是 $L(X_{n+k}|\boldsymbol{X}_{n,m})$ 的均方极限. 利用内积的连续性得到

$$\begin{aligned}
\sigma_k^2 &= \mathrm{E}[X_{n+k} - L(X_{n+k}|H_n)]^2 \\
&= \lim_{m \to \infty} \mathrm{E}[X_{n+k} - L(X_{n+k}|\boldsymbol{X}_{n,m})]^2 \\
&= \mathrm{E}[X_k - L(X_k|H_0)]^2.
\end{aligned} \tag{5.2.13}$$

于是得到下面的定理 (证明见习题 5.2.5).

定理 5.2.5 设 $\{X_t\}$ 是零均值平稳序列.

(1) $\{X_t\}$ 是决定性的当且仅当对某个 n, 有

$$X_{n+1} \in H_n. \tag{5.2.14}$$

如果 (5.2.14) 式对某个 n 成立, 则对一切 n 成立. 这时 $H_n = H_{n-1}$ 对一切 n 成立.

(2) $\{X_t\}$ 是纯非决定性的当且仅当对某个 n, 当 $k \to \infty$ 时,

$$L(X_{n+k}|H_n) \xrightarrow{\text{ms}} 0. \tag{5.2.15}$$

如果 (5.2.15) 式对某个 n 成立, 则对一切 n 成立.

定理 5.2.6 (Wold 表示定理) 任一非决定性零均值平稳序列 $\{X_t\}$ 可以表示成

$$X_t = \sum_{j=0}^{\infty} a_j \varepsilon_{t-j} + V_t, \quad t \in \mathbb{Z}, \tag{5.2.16}$$

这里,

(1) $\varepsilon_t = X_t - L(X_t | X_{t-1}, X_{t-2}, \cdots)$ 是零均值白噪声, 满足

$$\mathrm{E}\varepsilon_t^2 = \sigma^2 > 0, \quad \sum_{j=0}^{\infty} a_j^2 < \infty,$$

其中, $a_0 = 1, a_j = \mathrm{E}(X_t \varepsilon_{t-j})/\sigma^2, j = 1, 2, \cdots$.

(2) $\left\{ U_t = \sum_{j=0}^{\infty} a_j \varepsilon_{t-j}, t \in \mathbb{Z} \right\}$ 是和 $\{V_t\}$ 正交的平稳序列.

(3) 定义 $H_\varepsilon(t) = \overline{\mathrm{sp}}\{\varepsilon_j \,|\, j \leqslant t\}$, $H_U(t) = \overline{\mathrm{sp}}\{U_j \,|\, j \leqslant t\}$, 则对任何 t, $H_U(t) = H_\varepsilon(t)$.

(4) $\{U_t\}$ 是纯非决定性平稳序列, 有谱密度

$$f(\lambda) = \frac{\sigma^2}{2\pi} \left| \sum_{j=0}^{\infty} a_j \mathrm{e}^{-\mathrm{i}j\lambda} \right|^2.$$

(5) $\{V_t\}$ 是决定性平稳序列, 对任何 $t, k \in \mathbb{Z}$, $V_t \in H_{t-k}$.

证明 (1) 设 H_t 由 (5.2.9) 式定义. 定义

$$V_t = X_t - L(X_t | \varepsilon_t, \varepsilon_{t-1}, \cdots), \quad t \in \mathbb{Z}.$$

先证明 $\{\varepsilon_s\}$ 与 $\{V_t\}$ 正交. 从定理 5.1.1 得到 V_t 和 $\varepsilon_{t-j}, j = 0, 1, \cdots$ 正交. 利用 ε_s 垂直于 H_{s-1} 和 $V_t \in H_t$, 得到当 $s > t$ 时, $\mathrm{E}(\varepsilon_s V_t) = 0$. 故 $\{\varepsilon_s\}$ 和 $\{V_t\}$ 正交.

由定义和 (5.2.12) 式知道 $\{\varepsilon_t\}$ 是 $\mathrm{WN}(0, \sigma^2)$, 且 $\sigma^2 = \sigma_1^2$. 下面证明

$$U_t = L(X_t | \varepsilon_t, \varepsilon_{t-1}, \cdots) = \sum_{j=0}^{\infty} a_j \varepsilon_{t-j}, \quad t \in \mathbb{Z}. \tag{5.2.17}$$

定义

$$U_{t,n} = L(X_t | \varepsilon_t, \varepsilon_{t-1}, \cdots, \varepsilon_{t-n}) = \sum_{j=0}^{n} a_j \varepsilon_{t-j}, \quad n \geqslant 1. \tag{5.2.18}$$

对 $0 \leqslant j \leqslant n$, 利用 $\mathrm{E}[\varepsilon_{t-j}(X_t - U_{t,n})] = 0$ 得到

$$\mathrm{E}(X_t \varepsilon_{t-j}) = \mathrm{E}(\varepsilon_{t-j} U_{t,n}) = \sum_{k=0}^{n} a_k \mathrm{E}(\varepsilon_{t-j} \varepsilon_{t-k}) = a_j \sigma^2$$

与 n 无关. 于是,

$$a_j = \frac{\mathrm{E}(X_t \varepsilon_{t-j})}{\sigma^2}, \quad 0 < j \leqslant n,$$

$$a_0 = \frac{\mathrm{E}(X_t \varepsilon_t)}{\sigma^2} = \frac{\mathrm{E}[(X_t - L(X_t | H_{t-1})) \varepsilon_t]}{\sigma^2} = 1.$$

利用定理 5.1.2 (3) 得到

$$\sigma^2 \sum_{j=0}^{n} a_j^2 = \mathrm{E} U_{t,n}^2 \leqslant \mathrm{E} X_t^2 < \infty.$$

于是, $\{a_j\}$ 是平方可和的. 当 $n \to \infty$ 时, (5.2.18) 式的右边是均方收敛的. 利用定理 5.2.4 得到 (5.2.17) 式, 且 (1) 成立. 从 $\{V_t\}$ 的定义和 (5.2.17) 式得到结论 (5.2.16).

(2) 由 $\{\varepsilon_t\}$ 和 $\{V_t\}$ 正交得到 (2).

(3) 可以看出, $U_t \in H_\varepsilon(t)$, 所以 $H_U(t) \subset H_\varepsilon(t)$. 从 $\varepsilon_t \in H_t \subset \overline{\mathrm{sp}}\{V_j, U_j \,|\, j \leqslant t\}$ 和引理 5.2.2 知道有

$$\xi_n \in \overline{\mathrm{sp}}\{V_j \,|\, t-n \leqslant j \leqslant t\}, \quad \eta_n \in \overline{\mathrm{sp}}\{U_j \,|\, t-n \leqslant j \leqslant t\},$$

使得 $\mathrm{E}[\xi_n(\eta_n - \varepsilon_t)] = 0$, $\mathrm{E}(\xi_n + \eta_n - \varepsilon_t)^2 \to 0$, 当 $n \to \infty$. 于是当 $n \to \infty$ 时, 有

$$\mathrm{E}(\eta_n - \varepsilon_t)^2 \leqslant \mathrm{E}(\xi_n + \eta_n - \varepsilon_t)^2 \to 0.$$

所以 $\varepsilon_t \in H_U(t)$. 从 (5.2.17) 式得到 (3).

(4) 利用 (3) 和定理 5.1.2 (5) 得到

$$
\begin{aligned}
L(U_{t+k}|H_U(t)) &= L(U_{t+k}|H_\varepsilon(t)) \\
&= L\Big(\sum_{j=0}^{k-1} a_j\varepsilon_{t+k-j} + \sum_{j=k}^{\infty} a_j\varepsilon_{t+k-j}\Big|H_\varepsilon(t)\Big) \\
&= \sum_{j=k}^{\infty} a_j\varepsilon_{t+k-j}.
\end{aligned}
$$

于是用 $\mathrm{E}[U_{t+k} - L(U_{t+k}|H_U(t))]^2 = \sigma^2 \sum_{j=0}^{k-1} a_j^2 \to \mathrm{E}U_t^2$ 得到 (4).

(5) 由 $\varepsilon_{t-j} \in H_{t-j}$ 和

$$
\begin{aligned}
V_t = X_t - U_t &= X_t - \varepsilon_t - \sum_{j=1}^{\infty} a_j\varepsilon_{t-j} \\
&= L(X_t|H_{t-1}) - \sum_{j=1}^{\infty} a_j\varepsilon_{t-j}
\end{aligned}
$$

知道, $V_t \in H_{t-1} \subset \overline{\mathrm{sp}}\{U_s, V_s \mid s \leqslant t-1\}$. 利用引理 5.2.2 知道, 有 $\{U_s \mid s \leqslant t-1\}$ 的有限线性组合 ξ_n 和 $\{V_s \mid s \leqslant t-1\}$ 的有限线性组合 η_n 使得 $\mathrm{E}(\xi_n + \eta_n - V_t)^2 \to 0$, 当 $n \to \infty$. 利用 $\mathrm{E}(\xi_n V_t) = \mathrm{E}(\xi_n \eta_n) = 0$ 得到,

$$
\mathrm{E}(\eta_n - V_t)^2 \leqslant \mathrm{E}(\xi_n + \eta_n - V_t)^2 \to 0, \quad \text{当 } n \to \infty.
$$

于是, $V_t \in \overline{\mathrm{sp}}\{V_j \mid j \leqslant t-1\}$. 这说明 $\{V_t\}$ 是决定性的. 于是对任何 $k > 0$, $V_t \in \overline{\mathrm{sp}}\{V_j \mid j \leqslant t-k\} \subset H_{t-k}$.

定义 5.2.3 在 Wold 表示定理中, 称

(1) (5.2.16) 式是 $\{X_t\}$ 的 **Wold 表示**;

(2) $\{U_t\}$ 是 $\{X_t\}$ 的**纯非决定性部分**, $\{V_t\}$ 是 $\{X_t\}$ 的**决定性部分**;

(3) $\{a_j\}$ 是 $\{X_t\}$ 的 **Wold 系数**;

(4) 1 步预测误差 $\varepsilon_t = X_t - L(X_t|X_{t-1}, X_{t-2}, \cdots)$ 为 $\{X_t\}$ 的 **(线性) 新息序列**;

(5) $\sigma^2 = \mathrm{E}\varepsilon_t^2$ 为 **1 步预测误差的方差**.

定义 5.2.3 中的"新息"是新信息的简称. 由于信息 ε_t 不属于历史 H_{t-1}, 所以是新息. 从 Wold 表示定理知道, 任何纯非决定性平稳序列都是白噪声的单边滑动和. 实际上还可以证明白噪声的单边滑动和

$$X_t = \sum_{j=0}^{\infty} c_j e_{t-j}, \quad t \in \mathbb{Z}$$

是纯非决定性平稳序列. 这里, $\{e_t\}$ 是 WN$(0, \sigma_e^2)$, 实数列 $\{c_j\}$ 平方可和. 但是, $\{e_t\}$ 不必是 $\{X_t\}$ 的新息序列.

例 5.2.3 ARMA(p, q) 模型 $A(\mathcal{B})X_t = B(\mathcal{B})\varepsilon_t, t \in \mathbb{Z}$ 的平稳解 $\{X_t\}$ 是纯非决定性的, 有 Wold 表示

$$X_t = A^{-1}(\mathcal{B})B(\mathcal{B})X_t = \sum_{j=0}^{\infty} \psi_j \varepsilon_{t-j}, \quad t \in \mathbb{Z}, \tag{5.2.19}$$

其中 $\{\varepsilon_t\}$ 和 $\{\psi_j\}$ 分别是 $\{X_t\}$ 的新息序列和 Wold 系数.

证明 只对可逆的 ARMA(p, q) 模型给出证明. 这时 $A(z)$ 满足最小相位条件, $B(z)$ 的零点都在单位圆外. 从 (5.2.19) 式看出, $X_t \in \overline{\mathrm{sp}}\{\varepsilon_j \,|\, j \leqslant t\}$. 再利用可逆性知道 $\varepsilon_t = B^{-1}(\mathcal{B})A(\mathcal{B})X_t \in H_t$, 所以

$$H_t = \overline{\mathrm{sp}}\{\varepsilon_j \,|\, j \leqslant t\}.$$

于是 $X_t - \varepsilon_t = \sum_{j=1}^{\infty} \psi_j \varepsilon_{t-j} \in H_{t-1}$. 又从 ARMA$(p, q)$ 序列的合理性知道 $X_t - (X_t - \varepsilon_t) = \varepsilon_t$ 和每个 $X_j (j < t)$ 正交, 利用定理 5.2.3 知道 $X_t - \varepsilon_t = L(X_t | H_{t-1})$. 于是 $\varepsilon_t = X_t - L(X_t | H_{t-1})$ 是 $\{X_t\}$ 的新息, $\sigma^2 = \mathrm{E}\varepsilon_t^2$ 是 1 步预测误差的方差. 在 (5.2.19) 式两边同乘 ε_{t-j} 后取数学期望得到

$$\psi_j = \frac{\mathrm{E}(X_t \varepsilon_{t-j})}{\sigma^2}.$$

从例 5.2.3 及其证明可以得到下面例 5.2.4 的结论.

例 5.2.4 如果 $\{\varepsilon_t\}$ 是 WN$(0, \sigma^2)$, $\psi_0 = 1$, 平方可和的实数列 $\{\psi_j\}$ 使得 $\psi(z) = \sum_{j=0}^{\infty} \psi_j z^j$ 的零点都在单位圆外: $\psi(z) \neq 0, |z| \leqslant 1$, 则

$X_t = \sum\limits_{j=0}^{\infty} \psi_j \varepsilon_{t-j}, t \in \mathbb{Z}$ 是平稳序列 $\{X_t\}$ 的 Wold 表示.

从文献 [5] 还可以得到下面的结论.

定理 5.2.7 设 $\{X_t\}$ 是非决定性平稳序列.

(1) $\{X_t\}$ 的 Wold 系数 $\{a_j\}$ 使得 $A(z) = \sum\limits_{j=0}^{\infty} a_j z^j$ 的零点都在开单位圆外: $A(z) \neq 0, |z| < 1$.

(2) 当 $\{X_t\}$ 有谱密度 $f(\lambda)$, 则 $\{X_t\}$ 是纯非决定性的当且仅当

$$\int_{-\pi}^{\pi} \ln f(\lambda)\, d\lambda > -\infty. \tag{5.2.20}$$

5.2.3 Kolmogorov 公式

设 $\{X_t\}$ 是非决定性平稳序列, 在 Wold 表示 (5.2.16) 中, 对任何 $n > 0$, 有 $V_{t+n} \in H_t = \overline{\mathrm{sp}}\{X_t, X_{t-1}, X_{t-2}, \cdots\}$. 于是

$$\begin{aligned}
L(X_{t+n}|H_t) &= L(U_{t+n}|H_t) + L(V_{t+n}|H_t) \\
&= L\Big(\sum_{j=0}^{\infty} a_j \varepsilon_{t+n-j}\Big|H_t\Big) + V_{t+n} \\
&= \sum_{j=n}^{\infty} a_j \varepsilon_{t+n-j} + V_{t+n}.
\end{aligned} \tag{5.2.21}$$

我们称 $L(X_{t+n}|H_t)$ 是 X_{t+n} 的 n 步预报, 预报的误差是

$$X_{t+n} - L(X_{t+n}|H_t) = \sum_{j=0}^{n-1} a_j \varepsilon_{t+n-j}, \tag{5.2.22}$$

方差是

$$\sigma^2(n) = \sigma^2 \sum_{j=0}^{n-1} a_j^2. \tag{5.2.23}$$

显然, 当 $n \to \infty$ 时, $\sigma^2(n) \to \mathrm{E}U_t^2$.

如果 $\{X_t\}$ 是纯非决定性的, 则 $V_t = 0$. (5.2.21) 式简化为

$$L(X_{t+n}|H_t) = \sum_{j=n}^{\infty} a_j \varepsilon_{t+n-j}, \quad t \in \mathbb{Z}. \tag{5.2.24}$$

但是预报的误差 (5.2.22) 和方差 (5.2.23) 保持不变.

Kolmogorov 研究了 1 步预报的方差和谱密度之间的关系, 证明了下面的结果.

定理 5.2.8 (Kolmogorov 公式, 见文献 [5]) 设 $\{U_t\}$ 是非决定性平稳序列 $\{X_t\}$ 的纯非决定性部分, $f(\lambda)$ 是 $\{U_t\}$ 的谱密度, 则有

$$\sigma^2 = \mathrm{E}[X_t - L(X_t|H_{t-1})]^2$$
$$= 2\pi \exp\left[\frac{1}{2\pi}\int_{-\pi}^{\pi} \ln f(\lambda)\,\mathrm{d}\lambda\right]. \tag{5.2.25}$$

(5.2.25) 式的证明需要较多解析函数的知识. 但是当 $\{U_t\}$ 是白噪声时, (5.2.25) 式明显是成立的.

从 (5.2.25) 式看到, 如果 $\{X_t\}$ 是非决定性的, 则它的纯非决定性部分的谱密度 $f(\lambda)$ 必是对数可积的, 即满足 (5.2.20) 式.

5.2.4 最佳预测和最佳线性预测

设 $\{X_t\}$ 是平稳序列, 用 $\mathcal{F}_t = \sigma\{X_t, X_{t-1}, \cdots\}$ 表示由 $X_t, X_{t-1}, \cdots$ 生成的 σ 代数. 称条件数学期望

$$\mathrm{E}(X_{t+k}|\mathcal{F}_t)$$

是用全体历史 $\{X_j\,|\,j \leqslant t\}$ 对 X_{t+k} 进行预测时的最佳预测. 这是因为条件数学期望 $\mathrm{E}(X_{t+k}|\mathcal{F}_t)$ 是 $X_t, X_{t-1}, \cdots$ 的函数, 其二阶矩

$$\mathrm{E}[\mathrm{E}(X_{t+k}|\mathcal{F}_t)]^2 \leqslant \mathrm{E}[\mathrm{E}(X_{t+k}^2|\mathcal{F}_t)] = \mathrm{E}X_{t+k}^2 < \infty,$$

并且对任何方差有限的随机变量 $\xi = g(X_t, X_{t-1}, \cdots)$, 利用条件数学期望的性质得到

$$\mathrm{E}(X_{t+k} - \xi)^2$$
$$= \mathrm{E}[X_{t+k} - \mathrm{E}(X_{t+k}|\mathcal{F}_t) + \mathrm{E}(X_{t+k}|\mathcal{F}_t) - \xi]^2$$
$$= \mathrm{E}[X_{t+k} - \mathrm{E}(X_{t+k}|\mathcal{F}_t)]^2 + \mathrm{E}[\mathrm{E}(X_{t+k}|\mathcal{F}_t) - \xi]^2$$
$$\quad + 2\mathrm{E}\big[(X_{t+k} - \mathrm{E}(X_{t+k}|\mathcal{F}_t))(\mathrm{E}(X_{t+k}|\mathcal{F}_t) - \xi)\big]$$
$$= \mathrm{E}[X_{t+k} - \mathrm{E}(X_{t+k}|\mathcal{F}_t)]^2 + \mathrm{E}[\mathrm{E}(X_{t+k}|\mathcal{F}_t) - \xi]^2 + 0$$
$$\geqslant \mathrm{E}[X_{t+k} - \mathrm{E}(X_{t+k}|\mathcal{F}_t)]^2. \tag{5.2.26}$$

(5.2.26) 式说明用全体历史 $\{X_j \,|\, j \leqslant t\}$ 对于 X_{t+k} 做非线性预测时, 在方差最小的意义下, 条件数学期望不仅是最好的, 还是唯一的. 因为 (5.2.26) 式中的不等号成为等号的充要条件是

$$E[E(X_{t+k}|\mathcal{F}_t) - \xi]^2 = 0,$$

这等价于说 ξ 和 $E(X_{t+k}|\mathcal{F}_t)$ 几乎必然相等.

一般来讲, 最佳预测好于最佳线性预测. 但是对纯非决定性平稳序列来讲, 如果它的新息序列是独立序列, 则最佳预测和最佳线性预测等价. 见下面的定理.

定理 5.2.9 设平稳序列 $\{X_t\}$ 有 Wold 表示

$$X_t = \sum_{j=0}^{\infty} a_j \varepsilon_{t-j}, \quad t \in \mathbb{Z}, \tag{5.2.27}$$

则

$$L(X_{t+n}|H_t) = E(X_{t+n}|\mathcal{F}_t), \quad n \geqslant 1, t \in \mathbb{Z} \tag{5.2.28}$$

成立的充要条件是

$$E(\varepsilon_{t+1}|\varepsilon_t, \varepsilon_{t-1}, \cdots) = 0, \quad t \in \mathbb{Z}. \tag{5.2.29}$$

证明 定义 $\mathcal{F}_t = \sigma\{X_t, X_{t-1}, \cdots\}$, $\mathcal{G}_t = \sigma\{\varepsilon_t, \varepsilon_{t-1}, \cdots\}$. 从条件数学期望的定义知道

$$E(\varepsilon_{t+n}|\varepsilon_t, \varepsilon_{t-1}, \cdots) = E(\varepsilon_{t+n}|\mathcal{G}_t).$$

从 $X_t \in H_\varepsilon(t)$ 和 $\varepsilon_t = X_t - L(X_t|H_{t-1}) \in H_t$, 得到 $H_t = H_\varepsilon(t)$. 于是 $\mathcal{F}_t = \mathcal{G}_t$, $t \in \mathbb{Z}$. 由 (5.2.21) 式知道,

$$L(X_{t+n}|H_t) = \sum_{j=n}^{\infty} a_j \varepsilon_{t+n-j},$$

由条件数学期望的性质知道

$$\begin{aligned}
\mathrm{E}(X_{t+n}|\mathcal{F}_t) &= \mathrm{E}\Big(\sum_{j=0}^{\infty} a_j \varepsilon_{t+n-j}\Big|\mathcal{F}_t\Big) \\
&= \mathrm{E}\Big(\sum_{j=0}^{n-1} a_j \varepsilon_{t+n-j}\Big|\mathcal{F}_t\Big) + \sum_{j=n}^{\infty} a_j \varepsilon_{t+n-j} \\
&= \sum_{j=0}^{n-1} a_j \mathrm{E}(\varepsilon_{t+n-j}|\mathcal{G}_t) + L(X_{t+n}|H_t).
\end{aligned}$$

于是, (5.2.28) 式成立的充要条件是

$$\sum_{j=0}^{n-1} a_j \mathrm{E}(\varepsilon_{t+n-j}|\mathcal{G}_t) = 0, \quad n \geqslant 1, t \in \mathbb{Z}. \tag{5.2.30}$$

(5.2.30) 式显然和 (5.2.29) 式等价.

注　满足 (5.2.29) 式的白噪声被称为**鞅差白噪声**. 上面的结论是 Hannan 发现的, 它引起了人们对鞅差白噪声的研究兴趣. 很多时间序列的理论结果都是在鞅差白噪声的条件下得到的. 容易看出, 独立白噪声是鞅差白噪声.

推论 5.2.10　设 ARMA(p,q) 序列 $\{X_t\}$ 在例 5.2.3 中定义. 如果 $\{\varepsilon_t\}$ 是独立白噪声, 则用全体历史 $\{X_t, X_{t-1}, \cdots\}$ 对未来 X_{t+n} 进行预测时, 最佳预测和最佳线性预测相等.

习　题　5.2

5.2.1　设平稳序列 $\{X_t\}$ 有自协方差矩阵 $\boldsymbol{\Gamma}_m, m \geqslant 1$. 证明:

(1) 如果 $\{X_t\}$ 是非决定性平稳序列, 则对任何 $m \in \mathbb{N}_+$, $\boldsymbol{\Gamma}_m > 0$ 正定;

(2) 如果有某个 m 使得 $\det(\boldsymbol{\Gamma}_m) = 0$, 则 $\{X_t\}$ 是决定性的.

5.2.2　如果 $\{X_t\}$ 和 $\{Y_t\}$ 是相互正交的决定性平稳序列, 定义 $Z_t = X_t + Y_t$, $t \in \mathbb{Z}$. $\{Z_t\}$ 是否是决定性平稳序列? 证明你的结论.

5.2.3　设 $\{X_n\}$ 是零均值平稳序列, 证明: 由 (5.2.5) 式定义的

$$\sigma_{k,m}^2 = \mathrm{E}[X_{n+k} - L(X_{n+k}|X_n, X_{n-1}, \cdots, X_{n-m+1})]^2$$

与 n 无关.

5.2.4 设 ξ 在 $[-\pi, \pi]$ 上均匀分布, η 是方差有限的随机变量. 当 η 和 ξ 独立, $X_t = \eta \cos(\pi t/3 + \xi)$ 时, 直接验证 $\{X_t\}$ 是决定性平稳序列.

5.2.5 证明: 当 $k \to \infty$ 时, (5.2.15) 式与 $E[X_{n+k} - L(X_{n+k}|H_n)]^2 \to \gamma_0$ 等价.

§5.3 时间序列的递推预测

预测问题是时间序列分析中的主要问题之一. 本节在假设自协方差函数已知的条件下讨论相应时间序列的预测问题, 为 ARMA(p,q) 序列的递推预测和 ARMA(p,q) 模型的参数估计做必要的准备. 对平稳序列来讲, 实际问题中需要用样本自协方差函数代替理论的自协方差函数.

5.3.1 时间序列的递推预测

设 $\{Y_t\}$ 是方差有限的零均值时间序列, 对任何正整数 n, 用

$$L_n = \overline{\mathrm{sp}}\{Y_n, Y_{n-1}, \cdots, Y_1\}$$

表示 $Y_1, Y_2, \cdots, Y_n$ 的线性组合的全体. 定义 $\boldsymbol{Y}_n = (Y_1, Y_2, \cdots, Y_n)^{\mathrm{T}}$,

$$\hat{Y}_1 = 0, \quad \hat{Y}_n = L(Y_n|\boldsymbol{Y}_{n-1}), \quad n = 2, 3, \cdots. \tag{5.3.1}$$

引入预测误差 W_n 及其方差 ν_{n-1}, 如下:

$$W_n = Y_n - \hat{Y}_n, \quad \nu_{n-1} = EW_n^2, \quad n = 1, 2, \cdots. \tag{5.3.2}$$

由 §5.1 中最佳线性预测的性质 6 知道 W_n 和 L_{n-1} 中的任何随机变量正交, 并且 $W_n \in L_n$. 于是 $\{W_n\}$ 是一个正交序列, 满足

$$E(W_n W_k) = \nu_{n-1}\delta_{n-k},$$

这里 δ_t 是 Kronecker 函数. 用

$$M_n = \overline{\mathrm{sp}}\{W_n, W_{n-1}, \cdots, W_1\}$$

表示 $W_1, W_2, \cdots, W_n$ 的线性组合全体, 则 $M_n \subset L_n$. 对 $n \in \mathbb{N}_+$, 下面用归纳法证明 $Y_n \in M_n$.

首先 $Y_1 = W_1 \in M_1$. 如果对 $k \leqslant n$ 已经证明 $Y_k \in M_k$, 则 $\hat{Y}_{n+1} = L(Y_{n+1}|\boldsymbol{Y}_n) \in M_n$, 于是

$$Y_{n+1} = (Y_{n+1} - \hat{Y}_{n+1}) + \hat{Y}_{n+1} = W_{n+1} + \hat{Y}_{n+1} \in M_{n+1}.$$

这就证明了对 $n \in \mathbb{N}_+$, $Y_n \in M_n$ 成立. 于是得到 $L_n = M_n$, 即

$$\overline{\mathrm{sp}}\{Y_n, Y_{n-1}, \cdots, Y_1\} = \overline{\mathrm{sp}}\{W_n, W_{n-1}, \cdots, W_1\}, \quad n \geqslant 1. \quad (5.3.3)$$

§5.1 中最佳线性预测的性质 9 和 (5.3.3) 式告诉我们, 用 $\boldsymbol{W}_n = (W_n, W_{n-1}, \cdots, W_1)^{\mathrm{T}}$ 对 Y_{n+1} 进行预测和用 $\boldsymbol{Y}_n = (Y_n, Y_{n-1}, \cdots, Y_1)^{\mathrm{T}}$ 对 Y_{n+1} 进行预测是等价的. 由于 $\{W_t\}$ 是正交序列, 所以用 $\boldsymbol{W}_n$ 对 Y_{n+1} 进行预测更加方便.

定理 5.3.1 设 $\{Y_t\}$ 是零均值时间序列. 如果 $(Y_1, Y_2, \cdots, Y_{m+1})^{\mathrm{T}}$ 的协方差矩阵

$$\big(\mathrm{E}(Y_s Y_t)\big)_{1 \leqslant s, t \leqslant m+1} \quad (5.3.4)$$

正定, 则最佳线性预测

$$\hat{Y}_{n+1} = L(Y_{n+1}|\boldsymbol{Y}_n) = \sum_{j=1}^{n} \theta_{n,j} W_{n+1-j}, \quad n = 1, 2, \cdots, m \quad (5.3.5)$$

中的 $\{\theta_{n,j}\}$ 和 $\nu_n = \mathrm{E}W_{n+1}^2$ 满足递推公式:

$$\begin{cases} \nu_0 = \mathrm{E}Y_1^2, \\ \theta_{n,n-k} = \Big(g_{n+1,k+1} - \sum_{j=0}^{k-1} \theta_{k,k-j}\theta_{n,n-j}\nu_j\Big)\Big/\nu_k, \quad 0 \leqslant k < n, \\ \nu_n = \mathrm{E}Y_{n+1}^2 - \sum_{j=0}^{n-1} \theta_{n,n-j}^2 \nu_j, \end{cases} \quad (5.3.6)$$

其中 $g_{n+1,k+1} = \mathrm{E}(Y_{n+1}Y_{k+1})$, $\sum_{j=0}^{-1}(\cdot) \overset{\text{def}}{=\!=} 0$, 递推的顺序是

$$\nu_0; \quad \theta_{1,1}, \nu_1; \quad \theta_{2,2}, \theta_{2,1}, \nu_2; \quad \theta_{3,3}, \theta_{3,2}, \theta_{3,1}, \nu_3; \quad \cdots.$$

证明 从自协方差矩阵 (5.3.4) 的正定性知道 $\nu_n = \mathrm{E}W_{n+1}^2 > 0$. 以下设 $0 \leqslant k \leqslant n-1$. 在 (5.3.5) 式两边同乘 W_{k+1} 后求数学期望得到

$$\mathrm{E}(\hat{Y}_{n+1}W_{k+1}) = \sum_{j=1}^{n} \theta_{n,j}\mathrm{E}(W_{n+1-j}W_{k+1}) = \theta_{n,n-k}\nu_k. \qquad (5.3.7)$$

注意到

$$\hat{Y}_{k+1} = \sum_{j=1}^{k} \theta_{k,j}W_{k+1-j} = \sum_{j=0}^{k-1} \theta_{k,k-j}W_{j+1},$$

再利用 $W_{n+1} = Y_{n+1} - \hat{Y}_{n+1}$ 和 W_{k+1} 垂直, 得到 $\mathrm{E}(Y_{n+1}W_{k+1}) = \mathrm{E}(\hat{Y}_{n+1}W_{k+1})$, 于是

$$\theta_{n,n-k} = \mathrm{E}(\hat{Y}_{n+1}W_{k+1})/\nu_k = \mathrm{E}(Y_{n+1}W_{k+1})/\nu_k \qquad \text{(用 (5.3.7) 式)}$$

$$= \mathrm{E}\Big[Y_{n+1}\Big(Y_{k+1} - \sum_{j=0}^{k-1}\theta_{k,k-j}W_{j+1}\Big)\Big]\Big/\nu_k$$

$$= \Big(\mathrm{E}(Y_{n+1}Y_{k+1}) - \sum_{j=0}^{k-1}\theta_{k,k-j}\theta_{n,n-j}\nu_j\Big)\Big/\nu_k. \qquad \text{(用 (5.3.7) 式)}$$

最后, 利用 $\nu_n = \mathrm{E}W_{n+1}^2 = \mathrm{E}Y_{n+1}^2 - \mathrm{E}\hat{Y}_{n+1}^2$ 和 (5.3.5) 式得到

$$\nu_n = \mathrm{E}Y_{n+1}^2 - \sum_{j=1}^{n}\theta_{n,j}^2\nu_{n-j} = \mathrm{E}Y_{n+1}^2 - \sum_{j=0}^{n-1}\theta_{n,n-j}^2\nu_j.$$

下面考虑用 $\{Y_1, Y_2, \cdots, Y_n\}$ 预测 Y_{n+k+1} 的问题. 设 $(Y_1, Y_2, \cdots, Y_{n+k+1})^{\mathrm{T}}$ 的自协方差矩阵正定. 仍记 $\hat{Y}_{n+k+1} = L(Y_{n+k+1}|\boldsymbol{Y}_{n+k})$, 用 W_j 表示预测误差 $Y_j - L(Y_j|\boldsymbol{Y}_{j-1})$, 则按 (5.3.5) 式,

$$\hat{Y}_{n+k+1} = \sum_{j=1}^{n+k}\theta_{n+k,j}W_{n+k+1-j}. \qquad (5.3.8)$$

注意, 对 $j \geqslant 0$, W_{n+j+1} 垂直于 L_n, $W_{n-j} \in L_n$. 根据 §5.1 中的最佳线

性预测的性质 4, 5, 8 和 (5.3.3) 式得到

$$
\begin{aligned}
L(Y_{n+k+1}|\boldsymbol{Y}_n) &= L(\hat{Y}_{n+k+1}|\boldsymbol{Y}_n) \\
&= L\Big(\sum_{j=1}^{n+k}\theta_{n+k,j}W_{n+k+1-j}\Big|\boldsymbol{W}_n\Big) \\
&= L\Big(\sum_{j=k+1}^{n+k}\theta_{n+k,j}W_{n+k+1-j}\Big|\boldsymbol{W}_n\Big) \\
&= \sum_{j=k+1}^{n+k}\theta_{n+k,j}W_{n+k+1-j}.
\end{aligned}
\tag{5.3.9}
$$

利用 §5.1 中最佳线性预测的性质 1, 得到预测误差的方差

$$
\begin{aligned}
&\mathrm{E}[Y_{n+k+1} - L(Y_{n+k+1}|\boldsymbol{Y}_n)]^2 \\
&= \mathrm{E}Y_{n+k+1}^2 - \mathrm{E}[L(Y_{n+k+1}|\boldsymbol{Y}_n)]^2 \\
&= \mathrm{E}Y_{n+k+1}^2 - \sum_{j=k+1}^{n+k}\theta_{n+k,j}^2\nu_{n+k-j},
\end{aligned}
\tag{5.3.10}
$$

其中的系数 $\theta_{n+k,j}$ 和 ν_{n+k-j} 可用递推公式 (5.3.6) 计算.

如果 $\{Y_t\}$ 是正态时间序列, 则 $\hat{Y}_{n+1}$ 也是最佳预测. $W_{n+1} = Y_{n+1} - \hat{Y}_{n+1}$ 作为 $Y_1, Y_2, \cdots, Y_{n+1}$ 的线性组合服从正态分布 $N(0,\nu_n)$. 利用

$$
P\Big(|Y_{n+1} - \hat{Y}_{n+1}|/\sqrt{\nu_n} \leqslant 1.96\Big) = 0.95
$$

可以得到 Y_{n+1} 的置信度为 0.95 的置信区间

$$
\big[\hat{Y}_{n+1} - 1.96\sqrt{\nu_n},\ \hat{Y}_{n+1} + 1.96\sqrt{\nu_n}\big].
$$

5.3.2 平稳序列的递推预测

设 $\gamma_k = \mathrm{E}(X_{t+k}X_t)$ 是零均值平稳序列 $\{X_t\}$ 的自协方差函数, $\boldsymbol{\Gamma}_n$ 是 $\{X_t\}$ 的 n 阶自协方差矩阵. 设 $\boldsymbol{X}_n = (X_1, X_2, \cdots, X_n)^{\mathrm{T}}$, $Z_n = X_n - L(X_n|\boldsymbol{X}_{n-1})$, 可以把定理 5.3.1 改述如下.

推论 5.3.2 设 $\{X_t\}$ 是零均值平稳序列, 对任何 $n \in \mathbb{N}_+$, 自协方差矩阵 $\boldsymbol{\Gamma}_n$ 正定, 则最佳线性预测

$$\hat{X}_{n+1} = L(X_{n+1}|\boldsymbol{X}_n) = \sum_{j=1}^{n} \theta_{n,j} Z_{n+1-j}, \quad n = 1, 2, \cdots, \quad (5.3.11)$$

其中的系数 $\{\theta_{n,j}\}$ 和预测误差的方差 $\nu_n = \mathrm{E}Z_{n+1}^2$ 满足递推公式:

$$\begin{cases} \nu_0 = \gamma_0, \\ \theta_{n,n-k} = \left(\gamma_{n-k} - \sum_{j=0}^{k-1} \theta_{k,k-j}\theta_{n,n-j}\nu_j\right)\Big/ \nu_k, \quad 0 \leqslant k < n, \\ \nu_n = \gamma_0 - \sum_{j=0}^{n-1} \theta_{n,n-j}^2 \nu_j, \end{cases} \quad (5.3.12)$$

其中 $\displaystyle\sum_{j=0}^{-1}(\cdot) \overset{\mathrm{def}}{=\!=} 0$, 递推的顺序是

$$\nu_0; \quad \theta_{1,1}, \nu_1; \quad \theta_{2,2}, \theta_{2,1}, \nu_2; \quad \theta_{3,3}, \theta_{3,2}, \theta_{3,1}, \nu_3; \quad \cdots.$$

由于预测误差 $Z_n = X_n - L(X_n|\boldsymbol{X}_{n-1})$ 和 $\boldsymbol{X}_{n-1}$ 正交, 所以 Z_n 是不被 $\boldsymbol{X}_{n-1}$ 包含的信息. 基于这个原因, 人们又称 Z_n 是**样本新息**. 从 §5.2 的讨论知道, $\nu_n = \mathrm{E}[X_1 - L(X_1|X_0, X_{-1}, \cdots, X_{-n+1})]^2 \to \sigma^2$, 当 $n \to \infty$. 这里 σ^2 是用全体历史 $X_t, X_{t-1}, \cdots$ 预测 X_{t+1} 时的方差. $\sigma^2 > 0$ 表示 $\{X_t\}$ 是非决定性的.

习 题 5.3

5.3.1 对于 ARMA$(1,1)$ 序列 $X_t = aX_{t-1} + \varepsilon_t + b\varepsilon_{t-1}$, $t \in \mathbb{Z}$, 计算 Wold 系数 $\{\psi_j\}$ (参见例 5.2.3).

§5.4 ARMA 序列的递推预测

在平稳时间序列预测问题中, 尽管可以用 §5.1 中的方法, 即利用历史 $\{X_j \,|\, 1 \leqslant j \leqslant t\}$ 对未来 X_{t+k} 进行预测, 但是在时间序列分析中,

常用到 ARMA (包括 AR, MA) 模型. 所以讨论这些具体模型的预测问题是必要的. 另外, 从推论 5.2.10 知道, 如果 ARMA 模型的白噪声是独立序列, 最佳线性预测就是最佳预测. 尽管这个结果是针对用全部历史资料做预测时得到的, 但是当历史资料充分多后, 可以认为最佳线性预测近似等于最佳预测. 实际问题中的白噪声也常被认为是独立白噪声, 从这个角度讲, ARMA 序列的最佳线性预测是近似等于最佳预测的. 因而, 我们只需要研究 ARMA 序列的线性预测问题.

本节在 ARMA(p,q) 模型参数已知的条件下讨论相应平稳序列的预测问题. 实际问题中需要先根据观测数据估计出模型的参数, 然后再利用相应模型进行预测.

5.4.1 AR 序列的预测

设 $\{X_t\}$ 满足 AR(p) 模型

$$X_t = \sum_{j=1}^{p} a_j X_{t-j} + \varepsilon_t, \quad t \in \mathbb{Z},$$

其中 $\{\varepsilon_t\}$ 是白噪声, 特征多项式 $A(z) = 1 - \sum_{j=1}^{p} a_j z^j \neq 0, |z| \leqslant 1$. 考虑用 $\boldsymbol{X}_n = (X_1, X_2, \cdots, X_n)^{\mathrm{T}}$ 预测 X_{n+1} 的问题.

设 $\{\gamma_n\}$ 是 $\{X_t\}$ 的自协方差函数. 对于 $1 \leqslant n \leqslant p-1$, 由 §5.1 中最佳线性预测的性质 1 知道,

$$\hat{X}_{n+1} = L(X_{n+1}|\boldsymbol{X}_n) = \boldsymbol{\gamma}_n^{\mathrm{T}} \boldsymbol{\Gamma}_n^{-1} \boldsymbol{X}_n,$$

其中 $\boldsymbol{\Gamma}_n$ 是 $\{X_t\}$ 的 n 阶自协方差矩阵, $\boldsymbol{\gamma}_n = (\gamma_n, \gamma_{n-1}, \cdots, \gamma_1)^{\mathrm{T}}$. 预测误差的方差是

$$\mathrm{E}(X_{n+1} - \hat{X}_{n+1})^2 = \gamma_0 - \boldsymbol{\gamma}_n^{\mathrm{T}} \boldsymbol{\Gamma}_n^{-1} \boldsymbol{\gamma}_n.$$

对于 $n \geqslant p$, 由于当 $k \geqslant 1$ 时, ε_{t+k} 与 X_t 正交, 所以对 $n \geqslant p$,

$$\hat{X}_{n+1} = L\Big(\sum_{j=1}^{p} a_j X_{n+1-j} + \varepsilon_{n+1} \Big| \boldsymbol{X}_n\Big) = \sum_{j=1}^{p} a_j X_{n+1-j}.$$

可以看出对 $n \geqslant p$, $\hat{X}_{n+1} = L(X_{n+1}|X_n, X_{n-1}, \cdots, X_{n-p+1})$.

下面考虑用 $\boldsymbol{X}_n$ 预测 X_{n+k} 的问题. 对于 $n \geqslant p$, 用归纳法容易证明 (见习题 5.4.1)

$$L(X_{n+k}|\boldsymbol{X}_n) = L(X_{n+k}|X_n, X_{n-1}, \cdots, X_{n-p+1}).$$

说明用 p 个数据 $X_n, X_{n-1}, \cdots, X_{n-p+1}$ 做预测和用 $\boldsymbol{X}_n$ 做预测的结果相同. 于是有递推公式

$$\begin{aligned}
L(X_{n+k}|\boldsymbol{X}_n) &= L\Big(\sum_{j=1}^{p} a_j X_{n+k-j} + \varepsilon_{n+k}\Big|\boldsymbol{X}_n\Big) \\
&= L\Big(\sum_{j=1}^{p} a_j X_{n+k-j}\Big|\boldsymbol{X}_n\Big) \\
&= \sum_{j=1}^{p} a_j L(X_{n+k-j}|X_n, X_{n-1}, \cdots, X_{n-p+1}). \quad (5.4.1)
\end{aligned}$$

例 5.4.1 (AR(1) 序列的预测) 设 $|a_1| < 1$, $X_n = a_1 X_{n-1} + \varepsilon_n$. 对任何 $m \in \mathbb{N}_+$, 用 (5.4.1) 式得到

$$L(X_{n+1}|X_n, X_{n-1}, \cdots, X_{n-m+1}) = a_1 X_n,$$
$$L(X_{n+2}|X_n, X_{n-1}, \cdots, X_{n-m+1}) = a_1 L(X_{n+1}|X_n) = a_1^2 X_n,$$
$$\cdots\cdots$$
$$L(X_{n+k}|X_n, X_{n-1}, \cdots, X_{n-m+1}) = a_1^k X_n.$$

利用 $|a_1| < 1$ 和控制收敛定理得到

$$\begin{aligned}
&\mathrm{E}[X_{n+k} - L(X_{n+k}|X_n, X_{n-1}, \cdots, X_{n-m})]^2 \\
&= \mathrm{E}(X_{n+k} - a_1^k X_n)^2 \\
&= \mathrm{E}(X_k - a_1^k X_0)^2 \to \gamma_0 = \mathrm{E}X_0^2, \quad \text{当 } k \to \infty.
\end{aligned}$$

例 5.4.1 说明 AR(1) 序列是纯非决定性平稳序列. 实际上任何 ARMA(p, q) 序列都是纯非决定性的 (见例 5.2.3).

例 5.4.2 多年来某地区年平均降雨量 (单位: mm) 为 540. 用 $X_t, t = 1, 2, \cdots$ 表示该地区的逐年降雨. 当 $Y_t = X_t - \overline{X}$ 满足AR(2) 模型 $Y_t = -0.54Y_{t-1} + 0.3Y_{t-2} + \varepsilon_t$, 其中 $\varepsilon_t \sim \text{WN}(0, \sigma^2)$ 时, 给定观测数据:

$$x_1 = 560, \ x_2 = 470, \ x_3 = 580, \ x_4 = 496, \ x_5 = 576,$$

求 X_8 的最佳线性预测.

解 容易计算:

$$y_1 = 560 - 540 = 20, \quad y_2 = 470 - 540 = -70, \quad y_3 = 580 - 540 = 40,$$
$$y_4 = 496 - 540 = -44, \quad y_5 = 576 - 540 = 36.$$

记 $\hat{y}_j = L(y_j | y_1, y_2, y_3, y_4, y_5), 6 \leqslant j \leqslant 8$, 则有

$$\hat{y}_6 = -0.54y_5 + 0.3y_4 = -32.64,$$
$$\hat{y}_7 = -0.54\hat{y}_6 + 0.3y_5 = 28.43,$$
$$\hat{y}_8 = -0.54\hat{y}_7 + 0.3\hat{y}_6 = -25.14.$$

最后得到

$$\hat{x}_6 = 540 - 32.64 = 507.36,$$
$$\hat{x}_7 = 540 + 28.43 = 568.43,$$
$$\hat{x}_8 = 540 - 25.14 = 514.86.$$

在例 5.4.2 中, 特征多项式 $A(z) = 1 + 0.54z - 0.3z^2$ 有两个实根:

$$z_1 = -1.1355, \quad z_2 = 2.9355.$$

最靠近单位圆的根的辐角是 π, 所以时间序列有周期 $T = 2$ 的特性. 预测数据也体现了围绕均值 540 上下交替变化的特性.

5.4.2 MA(q) 序列的预测

设 $\{\varepsilon_t\}$ 是 WN$(0, \sigma^2)$, 实系数多项式 $B(z) = 1 + b_1 z + \cdots + b_q z^q$
在单位圆内无根: $B(z) \neq 0, |z| < 1$. 满足 MA(q) 模型

$$X_t = B(\mathcal{B})\varepsilon_t, \quad t \in \mathbb{Z} \tag{5.4.2}$$

的 MA(q) 序列 $\{X_t\}$ 的自协方差函数 $\{\gamma_k\}$ 是 q 后截尾的. 假设 σ^2,
$b_1, b_2, \cdots, b_q$ 已知, 考虑用 $X_1, X_2, \cdots, X_n$ 预测 X_{n+k} 的问题.

从 (5.3.3) 式看出, 对 $n \geqslant 1$,

$$L_n = \overline{\mathrm{sp}}\{X_1, X_2, \cdots, X_n\} = \overline{\mathrm{sp}}\{\hat{\varepsilon}_1, \hat{\varepsilon}_2, \cdots, \hat{\varepsilon}_n\}, \tag{5.4.3}$$

其中 $\hat{\varepsilon}_k = X_k - L(X_k | \boldsymbol{X}_{k-1})$ 是逐步预测误差, $\boldsymbol{X}_k = (X_1, X_2, \cdots, X_k)^{\mathrm{T}}$.

以下假定 $n \geqslant q$. 由于 $\{\hat{\varepsilon}_t\}$ 是正交序列, 且 X_{n+1} 和 $\hat{\varepsilon}_j\, (1 \leqslant j \leqslant n - q)$ 正交, 所以根据 §5.1 中最佳线性预测的性质 7, 4, 9 得到

$$\begin{aligned}
L(X_{n+1} | \boldsymbol{X}_n) &= L(X_{n+1} | \hat{\varepsilon}_n, \varepsilon_{n-1}, \cdots, \hat{\varepsilon}_1) \\
&= L(X_{n+1} | \hat{\varepsilon}_n, \varepsilon_{n-1}, \cdots, \hat{\varepsilon}_{n-q+1}) \\
&= \sum_{j=1}^{q} \theta_{n,j} \hat{\varepsilon}_{n+1-j}.
\end{aligned} \tag{5.4.4}$$

预测误差的方差

$$\nu_n = \mathrm{E}\hat{\varepsilon}_{n+1}^2 = \gamma_0 - \sum_{j=1}^{q} \theta_{n,j}^2 \nu_{n-j}, \tag{5.4.5}$$

其中的 $\{\theta_{n,j}\}$, ν_n 可以利用 (5.3.12) 式进行递推计算.

用 $X_1, X_2, \cdots, X_n$ 预测 X_{n+k+1} 时, 按照 (5.3.9) 式和 (5.3.10) 式,
对 $n \geqslant q$, 有

$$L(X_{n+k+1} | \boldsymbol{X}_n) = \begin{cases} \displaystyle\sum_{j=k+1}^{q} \theta_{n+k,j} \hat{\varepsilon}_{n+k+1-j}, & 1 \leqslant k \leqslant q-1, \\ 0, & k \geqslant q. \end{cases}$$

这时预测误差的方差

$$
\begin{aligned}
&\mathrm{E}[X_{n+k+1} - L(X_{n+k+1}|\boldsymbol{X}_n)]^2 \\
&= \gamma_0 - \sum_{j=k+1}^{q} \theta_{n+k,j}^2 \nu_{n+k-j}, \quad 1 \leqslant k \leqslant q-1,
\end{aligned} \tag{5.4.6}
$$

其中的 $\theta_{n+k,j}$, ν_{n+k-j} 可以由 (5.3.12) 式递推得到.

5.4.3　ARMA 序列的 1 步预测

设 $\{\varepsilon_t\}$ 是 $\mathrm{WN}(0, \sigma^2)$, 实系数多项式 $A(z) = 1 - a_1 z - a_2 z^2 - \cdots - a_p z^p$ 满足最小相位条件, $B(z) = 1 + b_1 z + \cdots + b_q z^q$ 在单位圆内无零点. 对于满足 $\mathrm{ARMA}(p, q)$ 模型

$$
A(\mathcal{B})X_t = B(\mathcal{B})\varepsilon_t, \quad t \in \mathbb{Z} \tag{5.4.7}
$$

的 ARMA 序列 $\{X_t\}$, 定义 $m = \max(p, q)$ 和

$$
Y_t = \begin{cases} X_t/\sigma, & t = 1, 2, \cdots, m, \\ A(\mathcal{B})X_t/\sigma, & t = m+1, m+2, \cdots, \end{cases} \tag{5.4.8}
$$

则 $\{Y_t\}$ 由模型 (5.4.7) 的参数 $\boldsymbol{\beta} = (a_1, a_2, \cdots, a_p, b_1, b_2, \cdots, b_q)^{\mathrm{T}}$ 及标准白噪声 $\{\varepsilon_t/\sigma\}$ 决定, 和 σ 无关 (见文献 [11]).

用 γ_k 表示 $\{X_t\}$ 的自协方差函数, 可用 (3.2.10) 式和 (3.2.11) 式计算. 取 $b_0 = 1$, 对 $j > q$, $b_j \overset{\text{def}}{=\!=} 0$, 则

$$
\mathrm{E}(Y_s Y_t) = \begin{cases} \sigma^{-2}\gamma_{t-s}, & 1 \leqslant s \leqslant t \leqslant m, \\ \sigma^{-2}\Big(\gamma_{t-s} - \sum_{j=1}^{p} a_j \gamma_{t-s-j}\Big), & 1 \leqslant s \leqslant m < t, \\ \sum_{j=0}^{q} b_j b_{j+t-s}, & m < s \leqslant t. \end{cases} \tag{5.4.9}
$$

当模型 (5.4.7) 中的参数已知时, 关于 $\hat{X}_{n+1} = L(X_{n+1}|\boldsymbol{X}_n)$, 有

$$\hat{X}_{n+1} = \begin{cases} \displaystyle\sum_{j=1}^{n} \theta_{n,j} Z_{n+1-j}, & 1 \leqslant n < m, \\ \displaystyle\sum_{j=1}^{p} a_j X_{n+1-j} + \sum_{j=1}^{q} \theta_{n,j} Z_{n+1-j}, & n \geqslant m, \end{cases} \tag{5.4.10}$$

其中 $Z_1 = X_1$, $Z_t = X_t - L(X_t|\boldsymbol{X}_{t-1})$, 预测误差的方差 $EZ_{n+1}^2 = \sigma^2 \nu_n$. 而 $\{\theta_{n,j}\}$, ν_n 可按 (5.4.9) 式和 (5.3.6) 式进行递推计算.

证明 对 $t \geqslant 1$, 从定义知道 $Y_t \in \overline{\mathrm{sp}}\{X_1, X_2, \cdots, X_t\}$, 并且 X_1, $X_2, \cdots, X_m \in \overline{\mathrm{sp}}\{Y_1, Y_2, \cdots, Y_m\}$. 因为对 $t > m$, 有

$$X_t = \sigma Y_t + \sum_{j=1}^{p} a_j X_{t-j} \in \overline{\mathrm{sp}}\{Y_1, Y_2, \cdots, Y_t\},$$

所以从 (5.3.3) 式得到, 对 $t \geqslant 1$, 有

$$\overline{\mathrm{sp}}\{X_1, X_2, \cdots, X_t\} = \overline{\mathrm{sp}}\{Y_1, Y_2, \cdots, Y_t\} = \overline{\mathrm{sp}}\{W_1, W_2, \cdots, W_t\},$$

其中 $W_1 = Y_1$, $W_t = Y_t - L(Y_t|\boldsymbol{Y}_{t-1})$ 是 $\{Y_t\}$ 的样本新息.

因为对 $1 \leqslant t \leqslant m$, 有

$$W_t = X_t/\sigma - L(X_t/\sigma|\boldsymbol{X}_{t-1}) = \sigma^{-1} Z_t,$$

对 $t \geqslant m+1$, 有

$$\begin{aligned} W_t &= \sigma^{-1} \Big[X_t - \sum_{j=1}^{p} a_j X_{t-j} - L\Big(X_t - \sum_{j=1}^{p} a_j X_{t-j} \Big| \boldsymbol{X}_{t-1} \Big) \Big] \\ &= \sigma^{-1} [X_t - L(X_t|\boldsymbol{X}_{t-1})] = \sigma^{-1} Z_t, \end{aligned}$$

所以对 $\nu_{t-1} = EW_t^2$, 有

$$Z_t = \sigma W_t, \quad EZ_t^2 = \sigma^2 \nu_{t-1}, \quad t \geqslant 1. \tag{5.4.11}$$

对 $1 \leqslant n < m$, 从逐步预测公式 (5.3.5) 得到

$$\hat{X}_{n+1} = L(\sigma Y_{n+1}|\boldsymbol{Y}_n) = \sigma \sum_{j=1}^{n} \theta_{n,j} W_{n+1-j} = \sum_{j=1}^{n} \theta_{n,j} Z_{n+1-j}.$$

对 $n \geqslant m$, 从 $\mathrm{E}(X_t \varepsilon_{t+k}) = 0,\, k \geqslant 1$ 知道,

$$Y_{n+1} = \sigma^{-1} B(\mathcal{B}) \varepsilon_{n+1} = \sigma^{-1} \sum_{j=0}^{q} b_j \varepsilon_{n+1-j}$$

与 $\{X_j \,|\, 1 \leqslant j \leqslant n-q\}$ 正交, 从而 Y_{n+1} 与

$$\overline{\mathrm{sp}}\{Y_j \,|\, 1 \leqslant j \leqslant n-q\} = \overline{\mathrm{sp}}\{W_j \,|\, 1 \leqslant j \leqslant n-q\}$$

中的任何随机变量正交. 最后, 用 §5.1 中最佳线性预测的性质 7, 4 和 (5.4.8) 式得到

$$\begin{aligned}
\hat{X}_{n+1} &= L\Big(\sum_{j=1}^{p} a_j X_{n+1-j} + \sigma Y_{n+1} \Big| \boldsymbol{X}_n\Big) \\
&= \sum_{j=1}^{p} a_j X_{n+1-j} + \sigma \sum_{j=1}^{q} \theta_{n,j} W_{n+1-j} \\
&= \sum_{j=1}^{p} a_j X_{n+1-j} + \sum_{j=1}^{q} \theta_{n,j} Z_{n+1-j}.
\end{aligned}$$

在上面的叙述中, 因为 $\{Y_t\}$ 和 σ 无关, 所以 $\theta_{n,k}$, $\{W_n\}$ 以及 ν_{n-1} 都是和 σ^2 无关的量, 它们只依赖于参数 $\boldsymbol{a} = (a_1, a_2, \cdots, a_p)^{\mathrm{T}}$ 和 $\boldsymbol{b} = (b_1, b_2, \cdots, b_q)^{\mathrm{T}}$. 这个性质在研究 ARMA 模型的最大似然估计时将得到应用.

例 5.4.3 (接例 5.1.1)　用 ARMA 模型 (3.2.25) 的前 $n = 21$ 个自协方差函数 $\gamma_0, \gamma_1, \cdots, \gamma_{20}$ 和 (5.4.9) 式计算出 $\mathrm{E}(Y_t Y_s)(1 \leqslant s, t \leqslant 21)$ 后, 利用 (5.3.6) 式计算的 $\theta_{n,j}$ 如下:

n	1	2	3	4	$\cdots$	19	20
$\theta_{n,1}$	-0.226	-0.4017	-0.5705	0.1807	$\cdots$	0.4875	0.489
$\theta_{n,2}$	0	-0.6865	-0.6353	-0.1597	$\cdots$	-0.3937	-0.394
$\theta_{n,3}$	0	0	0.3699	-0.0000	$\cdots$	-0.0001	0.000
$\theta_{n,4}$	0	0	0	-0.0000	$\cdots$	0.0000	-0.000

该模型的观测数据 $x_1, x_2, \cdots, x_{21}$ 在例 5.1.1 中给出.

利用 (5.4.10) 式和 (5.3.6) 式计算出逐步预测 $\hat{X}_{k+1} = L(X_{k+1}|\boldsymbol{X}_k)$ 和逐步预测误差的方差 $\nu_{k-1} = \mathrm{E}Z_k^2$ 如下:

j	1	2	3	4	5	6	7
$\hat{X}_j$	0	0.104	0.070	-1.654	0.232	5.385	-1.788
$\hat{X}_{7+j}$	-4.398	-0.837	0.839	2.259	-1.395	-2.354	0.467
$\hat{X}_{14+j}$	2.585	1.069	-1.668	0.161	5.725	-0.229	-3.468
ν_{j-1}	6.670	6.330	2.505	2.387	1.268	1.233	1.142
ν_{6+j}	1.114	1.086	1.069	1.056	1.046	1.038	1.031
ν_{13+j}	1.026	1.022	1.018	1.016	1.013	1.011	1.010

从以上数据看出 ν_k 收敛到 $\sigma^2 = 1$ 的速度是较理想的 (参见习题 5.4.4).
图 5.4.1 是 x_t (虚线) 和 $\hat{X}_t$(实线) 的数据图.

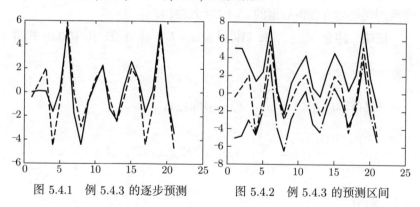

图 5.4.1　例 5.4.3 的逐步预测　　图 5.4.2　例 5.4.3 的预测区间

从图 5.4.1 看到逐步预测 $\hat{X}_t$ 可以理想地预测 X_t 的走势, 这是和该 ARMA 序列的明显周期性有关的.

由于 $Z_k = X_k - \hat{X}_k$ 服从正态分布 $N(0, \nu_{k-1})$, 所以真值 X_t 的置信度为 0.95 的置信区间是

$$[\hat{X}_k - 1.96\sqrt{\nu_{k-1}}, \ \hat{X}_k + 1.96\sqrt{\nu_{k-1}}\,].$$

图 5.4.2 中从上到下三条曲线分别是 $\{x_t\}$ 的置信上限, $\{x_t\}$ 本身 (虚

线) 和置信下限. 置信区间的长度 $3.92\sqrt{\nu_{k-1}}$ 随 k 增加而减少, 最后稳定在 3.92 附近.

5.4.4 ARMA 序列的 $k+1$ 步预测

考虑用 $\boldsymbol{X}_n = (X_1, X_2, \cdots, X_n)^{\mathrm{T}}$ 预测 X_{n+k+1} 的问题. 在前面的记号下, 对 $n > m = \max(p, q)$, 有递推公式:

$$L(X_{n+k+1}|\boldsymbol{X}_n)$$
$$= \begin{cases} \sum_{j=1}^{p} a_j L(X_{n+k+1-j}|\boldsymbol{X}_n) + \sum_{j=k+1}^{q} \theta_{n+k,j} Z_{n+k+1-j}, & 0 \leqslant k < q, \\ \sum_{j=1}^{p} a_j L(X_{n+k+1-j}|\boldsymbol{X}_n), & k \geqslant q. \end{cases} \tag{5.4.12}$$

而预测误差的方差由后面的 (5.4.15) 式给出.

证明 注意 Y_{n+k+1} 和 $\{W_t \,|\, t \leqslant n+k-q\}$ 正交. 用 (5.3.9) 式得到

$$L(Y_{n+k+1}|\boldsymbol{Y}_n) = \sum_{j=k+1}^{n+k} \theta_{n+k,j} W_{n+k+1-j}$$
$$= \sum_{j=k+1}^{q} \theta_{n+k,j} \sigma^{-1} Z_{n+k+1-j}, \quad 1 \leqslant k < q.$$

于是, 利用

$$X_{n+k+1} = \sum_{j=1}^{p} a_j X_{n+k+1-j} + \sigma Y_{n+k+1},$$
$$L(X_{n+k+1}|\boldsymbol{X}_n) = \sum_{j=1}^{p} a_j L(X_{n+k+1-j}|\boldsymbol{X}_n) + \sigma L(Y_{n+k+1}|\boldsymbol{Y}_n)$$

和 (5.4.10) 式得到 (5.4.12) 式.

为计算预测误差的方差, 从 (5.4.10) 式得到

$$X_{n+k+1} = \hat{X}_{n+k+1} + (X_{n+k+1} - \hat{X}_{n+k+1})$$

$$= \sum_{j=1}^{p} a_j X_{n+k+1-j} + \sum_{j=1}^{q} \theta_{n+k,j} Z_{n+k+1-j} + Z_{n+k+1}$$

$$= \sum_{j=1}^{p} a_j X_{n+k+1-j} + \sum_{j=0}^{q} \theta_{n+k,j} Z_{n+k+1-j}, \tag{5.4.13}$$

其中 $\theta_{n+j,0} \overset{\text{def}}{=} 1$. 用 (5.4.13) 式减去 (5.4.12) 式得到

$$X_{n+k+1} - L(X_{n+k+1}|\boldsymbol{X}_n)$$

$$= \sum_{j=1}^{p} a_j [X_{n+k+1-j} - L(X_{n+k+1-j}|\boldsymbol{X}_n)] + \sum_{j=0}^{\min(q,k)} \theta_{n+k,j} Z_{n+k+1-j}.$$

定义 $a_0 = -1$, $Z_k(n) = X_k - L(X_k|\boldsymbol{X}_n)$, $\theta_{n+k,j} = 0$, $j > q$, 则有

$$-\sum_{j=0}^{p} a_j Z_{n+k+1-j}(n) = \sum_{j=0}^{k} \theta_{n+k,j} Z_{n+k+1-j}, \quad k = 0, 1, \cdots.$$

利用 $Z_{n+k+1-j}(n) = Z_{n+k+1-j} = 0$, 当 $j > k$ 时, 得到

$$-a_0 Z_{n+1}(n) = \theta_{n,0} Z_{n+1},$$

$$-[a_1 Z_{n+1}(n) + a_0 Z_{n+2}(n)] = \theta_{n+1,1} Z_{n+1} + \theta_{n+1,0} Z_{n+2},$$

$$\cdots \cdots$$

$$-[a_p Z_{n+k+1-p}(n) + \cdots + a_0 Z_{n+k+1}(n)] = \theta_{n+k,k} Z_{n+1} + \cdots$$

$$+ \theta_{n+k,0} Z_{n+k+1}.$$

再对 $k > p$ 定义 $a_k = 0$, 可以将上述等式写成矩阵的形式:

$$
-\begin{pmatrix}
a_0 & 0 & \cdots & 0 \\
a_1 & a_0 & \cdots & 0 \\
\vdots & \vdots & & \vdots \\
a_k & a_{k-1} & \cdots & a_0
\end{pmatrix}
\begin{pmatrix}
Z_{n+1}(n) \\
Z_{n+2}(n) \\
\vdots \\
Z_{n+k+1}(n)
\end{pmatrix}
$$

$$
=\begin{pmatrix}
\theta_{n,0} & 0 & \cdots & 0 \\
\theta_{n+1,1} & \theta_{n+1,0} & \cdots & 0 \\
\vdots & \vdots & & \vdots \\
\theta_{n+k,k} & \theta_{n+k,k-1} & \cdots & \theta_{n+k,0}
\end{pmatrix}
\begin{pmatrix}
Z_{n+1} \\
Z_{n+2} \\
\vdots \\
Z_{n+k+1}
\end{pmatrix}.
$$

用 C 和 D 分别表示上式左右两边的 $(k+1)\times(k+1)$ 矩阵, 用 V 表示对角矩阵 $\mathrm{diag}(\nu_n,\nu_{n+1},\cdots,\nu_{n+k})$, 容易得到 $(Z_{n+1}(n),Z_{n+2}(n),\cdots,Z_{n+k+1}(n))^{\mathrm{T}}$ 的协方差矩阵

$$
U = C^{-1}DVD^{\mathrm{T}}(C^{\mathrm{T}})^{-1}. \tag{5.4.14}
$$

于是对 $k \geqslant 0$, 有

$$
\mathrm{E}\big[X_{n+k+1} - L(X_{n+k+1}|\boldsymbol{X}_n)\big]^2 = U(k+1,k+1) \tag{5.4.15}
$$

是矩阵 U 的 $(k+1,k+1)$ 元素.

5.4.5 求和 ARIMA 序列的预测

设 $\{X_t\}$ 满足求和 ARIMA(p,d,q) 模型

$$
A(\mathcal{B})(1-\mathcal{B})^d X_t = B(\mathcal{B})\varepsilon_t, \quad \varepsilon_t \sim \mathrm{WN}(0,\sigma^2), \quad t\in\mathbb{N},
$$

则 $Y_t = (1-B)^d X_t,\ t = d+1, d+2,\cdots,n$ 满足 ARMA(p,q) 模型

$$
A(B)Y_t = B(B)\varepsilon_t, \quad t\in\mathbb{N}.
$$

考虑用 $X_1, X_2, \cdots, X_n$ 预测 X_{n+k} 的问题. 首先利用ARMA序列的预测方法得到用 $Y_{d+1}, Y_{d+2}, \cdots, Y_n$ 预测 $Y_{n+1}, Y_{n+2}, \cdots, Y_{n+k}$ 时的最佳线性预测

$$
\tilde{Y}_{n+j} = L(Y_{n+j}|Y_{d+1}, Y_{d+2}, \cdots, Y_n), \quad j = 1, 2, \cdots, k.
$$

再由公式

$$(1-B)^d \hat{X}_t = \tilde{Y}_t, \quad t = n+1, n+2, \cdots, n+k$$

得到近似的递推公式:

$$\hat{X}_{n+k} = \tilde{Y}_{n+k} - \sum_{j=1}^{d} C_d^j (-1)^j \hat{X}_{n+k-j}, \quad k \geqslant 1,$$

其中 $\hat{X}_{n-j} = X_{n-j}, j \geqslant 0$.

习 题 5.4

5.4.1 对于 AR(p) 序列 $\{X_t\}$, $n \geqslant p$ 和 $k \geqslant 1$, 证明:

$$L(X_{n+k}|X_n, X_{n-1}, \cdots, X_1) = L(X_{n+k}|X_n, X_{n-1}, \cdots, X_{n-p+1}).$$

5.4.2 对于非中心化的 AR(p) 序列 $\{X_t\}$ (见习题 2.2.3), 设 $\boldsymbol{X}_n = (X_1, X_2, \cdots X_n)^{\mathrm{T}}$, 给出 $L(X_{n+k+1}|\boldsymbol{X}_n)$, $n \geqslant p, k \geqslant 0$ 的计算公式.

5.4.3 列出用 ARMA(p,q) 模型 (5.4.7) 中的参数 $a_1, a_2, \cdots, a_p, b_1, b_2, \cdots, b_q$, 递推计算 (5.4.10) 式中的 $\{\theta_{n,j}\}$, ν_j 的公式. 中间不要出现白噪声的方差 σ^2.

5.4.4 设 $\{X_t\}$ 是可逆的 ARMA(p,q) 序列, $\hat{X}_{n+k} \overset{\text{def}}{=} L(X_{n+k}|X_n, X_{n-1}, \cdots, X_1)$, $k = 1, 2, \cdots$. 证明:

(1) $\lim_{k\to\infty} \lim_{n\to\infty} E\hat{X}_{n+k}^2 = 0$;

(2) $\lim_{n\to\infty} E(\hat{X}_{n+1} - X_{n+1})^2 = \sigma^2$.

5.4.5 对 ARMA(1,1) 序列 $\{X_t = aX_{t-1} + \varepsilon_t + b\varepsilon_{t-1}\}$, 设 $\{Y_t\}$ 按 (5.4.8) 式定义, $\nu_t = E[Y_{t+1} - L(Y_{t+1}|\boldsymbol{Y}_t)]^2$. 证明:

(1) $E(Y_s Y_t) = \begin{cases} (1+2ab+b^2)/(1-a^2), & s = t = 1, \\ 1+b^2, & s = t \geqslant 2, \\ b, & |s-t| = 1, s \geqslant 1, \\ 0, & \text{其他}; \end{cases}$

(2) $\nu_0 = (1+2ab+b^2)/(1-a^2)$, $\theta_{n,1} = b/\nu_{n-1}$, $\nu_n = 1+b^2 - b^2/\nu_{n-1}$;

(3) $\hat{X}_{t+1} = aX_t + \theta_{n,1}(X_t - \hat{X}_t)$, $t \geqslant 1$.

第六章　　ARMA 模型的参数估计

为时间序列建立模型时, 通常采用比较节俭的模型, 也就是说模型的参数应当较少. 这是因为节俭的模型的参数比较好估计, 稳健性也会好一些.

§6.1　AR 模型的参数估计

p 阶自回归模型是最常用的模型之一. 我们的目的是为观测数据建立 AR(p) 模型

$$X_t = \sum_{j=1}^{p} a_j X_{t-j} + \varepsilon_t, \quad t \geqslant 0. \tag{6.1.1}$$

假设自回归阶数 p 已知, 需要考虑回归系数 $\boldsymbol{a} = (a_1, a_2, \cdots, a_p)^{\mathrm{T}}$ 和零均值白噪声 $\{\varepsilon_t\}$ 的方差 $\sigma^2 = \mathrm{E}\varepsilon_t^2$ 的估计问题. 实际计算时, 首先要对观测数据 $x_1, x_2, \cdots, x_N$ 进行零均值化的预处理:

$$y_t = x_t - \overline{x}_N, \quad t = 1, 2, \cdots, N, \ \overline{x}_N = \frac{1}{N} \sum_{j=1}^{N} x_j,$$

然后为数据 $\{y_t\}$ 建立 AR(p) 模型. 为方便起见, 以下假设数据 $x_1, x_2, \cdots, x_N$ 满足模型 (6.1.1).

6.1.1　AR 模型的 Yule-Walker 估计

从 AR(p) 模型的定义知道, 自回归系数 $\boldsymbol{a}$ 由 AR(p) 序列的自协方差函数 $\gamma_0, \gamma_1, \cdots, \gamma_p$ 通过 Yule-Walker 方程

$$\begin{pmatrix} \gamma_1 \\ \gamma_2 \\ \vdots \\ \gamma_p \end{pmatrix} = \begin{pmatrix} \gamma_0 & \gamma_1 & \cdots & \gamma_{p-1} \\ \gamma_1 & \gamma_0 & \cdots & \gamma_{p-2} \\ \vdots & \vdots & & \vdots \\ \gamma_{p-1} & \gamma_{p-2} & \cdots & \gamma_0 \end{pmatrix} \begin{pmatrix} a_1 \\ a_2 \\ \vdots \\ a_p \end{pmatrix}$$

唯一决定. 白噪声的方差 σ^2 由

$$\sigma^2 = \gamma_0 - (a_1\gamma_1 + a_2\gamma_2 + \cdots + a_p\gamma_p)$$

决定 (见推论 2.3.4). 现在从观测样本 $x_1, x_2, \cdots, x_N$ 可以构造出样本自协方差函数的估计

$$\hat{\gamma}_k = \frac{1}{N}\sum_{j=1}^{N-k} y_j y_{j+k}, \quad k = 0, 1, \cdots, p, \qquad (6.1.2)$$

所以 AR(p) 模型的自回归系数和白噪声方差的矩估计

$$(\hat{a}_1, \hat{a}_2, \cdots, \hat{a}_p)^{\mathrm{T}}, \ \hat{\sigma}^2$$

就分别由样本 Yule-Walker 方程

$$\begin{pmatrix}\hat{\gamma}_1 \\ \hat{\gamma}_2 \\ \vdots \\ \hat{\gamma}_p\end{pmatrix} = \begin{pmatrix} \hat{\gamma}_0 & \hat{\gamma}_1 & \cdots & \hat{\gamma}_{p-1} \\ \hat{\gamma}_1 & \hat{\gamma}_0 & \cdots & \hat{\gamma}_{p-2} \\ \vdots & \vdots & & \vdots \\ \hat{\gamma}_{p-1} & \hat{\gamma}_{p-2} & \cdots & \hat{\gamma}_0 \end{pmatrix}\begin{pmatrix}\hat{a}_1 \\ \hat{a}_2 \\ \vdots \\ \hat{a}_p\end{pmatrix} \qquad (6.1.3)$$

和

$$\hat{\sigma}^2 = \hat{\gamma}_0 - (\hat{a}_1\hat{\gamma}_1 + \hat{a}_2\hat{\gamma}_2 + \cdots + \hat{a}_p\hat{\gamma}_p) \qquad (6.1.4)$$

决定. 由 §4.2 知道, 只要 $N > p$, $x_1, x_2, \cdots, x_N$ 不全相同, p 阶样本自协方差矩阵 $\hat{\boldsymbol{\Gamma}}_p = (\hat{\gamma}_{k-j})$ 就是正定的. 以下总设 $N > p$, $x_1, x_2, \cdots, x_N$ 不全相同. 于是 $\boldsymbol{a}$ 和 σ^2 的矩估计分别由样本 Yule-Walker 方程 (6.1.3) 和 (6.1.4) 式唯一确定. 在实际工作中, 对于较大的 p, 为了加快计算速度可采用如下的 Levinson 递推公式 (见定理 2.4.2):

$$\begin{cases} \hat{\sigma}_0^2 = \hat{\gamma}_0, \\ \hat{a}_{1,1} = \hat{\gamma}_1/\hat{\sigma}_0^2, \\ \hat{\sigma}_k^2 = \hat{\sigma}_{k-1}^2(1 - \hat{a}_{k,k}^2), \\ \hat{a}_{k+1,k+1} = \dfrac{\hat{\gamma}_{k+1} - \hat{\gamma}_k\hat{a}_{k,1} - \hat{\gamma}_{k-1}\hat{a}_{k,2} - \cdots - \hat{\gamma}_1\hat{a}_{k,k}}{\hat{\gamma}_0 - \hat{\gamma}_1\hat{a}_{k,1} - \hat{\gamma}_2\hat{a}_{k,2} - \cdots - \hat{\gamma}_k\hat{a}_{k,k}}, \\ \hat{a}_{k+1,j} = \hat{a}_{k,j} - \hat{a}_{k+1,k+1}\hat{a}_{k,k+1-j}, \quad 1 \leqslant j \leqslant k, k \leqslant p. \end{cases} \qquad (6.1.5)$$

递推结束得到矩估计

$$(\hat{a}_1, \hat{a}_2, \cdots, \hat{a}_p) = (\hat{a}_{p,1}, \hat{a}_{p,2}, \cdots, \hat{a}_{p,p}), \quad \hat{\sigma}^2 = \hat{\sigma}_p^2. \qquad (6.1.6)$$

由于上述的矩估计由 Yule-Walker 方程得到, 所以又被称为 **Yule-Walker 估计**. 它的优点之一是计算简便, 而它的最大优点是得到的样本自回归系数 $(\hat{a}_1, \hat{a}_2, \cdots, \hat{a}_p)$ 满足最小相位条件:

$$\hat{A}(z) = 1 - \sum_{j=1}^{p} \hat{a}_j z^j \neq 0, \quad \text{当} |z| \leqslant 1. \qquad (6.1.7)$$

这个结果由定理 2.4.1 直接得到, 因为 $\hat{\boldsymbol{\Gamma}}_{p+1}$ 是正定矩阵.

由定理 2.3.5 知道, AR(p) 序列的自协方差矩阵 $\boldsymbol{\Gamma}_p$ 是正定矩阵. 于是从估计方程 (6.1.3) 和 (6.1.4) 式可以看出, 只要样本自协方差函数是强相合估计, Yule-Walker 估计作为样本自协方差函数 $\hat{\gamma}_0, \hat{\gamma}_1, \cdots, \hat{\gamma}_p$ 的连续函数, 也是强相合估计. 为保证样本自协方差函数的强相合性, 根据定理 4.2.1, 只需要求白噪声 $\{\varepsilon_t\}$ 是独立同分布.

定理 6.1.1 (见文献 [15]) 如果 AR(p) 模型 (6.1.1) 中的 $\{\varepsilon_t\}$ 是独立同分布的 WN$(0, \sigma^2)$, E$\varepsilon_t^4 < \infty$, 则当 $N \to \infty$ 时,

(1) $\hat{\sigma}^2 \to \sigma^2$, $\hat{a}_j \to a_j$, a.s., $1 \leqslant j \leqslant p$;

(2) $\sqrt{N}(\hat{a}_1 - a_1, \hat{a}_2 - a_2, \cdots, \hat{a}_p - a_p)^{\mathrm{T}}$ 依分布收敛到 p 维正态分布 $N(\mathbf{0}, \sigma^2 \boldsymbol{\Gamma}_p^{-1})$;

(3) $$\sqrt{N} \sup_{1 \leqslant j \leqslant p} |\hat{a}_j - a_j| = O(\sqrt{\ln \ln N}), \quad \text{a.s.},$$

$$\sqrt{N} |\hat{\sigma}_j^2 - \sigma^2| = O(\sqrt{\ln \ln N}), \quad \text{a.s.}.$$

在上述定理的条件下, 设 $\sigma^2 \boldsymbol{\Gamma}_p^{-1} = (\sigma_{ij})$, 则 $\sqrt{N}(\hat{a}_j - a_j)$ 依分布收敛到正态分布 $N(0, \sigma_{jj})$. 于是从正态分布的性质知道, a_j 的置信度为 0.95 的渐近置信区间是

$$\left[\hat{a}_j - 1.96\sqrt{\sigma_{jj}}/\sqrt{N}, \ \hat{a}_j + 1.96\sqrt{\sigma_{jj}}/\sqrt{N} \right].$$

在实际的问题中, σ_{jj} 是未知的, 可以用 $\hat{\sigma}^2 \hat{\boldsymbol{\Gamma}}_p^{-1}$ 的 (j, j) 元素 $\hat{\sigma}_{jj}$ 代替, 得到 a_j 的置信度为 0.95 的近似置信区间

$$\left[\hat{a}_j - 1.96\sqrt{\hat{\sigma}_{jj}}/\sqrt{N}, \ \hat{a}_j + 1.96\sqrt{\hat{\sigma}_{jj}}/\sqrt{N} \right].$$

6.1.2 AR 模型的最小二乘估计

最小二乘估计是线性模型中最常用的估计方法, 它有计算简单的优点. 如果 $(d_1, d_2, \cdots, d_p)$ 是自回归系数 $(a_1, a_2, \cdots, a_p)$ 的估计, 那么白噪声 ε_j 的估计应当定义为

$$\hat{\varepsilon}_j = y_j - (d_1 y_{j-1} + d_2 y_{j-2} + \cdots + d_p y_{j-p}), \quad p+1 \leqslant j \leqslant N. \quad (6.1.8)$$

通常称 $\hat{\varepsilon}_j, p+1 \leqslant j \leqslant N$ 为**残差**. 如果 $(d_1, d_2, \cdots, d_p)$ 是自回归系数 $(a_1, a_2, \cdots, a_p)$ 的较好估计, 那么残差的方差不应当很大. 于是, 合理的估计量 $d_1, d_2, \cdots, d_p$ 应当使得残差平方和

$$S(d_1, d_2, \cdots, d_p) = \sum_{j=p+1}^{N} [y_j - (d_1 y_{j-1} + d_2 y_{j-2} + \cdots + d_p y_{j-p})]^2 \quad (6.1.9)$$

的取值比较小.

另一方面, 在考虑用 $y_{j-1}, y_{j-2}, \cdots, y_{j-p}$ 的线性组合

$$d_1 y_{j-1} + d_2 y_{j-2} + \cdots + d_p y_{j-p} \quad (6.1.10)$$

对 y_j 进行预测时, 合理的估计量 $d_1, d_2, \cdots, d_p$ 也应当使得预测误差 (6.1.8) 的平方和取值较小.

基于以上原因, 把 $S(d_1, d_2, \cdots, d_p)$ 的最小值点 $\hat{d}_1, \hat{d}_2, \cdots, \hat{d}_p$ 称为自回归系数的最小二乘估计. 引入

$$\boldsymbol{Y} = \begin{pmatrix} y_{p+1} \\ y_{p+2} \\ \vdots \\ y_N \end{pmatrix}, \quad \boldsymbol{X} = \begin{pmatrix} y_p & y_{p-1} & \cdots & y_1 \\ y_{p+1} & y_p & \cdots & y_2 \\ \vdots & \vdots & & \vdots \\ y_{N-1} & y_{N-2} & \cdots & y_{N-p} \end{pmatrix}, \quad \boldsymbol{d} = \begin{pmatrix} d_1 \\ d_2 \\ \vdots \\ d_p \end{pmatrix}.$$

可以把函数 $S(d_1, d_2, \cdots, d_p)$ 写成欧氏空间中距离的形式:

$$S(d_1, d_2, \cdots, d_p) = |\boldsymbol{Y} - \boldsymbol{X}\boldsymbol{d}|^2. \quad (6.1.11)$$

根据垂直距离最短的道理, $S(d_1, d_2, \cdots, d_p)$ 的最小值点 $\boldsymbol{d}$ 应当使得 $\boldsymbol{Y} - \boldsymbol{X}\boldsymbol{d}$ 和 $\boldsymbol{X}$ 的每个列向量正交, 也就是 $\boldsymbol{d}$ 使得

$$\boldsymbol{X}^{\mathrm{T}}(\boldsymbol{Y} - \boldsymbol{X}\boldsymbol{d}) = \boldsymbol{0}. \quad (6.1.12)$$

实际上, 若 $\boldsymbol{d}$ 是方程 (6.1.12) 的解, 则对任一 p 维向量 $\boldsymbol{c} = (c_1, c_2, \cdots, c_p)^{\mathrm{T}}$,

$$
\begin{aligned}
S(\boldsymbol{c}) = |\boldsymbol{Y} - \boldsymbol{X}\boldsymbol{c}|^2 &= |\boldsymbol{Y} - \boldsymbol{X}\boldsymbol{d} + \boldsymbol{X}(\boldsymbol{c} - \boldsymbol{d})|^2 \\
&= |\boldsymbol{Y} - \boldsymbol{X}\boldsymbol{d}|^2 + |\boldsymbol{X}(\boldsymbol{c} - \boldsymbol{d})|^2 + 2[\boldsymbol{X}(\boldsymbol{c} - \boldsymbol{d})]^{\mathrm{T}}(\boldsymbol{Y} - \boldsymbol{X}\boldsymbol{d}) \\
&= |\boldsymbol{Y} - \boldsymbol{X}\boldsymbol{d}|^2 + |\boldsymbol{X}(\boldsymbol{c} - \boldsymbol{d})|^2 + 0 \\
&\geqslant |\boldsymbol{Y} - \boldsymbol{X}\boldsymbol{d}|^2.
\end{aligned}
$$

于是, 线性方程组 (6.1.12) 的任一解是自回归系数 $(a_1, a_2, \cdots, a_p)$ 的最小二乘估计. 特别当 $p \times p$ 对称矩阵 $\boldsymbol{X}^{\mathrm{T}}\boldsymbol{X}$ 正定时, 自回归系数的最小二乘估计是唯一的, 由

$$
(\hat{a}_1, \hat{a}_2, \cdots, \hat{a}_p)^{\mathrm{T}} = (\boldsymbol{X}^{\mathrm{T}}\boldsymbol{X})^{-1}\boldsymbol{X}^{\mathrm{T}}\boldsymbol{Y}
$$

给出. 白噪声方差 σ^2 的最小二乘估计为

$$
\hat{\sigma}^2 = \frac{1}{N-p} S(\hat{a}_1, \hat{a}_2, \cdots, \hat{a}_p). \tag{6.1.13}
$$

为了解最小二乘估计和 Yule-Walker 估计的区别, 需要了解有关随机变量依概率有界的定义.

定义 6.1.1 设 $\{\xi_n\}$ 是时间序列, $\{c_n\}$ 是非零常数列. 如果对任何 $\varepsilon > 0$, 存在正数 M, 使得

$$
\sup_{n \geqslant 1} P(|\xi_n| > M) \leqslant \varepsilon,
$$

则称 $\{\xi_n\}$ 是**依概率有界**的, 记作 $\xi_n = O_p(1)$. 如果 $\{\xi_n/c_n\} = O_p(1)$, 则记 $\xi_n = O_p(c_n)$.

相应地将随机序列 $\{\xi_n/c_n\}$ 依概率收敛于 0 记作 $\xi_n = o_p(c_n)$. 可以看出当 $\xi_n = o_p(c_n)$ 时, 有 $\xi_n = O_p(c_n)$. 实际上如果 $\xi_n = o_p(c_n)$, 有 $\delta > 0$, 使得只要 $n > N$, 则 $P(|\xi_n/c_n| > \delta) < \varepsilon$. 于是存在 $M \geqslant \delta$, 使得

$$
\sup_{1 \leqslant n \leqslant N} P(|\xi_n/c_n| > M) \leqslant \varepsilon,
$$

从而 $\xi_n = O_p(c_n)$. 另外, 如果 $\xi_n = O_p(1)$, 则对任何 $c_n \to \infty$, $\xi_n/c_n = o_p(1)$ (见习题 6.1.1 和习题 6.5.3).

用 $\hat{a}_j$ 表示回归系数的最小二乘估计, 可以证明 (见附录 1.4):

$$\hat{a}_j - \hat{\alpha}_j = O_p(1/N), \quad 1 \leqslant j \leqslant p. \tag{6.1.14}$$

由于 $1/N$ 收敛到 0 的速度很快, 所以对较大的 N, 最小二乘估计和 Yule-Walker 估计的差别不大. 从定理 6.1.1 和 (6.1.14) 式可以得到下面的定理.

定理 6.1.2 设 AR(p) 模型 (6.1.1) 中的白噪声 $\{\varepsilon_t\}$ 独立同分布, $E\varepsilon_t^4 < \infty$, $(\hat{\alpha}_1, \hat{\alpha}_2, \cdots, \hat{\alpha}_p)$ 是自回归系数 $(a_1, a_2, \cdots, a_p)$ 的最小二乘估计, 则当 $N \to \infty$ 时,

$$\sqrt{N}(\hat{\alpha}_1 - a_1, \hat{\alpha}_2 - a_2, \cdots, \hat{\alpha}_p - a_p)$$

依分布收敛到 p 维正态分布 $N(\mathbf{0}, \sigma^2 \mathbf{\Gamma}_p^{-1})$.

6.1.3 AR 模型的最大似然估计

通常矩估计具有容易计算的优点, 但也往往有估计的精度不高的缺点. Yule-Walker 估计实际上是矩估计, 而最小二乘估计又和 Yule-Walker 估计接近, 所以也有同样的优缺点. 通常, 最大似然估计的估计精度比较高, 所以还希望对 AR(p) 模型的参数能够计算最大似然估计.

设 AR(p) 模型 (6.1.1) 的白噪声

$$\varepsilon_t = X_t - \sum_{j=1}^p a_j X_{t-j}$$

服从正态分布, 则 $\varepsilon_{p+1}, \varepsilon_{p+2}, \cdots, \varepsilon_N$ 有联合密度函数

$$\left(\frac{1}{2\pi\sigma^2}\right)^{\frac{N-p}{2}} \exp\left(-\frac{1}{2\sigma^2} \sum_{t=p+1}^N \varepsilon_t^2\right). \tag{6.1.15}$$

利用 (6.1.15) 式得到基于观测数据 $x_1, x_2, \cdots, x_N$ 的似然函数

$$L(\boldsymbol{a}, \sigma^2) = \left(\frac{1}{2\pi\sigma^2}\right)^{\frac{N-p}{2}} \exp\left[-\frac{1}{2\sigma^2} \sum_{t=p+1}^N \left(x_t - \sum_{j=1}^p a_j x_{t-j}\right)^2\right].$$

$L(\boldsymbol{a}, \sigma^2)$ 的最大值点 $(\hat{a}_1, \hat{a}_2, \cdots, \hat{a}_p, \hat{\sigma}^2)$ 是 $(a_1, a_2, \cdots, a_p, \sigma^2)$ 的最大似然估计. 由于实际计算中首先对数据进行零均值化得到 y_t, 对数似然函数定义为

$$
\begin{aligned}
l(\boldsymbol{a}, \sigma^2) &= \ln L(\boldsymbol{a}, \sigma^2) \\
&= -\frac{N-p}{2} \ln(\sigma^2) - \frac{1}{2\sigma^2} \sum_{t=p+1}^{N} \left(y_t - \sum_{j=1}^{p} a_j y_{t-j} \right)^2 + c \\
&= -\frac{N-p}{2} \ln(\sigma^2) - \frac{1}{2\sigma^2} S(\boldsymbol{a}) + c,
\end{aligned}
$$

这里 $c = -[(N-p)/2] \ln(2\pi)$ 是常数, $S(\boldsymbol{a}) = S(a_1, a_2, \cdots, a_p)$ 按 (6.1.9) 式定义.

为求 $l(\boldsymbol{a}, \sigma^2)$ 的最大值点, 解方程

$$
\frac{\partial l(\boldsymbol{a}, \sigma^2)}{\partial \sigma^2} = -\frac{N-p}{2\sigma^2} + \frac{1}{2\sigma^4} S(\boldsymbol{a}) = 0,
$$

得到

$$
\sigma^2 = \frac{1}{N-p} S(\boldsymbol{a}). \tag{6.1.16}
$$

把上式代入 $l(\boldsymbol{a}, \sigma^2)$ 的表达式, 得到

$$
l(\boldsymbol{a}, \sigma^2) = -\frac{N-p}{2} \ln(S(\boldsymbol{a})) + c_0,
$$

这里 c_0 是和 $\boldsymbol{a}, \sigma^2$ 无关的常数. 容易看出, $l(\boldsymbol{a}, \sigma^2)$ 的最大值点实际上是 $S(\boldsymbol{a})$ 的最小值点, 从而是 $\boldsymbol{a}$ 的最小二乘估计. 因而, 对于 AR(p) 模型来讲, 自回归系数的最大似然估计和最小二乘估计是一样的. 得到最大似然估计 $(\hat{a}_1, \hat{a}_2, \cdots, \hat{a}_p)$ 后代入 (6.1.16) 式, 就得到 σ^2 的最大似然估计

$$
\hat{\sigma}^2 = \frac{1}{N-p} S(\hat{a}_1, \hat{a}_2, \cdots, \hat{a}_p).
$$

通过和 (6.1.13) 式比较知道, σ^2 的最大似然估计和最小二乘估计也是一样的.

例 6.1.1 (Yule-Walker 估计的模拟计算) 设 $\{\varepsilon_t\}$ 是标准正态白噪声, AR(4) 序列 $\{x_t\}$ 由

$$
x_t = 1.16 x_{t-1} - 0.37 x_{t-2} - 0.11 x_{t-3} + 0.18 x_{t-4} + \varepsilon_t, \quad t \geqslant 1 \tag{6.1.17}
$$

按 §2.2 中的方法产生.

下面对样本量 $N = 50, 100, 300, 1000$ 分别做 $M = 1000$ 次独立重复计算. 每次重复计算都重新产生标准正态白噪声和相应的 AR(4) 序列. 用 a, σ^2 表示真值, 用 Ave($\hat{a}$) 和 Ave($\hat{\sigma}^2$) 表示 $M = 1000$ 次 Yule-Walker 估计的平均, 用 Std($\hat{a}$) 和 Std($\hat{\sigma}^2$) 表示 $M = 1000$ 次 Yule-Walker 估计的标准差. 类似地, 用 Ave($\tilde{a}$), Ave($\tilde{\sigma}^2$) 表示 $M = 1000$ 次最小二乘估计的平均, 用 Std($\tilde{a}$) 和 Std($\tilde{\sigma}^2$) 表示 $M = 1000$ 次最小二乘估计的标准差. 计算结果如下:

模拟计算 6.1.1 $N = 50, M = 1000$.

	a				$\sigma^2 = 1.0$
	1.1600	−0.3700	−0.1100	0.1800	
Ave($\hat{a}$)	1.0409	−0.3162	−0.0797	0.0923	Ave($\hat{\sigma}^2$) = 1.0476
Ave($\tilde{a}$)	1.1059	−0.3744	−0.0810	0.1114	Ave($\tilde{\sigma}^2$) = 0.8947
Std($\hat{a}$)	0.1469	0.1950	0.1863	0.1231	Std($\hat{\sigma}^2$) = 0.2644
Std($\tilde{a}$)	0.1596	0.2317	0.2229	0.1415	Std($\tilde{\sigma}^2$) = 0.2049

通常人们还关心拟合模型的最小相位性. 用 Roots(a) 表示模型 (6.1.17) 的 4 个特征根. 用 Roots($\hat{a}$) 和 Roots($\tilde{a}$) 分别表示以 Ave($\hat{a}$) 和 Ave($\tilde{a}$) 为回归系数的AR(4) 模型的特征根. 计算结果如下:

Roots(a)	−2.1930	1.1580	0.8230 + 1.2289i	0.8230 − 1.2289i
Roots($\hat{a}$)	−2.6403	1.4369	1.0333 + 1.3371i	1.0333 − 1.3371i
Roots($\tilde{a}$)	−2.5829	1.3741	0.9677 + 1.2619i	0.9677 − 1.2619i

模拟计算 6.1.2 $N = 100, M = 1000$.

	a				$\sigma^2 = 1.0$
	1.1600	−0.370	−0.110	0.1800	
Ave($\hat{a}$)	1.1009	−0.3478	−0.0883	0.1345	Ave($\hat{\sigma}^2$) = 1.0268
Ave($\tilde{a}$)	1.1350	−0.3761	−0.0938	0.1476	Ave($\tilde{\sigma}^2$) = 0.9477
Std($\hat{a}$)	0.1000	0.1435	0.1364	0.0931	Std($\hat{\sigma}^2$) = 0.1667
Std($\tilde{a}$)	0.1020	0.1549	0.1510	0.1005	Std($\tilde{\sigma}^2$) = 0.1417

| Roots($\hat{a}$) | -2.3941 | 1.2631 | $0.8938 + 1.2886i$ | $0.8938 - 1.2886i$ |
| Roots($\tilde{a}$) | -2.3540 | 1.2411 | $0.8744 + 1.2469i$ | $0.8744 - 1.2469i$ |

模拟计算 6.1.3 $N = 300, M = 1000$.

	a				$\sigma^2 = 1.0$
	1.1600	-0.370	-0.110	0.1800	
Ave($\hat{a}$)	1.1402	-0.3621	-0.1039	0.1675	Ave($\hat{\sigma}^2$) = 1.0095
Ave($\tilde{a}$)	1.1515	-0.3723	-0.1058	0.1721	Ave($\tilde{\sigma}^2$) = 0.9801
Std($\hat{a}$)	0.0563	0.0818	0.0822	0.0549	Std($\hat{\sigma}^2$) = 0.0804
Std($\tilde{a}$)	0.0562	0.0838	0.0852	0.0562	Std($\tilde{\sigma}^2$) = 0.0778

| Roots($\hat{a}$) | -2.2376 | 1.1848 | $0.8364 + 1.2457i$ | $0.8364 - 1.2457i$ |
| Roots($\tilde{a}$) | -2.2287 | 1.1799 | $0.8317 + 1.2322i$ | $0.8317 - 1.2322i$ |

模拟计算 6.1.4 $N = 1000, M = 1000$.

	a				$\sigma^2 = 1.0$
	1.1600	-0.370	-0.110	0.1800	
Ave($\hat{a}$)	1.1549	-0.3680	-0.1078	0.1745	Ave($\hat{\sigma}^2$) = 1.0035
Ave($\tilde{a}$)	1.1584	-0.3712	-0.1085	0.1760	Ave($\tilde{\sigma}^2$) = 0.9954
Std($\hat{a}$)	0.0306	0.0470	0.0485	0.0311	Std($\hat{\sigma}^2$) = 0.0465
Std($\tilde{a}$)	0.0307	0.0473	0.0488	0.0312	Std($\tilde{\sigma}^2$) = 0.0456

从模拟结果看到: 在回归系数的估计方面, Yule-Walker 估计的标准差小一些; 在噪声方差的估计方面, 最小二乘估计的标准差小一些; 随着 N 的增加, Std($\hat{a}$) 和 Std($\tilde{a}$) 在减少, 说明估计的精度在增加; 该模拟试验说明 Yule-Walker 估计和最小二乘估计都是相合的; 对较大的样本量 N, Yule-Walker 估计和最小二乘估计的精度差不多; 所建立的 AR(4) 模型都满足最小相位条件.

6.1.4 模型的定阶

前面所述的 AR(p) 模型的参数估计建立在已知模型阶数 p 的基础上. 实际问题中阶数 p 是未知的, 或是根本不存在的. 所以要考虑 p

的估计或选择问题.

由于 AR(p) 序列的特征是偏相关系数 p 后截尾, 所以 p 的最自然的选择方法就是看样本偏相关系数 $\{\hat{a}_{k,k}\}$ 何时截尾. 如果 $\{\hat{a}_{k,k}\}$ 在 $\hat{p}$ 处截尾: $\hat{a}_{k,k} \approx 0$ 当 $k > \hat{p}$, 而 $\hat{a}_{\hat{p}\hat{p}} \neq 0$, 就以 $\hat{p}$ 作为 p 的估计.

因为对任何 $k < N$, k 阶样本自协方差矩阵是正定的, 所以样本偏相关系数 $\hat{a}_{k,k}$ 由样本 Yule-Walker 方程

$$\begin{pmatrix} \hat{\gamma}_1 \\ \hat{\gamma}_2 \\ \vdots \\ \hat{\gamma}_k \end{pmatrix} = \begin{pmatrix} \hat{\gamma}_0 & \hat{\gamma}_1 & \cdots & \hat{\gamma}_{k-1} \\ \hat{\gamma}_1 & \hat{\gamma}_0 & \cdots & \hat{\gamma}_{k-2} \\ \vdots & \vdots & & \vdots \\ \hat{\gamma}_{k-1} & \hat{\gamma}_{k-2} & \cdots & \hat{\gamma}_0 \end{pmatrix} \begin{pmatrix} \hat{a}_{k,1} \\ \hat{a}_{k,2} \\ \vdots \\ \hat{a}_{k,k} \end{pmatrix}$$

唯一决定. 于是可以利用 Levinson 递推公式 (6.1.5) 进行递推计算.

关于上述方法的合理性, 有下面的定理.

定理 6.1.3 如果 AR(p) 模型 (6.1.1) 中的白噪声是独立同分布的, 则对任何 $k > p$,

$$\lim_{N \to \infty} \hat{a}_{k,j} = \begin{cases} a_j, & \text{当 } j \leqslant p, \\ 0, & \text{当 } j > p. \end{cases} \tag{6.1.18}$$

证明 由定理 4.2.1 知道, 样本自协方差函数 $\hat{\gamma}_k$ 是 γ_k 的强相合估计. 对任何矩阵 $(c_{j,k}(N))$ 定义极限符号

$$\lim_{N \to \infty} (c_{j,k}(N)) = (\lim_{N \to \infty} c_{j,k}(N)).$$

对 $k > p$, 利用 $\boldsymbol{\Gamma}_k$ 的正定性得到

$$\lim_{N \to \infty} (\hat{a}_{k,1}, \hat{a}_{k,2}, \cdots, \hat{a}_{k,k})$$

$$= \lim_{N \to \infty} \begin{pmatrix} \hat{\gamma}_0 & \hat{\gamma}_1 & \cdots & \hat{\gamma}_{k-1} \\ \hat{\gamma}_1 & \hat{\gamma}_0 & \cdots & \hat{\gamma}_{k-2} \\ \vdots & \vdots & & \vdots \\ \hat{\gamma}_{k-1} & \hat{\gamma}_{k-2} & \cdots & \hat{\gamma}_0 \end{pmatrix}^{-1} \times \lim_{N \to \infty} \begin{pmatrix} \hat{\gamma}_1 \\ \hat{\gamma}_2 \\ \vdots \\ \hat{\gamma}_k \end{pmatrix}$$

$$
=\begin{pmatrix}
\gamma_0 & \gamma_1 & \cdots & \gamma_{k-1} \\
\gamma_1 & \gamma_0 & \cdots & \gamma_{k-2} \\
\vdots & \vdots & & \vdots \\
\gamma_{k-1} & \gamma_{k-2} & \cdots & \gamma_0
\end{pmatrix}^{-1}
\times
\begin{pmatrix}
\gamma_1 \\ \gamma_2 \\ \vdots \\ \gamma_k
\end{pmatrix}
=
\begin{pmatrix}
a_{k,1} \\ a_{k,2} \\ \vdots \\ a_{k,k}
\end{pmatrix}.
$$

从 (2.3.9) 式知道

$$
(a_{k,1}, a_{k,2}, \cdots, a_{k,k}) = (a_1, a_2, \cdots, a_p, 0, \cdots, 0). \qquad (6.1.19)
$$

所以 (6.1.18) 式成立.

因为不能得到 $\hat{a}_{k,k}$ 的真实分布, 为解决假设 $H_0: a_{k,k} = 0$ 的检验问题, 只得求助于 $\hat{a}_{k,k} - a_{k,k}$ 的极限分布. 下面的定理说明对 $k > p$, $\sqrt{N}(\hat{a}_{k,k} - a_{k,k})$ 服从中心极限定理 (见文献 [15]).

定理 6.1.4 设 $(a_{k,1}, a_{k,2}, \cdots, a_{k,k})$ 由 (6.1.19) 式定义, AR(p) 模型 (6.1.1) 中的白噪声独立同分布, 且 $\mathrm{E}\varepsilon_t^4 < \infty$, 则对确定的 $k > p$, 当 $N \to \infty$ 时,

$$
\sqrt{N}(\hat{a}_{k,1} - a_{k,1}, \hat{a}_{k,2} - a_{k,2}, \cdots, \hat{a}_{k,k} - a_{k,k})
$$

依分布收敛到 k 维正态分布 $N(\mathbf{0}, \sigma^2 \boldsymbol{\Gamma}_k^{-1})$.

推论 6.1.5 在定理 6.1.4 的条件下, 当 $k > p$ 时, $\sqrt{N}\hat{a}_{k,k}$ 依分布收敛到标准正态分布 $N(0,1)$.

证明 从定理 6.1.4 知道, 只需对 $k > p$ 证明 $\sigma^2 \boldsymbol{\Gamma}_k^{-1}$ 的 (k,k) 元素是 1. 用 $\boldsymbol{A}_{(j,j)}$ 表示矩阵 $\boldsymbol{A}$ 的 (j,j) 元素. 利用 $\boldsymbol{\Gamma}_k^{-1}$ 的伴随矩阵表示得到

$$
\boldsymbol{\Gamma}_k^{-1} = \frac{1}{\det(\boldsymbol{\Gamma}_k)}
\begin{pmatrix}
\det(\boldsymbol{\Gamma}_{k-1}) & & * \\
& \ddots & \\
* & & \det(\boldsymbol{\Gamma}_{k-1})
\end{pmatrix}.
$$

于是

$$
(\boldsymbol{\Gamma}_k^{-1})_{(k,k)} = (\boldsymbol{\Gamma}_k^{-1})_{(1,1)} = \frac{\det(\boldsymbol{\Gamma}_{k-1})}{\det(\boldsymbol{\Gamma}_k)}, \quad k \geqslant 1.
$$

对 $k \geqslant p$, 利用 (2.3.10) 式得到

$$\boldsymbol{\Gamma}_{k+1}\begin{pmatrix}1\\-\boldsymbol{a}_k\end{pmatrix}=\begin{pmatrix}\sigma^2\\0\\\vdots\\0\end{pmatrix},$$

从而有

$$\begin{pmatrix}1\\-\boldsymbol{a}_k\end{pmatrix}=\boldsymbol{\Gamma}_{k+1}^{-1}\begin{pmatrix}\sigma^2\\0\\\vdots\\0\end{pmatrix}.$$

于是

$$\left(\sigma^2\boldsymbol{\Gamma}_{k+1}^{-1}\right)_{(k+1,k+1)}=\left(\sigma^2\boldsymbol{\Gamma}_{k+1}^{-1}\right)_{(1,1)}=1,\quad k\geqslant p.$$

根据推论 6.1.5 知道对于 AR(p) 序列和 $k>p$, 当 N 比较大时, $\sqrt{N}\hat{a}_{k,k}$ 近似服从标准正态分布 $N(0,1)$, 所以 $\hat{a}_{k,k}$ 以大约 0.95 的概率落在区间 $[-1.96/\sqrt{N},\,1.96/\sqrt{N}]$ 中. 于是对某个固定的 k, 以

$$\hat{p}=\sup\left\{j\,\big|\,|\hat{a}_{j,j}|\geqslant 1.96/\sqrt{N},1\leqslant j\leqslant k\right\} \tag{6.1.20}$$

作为 p 的估计是合理的. 实际中根据问题的背景或数据样本量 N 的大小, 对 AR(p) 模型的阶数 p 规定一个上限 P_0 是可以接受的. 这时只要在 (6.1.20) 式中取 $k=P_0$ 就可以了.

在实际应用中, AIC 准则也是常用的定阶方法. 假定已有阶数 p 的上界 P_0. 当 AR 模型的阶数是 k 时, 可以计算出相应的 AR(k) 模型的白噪声方差的估计 $\hat{\sigma}_k^2$. 引入 **AIC 函数**

$$\mathrm{AIC}(k)=\ln\hat{\sigma}_k^2+\frac{2k}{N},\quad k=0,1,\cdots,P_0,$$

称函数 AIC(k) 的第一个最小值点 $\hat{p}$ 为 **AIC 定阶**. 可以证明 AIC 定阶并不是相合的. 也就是说, 当数据来自 AR(p) 模型时, $\hat{p}$ 并不依概率

收敛到真正的阶数 p. 但是也有研究指出, AIC 定阶通常会对阶数略有高估.

一般来讲, 不相合性和高估总是不好的. 但是从 AR(p) 模型的 Yule-Walker 方程看, 略有高估并不引起严重的后果, 而低估了阶数会带来很大的模型误差.

另一方面, 实际数据中的阶数 p 并不存在, 把阶数 p 估计得略高一点在预测问题中还有利于多用历史数据. 所以在实际问题中, 当样本量不是很大时, 人们还是乐于使用 AIC 定阶.

为了克服 AIC 定阶的不相合性, 许多工作建议使用 **BIC 函数**

$$\mathrm{BIC}(k) = \ln \hat{\sigma}_k^2 + \frac{k \ln N}{N}, \quad k = 0, 1, \cdots, P_0$$

定阶. BIC(k) 的第一个最小值点 $\hat{p}$ 称作 AR(p) 模型的 **BIC 定阶**. 如果 AR(p) 模型中的白噪声是独立同分布的, 可以证明 BIC 定阶是强相合的.

但是当 N 不是很大时, 用 BIC 定阶有时会低估阶数 p, 造成模型的较大失真. 所以在实际问题中, 特别当样本量不是很大时, BIC 的定阶效果并不如 AIC (参见例 6.1.2).

6.1.5 AR 模型的拟合检验

对观测数据 $x_1, x_2, \cdots, x_N$ 得到了 AR(p) 的阶 p 和自回归系数 $(a_1, a_2, \cdots, a_p)$ 的估计量 $\hat{p}$ 和 $(\hat{a}_1, \hat{a}_2, \cdots, \hat{a}_{\hat{p}})$ 后, 计算残差

$$\hat{\varepsilon}_t = y_t - \sum_{j=1}^{\hat{p}} \hat{a}_j y_{t-j}, \quad t = \hat{p}+1, \hat{p}+2, \cdots, N, \tag{6.1.21}$$

这里的 $y_t = x_t - \overline{x}_N$ 是 x_t 零均值化.

检验上述模型是否可用的常用方法便是对上述的残差序列进行白噪声的检验 (见 §4.3). 如果不能拒绝残差 (6.1.21) 是白噪声, 则可以认为建立的模型合理. 否则可以改动 $\hat{p}$ 的值后重新计算, 或改用 MA(q) 或 ARMA(p, q) 模型.

6.1.6 AR 谱密度估计

满足 AR(p) 模型 (6.1.1) 的 AR(p) 序列有谱密度函数

$$f(\lambda) = \frac{\sigma^2}{2\pi}\left|1 - \sum_{j=1}^{p} a_j \mathrm{e}^{\mathrm{i}j\lambda}\right|^{-2}. \tag{6.1.22}$$

把 σ^2, p 和 $(a_1, a_2, \cdots, a_p)$ 的估计量 $\hat{\sigma}^2$, $\hat{p}$ 和 $(\hat{a}_1, \hat{a}_2, \cdots, \hat{a}_p)$ 代入 (6.1.22) 式后, 得到 $f(\lambda)$ 的估计

$$\hat{f}(\lambda) = \frac{\hat{\sigma}^2}{2\pi}\left|1 - \sum_{j=1}^{\hat{p}} \hat{a}_j \mathrm{e}^{\mathrm{i}j\lambda}\right|^{-2}. \tag{6.1.23}$$

通常称 $\hat{f}(\lambda)$ 为 **AR 谱估计**或**极大熵谱估计**. 对于 AIC 或 BIC 定阶 $\hat{p}$, 如果 $\{\varepsilon_t\}$ 是独立同分布的 WN$(0, \sigma^2)$, 可以证明 $\hat{f}(\lambda)$ 一致收敛到 $f(\lambda)$.

例 6.1.2 (接例 6.1.1)　设 $\{x_t\}$ 是平稳序列的 $N = 300$ 个观测数据 (见附录 2.7), 试对这批数据建立 AR(p) 模型.

解　设 AR(p) 模型的阶数上界是 $P_0 = 10$, 解 Yule-Walker 方程 (6.1.3), 对 $p = 1, 2, \cdots, 10$ 分别得到 Yule-Walker 估计如下:

$a_{p,k}$	1	2	3	4	5	6	7	$\cdots$	$\hat{\sigma}^2(p)$
1	0.892								1.136
2	1.141	−0.278							1.047
3	1.169	−0.392	0.099						1.037
4	1.149	−0.315	−0.130	0.196					0.997
5	1.138	−0.307	−0.111	0.129	0.058				0.994
6	1.134	−0.314	−0.105	0.145	−0.003	0.054			0.991
7	1.134	−0.314	−0.106	0.146	−0.000	0.044	0.008		0.991
8	1.134	−0.314	−0.106	0.146	0.000	0.045	0.004	$\cdots$	0.991
9	1.134	−0.314	−0.102	0.146	0.013	0.035	−0.024	$\cdots$	0.982
10	1.138	−0.318	−0.101	0.144	0.012	0.030	−0.020	$\cdots$	0.981

其样本偏相关系数见图 6.1.1, 它有 4 后截尾的表现. 图 6.1.1 中的两条虚直线分别是 $\pm 1.96/\sqrt{N} = \pm 0.1132$. 按照 AR 模型的定阶方法 (6.1.20), 应当取 $\hat{p} = 4$.

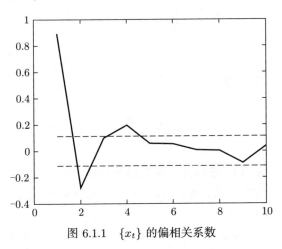

图 6.1.1 $\{x_t\}$ 的偏相关系数

再对 $p = 1, 2, \cdots, 10$ 计算 AIC 和 BIC 函数如下:

p	1	2	3	4	5	6	7	$\cdots$	10
AIC(p)	0.134	0.060	0.057	0.024	0.027	0.031	0.038	$\cdots$	0.049
BIC(p)	0.147	0.085	0.094	0.074	0.089	0.105	0.124	$\cdots$	0.171

由于 AIC(4) 和 BIC(4) 分别是 AIC 和 BIC 函数的最小值, 所以 AIC 和 BIC 定阶都是 $\hat{p} = 4$. 这样就可以基本确定要找的模型是

$$X_t = 1.149 X_{t-1} - 0.315 X_{t-2} - 0.130 X_{t-3} + 0.196 X_{t-4} + \varepsilon_t, \quad t \in \mathbb{Z},$$
$$(6.1.24)$$

其中 $\{\varepsilon_t\}$ 是 WN(0, 0.997).

上面的数据实际上是来自模型 (6.1.17) 的观测, 本次计算的效果是理想的, 但并不是对每次观测都有这样的结果. 我们将上述的模拟计算独立重复 1000 次, 每次使用不同的 300 个观测数据. 得到的 AIC 和 BIC 定阶情况如下:

$\hat{p}$	1	2	3	4	5	6	7	8	9	10
AIC 定阶	0	52	25	674	113	61	29	21	14	11
BIC 定阶	1	455	59	476	7	2	0	0	0	0

其中的 674 表示在 1000 次模拟计算中 AIC 将阶数定为 4 的有 674 次. AIC 定出的平均阶数是 4.413, 它高于 BIC 定出的平均阶数 3.039.

上面的计算说明 BIC 定阶对阶数低估的比率是 51.5%, 但是数据量增大后这种情况会得到改善. 下面是对模型 (6.1.17) 的 1000 次模拟计算的结果, 每次用 $N = 1000$ 个数据:

$\hat{p}$	1	2	3	4	5	6	7	8	9	10
AIC 定阶	0	0	0	739	124	45	37	25	12	18
BIC 定阶	0	4	1	990	5	0	0	0	0	0

AIC 定出的平均阶数是 4.593, BIC 定出的平均阶数 3.996. 本次模拟计算也提示我们, 对于较大的样本量综合考虑 AIC 定阶和 BIC 定阶也是有必要的.

例 6.1.3 (接例 6.1.2) 用附录 2.7 的数据对模型 (6.1.24) 做拟合检验.

解 设 $y_t = x_t - \overline{x}_N$ 是数据 $x_1, x_2, \cdots, x_N$ 的零均值化,

$$\hat{\varepsilon}_{t-4} = y_t - 1.149y_{t-1} + 0.315y_{t-2}$$
$$+ 0.130y_{t-3} - 0.196y_{t-4}, \quad t = 5, 6, \cdots, 300. \quad (6.1.25)$$

用 $\hat{\rho}_k$ 表示 $\{\hat{\varepsilon}_t \,|\, 1 \leqslant t \leqslant 296\}$ 的样本自相关系数. 原假设

$$H_0 : \{\hat{\varepsilon}_t\} \text{ 是白噪声}$$

的检验统计量

$$\hat{\chi}^2(m) = 296(\hat{\rho}_1^2 + \hat{\rho}_2^2 + \cdots + \hat{\rho}_m^2)$$

近似服从 $\chi^2(m)$ 分布. 设检验水平 $\alpha = 0.05$ 的临界值为 $\lambda_{0.05}(m)$, 取

$1 \leqslant m \leqslant \sqrt{296}$ 时都有 $\hat{\chi}^2(m) < \lambda_{0.05}(m)$, 所以不能否定 H_0. 于是可认为模型 (6.1.24) 适合数据 $\{x_t\}$.

图 6.1.2 是对 $m = 1, 2, \cdots, 20$ 的检验结果, 图中上面的实曲线是临界值 $\lambda_{0.05}(m)$, 下面的虚曲线是 $\hat{\chi}^2(m)$.

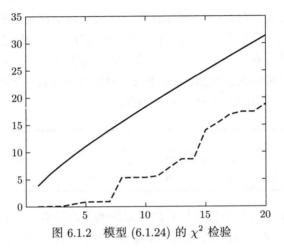

图 6.1.2　模型 (6.1.24) 的 χ^2 检验

最后可以利用 (6.1.23) 式计算出模型 (6.1.24) 的谱密度 $\hat{f}(\lambda)$. $\hat{f}(\lambda)$ (虚曲线) 和模型 (6.1.17) 的谱密度 $f(\lambda)$ (实曲线) 的比较见图 6.1.3. 这

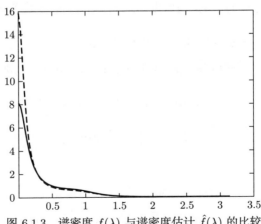

图 6.1.3　谱密度 $f(\lambda)$ 与谱密度估计 $\hat{f}(\lambda)$ 的比较

两个谱密度都在 $\lambda = 0$ 有峰值, 表明相应平稳序列的能量都集中在低频. 模型 (6.1.17) 的特征多项式最靠近单位圆的根 1.15 造成 $f(\lambda)$ 的最大峰值 8.12. 模型 (6.1.24) 的特征多项式最靠近单位圆的根 1.103 造成 $\hat{f}(\lambda)$ 的最大峰值 15.87.

习 题 6.1

6.1.1 如果 $\xi_n = O_p(1)$, 常数列 $c_n \to \infty$, 当 $n \to \infty$, 证明: $\xi_n/c_n = o_p(1)$.

6.1.2 设线性平稳序列 $\{X_t\}$ 有自协方差函数 $\gamma_0, \gamma_1, \cdots, \gamma_p$, 证明: 存在平稳 AR 序列 $\{Y_t\}$ 使得 $\mathrm{E}(Y_t Y_{t+k}) = \gamma_k$, $k = 0, 1, \cdots, p$.

6.1.3 对于 AR(p) 序列的自协方差矩阵 $\boldsymbol{\Gamma}_k$, 证明: 当 $k > p$ 时, 有

$$\det(\boldsymbol{\Gamma}_k) = \sigma^{2(k-p)} \det(\boldsymbol{\Gamma}_p).$$

6.1.4 计算模型 (6.1.24) 的特征多项式的 4 个实根. 从这 4 个根解释相应平稳序列的频率性质.

6.1.5* (计算机作业) 设 $\{\varepsilon_t\}$ 是 $[-4, 4]$ 上均匀分布的白噪声, AR(4) 模型 $A(\mathcal{B})X_t = \varepsilon_t$ 的参数是

$$a_1 = -0.9, \quad a_2 = -1.4, \quad a_3 = -0.7, \quad a_4 = -0.6.$$

在计算机上产生上述 AR(4) 模型的 500 个数据, 并为这 500 个数据建立 AR 模型: 取阶数的上界 $P_0 = 12$, 分别用 AIC 和 BIC 方法定阶, 然后计算 Yule-Walker 估计.

§6.2 MA 模型的参数估计

先看简单的 MA(1) 序列 $X_t = \varepsilon_t + b\varepsilon_{t-1}$, $t = 1, 2, \cdots$, 其中 $|b| < 1$. 容易计算

$$\gamma_0 = \mathrm{E}X_t^2 = \sigma^2(1 + b^2), \quad \gamma_1 = \sigma^2 b.$$

于是自相关系数 $\rho_1 = b/(1 + b^2)$. 这是 b 的一元二次方程, 只有当 $|\rho_1| \leqslant 0.5$ 时, 才有实值解

$$b = \frac{1 \pm \sqrt{1 - 4\rho_1^2}}{2\rho_1}.$$

因为 $|b| < 1$, 所以只有

$$b = \frac{1 - \sqrt{1 - 4\rho_1^2}}{2\rho_1}$$

满足要求. 由于 ρ_1 的矩估计是 $\hat{\rho}_1 = \hat{\gamma}_1/\hat{\gamma}_0$, 所以 b 的矩估计是

$$\hat{b} = \frac{1 - \sqrt{1 - 4\hat{\rho}_1^2}}{2\hat{\rho}_1}. \tag{6.2.1}$$

如果 $\{\varepsilon_t\}$ 是独立同分布的白噪声, 由定理 4.2.1 知道 $\hat{\rho}_1$ 是 ρ_1 的强相合估计, 于是

$$\lim_{N \to \infty} \hat{b} = \frac{1 - \sqrt{1 - 4\rho_1^2}}{2\rho_1} = b, \quad \text{a.s.}.$$

实际上利用定理 4.2.2 还可以证明: 当 $N \to \infty$ 时, $\sqrt{N}(\hat{b} - b)$ 依分布收敛到正态分布 (见文献 [27])

$$N\left(0, \frac{1 + b^2 + b^4 + b^6 + b^8}{(1 - b^2)^2}\right).$$

下面设观测数据 $x_1, x_2, \cdots, x_N$ 满足 MA(q) 模型

$$X_t = \varepsilon_t + \sum_{j=1}^{q} b_j \varepsilon_{t-j}, \quad t \in \mathbb{Z}, \tag{6.2.2}$$

其中 $\{\varepsilon_t\}$ 是 WN$(0, \sigma^2)$, 参数 $\boldsymbol{b} = (b_1, b_2, \cdots, b_q)^\mathsf{T}$ 满足可逆条件

$$B(z) = 1 + \sum_{j=1}^{q} b_j z^j \neq 0, \quad |z| \leqslant 1. \tag{6.2.3}$$

我们先在 q 已知时考虑 $\boldsymbol{b}$ 和 σ^2 的估计. 由 §3.1 知道, 取 $b_0 = 1$ 时, $\boldsymbol{b}$ 满足方程组

$$\gamma_k = \sigma^2(b_0 b_k + b_1 b_{k+1} + \cdots + b_{q-k} b_q), \quad 0 \leqslant k \leqslant q. \tag{6.2.4}$$

这是参数 $\boldsymbol{b}$ 满足的估计方程组.

解方程组 (6.2.4) 可以用如下线性迭代方法.

先利用观测数据计算出样本自协方差函数 $\hat{\gamma}_k,\ k = 0, 1, 2, \cdots, q$. 给定 $\boldsymbol{b}$ 和 σ^2 的初值

$$\boldsymbol{b}(0) = (b_1(0), b_2(0), \cdots, b_q(0)), \quad \sigma^2(0),$$

用

$$\boldsymbol{b}(j) = (b_1(j), b_2(j), \cdots, b_q(j)), \quad \sigma^2(j) \tag{6.2.5}$$

表示第 j 次迭代值, 由 (6.2.4) 式得到

$$\begin{cases} \sigma^2(j) = \dfrac{\hat{\gamma}_0}{1 + b_1^2(j-1) + \cdots + b_q^2(j-1)}, \\ b_k(j) = \dfrac{\hat{\gamma}_k}{\sigma^2(j)} - [b_1(j-1)b_{k+1}(j-1) + \cdots \\ \qquad\qquad + b_{q-k}(j-1)b_q(j-1)], \quad 1 \leqslant k \leqslant q-1, \\ b_q(j) = \dfrac{\hat{\gamma}_q}{\sigma^2(j)}. \end{cases}$$

对给定的迭代精度 $\delta > 0$, 当第 j 次迭代 $\boldsymbol{b}(j)$ 和 $\sigma^2(j)$ 满足

$$\sum_{k=0}^{q} \left| \hat{\gamma}_k - \sigma^2(j) \sum_{t=0}^{q-k} b_t(j)b_{t+k}(j) \right| < \delta$$

时, 停止迭代. 以第 j 次的迭代结果 (6.2.5) 作为 $\boldsymbol{b}$ 和 σ^2 的估计量. 但是, 上述迭代方法不能保证得到的模型满足可逆条件 (6.2.3).

6.2.1 MA 模型的矩估计

下面按 §3.1 中的方法计算矩估计. 由于 MA(q) 序列的自协方差

函数 q 后截尾, 定义

$$\tilde{\gamma}_k = \begin{cases} \hat{\gamma}_k, & 0 \leqslant k \leqslant q, \\ 0, & k > q, \end{cases}$$

$$\tilde{\boldsymbol{\Gamma}}_k = \left(\tilde{\gamma}_{l-j} \right)_{l,j=1,2,\cdots,k},$$

$$\hat{\boldsymbol{\Omega}}_k = \begin{pmatrix} \tilde{\gamma}_1 & \tilde{\gamma}_2 & \cdots & \tilde{\gamma}_k \\ \tilde{\gamma}_2 & \tilde{\gamma}_3 & \cdots & \tilde{\gamma}_{k+1} \\ \vdots & \vdots & & \vdots \\ \tilde{\gamma}_q & \tilde{\gamma}_{q+1} & \cdots & \tilde{\gamma}_{q+k-1} \end{pmatrix},$$

$$\boldsymbol{\gamma}_q = \left(\tilde{\gamma}_1, \tilde{\gamma}_2, \cdots, \tilde{\gamma}_q \right),$$

则 b 的矩估计定义为

$$(\hat{b}_1, \hat{b}_2, \cdots, \hat{b}_q)^{\mathrm{T}} = \frac{1}{\hat{\sigma}^2}(\boldsymbol{\gamma}_q - \boldsymbol{A}\hat{\boldsymbol{\Pi}}\boldsymbol{C}), \quad \hat{\sigma}^2 = \hat{\gamma}_0 - \boldsymbol{C}^{\mathrm{T}}\hat{\boldsymbol{\Pi}}\boldsymbol{C}, \quad (6.2.6)$$

其中矩阵 $\boldsymbol{A}$, $\boldsymbol{C}$ 由 (3.1.11) 式给出, $\hat{\boldsymbol{\Pi}} = \lim\limits_{k \to \infty} \hat{\boldsymbol{\Omega}}_k \tilde{\boldsymbol{\Gamma}}_k^{-1} \hat{\boldsymbol{\Omega}}_k^{\mathrm{T}}$.

关于以上估计量的合理性, 我们有下面的定理.

定理 6.2.1 如果模型 (6.2.2) 中的 $\{\varepsilon_t\}$ 是独立同分布的 $\mathrm{WN}(0, \sigma^2)$, 则概率为 1 地当 N 充分大后, 由 (6.2.6) 式计算的 $\hat{b}_1, \hat{b}_2, \cdots, \hat{b}_q$ 满足可逆条件 (6.2.3).

证明 由于当 $N \to \infty$ 时, $\hat{\gamma}_k \to \gamma_k$, a.s., 所以当 $N \to \infty$ 时,

$$\hat{f}(\lambda) = \frac{1}{2\pi} \sum_{k=-q}^{q} \hat{\gamma}_k \mathrm{e}^{-\mathrm{i}k\lambda} \to f(\lambda) = \frac{1}{2\pi} \sum_{k=-q}^{q} \gamma_k \mathrm{e}^{-\mathrm{i}k\lambda}, \text{ a.s.}$$

在 $[-\pi, \pi]$ 上一致成立. 于是当 N 充分大后, $\hat{f}(\lambda)$ 恒正. 利用引理 3.1.2 知道有唯一的 $(b_1', b_2', \cdots, b_q')$ 满足可逆条件 (6.2.3), 并且使得

$$\hat{f}(\lambda) = \frac{\sigma_0^2}{2\pi} \left| 1 + \sum_{j=1}^{q} b_j' \mathrm{e}^{-\mathrm{i}j\lambda} \right|^2$$

是

$$Y_t = e_t + \sum_{j=1}^{q} b_j' e_{t-j}$$

的谱密度, 其中 $\{e_t\} \sim \text{WN}(0, \sigma_0^2)$. 这时, $\tilde{\gamma}_k = \text{E}(Y_t Y_{t+k})$. 再利用 3.1.3 小节知道

$$(\hat{b}_1, \hat{b}_2, \cdots, \hat{b}_q) = (b_1', b_2', \cdots, b_q').$$

从定理 6.2.1 的证明知道, 由 (6.2.6) 式决定的 $(\hat{b}_1, \hat{b}_2, \cdots, \hat{b}_q)$ 满足

$$1 + \sum_{j=1}^{q} \hat{b}_j z^j \neq 0, \quad |z| \leqslant 1$$

的充分条件是

$$\sum_{k=-q}^{q} \hat{\gamma}_k \text{e}^{-\text{i}k\lambda} > 0, \quad \lambda \in [-\pi, \pi].$$

6.2.2 MA 模型的逆相关函数估计方法

为了克服矩估计方法不能保证可逆条件的不足, 文献 [17] 提出了逆相关函数方法. 该方法给出的估计量能保证 $B(z)$ 的根都在单位圆外. 为了介绍这个方法, 需要引入逆相关函数的概念.

设平稳序列 $\{X_t\}$ 有恒正的谱密度 $f(\lambda)$, 则称

$$f_y(\lambda) = \frac{1}{4\pi^2 f(\lambda)} \tag{6.2.7}$$

为 $\{X_t\}$ 的**逆谱密度**, 称

$$\gamma_y(k) = \int_{-\pi}^{\pi} \text{e}^{\text{i}k\lambda} f_y(\lambda) \, \text{d}\lambda$$

为 $\{X_t\}$ 的**逆相关函数**.

现在设 $\{X_t\}$ 是可逆 MA(q) 序列. 由 (3.1.7) 式知道 $\{X_t\}$ 有谱密度

$$f(\lambda) = \frac{\sigma^2}{2\pi} \big| B(\text{e}^{\text{i}\lambda}) \big|^2.$$

$\{X_t\}$ 的逆谱密度

$$f_y(\lambda) = \frac{1}{4\pi^2 f(\lambda)} = \frac{\sigma^{-2}}{2\pi} \big| B(\text{e}^{\text{i}\lambda}) \big|^{-2} \tag{6.2.8}$$

恰是 AR(q) 序列

$$Y_t = -\sum_{j=1}^{q} b_j Y_{t-j} + e_t, \quad t \in \mathbb{Z} \tag{6.2.9}$$

的谱密度, 其中 $\{e_t\}$ 是 $\mathrm{WN}(0, \sigma^{-2})$.

于是 $\{Y_t\}$ 的自协方差函数

$$\gamma_y(k) = \int_{-\pi}^{\pi} \mathrm{e}^{\mathrm{i}k\lambda} f_y(\lambda)\,\mathrm{d}\lambda, \quad k = 0, 1, \cdots \tag{6.2.10}$$

恰是 MA(q) 序列 $\{X_t\}$ 的逆相关函数.

从 (6.2.9) 式可以看出, 如果能够对 $k = 0, 1, \cdots, q$ 估计 $\{X_t\}$ 的逆相关函数 (6.2.10), 就可以利用样本 Yule-Walker 方程

$$\begin{pmatrix} \hat{\gamma}_y(1) \\ \hat{\gamma}_y(2) \\ \vdots \\ \hat{\gamma}_y(q) \end{pmatrix} = \begin{pmatrix} \hat{\gamma}_y(0) & \hat{\gamma}_y(1) & \cdots & \hat{\gamma}_y(q-1) \\ \hat{\gamma}_y(1) & \hat{\gamma}_y(0) & \cdots & \hat{\gamma}_y(q-2) \\ \vdots & \vdots & & \vdots \\ \hat{\gamma}_y(q-1) & \hat{\gamma}_y(q-2) & \cdots & \hat{\gamma}_y(0) \end{pmatrix} \begin{pmatrix} -\hat{b}_1 \\ -\hat{b}_2 \\ \vdots \\ -\hat{b}_q \end{pmatrix} \tag{6.2.11}$$

和

$$\hat{\sigma}^{-2} = \hat{\gamma}_y(0) + \hat{b}_1 \hat{\gamma}_y(1) + \hat{b}_2 \hat{\gamma}_y(2) + \cdots + \hat{b}_q \hat{\gamma}_y(q) \tag{6.2.12}$$

解出 MA(q) 模型 (6.2.2) 中未知参数 $\boldsymbol{b}$ 和 σ^2 的估计量. 如果 $q+1$ 阶逆相关函数矩阵

$$(\hat{\gamma}_y(k-j))_{k,j=1,2,\cdots,q+1}$$

是正定的, 则从定理 2.4.1 知道, 用这种方法得到的 $\hat{\boldsymbol{b}}$ 满足可逆性条件 (6.2.3).

怎样计算逆相关函数呢? 作为准备, 先介绍一个引理.

引理 6.2.2　如果 $(a_1, a_2, \cdots, a_p)$ 和 σ^2 分别是 AR(p) 模型

$$X_t = \sum_{j=1}^{p} a_j X_{t-j} + \varepsilon_t, \quad t \in \mathbb{Z}$$

的自回归系数和白噪声 $\{\varepsilon_t\}$ 的方差, 则 $\{X_t\}$ 的逆相关函数

$$\gamma_y(k) = \begin{cases} \dfrac{1}{\sigma^2}\displaystyle\sum_{j=0}^{p-k} a_j a_{j+k}, & 0 \leqslant k \leqslant p,\ a_0 = -1, \\ 0, & k > p. \end{cases}$$

证明 $\{X_t\}$ 有谱密度

$$f(\lambda) = \frac{\sigma^2}{2\pi}|A(\mathrm{e}^{\mathrm{i}\lambda})|^{-2}, \quad \text{其中 } A(z) = 1 - \sum_{j=1}^{p} a_j z^j$$

和逆谱密度

$$f_y(\lambda) = \frac{1}{4\pi^2 f(\lambda)} = \frac{1}{2\pi\sigma^2}|A(\mathrm{e}^{\mathrm{i}\lambda})|^2,$$

于是有逆相关函数

$$\gamma_y(k) = \int_{-\pi}^{\pi} \mathrm{e}^{\mathrm{i}k\lambda} f_y(\lambda)\mathrm{d}\lambda$$

$$= \begin{cases} \dfrac{1}{\sigma^2}\displaystyle\sum_{j=0}^{p-k} a_j a_{j+k}, & 0 \leqslant k \leqslant p, \\ 0, & k > p. \end{cases}$$

满足模型 (6.2.2) 的可逆 MA(q) 序列 $\{X_t\}$ 可以写成无穷阶自回归的形式:

$$X_t - \sum_{j=1}^{\infty} a_j X_{t-j} = \varepsilon_t, \quad t = 1, 2, \cdots, \tag{6.2.13}$$

这里的回归系数 $\{a_j\}$ 由 $1/B(z)$ 在单位圆内的 Taylor 级数决定, 其中

$$\frac{1}{B(z)} = 1 - \sum_{j=1}^{\infty} a_j z^j, \quad |z| \leqslant 1.$$

由于当 $j \to \infty$ 时, a_j 以负指数阶收敛到 0, 所以对较大的正整数 p 可以将无穷阶自回归模型 (6.2.13) 写成近似的长阶 (p 阶) 自回归的形式:

$$X_t \approx \sum_{j=1}^{p} a_j X_{t-j} + \varepsilon_t, \quad t = 1, 2, \cdots. \tag{6.2.14}$$

从引理 6.2.2 知道 $\{X_t\}$ 的逆相关函数 $\gamma_y(k)$ 满足

$$\gamma_y(k) \approx \frac{1}{\sigma^2} \sum_{j=0}^{p-k} a_j a_{j+k}, \quad 0 \leqslant k \leqslant q, \; a_0 = -1. \tag{6.2.15}$$

根据上述想法, 可以总结出用观测样本 $x_1, x_2, \cdots, x_N$ 计算逆相关函数 $\hat{\gamma}_y(k)$ 和 $\hat{b}_1, \hat{b}_2, \cdots, \hat{b}_q, \hat{\sigma}^2$ 的方法如下:

(1) 首先利用 $\{x_t\}$ 的样本自协方差函数 $\hat{\gamma}_k$ 建立一个 AR(p_N) 模型, 这里 p_N 可以是 AR 模型的 AIC 定阶, 也可以取作 $K \ln(N)$ 的整数部分, K 是正常数;

(2) 对 $p = p_N$ 解样本 Yule-Walker 方程 (6.1.3) 和 (6.1.4), 得到样本 Yule-Walker 系数 $(\hat{a}_{p,1}, \hat{a}_{p,2}, \cdots, \hat{a}_{p,p})$ 和 $\hat{\sigma}_p^2$;

(3) 计算样本逆相关函数

$$\hat{\gamma}_y(k) = \frac{1}{\hat{\sigma}_p^2} \sum_{j=0}^{p-k} \hat{a}_{p,j} \hat{a}_{p,j+k}, \quad k = 0, 1, 2, \cdots, q, \; \hat{a}_{p,0} = -1,$$

若 $\hat{a}_{p,1}, \hat{a}_{p,2}, \cdots, \hat{a}_{p,p}$ 不全相同, 则方程 (6.2.11) 中的系数矩阵正定;

(4) 利用样本 Yule-Walker 方程 (6.2.11) 和 (6.2.12) 计算出 MA(q) 系数的估计量 $\hat{\boldsymbol{b}}_q = (\hat{b}_1, \hat{b}_2, \cdots, \hat{b}_q)^{\mathrm{T}}$ 和 $\hat{\sigma}^2$.

6.2.3　MA 模型的新息估计方法

对于 MA(q) 序列 (6.2.2), 设 $\hat{X}_1 = 0$,

$$\hat{X}_{k+1} = L(X_{k+1} | X_k, X_{k-1}, \cdots, X_1), \quad k = 1, 2, \cdots$$

是用 $X_1, X_2, \cdots, X_k$ 预测 X_{k+1} 时的最佳线性预测.

再用

$$\hat{\varepsilon}_{k+1} = X_{k+1} - L(X_{k+1} | X_k, X_{k-1}, \cdots, X_1)$$

表示样本新息, 用

$$\nu_k = \mathrm{E}\hat{\varepsilon}_{k+1}^2$$

表示预测误差的方差. 在 5.4.2 小节中已经证明: 用 $\hat{\varepsilon}_1, \hat{\varepsilon}_2, \cdots, \hat{\varepsilon}_m$ 对 X_{m+1} 所做的最佳线性预测

$$\hat{X}_{m+1} = \sum_{j=1}^{q} \theta_{m,j} \hat{\varepsilon}_{m+1-j}, \quad m \geqslant q \qquad (6.2.16)$$

和用 $X_1, X_2, \cdots, X_m$ 对 X_{m+1} 所做的最佳线性预测是一样的. 如果给定了 $\{X_t\}$ 的自协方差函数 $\{\gamma_k\}$, (6.2.16) 式中的 $\theta_{m,j}$ 和预测误差的方差 ν_m 可以按 (5.3.12) 式进行递推计算.

对于 MA(q) 序列 (6.2.2), 白噪声 $\{\varepsilon_t\}$ 正是这个 MA(q) 序列的新息序列: ε_m 是用所有的历史 $X_{m-k}, k = 1, 2, \cdots$ 预测 X_m 时的预测误差 (参见例 5.2.3). 所以当 m 取值较大时, $\hat{\varepsilon}_m = X_m - \hat{X}_m$ 是 ε_m 的近似.

按以上分析, 对较大的 t, MA(q) 模型 (6.2.2) 的近似是

$$\begin{aligned} X_t &\approx \hat{\varepsilon}_t + b_1 \hat{\varepsilon}_{t-1} + \cdots + b_q \hat{\varepsilon}_{t-q} \\ &= X_t - \hat{X}_t + b_1 \hat{\varepsilon}_{t-1} + \cdots + b_q \hat{\varepsilon}_{t-q}, \end{aligned}$$

所以有

$$\hat{X}_t \approx b_1 \hat{\varepsilon}_{t-1} + b_2 \hat{\varepsilon}_{t-2} + \cdots + b_q \hat{\varepsilon}_{t-q}.$$

和 (6.2.16) 式比较, 就可以看出取 $\hat{b}_j = \theta_{m,j}$ 作为 b_j 的估计是合理的.

同样以 ν_m 作为 σ^2 的估计是合理的. 这种估计被称为**新息估计**, 具体计算方法如下.

给定观测数据 $x_1, x_2, \cdots, x_N$, 取 $m = o(N^{1/3})$. 样本自协方差函数 $\hat{\gamma}_0, \hat{\gamma}_1, \cdots, \hat{\gamma}_m$, $\boldsymbol{b}$ 和 σ^2 的新息估计

$$(\hat{b}_1, \hat{b}_2, \cdots, \hat{b}_q) = (\hat{\theta}_{m,1}, \hat{\theta}_{m,2}, \cdots, \hat{\theta}_{m,q}),$$

$$\hat{\sigma}^2 = \hat{\nu}_m \qquad (6.2.17)$$

分别由下面的递推公式得到:

$$
\begin{cases}
\hat{\nu}_0 = \hat{\gamma}_0, \\
\hat{\theta}_{n,n-k} = \hat{\nu}_k^{-1}\Big(\hat{\gamma}_{n-k} - \sum_{j=0}^{k-1}\hat{\theta}_{k,k-j}\hat{\theta}_{n,n-j}\hat{\nu}_j\Big), \quad 0 \leqslant k < n, \\
\hat{\nu}_n = \hat{\gamma}_0 - \sum_{j=0}^{n-1}\hat{\theta}_{n,n-j}^2\hat{\nu}_j, \quad 1 \leqslant n \leqslant m,
\end{cases}
\tag{6.2.18}
$$

其中 $\sum\limits_{j=0}^{-1}(\cdot) \overset{\text{def}}{=\!=} 0$, 递推次序是

$$
\hat{\nu}_0; \quad \hat{\theta}_{1,1}, \hat{\nu}_1; \quad \hat{\theta}_{2,2}, \hat{\theta}_{2,1}, \hat{\nu}_2; \quad \hat{\theta}_{3,3}, \hat{\theta}_{3,2}, \hat{\theta}_{3,1}, \hat{\nu}_3; \quad \cdots.
$$

新息估计的合理性可以从下面的定理看出.

定理 6.2.3 (见文献 [15]) 设 $\{X_t\}$ 是可逆 ARMA(p,q) 序列, 满足

$$
A(\mathcal{B})X_t = B(\mathcal{B})\varepsilon_t, \quad t \in \mathbb{Z},
$$

$\{\varepsilon_t\}$ 是 4 阶矩有限的独立同分布 WN$(0,\sigma^2)$. 如果当 $N \to \infty$ 时, 正整数列 $m = m(N) \to \infty$ 且 $m = o(N^{1/3})$, 则 $\hat{\nu}_m$ 依概率收敛到 σ^2,

$$
\sqrt{N}(\hat{\theta}_{m,1} - \psi_1, \hat{\theta}_{m,2} - \psi_2, \cdots, \hat{\theta}_{m,q} - \psi_q)
$$

依分布收敛到 q 维正态分布 $N(\mathbf{0}, \mathbf{A})$, 其中 $q \times q$ 矩阵

$$
\mathbf{A} = (a_{i,j}), \quad a_{i,j} = \sum_{k=1}^{\min(i,j)} \psi_{i-k}\psi_{j-k},
$$

$\{\psi_j\}$ 是 $B(z)/A(z)$ 的 Taylor 级数系数.

作为推论, 可以得到以下结果: 对于 MA(q) 序列 $\{X_t\}$, 当模型 (6.2.2) 中的白噪声是 4 阶矩有限的独立同分布序列时, 新息估计 (6.2.17) 是相合估计, 当 $N \to \infty$ 时, $\hat{\nu}_m$ 依概率收敛到 σ^2,

$$
\sqrt{N}(\hat{b}_1 - b_1, \hat{b}_2 - b_2, \cdots, \hat{b}_q - b_q)
$$

依分布收敛到 q 维正态分布 $N(\mathbf{0}, \boldsymbol{A})$, 其中 $q \times q$ 矩阵

$$\boldsymbol{A} = (a_{i,j}), \quad a_{i,j} = \sum_{k=1}^{\min(i,j)} b_{i-k} b_{j-k}, \quad b_0 = 1.$$

需要指出的是, 在新息估计中, $(\hat{\theta}_{q,1}, \hat{\theta}_{q,2}, \cdots, \hat{\theta}_{q,q})$ 不是 $(b_1, b_2, \cdots, b_q)$ 的相合估计. 这是因为当 $N \to \infty$ 时, 尽管 $\hat{\gamma}_k$ 收敛到 γ_k, 但是由于对 $k = 1, 2, \cdots, q$, 样本新息 $\hat{\varepsilon}_k$ 是用 $X_1, X_2, \cdots, X_{k-1}$ 预测 X_k 时的预测误差, 所以不会是新息 ε_k 的近似. 因为新息是用所有的历史对 X_k 预测时的预测误差, 所以这时估计模型对真实 MA(q) 模型的近似是不成功的.

为了克服这种不相合性, 新息估计方法采用了 (6.2.17) 式. 这时, 随着 m 趋于无穷, 用来作为预测的历史 $X_1, X_2, \cdots, X_m$ 也增加到无穷. 这样就保证了样本新息 $\hat{\varepsilon}_{m-q}, \hat{\varepsilon}_{m-q+1}, \cdots, \hat{\varepsilon}_m$ 能够近似理论的新息 $\varepsilon_{m-q}, \varepsilon_{m-q+1}, \cdots, \varepsilon_m$, 从而保证新息估计的相合性. 实际问题中, $m = m(N)$ 的选择范围是较大的. 注意 m 也不能选择得过大, 因为这时 $\hat{\gamma}_{m-j}$ 的误差会带来估计量 $\hat{\theta}_{m,j}$ 的误差.

6.2.4 MA 模型的定阶

由于 MA(q) 序列的特征是自相关系数 q 后截尾, 所以当样本自相关系数 $\hat{\rho}_k = \hat{\gamma}_k / \hat{\gamma}_0$ 从某 $\hat{q}$ 后变得很小时, 可以用 $\hat{q}$ 作为 q 的估计.

下面介绍 AIC 定阶方法. 如果根据问题的背景或数据的特性能够判定 MA(q) 模型的阶数 q 的上界是 Q_0, 那么还可以利用 AIC 方法进行定阶. 对于 $m = 0, 1, 2, \cdots, Q_0$, 按前述的方法逐个拟合 MA(m) 模型, 白噪声方差 σ^2 的估计量记作 $\hat{\sigma}_m^2$. 定义 AIC 函数

$$\text{AIC}(m) = \ln(\hat{\sigma}_m^2) + 2m/N, \quad m = 0, 1, \cdots, Q_0,$$

这里 N 是样本量. 称 AIC(m) 的第一个最小值点 $\hat{q}$ 为 MA(q) 模型的 AIC 定阶.

6.2.5 MA 模型的检验

从观测数据 $x_1, x_2, \cdots, x_N$ 得到模型的参数估计 $\hat{q}, \hat{b}_1, \hat{b}_2, \cdots, \hat{b}_{\hat{q}}$ 和

$\hat{\sigma}^2$ 后, 取 $\hat{\varepsilon}_{1-\hat{q}} = \hat{\varepsilon}_{2-\hat{q}} = \cdots = \hat{\varepsilon}_0 = 0$, $y_t = x_t - \overline{x}_N$ 和

$$\hat{\varepsilon}_t = y_t - \sum_{j=1}^{\hat{q}} \hat{b}_j \hat{\varepsilon}_{t-j}, \quad t = 1, 2, \cdots, N.$$

对 $L = O(N^{1/3})$, 如果 $\{\hat{\varepsilon}_t \,|\, t = L, L+1, \cdots, N\}$ 能够通过白噪声检验, 就认为模型的选择合适. 否则改变 $\hat{q}$ 的取值, 拟合新的 MA 模型或改用其他的模型, 例如改用 ARMA 模型等.

例 6.2.1 (接例 3.1.1) 设 $\{x_t\}$ 是例 3.1.1 中的 197 个化学浓度数据, 则为 $y_t = x_t - x_{t-1}$, $t = 2, 3, \cdots, 197$ 建立的 MA(1) 模型是

$$Y_t = \varepsilon_t - 0.5276\varepsilon_{t-1}, \quad t \in \mathbb{Z}, \tag{6.2.19}$$

其中 $b_1 = -0.5276$ 由 (6.2.1) 式得到. 在置信度 0.95 下, 检验残差是否为白噪声.

解 取 $L = 6$,

$$\hat{\varepsilon}_1 = 0, \quad \hat{\varepsilon}_t = y_t + 0.5276\hat{\varepsilon}_{t-1}, \quad t = 2, 3, \cdots, 197.$$

用 $\hat{\rho}_k$ 表示残差 $\{\hat{\varepsilon}_t : L \leqslant t \leqslant 197\}$ 的样本自相关系数. 原假设

$$H_0 : \{\hat{\varepsilon}_t : L \leqslant t \leqslant 197\} \text{ 是白噪声}$$

的检验统计量

$$\hat{\chi}^2(m) = 192(\hat{\rho}_1^2 + \hat{\rho}_2^2 + \cdots + \hat{\rho}_m^2)$$

近似服从 $\chi^2(m)$ 分布 (见 §4.3).

设检验水平 $\alpha = 0.05$ 的临界值为 $\lambda_{0.05}(m)$, 取 $1 \leqslant m \leqslant 15$ 时都有 $\hat{\chi}^2(m) < \lambda_{0.05}(m)$, 所以不能否定 H_0. 于是可认为模型 (6.2.19) 适合数据 $\{y_t\}$.

图 6.2.1 是对 $m = 1, 2, \cdots, 15$ 的检验结果, 图中上面的实曲线是临界值 $\lambda_{0.05}(m)$, 下面的虚曲线是 $\hat{\chi}^2(m)$.

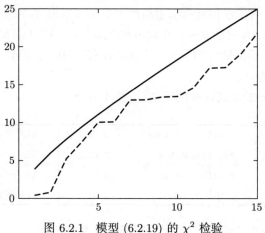

图 6.2.1 模型 (6.2.19) 的 χ^2 检验

6.2.6 MA 序列的谱密度估计

如果从观测数据得到了 MA 模型的参数估计, 模型的检验也已经通过, 则可用

$$\hat{f}(\lambda) = \frac{\hat{\sigma}^2}{2\pi} \left| 1 + \sum_{j=1}^{\hat{q}} \hat{b}_j \mathrm{e}^{\mathrm{i}j\lambda} \right|^2$$

作为所关心的平稳序列的谱密度的估计. 这是因为如果观测数据确实是 MA(q) 序列 (6.2.2) 时, 它的谱密度是

$$f(\lambda) = \frac{\sigma^2}{2\pi} \left| 1 + \sum_{j=1}^{q} b_j \mathrm{e}^{\mathrm{i}j\lambda} \right|^2.$$

不难看出, 如果 $\hat{q}, \hat{b}_1, \hat{b}_2, \cdots, \hat{b}_q$ 和 $\hat{\sigma}^2$ 分别是 $q, b_1, b_2, \cdots, b_q$ 和 σ^2 的相合估计, 则 $\hat{f}(\lambda)$ 是 $f(\lambda)$ 的相合估计.

例 6.2.2 对下面的MA(2) 模型进行模拟计算:

$$X_t = \varepsilon_t - 0.36\varepsilon_{t-1} + 0.85\varepsilon_{t-2}, \quad t \in \mathbb{Z}. \tag{6.2.20}$$

解 用矩估计方法 (6.2.6)、逆相关函数方法和新息估计方法对来自模型 (6.2.20) 的 $N = 100$ 和 $N = 300$ 个数据分别做 1000 次独立重复模拟计算. 每次模拟计算都重新产生正态 WN$(0,4)$ 和相应的 MA(2) 序列 (6.2.20). 真值是 $\boldsymbol{b} = (-0.36, 0.85)^{\mathrm{T}}$, $\sigma^2 = 4$. 用 Ave$(\hat{\boldsymbol{b}})$ 和 Ave$(\hat{\sigma}^2)$ 表示 1000 次模拟估计的平均, 用 Std$(\hat{\boldsymbol{b}})$ 和 Std$(\hat{\sigma}^2)$ 表示 1000 次模拟估计的标准差.

(1) 用 (6.2.6) 式计算的矩估计, 结果如下:

$N = 100$	Ave$(\hat{\boldsymbol{b}}) = -0.3462$	0.8505	Ave$(\hat{\sigma}^2) = 3.0821$
	Std$(\hat{\boldsymbol{b}}) = 2.4948$	3.4792	Std$(\hat{\sigma}^2) = 16.0169$
$N = 300$	Ave$(\hat{\boldsymbol{b}}) = -0.4929$	0.7425	Ave$(\hat{\sigma}^2) = 4.2413$
	Std$(\hat{\boldsymbol{b}}) = 1.3441$	2.2653	Std$(\hat{\sigma}^2) = 12.8561$

(2) 用逆相关函数方法计算的估计, 结果如下:

$N = 100$	Ave$(\hat{\boldsymbol{b}}) = -0.3376$	0.7078	Ave$(\hat{\sigma}^2) = 3.3136$
$P_N = 15$	Std$(\hat{\boldsymbol{b}}) = 0.0743$	0.0707	Std$(\hat{\sigma}^2) = 0.5812$
$N = 100$	Ave$(\hat{\boldsymbol{b}}) = -0.3373$	0.7157	Ave$(\hat{\sigma}^2) = 3.1131$
$P_N = 19$	Std$(\hat{\boldsymbol{b}}) = 0.0723$	0.0752	Std$(\hat{\sigma}^2) = 0.5687$

$N = 300$	Ave$(\hat{\boldsymbol{b}}) = -0.3473$	0.7651	Ave$(\hat{\sigma}^2) = 3.7648$
$P_N = 15$	Std$(\hat{\boldsymbol{b}}) = 0.0407$	0.0323	Std$(\hat{\sigma}^2) = 0.3332$
$N = 300$	Ave$(\hat{\boldsymbol{b}}) = -0.3492$	0.7845	Ave$(\hat{\sigma}^2) = 3.6630$
$P_N = 19$	Std$(\hat{\boldsymbol{b}}) = 0.0360$	0.0343	Std$(\hat{\sigma}^2) = 0.3316$

(3) 用新息估计方法计算的估计, 结果如下:

$N = 100$	Ave$(\hat{\boldsymbol{b}}) = -0.4108$	0.4777	Ave$(\hat{\sigma}^2) = 3.6087$
$m = 8$	Std$(\hat{\boldsymbol{b}}) = 0.3113$	0.2871	Std$(\hat{\sigma}^2) = 1.5949$
$N = 100$	Ave$(\hat{\boldsymbol{b}}) = -0.4088$	0.4845	Ave$(\hat{\sigma}^2) = 3.4425$
$m = 10$	Std$(\hat{\boldsymbol{b}}) = 0.3721$	0.4083	Std$(\hat{\sigma}^2) = 1.5548$

$N = 300$	$\mathrm{Ave}(\hat{\boldsymbol{b}}) = -0.4089$	0.4747	$\mathrm{Ave}(\hat{\sigma}^2) = 3.6548$
$m = 8$	$\mathrm{Std}(\hat{\boldsymbol{b}}) = 0.3096$	0.3221	$\mathrm{Std}(\hat{\sigma}^2) = 1.5336$
$N = 300$	$\mathrm{Ave}(\hat{\boldsymbol{b}}) = -0.4032$	0.4717	$\mathrm{Ave}(\hat{\sigma}^2) = 3.4759$
$m = 10$	$\mathrm{Std}(\hat{\boldsymbol{b}}) = 0.3312$	0.2947	$\mathrm{Std}(\hat{\sigma}^2) = 1.5866$

从计算结果看出: 矩估计方法的 $\mathrm{Std}(\hat{\boldsymbol{b}})$ 和 $\mathrm{Std}(\hat{\sigma}^2)$ 最大, 说明矩估计的稳定性比较差; 逆相关函数方法的 $\mathrm{Std}(\hat{\boldsymbol{b}})$ 和 $\mathrm{Std}(\hat{\sigma}^2)$ 最小, 说明这种估计方法较稳定, 估计的精度也比较高.

习 题 6.2

6.2.1 证明: 平稳序列 $\{X_t\}$ 的反向序列 $\{X_{-t}\}$ 是平稳序列.

6.2.2 $\mathrm{AR}(p)$ 序列的反向序列是否满足相同的 $\mathrm{AR}(p)$ 模型? 证明你的结论.

6.2.3 $\mathrm{ARMA}(p,q)$ 序列的反向序列是否满足相同的 $\mathrm{ARMA}(p,q)$ 模型? 证明你的结论.

§6.3 ARMA 模型的参数估计

对零均值平稳序列的观测数据 $x_1, x_2, \cdots, x_N$, 如果拟合 $\mathrm{AR}(p)$ 和 $\mathrm{MA}(q)$ 模型的效果都不理想, 就要考虑拟合 $\mathrm{ARMA}(p,q)$ 模型. 这时假设 $x_1, x_2, \cdots, x_N$ 满足下面的可逆 $\mathrm{ARMA}(p,q)$ 模型:

$$X_t = \sum_{j=1}^{p} a_j X_{t-j} + \varepsilon_t + \sum_{j=1}^{q} b_j \varepsilon_{t-j}, \quad t = 1, 2, \cdots, \qquad (6.3.1)$$

其中 $\{\varepsilon_t\}$ 是 $\mathrm{WN}(0, \sigma^2)$, 未知参数 $\boldsymbol{a} = (a_1, a_2, \cdots, a_p)^{\mathrm{T}}$ 和 $\boldsymbol{b} = (b_1, b_2, \cdots, b_q)^{\mathrm{T}}$ 使得多项式

$$A(z) = 1 - \sum_{j=1}^{p} a_j z^j, \quad B(z) = 1 + \sum_{j=1}^{q} b_j z^j \qquad (6.3.2)$$

互素, 并且满足

$$A(z)B(z) \neq 0, \quad |z| \leqslant 1. \qquad (6.3.3)$$

用 $\hat{\gamma}_k$ 表示由 (6.1.2) 式定义的样本自协方差函数. 先设 p,q 已知.

6.3.1 ARMA 模型的矩估计

从 (3.2.15) 式知道 ARMA(p,q) 序列的自协方差函数满足延伸的 Yule-Walker 方程

$$\begin{pmatrix} \gamma_{q+1} \\ \gamma_{q+2} \\ \vdots \\ \gamma_{q+p} \end{pmatrix} = \begin{pmatrix} \gamma_q & \gamma_{q-1} & \cdots & \gamma_{q-p+1} \\ \gamma_{q+1} & \gamma_q & \cdots & \gamma_{q-p+2} \\ \vdots & \vdots & & \vdots \\ \gamma_{q+p-1} & \gamma_{q+p-2} & \cdots & \gamma_q \end{pmatrix} \begin{pmatrix} a_1 \\ a_2 \\ \vdots \\ a_p \end{pmatrix}, \quad (6.3.4)$$

这是参数 $\boldsymbol{a}$ 的估计方程, 从它得到 $\boldsymbol{a}$ 的矩估计

$$\begin{pmatrix} \hat{a}_1 \\ \hat{a}_2 \\ \vdots \\ \hat{a}_p \end{pmatrix} = \begin{pmatrix} \hat{\gamma}_q & \hat{\gamma}_{q-1} & \cdots & \hat{\gamma}_{q-p+1} \\ \hat{\gamma}_{q+1} & \hat{\gamma}_q & \cdots & \hat{\gamma}_{q-p+2} \\ \vdots & \vdots & & \vdots \\ \hat{\gamma}_{q+p-1} & \hat{\gamma}_{q+p-2} & \cdots & \hat{\gamma}_q \end{pmatrix}^{-1} \begin{pmatrix} \hat{\gamma}_{q+1} \\ \hat{\gamma}_{q+2} \\ \vdots \\ \hat{\gamma}_{q+p} \end{pmatrix}. \quad (6.3.5)$$

利用定理 3.2.3 知道方程 (6.3.4) 中的 $p \times p$ 矩阵 $\boldsymbol{\Gamma}_{p,q}$ 是可逆的. 用 $\hat{\boldsymbol{\Gamma}}_{p,q}$ 表示矩估计 (6.3.5) 中的 $p \times p$ 矩阵. 当 ARMA(p,q) 模型中的白噪声 $\{\varepsilon_t\}$ 独立同分布时, $\hat{\gamma}_k$ 几乎必然收敛到 γ_k. 于是当 $N \to \infty$ 时,

$$\det(\hat{\boldsymbol{\Gamma}}_{p,q}) \to \det(\boldsymbol{\Gamma}_{p,q}) \neq 0.$$

所以当 N 充分大后, 矩估计 (6.3.5) 中的矩阵 $\hat{\boldsymbol{\Gamma}}_{p,q}$ 也是可逆的. 这时矩估计是唯一的. 还可以看出, 在上述条件下, 矩估计 (6.3.5) 是强相合的:

$$\lim_{N \to \infty} \hat{a}_j = a_j, \quad \text{a.s.}, 1 \leqslant j \leqslant p. \quad (6.3.6)$$

下面估计 MA(q) 部分的参数. 由于

$$z_t \overset{\text{def}}{=\!=} x_t - \sum_{j=1}^p a_j x_{t-j}, \quad t = p+1, p+2, \cdots, N$$

满足 MA(q) 模型 $z_t = B(\mathcal{B})\varepsilon_t$, 所以得到 $\hat{a}_1, \hat{a}_2, \cdots, \hat{a}_p$ 后,

$$y_t = x_t - \sum_{j=1}^{p} \hat{a}_j x_{t-j}, \quad t = p+1, p+2, \cdots, N \qquad (6.3.7)$$

是 MA(q) 序列的近似观测数据. 它的样本自协方差函数由

$$\hat{\gamma}_y(k) = \sum_{j=0}^{p} \sum_{l=0}^{p} \hat{a}_j \hat{a}_l \hat{\gamma}_{k+j-l}, \quad k = 0, 1, \cdots, q \qquad (6.3.8)$$

定义, 其中 $\hat{a}_0 = -1$.

现在将 (6.3.8) 式看成一个 MA(q) 序列的样本自协方差函数, 利用 §6.2 的方法可以估计出 MA(q) 部分的参数 $\boldsymbol{b}$ 和 σ^2.

6.3.2 ARMA 模型的自回归逼近法

对零均值化后的观测数据 $x_1, x_2, \cdots, x_N$ 拟合 ARMA(p, q) 模型时, 还可以采用下面的自回归逼近方法.

首先为数据建立 AR 模型. 取自回归阶数的上界 $P_0 = [\sqrt{N}]$, 这里 $[a]$ 表示 a 的整数部分. 采用 AIC 定阶方法得到 AR 模型的阶数估计 $\hat{p}$ 和自回归系数的估计

$$(\hat{a}_1, \hat{a}_2, \cdots, \hat{a}_{\hat{p}}).$$

计算残差

$$\hat{\varepsilon}_t = x_t - \sum_{j=1}^{\hat{p}} \hat{a}_j x_{t-j}, \quad t = \hat{p}+1, \hat{p}+2, \cdots, N.$$

然后写出近似的 ARMA(p, q) 模型

$$x_t = \sum_{j=1}^{p} a_j x_{t-j} + \hat{\varepsilon}_t + \sum_{j=1}^{q} b_j \hat{\varepsilon}_{t-j}, \quad t = L+1, L+2, \cdots, N,$$

这里 $L = \max(\hat{p}, p, q)$, $a_j, j = 1, 2, \cdots, p, b_k, k = 1, 2, \cdots, q$ 是待定参数.

最后对目标函数

$$Q(\boldsymbol{a}, \boldsymbol{b}) = \sum_{t=L+1}^{N} \left(x_t - \sum_{j=1}^{p} a_j x_{t-j} - \sum_{j=1}^{q} b_j \hat{\varepsilon}_{t-j} \right)^2 \qquad (6.3.9)$$

极小化, 得到最小二乘估计 $(\hat{a}_1, \hat{a}_2, \cdots, \hat{a}_p, \hat{b}_1, \hat{b}_2, \cdots, \hat{b}_q)$. σ^2 的最小二乘估计由下式定义:

$$\hat{\sigma}^2 = \frac{1}{N-L} Q(\hat{a}_1, \hat{a}_2, \cdots, \hat{a}_p, \hat{b}_1, \hat{b}_2, \cdots, \hat{b}_q).$$

下面是 $\boldsymbol{a}, \boldsymbol{b}$ 的最小二乘估计的计算方法. 定义

$$\boldsymbol{X} = \begin{pmatrix} x_{L+1} \\ x_{L+2} \\ \vdots \\ x_N \end{pmatrix}, \quad \underline{\boldsymbol{X}} = \begin{pmatrix} x_L & x_{L-1} & \cdots & x_{L-p+1} \\ x_{L+1} & x_L & \cdots & x_{L-p+2} \\ \vdots & \vdots & & \vdots \\ x_{N-1} & x_{N-2} & \cdots & x_{N-p} \end{pmatrix},$$

$$\boldsymbol{\varepsilon} = \begin{pmatrix} \hat{\varepsilon}_L & \hat{\varepsilon}_{L-1} & \cdots & \hat{\varepsilon}_{L-q+1} \\ \hat{\varepsilon}_{L+1} & \hat{\varepsilon}_L & \cdots & \hat{\varepsilon}_{L-q+2} \\ \vdots & \vdots & & \vdots \\ \hat{\varepsilon}_{N-1} & \hat{\varepsilon}_{N-2} & \cdots & \hat{\varepsilon}_{N-q} \end{pmatrix}, \quad \boldsymbol{\beta} = \begin{pmatrix} \boldsymbol{a} \\ \boldsymbol{b} \end{pmatrix}.$$

可以将目标函数 (6.3.9) 写成

$$Q(\boldsymbol{a}, \boldsymbol{b}) = |\boldsymbol{X} - \underline{\boldsymbol{X}}\boldsymbol{a} - \boldsymbol{\varepsilon}\boldsymbol{b}|^2 = |\boldsymbol{X} - (\underline{\boldsymbol{X}}, \boldsymbol{\varepsilon})\boldsymbol{\beta}|^2.$$

于是, 最小二乘估计由方程组 (参见 (6.1.12) 式)

$$(\underline{\boldsymbol{X}}, \boldsymbol{\varepsilon})^{\mathrm{T}}[\boldsymbol{X} - (\underline{\boldsymbol{X}}, \boldsymbol{\varepsilon})\boldsymbol{\beta}] = \boldsymbol{0}$$

决定. 在 $\boldsymbol{D} \stackrel{\text{def}}{=\!=} [(\underline{\boldsymbol{X}}, \boldsymbol{\varepsilon})^{\mathrm{T}}(\underline{\boldsymbol{X}}, \boldsymbol{\varepsilon})]$ 满秩的情况下, 可以解出最小二乘估计

$$\begin{pmatrix} \hat{\boldsymbol{a}} \\ \hat{\boldsymbol{b}} \end{pmatrix} = \boldsymbol{D}^{-1}(\underline{\boldsymbol{X}}, \boldsymbol{\varepsilon})^{\mathrm{T}}\boldsymbol{X} = \begin{pmatrix} \underline{\boldsymbol{X}}^{\mathrm{T}}\underline{\boldsymbol{X}} & \underline{\boldsymbol{X}}^{\mathrm{T}}\boldsymbol{\varepsilon} \\ \boldsymbol{\varepsilon}^{\mathrm{T}}\underline{\boldsymbol{X}} & \boldsymbol{\varepsilon}^{\mathrm{T}}\boldsymbol{\varepsilon} \end{pmatrix}^{-1} \begin{pmatrix} \underline{\boldsymbol{X}}^{\mathrm{T}}\boldsymbol{X} \\ \boldsymbol{\varepsilon}^{\mathrm{T}}\boldsymbol{X} \end{pmatrix}.$$

6.3.3　正态时间序列的似然函数

设 $\{X_t\}$ 是零均值正态时间序列, $\boldsymbol{X}_n = (X_1, X_2, \cdots, X_n)^{\mathrm{T}}$ 的协方差矩阵 $\boldsymbol{\Gamma}_n$ 正定. 采用 §5.3 中的记号可以得到最佳线性预测

$$\hat{X}_n \stackrel{\text{def}}{=\!=} L(X_n|\boldsymbol{X}_{n-1}) = \sum_{j=1}^{n-1} \theta_{n-1,n-j} Z_j,$$

其中 $Z_j = X_j - \hat{X}_j$, $Z_1 = X_1$. 于是

$$X_n = \hat{X}_n + Z_n = \sum_{j=1}^{n-1} \theta_{n-1,n-j} Z_j + Z_n$$

$$= \sum_{j=1}^{n} \theta_{n-1,n-j} Z_j = (\theta_{n-1,n-1}, \theta_{n-1,n-2}, \cdots, \theta_{n-1,1}, 1) \boldsymbol{Z}_n,$$

其中 $\boldsymbol{Z}_n = (Z_1, Z_2, \cdots, Z_n)^{\mathrm{T}}$. 为了方便引入下三角矩阵

$$\boldsymbol{C} = \begin{pmatrix} 1 & 0 & 0 & \cdots & 0 \\ \theta_{1,1} & 1 & 0 & \cdots & 0 \\ \theta_{2,2} & \theta_{2,1} & 1 & \cdots & 0 \\ \vdots & \vdots & \vdots & & \vdots \\ \theta_{n-1,n-1} & \theta_{n-1,n-2} & \theta_{n-1,n-3} & \cdots & 1 \end{pmatrix},$$

则有 $\boldsymbol{X}_n = \boldsymbol{C}\boldsymbol{Z}_n$.

由于

$$r_{k-1} = \mathrm{E} Z_k^2, \quad k = 1, 2, \cdots, n-1$$

是预测误差的方差, 所以用 $Z_1, Z_2, \cdots, Z_n$ 的正交性得到

$$\boldsymbol{D} \stackrel{\text{def}}{=\!=} \mathrm{E}(\boldsymbol{Z}_n \boldsymbol{Z}_n^{\mathrm{T}}) = \mathrm{diag}(r_0, r_1, \cdots, r_{n-1}).$$

由此得到 $\boldsymbol{X}_n$ 的协方差矩阵:

$$\boldsymbol{\Gamma}_n = \mathrm{E}(\boldsymbol{C}\boldsymbol{Z}_n \boldsymbol{Z}_n^{\mathrm{T}} \boldsymbol{C}^{\mathrm{T}}) = \boldsymbol{C}\boldsymbol{D}\boldsymbol{C}^{\mathrm{T}},$$

$$\det(\boldsymbol{\Gamma}_n) = \det(\boldsymbol{D}) = r_0 r_1 \cdots r_{n-1},$$

$$\boldsymbol{X}_n^{\mathrm{T}} \boldsymbol{\Gamma}_n^{-1} \boldsymbol{X}_n = \boldsymbol{Z}_n^{\mathrm{T}} \boldsymbol{C}^{\mathrm{T}} (\boldsymbol{C}\boldsymbol{D}\boldsymbol{C}^{\mathrm{T}})^{-1} \boldsymbol{C}\boldsymbol{Z}_n = \sum_{j=1}^{n} Z_j^2 / r_{j-1}.$$

由于 $\boldsymbol{X}_n$ 的分布由 $\boldsymbol{\Gamma}_n$ 决定, 而 r_j, $\theta_{k,j}$ 都是 $\boldsymbol{\Gamma}_n$ 的函数, 所以给定 $\boldsymbol{X}_n$ 的观测值 $\boldsymbol{x}_n$ 后, 设 $z_j = x_j - \hat{x}_j$, 得到未知参数 r_j, $\theta_{k,j}$ 的似然函数

$$L(\boldsymbol{\Gamma}_n) = \frac{1}{(2\pi)^{n/2} [\det(\boldsymbol{\Gamma}_n)]^{1/2}} \exp\left(-\frac{1}{2} \boldsymbol{x}_n^{\mathrm{T}} \boldsymbol{\Gamma}_n^{-1} \boldsymbol{x}_n\right)$$

$$= \frac{1}{(2\pi)^{n/2} (r_0 r_1 \cdots r_{n-1})^{1/2}} \exp\left(-\frac{1}{2} \sum_{j=1}^{n} z_j^2 / r_{j-1}\right). \quad (6.3.10)$$

6.3.4 ARMA 模型的最大似然估计

设 $\{X_t\}$ 是满足 ARMA 模型 (6.3.1) 的平稳序列. 采用 5.4.3 小节中的符号, 利用 (5.4.10) 式得到逐步预测的递推公式:

$$\hat{X}_{k+1} = \begin{cases} \displaystyle\sum_{j=1}^{k} \theta_{k,j} Z_{k+1-j}, & 1 \leqslant k < m, \\ \displaystyle\sum_{j=1}^{p} a_j X_{k+1-j} + \sum_{j=1}^{q} \theta_{k,j} Z_{k+1-j}, & k \geqslant m, \end{cases} \qquad (6.3.11)$$

其中 $m = \max(p, q)$,

$$Z_k = X_k - \hat{X}_k = X_k - L(X_k | X_{k-1}, X_{k-2}, \cdots, X_1), \quad (6.3.12)$$

$$r_{k-1} = \mathrm{E} Z_k^2 = \mathrm{E}(X_k - \hat{X}_k)^2 = \sigma^2 \nu_{k-1}. \qquad (6.3.13)$$

$\theta_{k,j}, \nu_k$ 可按 (5.4.9) 式和 (5.3.6) 式递推计算, 而 (5.4.9) 式中的 γ_k/σ^2 可按 (3.2.10) 式和 (3.2.11) 式计算. 具体如下:

第一步, 用 $a_1, a_2, \cdots, a_p, b_1, b_2, \cdots, b_q$, 按照 (3.2.11) 式计算

$$\psi_j = \begin{cases} 1, & j = 0, \\ \displaystyle b_j + \sum_{k=1}^{p} a_k \psi_{j-k}, & j = 1, 2, \cdots; \end{cases}$$

第二步, 计算 $\tilde{\gamma}_k = \displaystyle\sum_{j=0}^{\infty} \psi_j \psi_{j+k}, \ k \geqslant 0;$

第三步, 按(5.4.9) 式计算

$$g(s, t) = \begin{cases} \tilde{\gamma}_{t-s}, & 1 \leqslant s \leqslant t \leqslant m, \\ \tilde{\gamma}_{t-s} - \displaystyle\sum_{j=1}^{p} a_j \tilde{\gamma}_{t-s-j}, & 1 \leqslant s \leqslant m < t, \\ \displaystyle\sum_{j=0}^{q} b_j b_{j+t-s}, & t \geqslant s > m; \end{cases}$$

第四步, 按 (5.3.6) 式计算

$$\begin{cases} \nu_0 = \mathrm{E}Y_1^2, \\ \theta_{n,n-k} = \Big(g(n+1,k+1) - \sum_{j=0}^{k-1} \theta_{k,k-j}\theta_{n,n-j}\nu_j \Big) \Big/ \nu_k, \quad 0 \leqslant k \leqslant n-1, \\ \nu_n = g(n+1,n+1) - \sum_{j=0}^{n-1} \theta_{n,n-j}^2 \nu_j. \end{cases}$$

递推的顺序是

$$\nu_0; \quad \theta_{1,1}, \nu_1; \quad \theta_{2,2}, \theta_{2,1}, \nu_2; \quad \theta_{3,3}, \theta_{3,2}, \theta_{3,1}, \nu_3; \quad \cdots.$$

以上计算和 σ^2 无关, 仅由 ARMA 模型 (6.3.1) 的参数

$$\boldsymbol{\beta} = (a_1, a_2, \cdots, a_p, b_1, b_2, \cdots, b_q)^{\mathrm{T}} \tag{6.3.14}$$

唯一决定. 从而 $\hat{X}_k$ 也是和 σ^2 无关的量, 仅由观测数据 $X_1, X_2, \cdots,$ X_{k-1} 和 $\boldsymbol{\beta}$ 决定. 将 (6.3.12) 式和 (6.3.13) 式代入 (6.3.10) 式就得到基于观测数据 $X_1, X_2, \cdots, X_N$ 的似然函数

$$L(\boldsymbol{\beta}, \sigma^2) = \frac{\exp\Big(-\dfrac{1}{2\sigma^2} \sum_{k=1}^{N} Z_k^2/\nu_{k-1} \Big)}{(2\pi)^{N/2}(\sigma^{2N}\nu_0\nu_1\cdots\nu_{N-1})^{1/2}}. \tag{6.3.15}$$

引入

$$S(\boldsymbol{\beta}) = \sum_{k=1}^{N} Z_k^2/\nu_{k-1}. \tag{6.3.16}$$

忽略常数项后, 可以得到对数似然函数

$$\ln L(\boldsymbol{\beta}, \sigma^2) = -\frac{N}{2}\ln\sigma^2 - \frac{1}{2}\ln(\nu_0\nu_1\cdots\nu_{N-1}) - \frac{1}{2\sigma^2}S(\boldsymbol{\beta}). \tag{6.3.17}$$

利用

$$\frac{\partial}{\partial\sigma^2}\ln L(\boldsymbol{\beta}, \sigma^2) = -\frac{N}{2\sigma^2} + \frac{S(\boldsymbol{\beta})}{2\sigma^4} = 0,$$

得到

$$\sigma^2 = S(\boldsymbol{\beta})/N.$$

将上式代入 (6.3.17) 式得到

$$l(\boldsymbol{\beta}) \stackrel{\text{def}}{=\!=} -\frac{2}{N}\ln L(\boldsymbol{\beta}, S(\boldsymbol{\beta})/N) - 1$$
$$= \frac{1}{N}\ln(\nu_0\nu_1\cdots\nu_{N-1}) + \ln[S(\boldsymbol{\beta})/N]. \qquad (6.3.18)$$

通常称 $l(\boldsymbol{\beta})$ 为**约化似然函数**. 可以看出, $l(\boldsymbol{\beta})$ 的最小值点

$$\hat{\boldsymbol{\beta}} = (\hat{a}_1, \hat{a}_2, \cdots, \hat{a}_p, \hat{b}_1, \hat{b}_2, \cdots, \hat{b}_q)^{\mathrm{T}} \qquad (6.3.19)$$

是 $\boldsymbol{\beta}$ 的最大似然估计, 而

$$\hat{\sigma}^2 = \frac{1}{N}S(\hat{\boldsymbol{\beta}}) \qquad (6.3.20)$$

是 σ^2 的最大似然估计.

在计算 $l(\boldsymbol{\beta})$ 的最小值点时, 可采用搜索的方法. 给定任何初始值 $\boldsymbol{\beta}$, 通过 (5.4.9) 式和 (5.3.6) 式递推计算出 $\theta_{k,j}$, ν_j 和 $Z_k = X_k - \hat{X}_k$, 然后计算出 $l(\boldsymbol{\beta})$. 为了加快搜索的速度和提高估计的精度, 初始值 $\boldsymbol{\beta}_0$ 应当选择在 $l(\boldsymbol{\beta})$ 的最小值附近. 实际计算中, 初始值应当选成在 6.3.1 小节中定义的矩估计或 6.3.2 小节中定义的自回归逼近估计. 为了得到估计模型的合理性和可逆性, 还应当选择初始值 $\boldsymbol{\beta}_0$ 使得 $A(z), B(z)$ 在闭单位圆内没有零点.

由于当 $k \to \infty$ 时, 用定理 5.2.4 得到

$$\nu_k = \mathrm{E}(X_{k+1} - \hat{X}_{k+1})^2/\sigma^2$$
$$= \mathrm{E}[X_n - L(X_n|X_{n-1}, X_{n-2}, \cdots, X_{n-k})]^2/\sigma^2$$
$$\to \mathrm{E}[X_n - L(X_n|X_{n-1}, X_{n-2}, \cdots)]^2/\sigma^2 = \mathrm{E}\varepsilon_n^2/\sigma^2 = 1.$$

所以当 $N \to \infty$ 时,

$$\frac{1}{N}\ln(\nu_0\nu_1\cdots\nu_{N-1}) \to 0.$$

于是, 对较大的 N, $l(\boldsymbol{\beta})$ 和 $S(\boldsymbol{\beta})$ 的最小值点近似相等. 于是也可以用 $S(\boldsymbol{\beta})$ 的最小值点 $\tilde{\boldsymbol{\beta}}$ 作为 $\boldsymbol{\beta}$ 的估计, 通常也称 $\tilde{\boldsymbol{\beta}}$ 是 $\boldsymbol{\beta}$ 的最小二乘估

计, 相应的白噪声方差 σ^2 的估计定义成

$$\tilde{\sigma}^2 = \frac{1}{N-p-q} S(\tilde{\boldsymbol{\beta}}). \tag{6.3.21}$$

可以证明, $\hat{\boldsymbol{\beta}}$ 和 $\tilde{\boldsymbol{\beta}}$ 有相同的极限分布, $\hat{\sigma}^2$ 和 $\tilde{\sigma}^2$ 有相同的极限分布.

定理 6.3.1 如果 $\{X_t\}$ 是平稳可逆的 ARMA(p,q) 序列, $\{\varepsilon_t\}$ 是独立同分布的 WN$(0,\sigma^2)$, $\mathrm{E}\varepsilon_t^4 < \infty$, 则当 $N \to \infty$ 时,

$$\sqrt{N}(\hat{\boldsymbol{\beta}} - \boldsymbol{\beta})$$

依分布收敛到正态分布 $N(\mathbf{0}, \boldsymbol{V}(\boldsymbol{\beta}))$, 其中

$$\boldsymbol{V}(\boldsymbol{\beta}) = \begin{cases} \sigma^2 \begin{pmatrix} \mathrm{E}(\boldsymbol{U}\boldsymbol{U}^{\mathrm{T}}) & \mathrm{E}(\boldsymbol{U}\boldsymbol{V}^{\mathrm{T}}) \\ \mathrm{E}(\boldsymbol{V}\boldsymbol{U}^{\mathrm{T}}) & \mathrm{E}(\boldsymbol{V}\boldsymbol{V}^{\mathrm{T}}) \end{pmatrix}^{-1}, & p > 0, \ q > 0, \\ \sigma^2 \big(\mathrm{E}(\boldsymbol{U}\boldsymbol{U}^{\mathrm{T}})\big)^{-1}, & q = 0, \ p > 0, \\ \sigma^2 \big(\mathrm{E}(\boldsymbol{V}\boldsymbol{V}^{\mathrm{T}})\big)^{-1}, & p = 0, \ q > 0. \end{cases} \tag{6.3.22}$$

上式中 $\boldsymbol{U} = (U_p, U_{p-1}, \cdots, U_1)^{\mathrm{T}}$, $\boldsymbol{V} = (V_q, V_{q-1}, \cdots, V_1)^{\mathrm{T}}$, $\{U_t\}$ 和 $\{V_t\}$ 分别是 AR(p) 和 AR(q) 序列, 满足 $A(\mathcal{B})U_t = \varepsilon_t$ 和 $B(\mathcal{B})V_t = \varepsilon_t$. (证明见文献 [15])

用 v_{jj} 表示矩阵 $\boldsymbol{V}(\boldsymbol{\beta})$ 的 (j,j) 元素, 则

$$\sqrt{N}(\hat{\beta}_j - \beta_j)$$

依分布收敛到正态分布 $N(0, v_{jj})$. 在实际问题中, 真值 $\boldsymbol{V}(\boldsymbol{\beta})$ 是未知的, 通常用估计量 $\boldsymbol{V}(\hat{\boldsymbol{\beta}})$ 代替. 于是可以用矩阵 $\boldsymbol{V}(\hat{\boldsymbol{\beta}})$ 的 (j,j) 元素 $\hat{v}_{jj}$ 作为 v_{jj} 的近似. 这样, 当 N 较大时, 利用

$$P\big(\sqrt{N}|\hat{\beta}_j - \beta_j|/\sqrt{v_{jj}} \leqslant 1.96\big) \approx 0.95$$

就可以在置信度 0.95 下得到 β_j 的近似置信区间

$$\Big[\hat{\beta}_j - 1.96\sqrt{\hat{v}_{jj}/N}, \ \hat{\beta}_j + 1.96\sqrt{\hat{v}_{jj}/N}\Big].$$

例 6.3.1 对 ARMA(4, 2) 模型

$$X_t + 0.9X_{t-1} + 1.4X_{t-2} + 0.7X_{t-3} + 0.6X_{t-4}$$
$$= \varepsilon_t + 0.5\varepsilon_{t-1} - 0.4\varepsilon_{t-2}, \quad t \in \mathbb{Z} \tag{6.3.23}$$

进行模拟计算, 其中 $\{\varepsilon_t\}$ 是标准正态 WN(0, 1).

解 利用 §3.2 中的方法产生模型 (6.3.23) 的 300 个数据 $\{x_t\}$. 利用 (6.3.5) 式计算出 a 的估计

$$\hat{a} = (-0.8959, \ -1.3843, \ -0.6876, \ -0.5868)^{\mathrm{T}}.$$

再利用 (6.3.8) 式计算出 $\hat{\gamma}_y(k)$, $k = 0, 1, \cdots, 10$. 取 $p_N = 10$, 利用 MA 模型的逆相关函数方法计算出 MA 部分的参数估计和白噪声方差的估计分别如下:

$$\hat{b} = (0.5122, \ -0.3427)^{\mathrm{T}}, \quad \hat{\sigma}^2 = 1.47.$$

可以看出, AR 部分的参数估计是令人满意的.

下面是以 $\hat{a}, \hat{b}, \hat{\sigma}^2$ 为初值计算出的最大似然估计, 计算采用了在初值附近搜索的方法:

$$\hat{a} = (-0.9010, \ -1.3920, \ -0.6808, \ -0.6039)^{\mathrm{T}},$$
$$\hat{b} = (0.5145, \ -0.3721)^{\mathrm{T}}, \quad \hat{\sigma}^2 = 1.282.$$

从以上结果看出, 本例中最大似然估计总体上可以改进初始估计, 特别是能改进 MA 参数和 σ^2 的估计精度.

将上述的模拟计算重复 1000 次, 每次重新产生模型 (6.3.23) 的 300 个数据. 利用 (6.3.5) 式计算出 a 的估计, 再利用 (6.3.8) 式计算出 $\hat{\gamma}_y(k)$, $k = 0, 1, \cdots, 10$. 取 $p_N = 10$, 利用 MA 模型的逆相关函数方法计算出 MA 部分的参数估计和白噪声方差的估计后, 得到的结果综合

如下:

$$\mathrm{Ave}(\hat{\boldsymbol{a}}) = (-0.8954,\ -1.3880,\ -0.6897,\ -0.5900),$$

$$\mathrm{Std}(\hat{\boldsymbol{a}}) = (0.0716,\ 0.0873,\ 0.0773,\ 0.0669),$$

$$\mathrm{Ave}(\hat{\boldsymbol{b}}) = (0.5258,\ -0.3141),\quad \mathrm{Ave}(\hat{\sigma}^2) = 1.2791,$$

$$\mathrm{Std}(\hat{\boldsymbol{b}}) = (0.6893,\ 0.3188),\qquad \mathrm{Std}(\hat{\sigma}^2) = 0.1639.$$

从上述的计算结果看出, AR 部分的参数估计是令人满意的, MA 部分和白噪声方差估计的标准差较大. 采用最大似然估计后通常可以改进估计的精度, 特别是能改进 MA 参数和白噪声方差的估计.

6.3.5 ARMA 模型的检验

在得到了 ARMA(p, q) 模型的参数估计

$$(\hat{a}_1, \hat{a}_2, \cdots, \hat{a}_p),\quad (\hat{b}_1, \hat{b}_2, \cdots, \hat{b}_q)$$

后, 对模型进行检验是十分必要的. 首先要检验模型的平稳性和合理性, 即要检验估计的参数满足 (6.3.3) 式. 然后对取定的初值

$$x_0 = x_{-1} = \cdots = x_{-p+1} = \hat{\varepsilon}_0 = \cdots = \hat{\varepsilon}_{-q+1} = 0$$

递推计算模型的残差

$$\hat{\varepsilon}_t = x_t - \sum_{j=1}^{p} \hat{a}_j x_{t-j} + \sum_{j=1}^{q} \hat{b}_j \hat{\varepsilon}_{t-j}, \quad t = 1, 2, \cdots. \tag{6.3.24}$$

取 $m = O(N^{1/3})$ 和 $m > \max(p, q)$, 如果残差

$$\hat{\varepsilon}_t, \quad t = m, m+1, \cdots, N$$

可以通过白噪声的检验, 就认为模型合适, 否则要寻找其他的模型.

在实际问题中, 参数 (p, q) 是未知的. 但是根据数据的性质有时可以知道阶数的大致范围, 可以在这个范围内对每一对 (p, q) 建立 ARMA(p, q) 模型. 如果一个模型可以通过检验, 就把这个模型留作备

用. 如果不能确定阶数的范围, 可以采用从 $p+q=1, p+q=2, \cdots$ 开始由低阶到高阶的依次搜寻的方法. 然后在所有备用的模型中选出 $p+q$ 最小的一个模型. 如果 $p+q$ 不能唯一决定 (p,q), 可以取 p 较大的一个. 也可以在所有的备用模型中, 采用下面的 AIC 定阶方法, 最后确定一个模型.

6.3.6　ARMA 模型的定阶方法

和 AR 模型的定阶方法相似, 给定 ARMA(p,q) 模型的阶数 (p,q) 的一个估计 $(k,j)=(\hat{p},\hat{q})$. 无论这个估计是怎样得到的, 按前面的方法都可以估计出 ARMA(k,j) 模型的参数. 用 $\hat{\sigma}^2=\hat{\sigma}^2(k,j)$ 表示白噪声方差 σ^2 的估计. 一般来讲, 希望 $\hat{\sigma}^2$ 的取值越小越好. 因为 $\hat{\sigma}^2$ 越小, 就表示模型拟合得越精确. 通常较小的残差方差 $\hat{\sigma}^2$ 对应于较大的阶数 (k,j). 这样, 过多追求拟合的精度, 或者说过分追求较小的残差方差 $\hat{\sigma}^2$ 会导致较大的 $(\hat{p},\hat{q})$, 从而导致较多的待估参数, 其结果会使建立的模型关于数据过于敏感, 从而降低模型的稳健性. AIC 定阶准则就是为了克服模型的过度敏感而提出的.

ARMA 模型的 AIC 定阶方法和 AR 模型的 AIC 定阶方法是相同的. 如果已知 p 的上界 P_0 和 q 的上界 Q_0, 则对于每一对 (k,j), $0 \leqslant k \leqslant P_0$, $0 \leqslant j \leqslant Q_0$, 计算 AIC 函数

$$\text{AIC}(k,j)=\ln(\hat{\sigma}^2(k,j))+\frac{2(k+j)}{N}. \tag{6.3.25}$$

AIC(k,j) 的最小值点 $(\hat{p},\hat{q})$ 称为 (p,q) 的 AIC 定阶. 如果最小值不唯一, 应先取 $k+j$ 最小的, 然后取 j 最小的. 一般 AIC 定阶并不是相合的, 也就是说, 如果平稳序列的观测数据 $\{x_t\}$ 确实是来自一个 ARMA(p,q) 模型时, 那么 AIC 定阶 $(\hat{p},\hat{q})$ 并不依概率收敛到真正的 (p,q). 但是, 和 AR(p) 模型的 AIC 定阶相似, 这种不相容性并不能否定 AIC 定阶的实用性. 一方面, 因为实际数据并不会真正满足某一个 ARMA(p,q) 模型, 所以真正的阶数并不存在, 采用 ARMA 模型只是对数据的一种处理方法. 另一方面, AIC 定阶有时会高估阶数, 但是并不会高估出很多. 这比低估阶数要好, 低估了阶数往往会造成更大的

误差和模型的选择不当. 将 AIC 函数 (6.3.25) 中的 $2(k+j)/N$ 改为 $(k+j)\ln N/N$ 就得到 BIC(k,j) 定阶.

6.3.7 ARMA 序列的谱密度估计

获得了 ARMA(p,q) 模型的参数估计, 并对模型进行检验后, 谱密度的估计定义为

$$\hat{f}(\lambda) = \frac{\hat{\sigma}^2}{2\pi} \frac{|\hat{B}(\mathrm{e}^{\mathrm{i}j\lambda})|^2}{|\hat{A}(\mathrm{e}^{\mathrm{i}j\lambda})|^2}, \tag{6.3.26}$$

其中 $\hat{A}(z) = 1 - \sum_{j=1}^{\hat{p}} \hat{a}_j z^j$, $\hat{B}(z) = 1 + \sum_{j=1}^{\hat{q}} \hat{b}_j z^j$. 这是因为被估计模型的谱密度为

$$f(\lambda) = \frac{\sigma^2}{2\pi} \frac{|B(\mathrm{e}^{\mathrm{i}j\lambda})|^2}{|A(\mathrm{e}^{\mathrm{i}j\lambda})|^2}.$$

不难看出, 如果 $\hat{p}, \hat{q}, \hat{\boldsymbol{a}}, \hat{\boldsymbol{b}}$ 和 $\hat{\sigma}^2$ 分别是 $p, q, \boldsymbol{a}, \boldsymbol{b}$ 和 σ^2 的相合估计, 则 $\hat{f}(\lambda)$ 是 $f(\lambda)$ 的相合估计.

通常对谱密度进行估计只是为了解时间序列的频率特性. 后面的第九章将重点介绍谱密度的估计方法.

例 6.3.2 (接例 6.3.1) 图 6.3.1 是 ARMA$(4,2)$ 模型 (6.3.23) 的谱

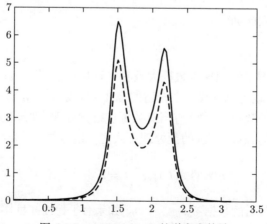

图 6.3.1 ARMA$(4,2)$ 的谱密度估计

密度 $f(\lambda)$ 和以 $\hat{a}, \hat{b}$ 及 $\hat{\sigma}^2$ 为参数, 由 (6.3.26) 式计算的 $\hat{f}(\lambda)$. 图中实曲线是 $\hat{f}(\lambda)$, 可以看出 $\hat{f}(\lambda)$ 有和 $f(\lambda)$ 相似的形状.

习 题 6.3

6.3.1 (计算机作业) 设 $\{\varepsilon_t\}$ 是正态 WN$(0, 4)$. ARMA$(4, 2)$ 模型的参数是

$$a = (1.16, -0.37, -0.19, 0.18)^{\mathrm{T}}, \quad b = (0.5, -0.4)^{\mathrm{T}}.$$

设 $p = 4$, $q = 2$ 已知. 在计算机上产生上述 ARMA 模型的 100 个数据.

(1) 用 (6.3.5) 式计算 AR 部分的参数估计, 用逆相关系数方法计算 MA 部分的参数估计和白噪声方差的估计.

(2) 以 (1) 中计算的结果为初值, 对该 ARMA$(4, 2)$ 的参数计算最大似然估计.

(3) 对最大似然估计的 AR 和 MA 参数分别验证最小相位条件和可逆性条件是否成立.

(4) 将 (1) 和 (2) 的计算独立重复 100 次, 综合评价计算的结果.

§6.4 求和 ARIMA 模型的参数估计

给定时间序列

$$x_1, x_2, \cdots, x_N. \tag{6.4.1}$$

如果从数据图上看到这批数据大致有平稳性, 而且样本自相关系数快速收敛到 0, 就可以寻找一个合适的 ARMA(或 AR, MA) 模型来描述零均值化后的数据. 否则, 应当对数据进行预处理. 如果数据具有线性增长或减少的趋势, 可选的预处理方法之一是做差分:

$$y_t = (1 - \mathcal{B})x_t, \quad t = 2, 3, \cdots, N.$$

进行一次差分后的数据 $y_2, y_3, \cdots, y_N$ 如果有平稳性并且样本自相关系数快速收敛到 0, 就可以对差分后的数据 y_t 拟合 ARMA 模型. 一次差

分不够可以考虑两次差分, 一般进行了 d 次差分后的数据是

$$y_t = (1-\mathcal{B})^d x_t = \sum_{j=0}^{d}(-1)^j \mathrm{C}_d^j x_{t-j}, \quad t = d+1, d+2, \cdots, N, \quad (6.4.2)$$

其中 C_d^j 是二项式组合系数. 如果 d 次差分后的数据有平稳性并且样本自相关系数快速下降, 就可以对它拟合 ARMA 模型. 也就是说认为数据 (6.4.2) 满足某个 ARMA(p,q) 模型

$$A(\mathcal{B})y_t = B(\mathcal{B})\varepsilon_t, \quad t = d+1, d+2, \cdots, N,$$

或等价地认为数据 (6.4.1) 满足求和 ARIMA(p,d,q) 模型

$$A(\mathcal{B})(1-\mathcal{B})^d X_t = B(\mathcal{B})\varepsilon_t, \quad t = 1, 2, \cdots. \quad (6.4.3)$$

这时可以利用数据 (6.4.2) 对 ARMA(p,q) 模型进行参数估计, 包括阶数 (p,q) 的估计 $(\hat{p}, \hat{q})$ 和参数 $(\boldsymbol{a}, \boldsymbol{b})$ 的估计 $(\hat{a}_1, \hat{a}_2, \cdots, \hat{a}_p, \hat{b}_1, \hat{b}_2, \cdots, \hat{b}_q)$.

如果拟合的模型可以通过前面所述的模型检验, 就为原数据 (6.4.1) 建立了一个 ARIMA$(\hat{p}, d, \hat{q})$ 模型

$$\hat{A}(\mathcal{B})(1-\mathcal{B})^d X_t = \hat{B}(\mathcal{B})\varepsilon_t, \quad t = 1, 2, \cdots,$$

其中

$$\hat{A}(z) = 1 - \sum_{j=1}^{\hat{p}}\hat{a}_j z^j, \quad \hat{B}(z) = 1 + \sum_{j=1}^{\hat{q}}\hat{b}_j z^j.$$

如果从数据上不易直接判定出平稳性, 也可以直接对数据 (6.4.1) 拟合 ARMA 模型, 若拟合的模型不能通过模型的拟合检验, 可以进行一次差分后再进行 ARMA 模型的拟合. 差分的次数应当比较小, 一般只取 $d = 1$ 或 2. 否则应当用其他方法对数据先进行分解, 去掉趋势项和季节项, 然后拟合 ARMA 模型.

§6.5 季节 ARMA 模型的参数估计

季节时间序列的特点是明显的季节性. 例如, 旅游景点的参观人数通常在公休日和旅游季节会增加, 仓储超市的销售额也会在每个周末 (周六和周日) 不同于普通工作日. 这种带有明显季节现象的数据在适当的零均值化后可以用如下的季节 ARMA 模型描述:

$$A(\mathcal{B}^T)Y_t = B(\mathcal{B}^T)\varepsilon_t, \tag{6.5.1}$$

其中 T 是季节性的周期. $A(z)$, $B(z)$ 是某个 ARMA(p,q) 模型的特征多项式. 实际问题中 T 经常的取值是 7 或 12. 我们通过下面的例子来说明季节 ARMA 模型的使用方法.

例 6.5.1 用 $\{x_t\}$ 表示一个城市的居民日用水量, 它的记录如下:

	星期一	星期二	$\cdots$	星期六	星期日	
1 周	x_1	x_2	$\cdots$	x_6	x_7	
2 周	x_8	x_9	$\cdots$	x_{13}	x_{14}	(6.5.2)
$\vdots$	$\vdots$	$\vdots$		$\vdots$	$\vdots$	
$N+1$ 周	x_{1+7N}	x_{2+7N}	$\cdots$	x_{6+7N}	x_{7+7N}	

实际数据中会发现星期六和星期日的用水量和工作日的用水量有所不同. 上述表中的每一列都可以看成一个时间序列. 假设数据 (6.5.2) 的第 j 列 $(1 \leqslant j \leqslant 7)$ 的零均值化是

$$y_{j+7t} = x_{j+7t} - \mu_j, \quad t = 0, 1, \cdots, N, \tag{6.5.3}$$

其中 $\mu_j = \dfrac{1}{N+1} \sum_{t=0}^{N} x_{j+7t}$. 如果用数据 (6.5.3) 可以拟合一个 ARMA(p,q) 模型

$$Z_{j+7t} = a_1 Z_{j+7(t-1)} + \cdots + a_p Z_{j+7(t-p)} + \varepsilon_{j+7t}$$
$$+ b_1 \varepsilon_{j+7(t-1)} + \cdots + b_q \varepsilon_{j+7(t-q)}, \quad t \geqslant 1, \tag{6.5.4}$$

其中 $\{\varepsilon_{j+7t}\}$ 是 $\mathrm{WN}(0,\sigma^2)$, 并且还可以认为数据 (6.5.2) 中的每一列零均值化后满足相同的 ARMA 模型 (6.5.4), 即模型 (6.5.4) 关于 $j, 1 \leqslant j \leqslant 7$ 都成立, 则可以把整个数据 $y_t, t = 1, 2, \cdots, 7(N+1)$ 用如下的模型描述:

$$A(\mathcal{B}^7)Y_t = B(\mathcal{B}^7)\varepsilon_t, \quad t \geqslant 1, \tag{6.5.5}$$

其中 $\{\varepsilon_t\}$ 是随机噪声序列.

如果假设模型 (6.5.5) 中的噪声序列 $\{\varepsilon_t\}$ 是白噪声, 就可以推导出数据 (6.5.2) 的各列之间的不相关性. 这点是不能被人们接受的, 解决这个问题的方法是, 假设 $\{\varepsilon_t\}$ 也是 ARMA 序列, 满足平稳可逆的 $\mathrm{ARMA}(p_0, q_0)$ 模型

$$A_0(\mathcal{B})\varepsilon_t = B_0(\mathcal{B})e_t, \quad t \geqslant 1,$$

其中 $\{e_t\}$ 是 $\mathrm{WN}(0,\sigma^2)$. 将

$$\varepsilon_t = A_0^{-1}(\mathcal{B})B_0(\mathcal{B})e_t$$

代入模型 (6.5.5), 就得到季节 $\mathrm{ARMA}(p_0, q_0) \times (p, q)_7$ 模型

$$A_0(\mathcal{B})A(\mathcal{B}^7)Y_t = B_0(\mathcal{B})B(\mathcal{B}^7)e_t, \quad t \geqslant 1, \tag{6.5.6}$$

这里 p_0, q_0 分别是 $A_0(z), B_0(z)$ 的阶数, p, q 分别是 $A(z), B(z)$ 的阶数.

季节 ARMA 模型 (6.5.5) 实际上是一个 $\mathrm{ARMA}(p_0 + 7p, q_0 + 7q)$ 模型, 但是其中有很多的系数已经是 0.

模型 (6.5.6) 的估计方法如下. 设 $\hat{\gamma}(k)$ 是数据 $\{y_t\}$ 的样本自协方差函数. 利用 $\hat{\gamma}(7k), k = 0, 1, 2, \cdots$ 拟合一个 $\mathrm{ARMA}(\hat{p}, \hat{q})$ 模型

$$\hat{A}(\mathcal{B})Z_t = \hat{B}(\mathcal{B})\varepsilon_t.$$

要求这个模型通过拟合检验. 利用 $\hat{\gamma}(0), \hat{\gamma}(1), \cdots, \hat{\gamma}(7-1)$ 对 $\{\varepsilon_t\}$ 拟合一个 $\mathrm{ARMA}(\hat{p}_0, \hat{q}_0)$ 模型

$$\hat{A}_0(\mathcal{B})\varepsilon_t = \hat{B}_0(\mathcal{B})e_t.$$

也要求这个模型通过拟合检验. 这时, 所要估计的季节 ARMA$(p_0, q_0) \times (p, q)_7$ 模型可以初步定为

$$\hat{A}_0(\mathcal{B})\hat{A}(\mathcal{B}^7)Y_t = \hat{B}_0(\mathcal{B})\hat{B}(\mathcal{B}^7)e_t, \quad t \geqslant 1. \tag{6.5.7}$$

这是一个 ARMA$(\hat{p}_0 + 7\hat{p}, \hat{q}_0 + 7\hat{q})$ 模型, 但是其中有很多的系数已经是 0. 为了得到更好的参数估计, 在以后的计算中, 保持参数是 0 的位置的参数永远是 0. 然后利用 §6.3 中的最大似然方法或最小二乘估计法重新计算模型 (6.5.7) 中的参数. 这样得到的估计一般会对原来的估计有所改进.

在例 6.5.1 中如果每一列的数据需要经过差分

$$z_t = (1 - \mathcal{B})^d(1 - \mathcal{B}^7)^D y_t, \quad t = 7D + d + 1, \cdots, N$$

后才能进行季节 ARMA 模型的拟合, 模型 (6.5.6) 就要改写成

$$A_0(\mathcal{B})A(\mathcal{B}^7)(1 - \mathcal{B})^d(1 - \mathcal{B}^7)^D Y_t = B_0(\mathcal{B})B(\mathcal{B}^7)e_t, \quad t \geqslant 1. \tag{6.5.8}$$

这是一个季节 ARIMA$(p_0, d, q_0) \times (p, D, q)_7$ 模型. 实际问题中 d 和 D 的取值都很小, 一般是 $D = 0$ 或 1. 季节 ARMA$(p_0, q_0) \times (p, q)_7$ 模型实际上是一个季节 ARIMA$(p_0, 0, q_0) \times (p, 0, q)_7$ 模型.

习　题　6.5

6.5.1　设模型 (6.5.5) 中的 $\{\varepsilon_t\}$ 是白噪声, 证明: 数据 (6.5.2) 中的各列时间序列之间是不相关的.

6.5.2　试解释数据 (6.5.2) 中的每一列数据都满足相同的 ARMA 模型的合理 (或不合理) 性.

6.5.3　设 $\{Y_n\}$ 是随机序列, Y 是随机变量, $\{a_n\}$, $\{c_n\}$ 是正数列, 定义 $c_n = \max(a_n, b_n)$. 对 $n \to \infty$, 证明下列结论:

(1) 如果 $Y_n \xrightarrow{\mathrm{d}} Y$, 则 $Y_n = O_p(1)$;

(2) 如果 $\{\mathrm{E}|Y_n|\}$ 是有界序列, 则 $Y_n = O_p(1)$;

(3) 如果 $Y_n = o_p(a_n)$, 则 $Y_n = O_p(a_n)$;

(4) $O_p(1)o_p(1) = o_p(1)$, $O_p(1) + o_p(1) = O_p(1)$;

(5) $O_p(a_n)o_p(c_n) = o_p(a_nc_n),\ \ O_p(a_n)O_p(b_n) = O_p(a_nb_n)$;

(6) $o_p(a_n) + o_p(b_n) = o_p(c_n),\ \ O_p(a_n) + O_p(b_n) = O_p(c_n)$;

(7) 当 $r > 0$ 时, $[O_p(a_n)]^r = O_p(a_n^r)$.

第七章　潜周期模型及参数估计

实际问题中的很多观测数据表现出明显的周期性. 例如考虑北京地区的气温变化, 以每个小时的平均气温为一个记录数据, 则观测数据 $x_1, x_2, \cdots, x_N$ 以每年的 365×24 小时为一个大周期, 以每天的 24 小时为一个小周期. 对于这种具有明显周期的数据可以考虑用潜周期模型描述.

§7.1　潜周期模型

在信号处理领域, 余弦波信号是一种常见信号. 在随机干扰背景下能否成功地检测出各信号的角频率及其振幅是常见问题. 通常的余弦波信号也是用下面的潜周期模型描述的:

$$x_t = \sum_{j=1}^{k} A_j \cos(\omega_j t + \phi_j) + \xi_t, \quad t \in \mathbb{N}_+, \tag{7.1.1}$$

其中 $0 < \omega_1 < \omega_2 < \cdots < \omega_k \leqslant \pi$, $\phi_j \in [0, 2\pi)$, $A_j > 0$ 是角频率 ω_j 的振幅. 对 $\omega_j > 0$, 从

$$\cos[\omega_j(t + 2\pi/\omega_j) + \phi_j] = \cos(\omega_j t + \phi_j), \quad t \in \mathbb{Z}$$

知道对应角频率 ω_j 的周期是 $T_j = 2\pi/\omega_j$. ϕ_j 是 ω_j 的初始相位. $\{\xi_t\}$ 是零均值线性平稳序列, 被称为**有色噪声**, 它是对周期叠加项

$$y_t = \sum_{j=1}^{k} A_j \cos(\omega_j t + \phi_j) \tag{7.1.2}$$

的随机干扰. 当 $k = 0$ 时定义 $\sum_{j=1}^{0} = 0$, 这时 $\{x_t\} = \{\xi_t\}$ 是平稳序列.

满足模型 (7.1.1) 的时间序列被称为**潜频率序列**或**潜周期序列**. 模型 (7.1.1) 中还可以要求振幅 $\boldsymbol{A} = (A_1, A_2, \cdots, A_k)$ 和初相位 $\boldsymbol{\phi} = (\phi_1, \phi_2, \cdots, \phi_k)$ 是随机的. 因为实际中我们只能得到时间序列的一次实现, 所以观测数据中 $\boldsymbol{A}$ 和 $\boldsymbol{\phi}$ 的取值都是常数. 于是没有必要把 $\boldsymbol{A}$ 和 $\boldsymbol{\phi}$ 当作随机向量来考虑. 下面总认为 A_j, ϕ_j 是常量.

在模型 (7.1.1) 中, 用 $\sigma = \sqrt{\mathrm{Var}(\xi_t)}$ 表示噪声项的标准差. 称

$$\eta_j = A_j/\sigma \tag{7.1.3}$$

为角频率 ω_j 的**信噪比** (信号和噪声的比率). 信噪比 η_j 越大, 频率项 $A_j \cos(\omega_j t + \phi_j)$ 的作用越大, 在观测数据中越容易发现或估计出相应 ω_j 及其振幅 A_j. 以下的分析说明, 无论是怎样的信噪比, 用充足的数据总可以准确地估计出角频率、振幅和初始相位.

模型 (7.1.1) 是三角函数项的叠加, 所以又被称为**调和模型**. 它在气象、天文、机械振动、共振研究和调和信号处理方面有广泛的应用.

模型 (7.1.1) 还可以写成复形式. 在模型 (7.1.1) 中, 定义 $q = 2k$,

$$\lambda_j = \begin{cases} \omega_j, & j = 1, 2, \cdots, k, \\ -\omega_{j-k}, & j = k+1, k+2, \cdots, q, \end{cases} \tag{7.1.4}$$

$$\alpha_j = \begin{cases} \dfrac{1}{2} A_j \exp(\mathrm{i}\phi_j), & j = 1, 2, \cdots, k, \\ \dfrac{1}{2} A_{j-k} \exp(-\mathrm{i}\phi_{j-k}), & j = k+1, k+2, \cdots, q, \end{cases} \tag{7.1.5}$$

则有

$$x_t = \sum_{j=1}^{q} \alpha_j \exp(\mathrm{i}t\lambda_j) + \xi_t, \quad t \in \mathbb{N}_+. \tag{7.1.6}$$

抛开模型 (7.1.1) 不谈, 模型 (7.1.6) 本身被称为**复值潜周期模型**, 满足以下条件:

(1) $\{\xi_t\}$ 是一个零均值线性平稳序列, 它是对周期叠加项

$$y_t = \sum_{j=1}^{q} \alpha_j \exp(\mathrm{i}t\lambda_j) \tag{7.1.7}$$

的随机干扰;

(2) 实向量 $\boldsymbol{\lambda} = (\lambda_1, \lambda_2, \cdots, \lambda_q)^{\mathrm{T}}$ 满足

$$-\pi < \lambda_1 < \lambda_2 < \cdots < \lambda_q \leqslant \pi; \tag{7.1.8}$$

(3) 复值向量 $\boldsymbol{\alpha} = (\alpha_1, \alpha_2, \cdots, \alpha_q)^{\mathrm{T}}$ 中的分量均不为 0.

当 $q \geqslant 1$ 时, $\boldsymbol{\lambda}$ 是潜频率序列 $\{x_t\}$ 的角频率, $\boldsymbol{\alpha}$ 是 $\{x_t\}$ 的振幅. 对于 $\lambda_j \neq 0$, 由于

$$\exp[\mathrm{i}\lambda_j(t + 2\pi/\lambda_j)] = \exp(\mathrm{i}\lambda_j t), \quad t \in \mathbb{Z},$$

所以对应角频率 λ_j 的周期是 $T_j = 2\pi/\lambda_j$, 振幅是 α_j. 满足模型 (7.1.6) 的时间序列也被称为**潜频率序列**.

习 题 7.1

7.1.1 设 $\{x_t\}$ 是潜频率序列, 满足模型 (7.1.6). $H = \{h_j\}$ 是绝对可和的线性滤波器, 满足 $\sum\limits_{j=0}^{\infty} h_j \mathrm{e}^{\mathrm{i}j\lambda} \neq 0$, $\lambda \in (-\pi, \pi]$. 证明: 线性滤波器 H 的输出过程 $y_t = \sum\limits_{j=0}^{\infty} h_j x_{t-j}$, $t \in \mathbb{N}_+$ 也是潜频率序列, 并且和 $\{x_t\}$ 有相同的角频率.

§7.2 参 数 估 计

对实值潜周期模型 (7.1.1) 的统计分析不如对复值潜周期模型 (7.1.6) 的统计分析来得方便. 如果对模型 (7.1.6) 给出了参数 $q, \boldsymbol{\lambda}$ 和 $\boldsymbol{\alpha}$ 的估计, 通过参数之间的变换 (7.1.4) 和 (7.1.5) 就可以得到模型 (7.1.1) 的参数估计.

为了分析潜周期模型中有色噪声项对周期信号 $\{y_t\}$ 影响的大小, 我们需要了解噪声 $\{\xi_t\}$ 的基本性质.

定理 7.2.1 (见文献 [10]) 设 $\{\varepsilon_t\}$ 是独立同分布的 $\mathrm{WN}(0, \sigma^2)$,

$\{c_j\}$ 满足 $\sum\limits_{j=0}^{\infty} j|c_j| < \infty$, $\xi_t = \sum\limits_{j=0}^{\infty} c_j \varepsilon_{t-j}$ 有谱密度 $f(\lambda) = \dfrac{\sigma^2}{2\pi} \left| \sum\limits_{j=0}^{\infty} c_j \mathrm{e}^{\mathrm{i}j\lambda} \right|^2$,
则有

$$\varlimsup_{N\to\infty} \frac{1}{\sqrt{N\ln N}} \sup_{\lambda} \left| \sum_{t=1}^{N} \xi_t \mathrm{e}^{-\mathrm{i}\lambda t} \right| \leqslant \left[2\pi \sup_{\lambda} f(\lambda) \right]^{1/2}, \quad \text{a.s.}.$$

除了定理 7.2.1, 我们还需要了解 Dirichlet 核 (图 7.2.1)

$$D_N(\lambda) = \frac{\sin(N\lambda/2)}{\sin(\lambda/2)}, \quad \lambda \in (-\pi, \pi]$$

的基本性质. $D_N(\lambda)$ 是偶函数, 在 $\lambda = 0$ 取得最大值 $D_N(0) = N$, 在区间 $[0, \pi/2N]$ 上单调减少. 对 $x \in (0, \pi/2)$, 利用不等式 $x \geqslant \sin x > 2x/\pi$, 得到

$$D_N(x) \geqslant D_N(\pi/2N) = \frac{\sin(\pi/4)}{\sin(\pi/4N)} \geqslant \frac{2\sqrt{2}N}{\pi}, \quad x \in \left[0, \frac{\pi}{2N}\right]. \quad (7.2.1)$$

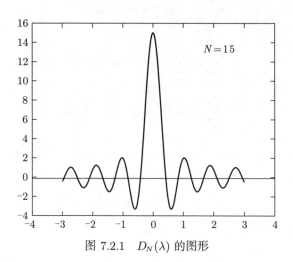

图 7.2.1　$D_N(\lambda)$ 的图形

另一方面, 对于 $\lambda \geqslant 1/(2\sqrt{N})$,

$$|D_N(\lambda)| \leqslant \left[\sin\left(\frac{1}{4\sqrt{N}}\right) \right]^{-1} \leqslant \frac{4\pi\sqrt{N}}{2} = 2\pi\sqrt{N}. \quad (7.2.2)$$

7.2.1 复值潜周期模型的参数估计

设观测数据 $x_1, x_2, \cdots, x_N$ 来自模型 (7.1.6). 引入函数

$$S_N(\lambda) = \sum_{t=1}^{N} x_t \mathrm{e}^{-\mathrm{i}\lambda t}, \quad C_N(\xi, \lambda) = \sum_{t=1}^{N} \xi_t \mathrm{e}^{-\mathrm{i}\lambda t}. \tag{7.2.3}$$

对于函数 $C_N(\lambda) = \displaystyle\sum_{t=1}^{N} \mathrm{e}^{-\mathrm{i}\lambda t}$, 利用求和公式

$$C_N(-\lambda) = D_N(\lambda) \exp(\mathrm{i}\lambda(N+1)/2)$$

得到

$$|C_N(\lambda)| = |D_N(\lambda)|. \tag{7.2.4}$$

于是用 (7.1.6) 式得到

$$\begin{aligned} S_N(\lambda) &= \sum_{t=1}^{N} y_t \mathrm{e}^{-\mathrm{i}\lambda t} + \sum_{t=1}^{N} \xi_t \mathrm{e}^{-\mathrm{i}\lambda t} \\ &= \sum_{j=1}^{q} \alpha_j \sum_{t=1}^{N} \exp[\mathrm{i}(\lambda_j - \lambda)t] + C_N(\xi, \lambda) \\ &= \sum_{j=1}^{q} \alpha_j C_N(\lambda - \lambda_j) + C_N(\xi, \lambda). \end{aligned} \tag{7.2.5}$$

由于 $S_N(\lambda)$, $C_N(\lambda)$ 和 $C_N(\xi, \lambda)$ 都是 λ 的周期为 2π 的函数, 为表达方便引入

$$\lambda_{q+1} = \lambda_1 + 2\pi, \quad \lambda_0 = \lambda_q - 2\pi. \tag{7.2.6}$$

对于角频率 $\lambda_j, 1 \leqslant j \leqslant q$, 定义

$$\delta = \min_{1 \leqslant j \leqslant q} (\delta_j), \quad \text{其中 } \delta_j = \min\{|\lambda_j - \lambda_{j+1}|, |\lambda_j - \lambda_{j-1}|\}. \tag{7.2.7}$$

如果样本量使得

$$\sqrt{N} \geqslant 1/\delta_j,$$

则能以大概率检测出 λ_j. 实际上, 在 λ_j 的 $\pi/2N$ 邻域内, 利用 (7.2.1) 式和 (7.2.2) 式得到

$$
\begin{aligned}
|S_N(\lambda)| &\geqslant |\alpha_j C_N(\lambda - \lambda_j)| - \sum_{l \neq j} |\alpha_l C_N(\lambda - \lambda_l)| - |C_N(\xi, \lambda)| \\
&\geqslant |\alpha_j D_N(\lambda - \lambda_j)| - \sum_{l \neq j} |\alpha_l| 2\pi\sqrt{N} - |C_N(\xi, \lambda)| \\
&\geqslant |\alpha_j| 2\sqrt{2}N/\pi - O(\sqrt{N \ln N}) \\
&\geqslant 0.9|\alpha_j|N.
\end{aligned} \tag{7.2.8}
$$

而在所有的 λ_j 的 $1/(2\sqrt{N})$ 邻域外, $0 \leqslant j \leqslant q+1$, 即在集合

$$
A = \left\{ \lambda \,\middle|\, \lambda \in [-\pi, \pi], |\lambda - \lambda_j| \geqslant 1/(2\sqrt{N}), j = 0, 1, \cdots, q+1 \right\} \tag{7.2.9}
$$

内, 利用 (7.2.2) 式和定理 7.1.1 得到

$$
\begin{aligned}
|S_N(\lambda)| &\leqslant \sum_{l=1}^{q} |\alpha_l C_N(\lambda_l - \lambda)| + |C_N(\xi, \lambda)| \\
&\leqslant \sum_{l=1}^{q} |\alpha_l| 2\pi\sqrt{N} + |C_N(\xi, \lambda)| \\
&= O(\sqrt{N \ln N}).
\end{aligned} \tag{7.2.10}
$$

于是看出当 N 充分大后, 实值连续函数 $|S_N(\lambda)|$ 在区间 $[-\pi, \pi]$ 上的图形具有如下的性质:

(1) $|S_N(\lambda)|$ 在每个 λ_j 的 $1/(2\sqrt{N})$ 邻域内有一峰群, 在每个 λ_j 的 $\pi/2N$ 邻域内, $|S_N(\lambda)| \geqslant 0.9|\alpha_j|N$, 而 λ_j 大约在最高峰的下面;

(2) 在所有 λ_j 的 $1/(2\sqrt{N})$ 邻域外, 也就是在集合 A 内,

$$
|S_N(\lambda)| = O(\sqrt{N \ln N});
$$

(3) 峰群的个数就是潜周期模型中 q 的估计.

根据 $|S_N(\lambda)|$ 的图形形状, 可以给出潜周期模型 (7.1.6) 中的角频率个数 q. 下面给出角频率向量 $\boldsymbol{\lambda}$ 和振幅向量 $\boldsymbol{\alpha}$ 的估计方法. 由于很

难把 $|S_N(\lambda)|$ 的所有取值计算出来, 为了节约计算时间, 同时也能够大致地保持 $|S_N(\lambda)|$ 的图形, 可以采用如下离散化计算方法:

第一步 取 $a_N = O(N^{0.75})$.

第二步 取 $\mu_j = j\pi/(2N) - \pi$, 计算

$$g(\mu_j) = |S_N(\mu_j)|, \quad j = 1, 2, \cdots, 4N. \tag{7.2.11}$$

在下面计算中, 如果最大值点不唯一, 可任取一个.

第三步 设 $\hat{\mu}_1$ 是 $g(\mu_j)$ 的最大值点. 当 $g(\hat{\mu}_1) \leqslant a_N$ 时, 取 $\hat{q} = 0$, 停止计算. 否则, 设 $\hat{\mu}_2$ 是 $g(\mu_j)$ 在

$$A_1 = \big\{\lambda \,\big|\, \lambda \in (-\pi, \pi], \, N^{-1/2} \leqslant |\lambda - \hat{\mu}_1| \leqslant 2\pi - N^{-1/2}\big\}.$$

中的最大值点. 当 $g(\hat{\mu}_2) \leqslant a_N$ 时, 定义 $\hat{q} = 1$, 停止计算. 否则, 设 $\hat{\mu}_3$ 是 $g(\mu_j)$ 在

$$A_2 = A_1 \bigcap \big\{\lambda \,\big|\, \lambda \in (-\pi, \pi], \, N^{-1/2} \leqslant |\lambda - \hat{\mu}_2| \leqslant 2\pi - N^{-1/2}\big\}$$

中的最大值点. 当 $g(\hat{\mu}_2) \leqslant a_N$ 时, 定义 $\hat{q} = 2$, 停止计算. 否则, 设 $\hat{\mu}_4$ 是 $g(\mu_j)$ 在

$$A_3 = A_1 \bigcap A_2 \bigcap \big\{\lambda \,\big|\, \lambda \in (-\pi, \pi], \, N^{-1/2} \leqslant |\lambda - \hat{\mu}_3| \leqslant 2\pi - N^{-1/2}\big\}$$

中的最大值点 ……

计算停止后, 得到 q 的估计 $\hat{q}$. 将 $\hat{\mu}_1, \hat{\mu}_2, \cdots, \hat{\mu}_{\hat{q}}$ 从小到大重排后得到角频率 $\boldsymbol{\lambda}$ 的估计

$$\hat{\boldsymbol{\lambda}} = (\hat{\lambda}_1, \hat{\lambda}_2, \cdots, \hat{\lambda}_{\hat{q}}). \tag{7.2.12}$$

因为上面只计算了 $|S_N(\lambda)|$ 在点 μ_j 处的值, 所以将 (7.2.12) 式称为**初估计**.

定理 7.2.2 (见文献 [23]) 设 $\{\xi_t\}$ 满足定理 7.1.1 中的条件, 则概率为 1 地当 N 充分大后,

$$\hat{q} = q, \quad |\hat{\lambda}_j - \lambda_j| \leqslant \pi/N.$$

有了角频率的估计量 (7.2.12), 就可以定义振幅 α_j 的估计:

$$\hat{\alpha}_j = \frac{1}{N} \sum_{t=1}^{N} x_t \mathrm{e}^{-\mathrm{i}\hat{\lambda}_j t}, \quad 1 \leqslant j \leqslant \hat{q}. \qquad (7.2.13)$$

由角频率的初估计 $\hat{\lambda}_j$ 定义的 $\hat{\alpha}_j$ 在理论上还不能保证有很好的估计精度. 也就是说, 当 $N \to \infty$ 时, $\hat{\alpha}_j$ 收敛到 α_j 的速度还不够好. 为了得到精度更高的估计量, 还需要对角频率的初估计 $\hat{\lambda}_j$ 进行改造, 以得到更精确的估计.

对每一个初估计 $\hat{\lambda}_j$, 在它的邻域 $[\hat{\lambda}_j - 4/N, \hat{\lambda}_j + 4/N]$ 中加密计算 $|S_N(\lambda)|$ 的函数值, 得到加密后的最大值点 $\tilde{\lambda}_j$. 如果计算的间隔密度可以到达 $O(N^{-1.6})$, 则称 $\tilde{\lambda}_j$ 为 λ_j 的**周期图最大估计**. 用周期图最大估计 $\tilde{\lambda}_j$ 代替 (7.2.13) 式中的初估计 $\hat{\lambda}_j$ 得到振幅 α_j 的精估计:

$$\tilde{\alpha}_j = \frac{1}{N} \sum_{t=1}^{N} x_t \mathrm{e}^{-\mathrm{i}\tilde{\lambda}_j t}, \quad 1 \leqslant j \leqslant \hat{q}. \qquad (7.2.14)$$

对于模型 (7.1.6) 有下面的结果.

定理 7.2.3 (见文献 [23]) 设 $\{\xi_t\}$ 满足定理 7.1.1 中的条件, 则有

$$\varlimsup_{N \to \infty} \sqrt{\frac{N^3}{\ln N}} |\tilde{\lambda}_j - \lambda_j| = 0, \quad \text{a.s.},$$

$$\varlimsup_{N \to \infty} \sqrt{\frac{N}{\ln N}} |\tilde{\alpha}_j - \alpha_j| = 0, \quad \text{a.s.}.$$

7.2.2 实值潜周期模型的参数估计

对于实值潜周期模型 (7.1.1), 因为观测数据是实值的, 所以 $|S_N(\lambda)|$ 是偶函数, 因而只要按照前述的方法在 $[0, \pi]$ 上找出峰群的个数 $\hat{k}$ 作为角频率个数 k 的估计. 每个峰群中的最高峰对应一个角频率的估计 $\hat{\lambda}_j$. 设 $\hat{\alpha}_j$ 由 (7.2.13) 式或 (7.2.14) 式定义. 定义 A_j 的估计 $\hat{A}_j$ 如下:

如果 $\hat{\lambda}_j = \pi$, 取 $\hat{A}_j = \hat{\alpha}_j$, $\hat{\phi}_1 = 0$, $\hat{\omega}_1 = \pi$;

如果 $\hat{\lambda}_j \in (0, \pi)$, 取 $\hat{\omega}_j = \hat{\lambda}_j$, $\hat{A}_j = 2|\hat{\alpha}_j|$, 初始相位 ϕ_j 的估计为

$$\hat{\phi}_j = \arg(\hat{\alpha}_j).$$

不难看出, 上述估计量也具有定理 7.2.2 或定理 7.2.3 所述的估计精度.

7.2.3 模型的检测

对于实值模型 (7.1.1) 得到潜周期个数的估计 $\hat{k}$, 角频率的估计 $\hat{\omega}_j$, 振幅的估计 $\hat{A}_j$ 和初相位的估计 $\hat{\phi}_j$ 后, $1 \leqslant j \leqslant \hat{k}$, 为了检测拟合模型

$$x_t = \sum_{j=1}^{\hat{k}} \hat{A}_j \cos(\hat{\omega}_j t + \hat{\phi}_j) + \xi_t, \quad t \in \mathbb{N}_+$$

是否合理, 需要计算残差

$$\hat{\xi}_t = x_t - \sum_{j=1}^{\hat{k}} \hat{A}_j \cos(\hat{\omega}_j t + \hat{\phi}_j), \quad t = 1, 2, \cdots, N \tag{7.2.15}$$

及其样本自协方差函数

$$\hat{\gamma}_k = \frac{1}{N} \sum_{j=1}^{N-k} (\hat{\xi}_j - \hat{\mu})(\hat{\xi}_{j+k} - \hat{\mu}), \quad k = 1, 2, \cdots, [\sqrt{N}],$$

其中 $\hat{\mu}$ 是 $\hat{\xi}_t$ 的样本均值.

如果 $\hat{\gamma}_k$ 有收敛到 0 的性质, 则认为模型合适.

例 7.2.1 观测序列 $\{x_t\}$ 来自潜周期模型 (7.1.1), 其中 $k = 5$,

$$\boldsymbol{\omega} = (0.23, 0.98, 1.54, 1.98, 2.67)^{\mathrm{T}},$$
$$\boldsymbol{A} = (1.44, 2.89, 1.98, 4.98, 1.78)^{\mathrm{T}},$$
$$\boldsymbol{\phi} = (0.2, 2.9, 0.8, 2.3, 1.6)^{\mathrm{T}}.$$

有色噪声 $\{\xi_t\}$ 是由

$$\xi_t = 1.16\xi_{t-1} - 0.37\xi_{t-2} - 0.11\xi_{t-3} + 0.18\xi_{t-4} + \varepsilon_t \tag{7.2.16}$$

产生的 AR(4) 序列. 这里 $\{\varepsilon_t\}$ 是正态 WN(0,1), $\mathrm{Var}(\xi_t) = 4.422$. 信噪比

$$\boldsymbol{A}/\sqrt{\mathrm{Var}\xi_t} = (0.6847, 1.3741, 0.9414, 2.3678, 0.8463)^{\mathrm{T}}. \tag{7.2.17}$$

样本量为 $N = 120$ 的观测数据见图 7.2.2, 仅从数据图很难判断数据的潜周期个数.

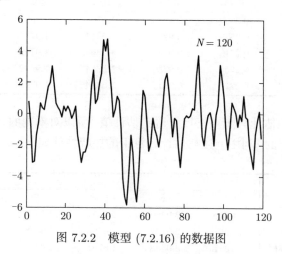

图 7.2.2 模型 (7.2.16) 的数据图

图 7.2.3 和图 7.2.4 分别是 $N = 30, 200$ 时函数 $|S_N(\lambda)|$ 的图形. 由于观测数据是实值的, 只绘出 $[0, \pi]$ 部分. 计算的间隔密度是 $\pi/(2N)$. 实际计算 $S_N(\lambda)$ 时, 先对数据进行了零均值化处理.

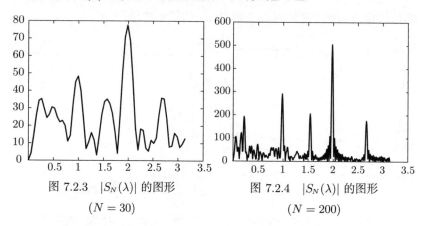

图 7.2.3 $|S_N(\lambda)|$ 的图形
$(N = 30)$

图 7.2.4 $|S_N(\lambda)|$ 的图形
$(N = 200)$

从上述图形看出, 信噪比高的角频率更容易被识别出来. 角频率的初估计表现如下:

	真值				
	0.23	0.98	1.54	1.98	2.67
$N = 30$	0.2094	0.9948	1.5708	1.9897	2.6704
$N = 50$	0.2513	0.9739	1.5394	1.9792	2.6704
$N = 100$	0.2513	0.9739	1.5394	1.9792	2.6861
$N = 200$	0.2356	0.9739	1.5394	1.9792	2.6861
$N = 500$	0.2278	0.9817	1.5394	1.9792	2.6704

由于初估计只能在格点上得到估计值, 所以对不同的 N, 估计值有时是一样的. 利用上述初估计计算出的振幅估计如下:

	真值				
	1.44	2.89	1.98	4.98	1.78
$N = 30$	2.0759	2.9289	1.9657	4.8515	2.2403
$N = 50$	1.8601	2.9187	1.6503	4.9458	2.1115
$N = 100$	1.7817	3.0542	1.8791	4.9235	1.8209
$N = 200$	1.3657	2.9121	1.9561	4.9729	1.8273
$N = 500$	1.5093	2.7866	2.0801	4.9734	1.8009

可以看出, 当 $N \leqslant 100$ 时, 对角频率 $\omega_1 = 0.23$ 和振幅 $A_1 = 1.44$ 的估计精度较差. 这是因为角频率 ω_1 的信噪比最小.

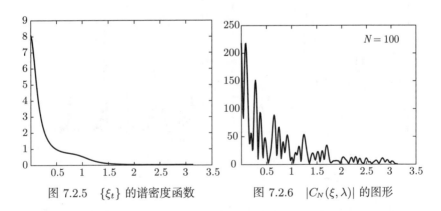

图 7.2.5　$\{\xi_t\}$ 的谱密度函数　　　　图 7.2.6　$|C_N(\xi, \lambda)|$ 的图形

另外, 在本例中, 噪声 $\{\xi_t\}$ 的能量集中在低频, 也是造成对低频处

的角频率估计不准的原因. 所谓噪声 $\{\xi_t\}$ 的能量集中在低频, 也就是说 $\{\xi_t\}$ 的谱密度在零点有较大的峰值 (见图 7.2.5), 它增强了 $|C_N(\xi,\lambda)|$ 在零点的振荡, 以致影响到对潜频率 λ_1 和振幅 A_1 的估计精度, 见图 7.1.6. 本例中, $|C_N(\xi,\lambda)|$ 在低频比其他地方的振荡要大很多.

对于参数估计来讲, 为了进一步弄清有色噪声和白噪声的不同影响, 我们把有色噪声 $\{\xi_t\}$ 改为方差为 4.422 的正态白噪声, 以保证信噪比 (7.2.17) 不变. 经过计算, 得到的角频率估计在低频确实有所改进. 计算结果如下:

	真值				
	0.23	0.98	1.54	1.98	2.67
$N=30$	0.2094	0.9425	1.5184	1.9897	2.6704
$N=50$	0.2369	0.9739	1.4017	2.0154	2.8636
$N=100$	0.2356	0.9739	1.5394	1.9792	2.6861
$N=200$	0.2278	0.9739	1.5394	1.9792	2.6704
$N=500$	0.2293	0.9802	1.5394	1.9792	2.6672

习 题 7.2

7.2.1 附录 2.1 是 1985—2000 年北京的月平均气温, 数据摘自《中国气象年鉴》, 但是缺少 1989 年的数据.

(1) 用 1985—1988 年北京的月平均气温建立潜频率模型 (7.1.1).

(2) 用 (1) 建立的模型给出 1989 年 12 个月的平均气温的预测.

(3) 用 (2) 中的预测数据代替 1989 年的观测数据, 再用 1985—2000 年的数据建立潜频率模型 (7.1.1).

7.2.2 如果模型 (7.1.6) 中角频率 λ_j 的周期图最大估计 $\tilde{\lambda}_j$ 满足

$$|\tilde{\lambda}_j - \lambda_j| = o(\sqrt{\ln N/N^3}), \quad \text{a.s.},$$

证明: 由 (7.2.14) 式定义的振幅的估计是强相合的: $\tilde{\alpha}_j \to \alpha_j$, a.s..

第八章　　条件异方差模型

在金融市场的风险预测方面, 条件异方差模型已经得到了广泛的认可和应用, 成为风险定量分析的主要方法之一.

§8.1　资产收益率

用 t 表示时间指标, 单位是天 (也可以是周、月、年等). 用 P_t 表示某金融资产在第 t 天的价格, 则 $P_t - P_{t-1}$ 是一天中该资产的增值. 资产的增值 $P_t - P_{t-1}$ 并不能反映该资产持有人的投资效率, 所以人们更加关心资产收益率. 通常称

$$R_t = \frac{P_t - P_{t-1}}{P_{t-1}} = \frac{P_t}{P_{t-1}} - 1 \qquad (8.1.1)$$

为第 t 天的**简单收益率** (见文献 [26]), 称

$$1 + R_t = \frac{P_t}{P_{t-1}} \qquad (8.1.2)$$

为第 t 天的**简单毛收益率**, 称

$$r_t = \ln(1 + R_t) \qquad (8.1.3)$$

为第 t 天的**对数收益率**.

    例 8.1.1　甲开设了 a 元的货币市场存款账户. 从存款的次日算起, 第 t 天的日利率为 R_t. 每日结息并按复息计算时, 求存款 n 天的简单毛收益率、简单收益率和对数收益率.

    解　用 P_t 表示第 t 天的资产, 则第 t 天的简单毛收益率为 (8.1.2) 式, $P_0 = a$. 于是存款 n 天的简单毛收益率为

$$1 + R_n = \frac{P_n}{P_0} = \prod_{t=1}^{n} \frac{P_t}{P_{t-1}} = \prod_{t=1}^{n}(1 + R_t).$$

存款 n 天的简单收益率为

$$R_n = P_n/P_0 - 1 = \prod_{t=1}^{n}(1 + R_t) - 1.$$

存款 n 天的对数收益率为

$$r_n = \ln(1 + R_n) = \sum_{t=1}^{n}\ln(1 + R_t).$$

一般来讲, 数学上处理加法问题比处理乘法问题要简单. 所以处理对数收益率序列 $\{r_t\}$ 要方便一些.

在例 8.1.1 中, 无论甲的 a 元本金是投资货币市场存款还是其他金融产品, 例如股票、债券、外汇交易等, 对数收益率序列都是类似定义的.

对于不同形式的资产, 关于收益率还有其他定义或规定, 但是以后统称为**收益率**, 并用 R_t 表示.

习　题　8.1

8.1.1　某人持有 a 元能自动转存的定期存款, 如果该项存款的固定年利率为 R, 在每年、每半年和每三个月付息一次的条件下, 计算存款一年的简单收益率.

8.1.2　在习题 8.1.1 中, 如果每天支付一次利息, 一年的简单收益率为多少? 如果存款 t 天时将存单转让, 转让时的存单价值是多少?

8.1.3　在习题 8.1.1 和习题 8.1.2 中, 假设按年利率 R 连续支付利息.

(1) 一年的简单收益率为多少?

(2) 如果存款 t 天时将存单转让, 转让时的存单价值是多少?

§8.2　ARCH 模型

在可交易市场, 抛开周期较长的牛市 (上升趋势, 参考 4.1.3 小节) 或熊市 (下跌趋势) 不谈, 金融收益率序列 $\{R_t\}$ 还常常发生突如其来的连续波动, 这和机电工程中的时间序列有明显区别. 自回归条件异方差模型便是用来描述这种连续波动的. ARCH 模型是自回归条件异方差模型的简称.

设金融收益率序列 $\{R_t\}$ 是非决定性的平稳序列, 则有 Wold 表示 (见定理 5.2.6)

$$R_t = \mu + \sum_{i=0}^{\infty} \phi_i \varepsilon_{t-i} + V_t, \tag{8.2.1}$$

其中 $\mu = \mathrm{E}R_t$, $\{V_t\}$ 是决定性的平稳序列, $\phi_0 = 1$, $\{\varepsilon_t\}$ 是 $\{R_t\}$ 的新息序列.

因为 $V_t \in \overline{\mathrm{sp}}\{R_{t-1}, R_{t-2}, \cdots\}$, 所以从 (5.2.21) 式知道用全部历史 $R_{t-1}, R_{t-2}, \cdots$ 对 R_t 的最佳线性预测是

$$\hat{R}_t = L(R_t | R_{t-1}, R_{t-2}, \cdots) = \mu + \sum_{i=1}^{\infty} \phi_i \varepsilon_{t-i} + V_t. \tag{8.2.2}$$

而新息序列

$$\varepsilon_t = R_t - \hat{R}_t \tag{8.2.3}$$

恰是 1 步预测误差.

如果 R_t 表示一只可交易债券在第 t 天的收益率, 则 $\mathrm{E}R_t = \mu$ 表明每天的平均收益率是常数. 通常情况下, μ 是事先约定的. 因为 $\mathrm{E}\varepsilon_t = \mathrm{E}R_t - \mathrm{E}\hat{R}_t = 0$, 所以 $\mathrm{E}\hat{R}_t = \mathrm{E}R_t = \mu$. 这说明无论 $R_{t-1}, R_{t-2}, \cdots$ 取何值, 平均来讲, 对于明天收益率预测的期望 $\mathrm{E}\hat{R}_t$ 总是常数 μ, 即平均来讲, 对于明天平均收益率预测的期望不会提高也不会降低. 这便是市场的无套利性.

1 步预测误差的方差 $\sigma^2 = \mathrm{Var}(\varepsilon_t)$ 代表着预测风险的大小. 较大的 σ^2 对应较大随机波动的能量, 从而对应着较大的预测风险. 于是, 较大的 σ^2 预示投资者会以较大概率遇到更多的盈利或亏损.

因为 ε_t^2 表示预测风险的高低, 决定着交易市场中下一步的价格波动, 所以被称为**波动**. 因为条件方差

$$\sigma_t^2 = \mathrm{E}(\varepsilon_t^2 | \varepsilon_{t-1}, \varepsilon_{t-2}, \cdots) \tag{8.2.4}$$

是已知 t 时刻之前波动后的波动, 所以被称为**波动率**(见文献 [26]).

对于金融资产的收益率来讲, 无论是债券还是汇率都常常表现出如下的 "波动率聚集" 现象: 交易价格在相对平静之后, 大的波动后还会紧接大的波动, 然后慢慢进入相对平静.

因为 1 步预测误差的方差 $\sigma^2 = \mathrm{Var}(\varepsilon_t)$ 与 t 无关, 解释的是预测风险不随时间 t 变化, 所以它不能解释金融市场的波动率聚集现象.

为解释波动率聚集现象, 设想波动序列 $\{\varepsilon_t^2\}$ 满足 AR(p) 模型

$$\varepsilon_t^2 = \alpha_0 + \alpha_1 \varepsilon_{t-1}^2 + \cdots + \alpha_p \varepsilon_{t-p}^2 + \eta_t, \quad t \in \mathbb{N}, \tag{8.2.5}$$

其中的常数 $\alpha_0 > 0, \alpha_1, \alpha_2, \cdots, \alpha_{p-1} \geqslant 0, \alpha_p > 0$, $\{\eta_t\}$ 是独立同分布的 WN$(0, \lambda^2)$.

模型 (8.2.5) 解释了前面的较大波动 $\varepsilon_{t-1}^2, \varepsilon_{t-2}^2, \cdots, \varepsilon_{t-p}^2$ 会导致下一步的较大波动 ε_t^2. 若忽略随机干扰 η_t, 就大致解释了波动率聚集现象.

因为 $\mathrm{E}\varepsilon_t^2 = \sigma^2$, 所以在 (8.2.5) 式两边求数学期望, 得到

$$\sigma^2 = \alpha_0 + \alpha_1 \sigma^2 + \cdots + \alpha_p \sigma^2 + 0.$$

在 (8.2.5) 式中减去上式后得到

$$\varepsilon_t^2 - \sigma^2 = \alpha_1(\varepsilon_{t-1}^2 - \sigma^2) + \cdots + \alpha_p(\varepsilon_{t-p}^2 - \sigma^2) + \eta_t, \quad t \in \mathbb{N}. \tag{8.2.6}$$

根据 AR(p) 序列的合理性 (见 2.3.2 小节), 用 $A(z) = 1 - \sum_{j=1}^{p} \alpha_j z^j$ 得到

$$\varepsilon_t^2 - \sigma^2 = A^{-1}(\mathcal{B})\eta_t = \sum_{j=0}^{\infty} c_j \eta_{t-j}, \quad t \in \mathbb{N}. \tag{8.2.7}$$

从 AR 模型的合理性知道 t 时以前的观测 $\varepsilon_{t-1}^2, \varepsilon_{t-2}^2, \cdots$ 不应受 t 时的噪声 η_t 干扰, 所以认为 η_t 与 $\varepsilon_{t-1}, \varepsilon_{t-2}, \cdots$ 独立是合适的. 于是用 $\mathrm{E}(\eta_t | \varepsilon_{t-1}, \varepsilon_{t-2}, \cdots) = \mathrm{E}\eta_t = 0$ 和 (8.2.5) 式得到 $\{\varepsilon_t\}$ 的条件方差

$$\begin{aligned} \sigma_t^2 &= \mathrm{E}(\varepsilon_t^2 | \varepsilon_{t-1}, \varepsilon_{t-2}, \cdots) \\ &= \alpha_0 + \alpha_1 \varepsilon_{t-1}^2 + \cdots + \alpha_p \varepsilon_{t-p}^2, \quad t \geqslant p+1. \end{aligned} \tag{8.2.8}$$

如果 $\{\varepsilon_t^2\}$ 满足 AR(p) 模型 (8.2.5), 则称 $\{\varepsilon_t\}$ 有条件异方差性.

从 (8.2.8) 式看出, 对于有条件异方差性的 $\{\varepsilon_t\}$, 条件方差 σ_t^2 描述了大的波动后面更容易有大的波动: 观测到较大的波动 $\varepsilon_{t-1}^2, \cdots, \varepsilon_{t-p}^2$ 后, 更容易观测到较大的条件方差 σ_t^2, 从而导致更大的预测风险 ε_t^2. 这就解释了收益率序列的波动率聚集现象.

为了使得模型 (8.2.5) 有唯一平稳解, 应当要求条件 $\alpha_1 + \alpha_2 + \cdots + \alpha_p < 1$, 因为这时对闭单位圆内的任何 z, 有

$$|1 - \alpha_1 z - \alpha_2 z^2 - \cdots - \alpha_p z^p| \geqslant 1 - \alpha_1 - \alpha_2 - \alpha_p > 0.$$

这正是 AR 模型的合理性 (最小相位性) 条件. 但是仅仅这个条件还不能保证模型 (8.2.5) 的解是非负的.

下面的 ARCH 模型解决了非负解的存在问题, 由 Engle 于 1982 年提出 (见文献 [18]).

定义 8.2.1 如果 $\{v_t\}$ 是独立同分布的标准白噪声, 非负常数 α_0, $\alpha_1, \cdots, \alpha_p$ 满足 $\alpha_1 + \alpha_2 + \cdots + \alpha_p < 1$ 和 $\alpha_0 \alpha_p > 0$, 则称

$$\begin{cases} \varepsilon_t = (\alpha_0 + \alpha_1 \varepsilon_{t-1}^2 + \cdots + \alpha_p \varepsilon_{t-p}^2)^{1/2} v_t, \\ \{\varepsilon_s | s < t\} \text{ 与 } v_t \text{ 独立}, \end{cases} \quad t \in \mathbb{N} \qquad (8.2.9)$$

为 **ARCH(p) 模型**. 如果严平稳白噪声 $\{\varepsilon_t\}$ 满足 ARCH(p) 模型 (8.2.9), 则称 $\{\varepsilon_t\}$ 是 **ARCH(p) 序列**.

模型 (8.2.9) 的观测数据是 $\varepsilon_1, \varepsilon_2, \cdots, \varepsilon_n$, 待估参数为诸 α_j. 因为 $\{\varepsilon_s | s < t\}$ 与 v_t 独立, 所以 $E\varepsilon_t = 0$. 引入联系变量

$$\sigma_t = (\alpha_0 + \alpha_1 \varepsilon_{t-1}^2 + \cdots + \alpha_p \varepsilon_{t-p}^2)^{1/2}, \qquad (8.2.10)$$

可以把模型 (8.2.9) 写成下面的等价形式:

$$\begin{cases} \varepsilon_t = \sigma_t v_t, \\ \{\varepsilon_s | s < t\} \text{ 与 } v_t \text{ 独立}, \end{cases} \quad t \in \mathbb{N}. \qquad (8.2.11)$$

我们将在定理 8.3.2 中证明 ARCH(p) 序列的存在性.

例 8.2.1 如果 $\{\varepsilon_t\}$ 是满足模型 (8.2.9) 的 ARCH(p) 序列, 证明: (8.2.8) 式成立. 当 $\mathrm{E}v_t^4 < \infty$, $\mathrm{E}\varepsilon_t^4 < \infty$ 时, 证明: $\{\varepsilon_t\}$ 满足 AR(p) 模型 (8.2.5).

解 首先从 v_t 与 $\{\varepsilon_s | s < t\}$ 独立得到 v_t 与 σ_t 独立, 用 $\mathrm{E}v_t^2 = 1$ 得到 (8.2.8) 式:

$$\begin{aligned}
\mathrm{E}(\varepsilon_t^2 | \varepsilon_{t-1}, \varepsilon_{t-2}, \cdots) &= \mathrm{E}(\sigma_t^2 v_t^2 | \varepsilon_{t-1}, \varepsilon_{t-2}, \cdots) \\
&= \mathrm{E}v_t^2 \mathrm{E}(\sigma_t^2 | \varepsilon_{t-1}, \varepsilon_{t-2}, \cdots) \\
&= \alpha_0 + \alpha_1 \varepsilon_{t-1}^2 + \cdots + \alpha_p \varepsilon_{t-p}^2. \quad (8.2.12)
\end{aligned}$$

引入 $\eta_t = \varepsilon_t^2 - \sigma_t^2 = \sigma_t^2(v_t^2 - 1)$, 利用 v_t 与 $\{\varepsilon_s | s < t\}$ 独立得到

$$\begin{cases}
\mathrm{E}\eta_t = \mathrm{E}\sigma_t^2 \mathrm{E}(v_t^2 - 1) = 0, \\
\mathrm{E}(\eta_t \eta_{t+k}) = \mathrm{E}[\sigma_t^2 \sigma_{t+k}^2 (v_t^2 - 1)]\mathrm{E}(v_{t+k}^2 - 1) = 0, \\
\mathrm{E}\eta_t^2 = (\mathrm{E}\sigma_t^4)(\mathrm{E}(v_t^2 - 1)^2 = \mathrm{E}(\sigma_1^4)\mathrm{E}(v_1^2 - 1)^2 \text{与 } t \text{ 无关}.
\end{cases} \quad (8.2.13)$$

(8.2.13) 式说明 $\{\eta_t\}$ 是零均值白噪声, 使得 (8.2.5) 式成立, 即

$$\varepsilon_t^2 = \sigma_t^2 + \eta_t = \alpha_0 + \alpha_1 \varepsilon_{t-1}^2 + \cdots + \alpha_p \varepsilon_{t-p}^2 + \eta_t, \quad t \in \mathbb{N}. \quad (8.2.14)$$

这样, 对于平稳序列 (8.2.1) 的预测误差序列 $\{\varepsilon_t\}$, $\mathrm{E}\varepsilon_t = 0$ 解释了市场的无套利性, 条件异方差性 (8.2.8) 解释了交易市场的波动率聚集现象.

习 题 8.2

8.2.1 对于 ARCH(1) 序列 $\{\varepsilon_t\}$, 计算 $\mathrm{E}\varepsilon_t^2$, $\mathrm{Var}(\varepsilon_t^2)$, $\mathrm{E}\sigma_t^4$.

8.2.2 在习题 8.2.1 中, 当 $\lambda^2 = \mathrm{E}\eta_t^2 < \infty$ 时, 证明:

$$\alpha_1^2/(1 - \alpha_1)^2 < 1/\mathrm{Var}(v_t^2).$$

§8.3 ARCH 模型的平稳解

为了证明 ARCH 模型 (8.2.9) 有平稳解, 需要下面的引理.

引理 8.3.1 (见文献 [19]) 设 $\alpha_0, \alpha_1, \cdots$ 是非负常数, $\{u_t\}$ 是独立同分布的非负随机序列, $\mathrm{E}u_t = 1$. 如果 $\alpha_0 > 0$, $\beta = \sum\limits_{j=1}^{\infty} \alpha_j < 1$, 则有以下结论:

(1) 有唯一的严平稳遍历序列 $\{Y_t\}$ 满足模型

$$\begin{cases} Y_t = \sigma_t^2 u_t, & \text{其中 } \sigma_t^2 = \alpha_0 + \sum\limits_{j=1}^{\infty} \alpha_j Y_{t-j}, \\ \mathrm{E}Y_t < \infty, \ \{Y_s | s < t\} \text{与 } u_t \text{ 独立}; \end{cases} \tag{8.3.1}$$

(2) 满足 (8.3.1) 式的严平稳遍历序列可表示成

$$Y_t = \alpha_0 \sum_{n=0}^{\infty} A_t(n), \quad \mathrm{E}Y_t = \frac{\alpha_0}{1-\beta}, \quad t \in \mathbb{N}, \tag{8.3.2}$$

其中 $A_t(0) = u_t$, 对 $n \geqslant 1$, 有

$$A_t(n) = \sum_{i_1, i_2, \cdots, i_n \geqslant 1} \alpha_{i_1} \alpha_{i_2} \cdots \alpha_{i_n} u_t u_{t-i_1} \cdots u_{t-(i_1+\cdots+i_n)}; \tag{8.3.3}$$

(3) 若进一步假设 $\beta\sqrt{\mathrm{E}u_t^2} < 1$, 则 $\mathrm{E}Y_t^2 < \alpha_0^2 \mathrm{E}u_t^2/(1 - \beta\sqrt{\mathrm{E}u_t^2})^2$.
证明见附录 1.5.

定理 8.3.2 对于 ARCH 模型 (8.2.11), 设 $\beta = \sum\limits_{i=1}^{p} \alpha_i$, $u_t = v_t^2$, $A_t(n)$ 按 (8.3.3) 式定义, 其中当 $j > p$ 时, $\alpha_j = 0$, 则

(1) 存在严平稳遍历白噪声 $\{\varepsilon_t\}$ 满足 ARCH 模型 (8.2.9), 其中

$$\varepsilon_t = \Big[\alpha_0 \sum_{n=0}^{\infty} A_t(n)\Big]^{1/2} v_t, \quad \mathrm{E}\varepsilon_t = 0, \quad \mathrm{E}\varepsilon_t^2 = \frac{\alpha_0}{1-\beta}; \tag{8.3.4}$$

(2) 如果 $\{e_t\}$ 也是模型 (8.2.11) 的严平稳解, 则 $e_t^2 = \varepsilon_t^2$, a.s.;

(3) 如果 $\beta\sqrt{\mathrm{E}v_t^4} < 1$, 则 $\mathrm{E}\varepsilon_t^4 < \alpha_0^2 \mathrm{E}v_t^4/(1 - \beta\sqrt{\mathrm{E}v_t^4})^2$.

证明 (1) 由 $u_t = v_t^2$, 知道 $\{u_t\}$ 非负, 独立同分布, $\mathrm{E}u_t = 1$. 从引理 8.3.1 知道,

$$Y_t = \alpha_0 \sum_{n=0}^{\infty} A_t(n), \quad t \in \mathbb{N}$$

是模型 (8.3.1) 的唯一严平稳遍历解, 即满足

$$
\begin{cases}
Y_t = \left(\alpha_0 + \sum_{j=1}^{p} \alpha_j Y_{t-j}\right) u_t, \\
\mathrm{E} Y_t < \infty, \ \{Y_s | s < t\} \text{ 与 } u_t \text{ 独立}.
\end{cases}
\tag{8.3.5}
$$

现在取

$$
\varepsilon_t = \left(\alpha_0 + \sum_{j=1}^{p} \alpha_j Y_{t-j}\right)^{1/2} v_t,
$$

则从定理 1.5.1 知道 $\{\varepsilon_t\}$ 是严平稳遍历序列. 对上式两边取平方得到

$$
\varepsilon_t^2 = \left(\alpha_0 + \sum_{j=1}^{p} \alpha_j Y_{t-j}\right) v_t^2 = Y_t.
$$

于是有

$$
\varepsilon_t = \left(\alpha_0 + \sum_{j=1}^{p} \alpha_j \varepsilon_{t-j}^2\right)^{1/2} v_t.
\tag{8.3.6}
$$

说明 $\{\varepsilon_t\}$ 是 ARCH(p) 模型 (8.2.9) 的严平稳解. 且从 (8.3.2) 式和 (8.3.3) 式知道 $\{Y_s | s < t\}$ 和 v_t 独立, 故 $\{\varepsilon_s | s < t\}$ 和 v_t 独立, 并且

$$
\mathrm{E}\varepsilon_t = 0, \quad \mathrm{E}\varepsilon_t^2 = \alpha_0/(1-\beta), \quad \mathrm{E}(\varepsilon_s \varepsilon_t) = 0, \quad s < t.
$$

说明 $\{\varepsilon_t\}$ 是白噪声.

(2) 如果 $\{e_t\}$ 也是模型 (8.2.9) 的严平稳解, 则 $Y_t = e_t^2$ 为模型 (8.3.5) 的唯一平稳解, 故 $e_t^2 = \varepsilon_t^2$, a.s..

(3) 由引理 8.3.1 (3) 知道,

$$
\mathrm{E}\varepsilon_t^4 < \alpha_0^2 \mathrm{E} v_t^4 / (1 - \beta\sqrt{\mathrm{E} v_t^4})^2 < \infty.
$$

从定理 8.3.2(3) 知道, 条件 $\beta\sqrt{\mathrm{E} v_t^4} < 1$ 保证了 $\mathrm{E}\varepsilon_t^4 < \infty$, 于是从例 8.2.1 的结论知道 $\{\varepsilon_t^2\}$ 是 AR(p) 序列, 满足

$$
\varepsilon_t^2 = \alpha_0 + \alpha_1 \varepsilon_{t-1}^2 + \cdots + \alpha_p \varepsilon_{t-p}^2 + \eta_t, \quad t \in \mathbb{N},
\tag{8.3.7}
$$

其中白噪声 $\eta_t = \sigma_t^2(v_t^2 - 1)$, $t \in \mathbb{N}$ 有数学期望 $\mathrm{E}\eta_t = 0$ 和方差

$$\mathrm{Var}(\eta_t) = \mathrm{E}\eta_t^2 = (\mathrm{E}\sigma_t^4)\mathrm{E}(v_t^2 - 1)^2. \tag{8.3.8}$$

在统计学中, 如果 $\mathrm{E}X = 0$, $\nu_4 = \mathrm{E}X^4$, $\sigma^2 = \mathrm{E}X^2$, 则称

$$\kappa_x = \frac{\nu_4}{\sigma^4}$$

为 X 的**峰度**. 因为 ν_4 和 σ^2 由 X 的分布决定, 所以 κ_x 也由 X 的分布决定. 因而也称 κ_x 为 X 的分布的峰度.

容易计算出正态分布的峰度是 3, t 分布的峰度大于 3. 在金融统计中, 人们用峰度描述一个分布是否厚尾, 特别把峰度大于 3 的分布称为**厚尾分布**. 如果 Y 的分布是厚尾分布, 就认为 $|Y|$ 更可能取到较大的值. 当新息 $\{\varepsilon_t\}$ 是严平稳序列时, 厚尾分布表示预测风险比正态分布时的预测风险更大.

例 8.3.1 用 c 表示常数. 设 $\{\varepsilon_t\}$ 是 ARCH 模型 (8.2.9) 的严平稳解, 用 κ_ε 表示 ε_t 的峰度, 用 κ_v 表示 v_t 的峰度, 则

(1) $\kappa_\varepsilon \geqslant \kappa_v$, 且等号成立的充要条件是 $\sigma_t^2 = c$, a.s.;

(2) 当 $\mathrm{E}v_t^4 < 1$, $\mathrm{E}\varepsilon_t^4 < 1$ 时, 波动序列 $\{\varepsilon_t^2\}$ 的自协方差函数

$$\gamma_k = \mathrm{Cov}(\varepsilon_t^2, \varepsilon_{t+k}^2) \geqslant 0,$$

特别当 $\alpha_j > 0$ 时, 所有的 $\gamma_{kj} > 0$.

证明 (1) 从 (8.3.6) 式知道 $\varepsilon_t = \sigma_t v_t$. 因为 $\mathrm{E}v_t^2 = 1$, $\mathrm{E}\varepsilon_t^2 = \mathrm{E}\sigma_t^2$, σ_t 与 v_t 独立, 且内积不等式 $\mathrm{E}\sigma_t^4 \geqslant (\mathrm{E}\sigma_t^2)^2$ 中等号成立的充要条件是 $\sigma_t^2 = c$, a.s., 所以

$$\kappa_\varepsilon = \frac{\mathrm{E}\varepsilon_t^4}{(\mathrm{E}\varepsilon_t^2)^2} = \frac{\mathrm{E}\sigma_t^4 \mathrm{E}v_t^4}{(\mathrm{E}\varepsilon_t^2)^2} \geqslant \frac{(\mathrm{E}\sigma_t^2)^2 \mathrm{E}v_t^4}{(\mathrm{E}\sigma_t^2)^2} = \mathrm{E}v_t^4 = \kappa_v,$$

且上式中的 "$\geqslant$" 可改为 "$=$" 的充要条件是 $\sigma_t^2 = c$, a.s..

(2) 从例 8.2.1 知道 ε_t^2 满足 AR(p) 模型 (8.3.7), 用 $A(z) = 1 - \sum\limits_{j=1}^{p} \alpha_j z^j$ 和 (8.2.7) 式得到

$$\varepsilon_t^2 - \mathrm{E}\varepsilon_t^2 = A^{-1}(\mathcal{B})\eta_t = \sum_{i=0}^{\infty} c_i \eta_{t-i}, \quad t \in \mathbb{N},$$

其中 $\{c_i\}$ 由

$$A^{-1}(t) = \sum_{k=0}^{\infty} \left(\sum_{j=1}^{p} \alpha_j t^j \right)^k = \sum_{i=0}^{\infty} c_i t^i, \quad t \in (0,1]$$

决定. 因为所有的 $c_i \geqslant 0$, 所以

$$\gamma_k = \mathrm{E}\eta_t^2 \sum_{n=0}^{\infty} c_n c_{n+k} \geqslant 0.$$

当 $\alpha_j > 0$ 时, 对 $t \in (0,1]$, 由

$$A^{-1}(t) = \sum_{k=0}^{\infty} \left(\sum_{i=1}^{p} \alpha_i t^i \right)^k \geqslant \sum_{k=0}^{\infty} (\alpha_j t^j)^k = \sum_{k=0}^{\infty} \alpha_j^k t^{jk}$$

得到 $c_{kj} \geqslant \alpha_j^k > 0$. 于是

$$\gamma_{kj} = \mathrm{E}\eta_t^2 \sum_{n=0}^{\infty} c_n c_{n+kj} \geqslant \mathrm{E}\eta_t^2 \sum_{n=0}^{\infty} c_{nj} c_{nj+kj} > 0.$$

在实际问题中, 如果 $\sigma_t^2 = \alpha_0 + \alpha_1 \varepsilon_{t-1}^2 + \cdots + \alpha_p \varepsilon_{t-p}^2$ 不是常数, 则例 8.3.1 (1) 说明 $\{\varepsilon_t\}$ 的峰度 κ_ε 大于白噪声 $\{v_t\}$ 的峰度 κ_v, 也就是说对于 ARCH 模型, 输入标准正态分布的白噪声 $\{v_t\}$ 时, 得到的输出 $\{\varepsilon_t\}$ 是厚尾的. 例 8.3.1 (2) 说明波动序列总是非负相关的: 前期的较大波动会抬高后面的波动. 特别当 $\alpha_1 > 0$ 时, 所有的 $\gamma_j > 0$, 这时的波动序列是正相关的.

如果金融收益率序列 $\{R_t\}$ 是平稳序列, 有 Wold 表示 (8.2.1). 新息序列 $\{\varepsilon_t\}$ 是 1 步预测误差序列, 也常被称为**残差序列**. 如果波动序列 $\{\varepsilon_t^2\}$ 是 ARCH(p) 序列, 则表现条件异方差性的 (8.2.12) 式解释了波动率序列 $\{\sigma_t^2\}$ 的波动率聚集现象. 这时称相应的残差序列 $\{\varepsilon_t\}$ 具有 ARCH 效应.

若 $\{\varepsilon_t\}$ 具有 ARCH 效应, 且 $\{\varepsilon_t^2\}$ 满足 AR(p) 模型 (8.3.7), 则 $\{\varepsilon_t^2\}$ 不是白噪声. 因而, 如果假设检验的结果否认 $\{\varepsilon_t^2\}$ 是白噪声, 则应当认为残差序列 $\{\varepsilon_t\}$ 有 ARCH 效应, 即有条件异方差性, 否则应当认为残差序列 $\{\varepsilon_t\}$ 没有 ARCH 效应.

综上所述, 检验原假设 "$H_0 : \{\varepsilon_t\}$ 没有 ARCH 效应" 等价于检验 "$H_0 : \{\varepsilon_t^2\}$ 是白噪声". 于是可以按照 §4.3 中的方法检验 $\{\varepsilon_t^2\}$ 是否是白噪声. 检验的结果如果拒绝 $\{\varepsilon_t^2\}$ 是白噪声, 则认为 $\{\varepsilon_t\}$ 有 ARCH 效应, 否则认为 $\{\varepsilon_t\}$ 没有 ARCH 效应.

习 题 8.3

8.3.1 假设引理 8.3.1 的条件成立.

(1) 对于确定的 n, 证明: 由 (8.3.3) 式定义的 $A_t(n), t = 0, 1, \cdots$ 是严平稳遍历序列, 有数学期望 $\mathrm{E}A_t(n) = \beta^n$.

(2) 证明: 由 (8.3.2) 式定义的 $\{Y_t\}$ 是严平稳遍历序列, 且 $\mathrm{E}Y_t = \alpha_0/(1-\beta)$.

(3) 设 $\mathcal{B}$ 是推移算子. 在引理 8.3.1 中, 引入 $\phi(\mathcal{B}) = \sum_{j=1}^{\infty} \alpha_j \mathcal{B}^j$ 和

$$
\begin{cases}
A_t(0) = u_t, \\
A_t(1) = u_t \phi(\mathcal{B}) A_t(0), \\
\quad \cdots\cdots \\
A_t(n) = u_t \phi(\mathcal{B}) A_t(n-1), \ n \geqslant 1.
\end{cases}
$$

用归纳法验证 $A_t(n)$ 等于 (8.3.3) 式中的 $A_t(n)$.

(4) 验证 (8.3.2) 式中的严平稳序列 $\{Y_t\}$ 满足模型 (8.3.1).

8.3.2 在例 8.3.1 中, 如果 $\alpha_1 = \cdots = \alpha_{p-1} = 0$, 验证对 $k \neq np$, $\gamma_k = 0$.

8.3.3 对于 ARCH(1) 和 ARCH(2) 序列, 当 $\mathrm{E}v_t^4 < \infty$, $\mathrm{E}\varepsilon_t^4 < \infty$ 时, 计算 $\{\varepsilon_t^2\}$ 的自协方差函数.

§8.4 ARCH 模型的参数估计

在实际问题中, 真实的新息序列 $\{\varepsilon_t\}$ 是未知的. 但是为金融收益率序列 $\{R_t\}$ 得到 1 步预测 $\hat{R}_t$ 后, 预测误差 $\hat{\varepsilon}_t = R_t - \hat{R}_t$ 便是新息 ε_t 的近似, 可以用来代替 ε_t. 于是, 本节中新息序列 $\varepsilon_1, \varepsilon_2, \cdots, \varepsilon_n$ 被认为是观测数据, 并假设 p 已知, 样本量 $n > p$. 注意 AR(p) 模型 (8.3.7) 中的 η_t 并不服从正态分布, 否则会以正的概率得到 $\varepsilon_t^2 < 0$. 因而不宜照搬以前 AR(p) 模型的参数估计方法.

8.4.1 正态分布下的最大似然估计

设 $\{v_t\}$ 是标准正态白噪声, 则在 $t \geqslant p+1$ 时, 从 (8.2.10) 式和 (8.2.12) 式知道, 对于 $\boldsymbol{\varepsilon}_{t-1} = (\varepsilon_{t-1}, \varepsilon_{t-2}, \cdots, \varepsilon_1)$, 有

$$\sigma_t^2 = \mathrm{E}(\varepsilon_t^2|\boldsymbol{\varepsilon}_{t-1}) = \alpha_0 + \alpha_1\varepsilon_{t-1}^2 + \cdots + \alpha_p\varepsilon_{t-p}^2. \tag{8.4.1}$$

因而已知 $\boldsymbol{\varepsilon}_{t-1}$ 时, 可将 σ_t^2 视为常量. 于是在已知 $\boldsymbol{\varepsilon}_{t-1}$ 的条件下, $\varepsilon_t = \sigma_t v_t \sim N(0, \sigma_t^2)$. 等价地说 $\varepsilon_t|\boldsymbol{\varepsilon}_{t-1}$ 有概率密度

$$f(\varepsilon_t|\boldsymbol{\varepsilon}_{t-1}) = \frac{1}{(2\pi\sigma_t^2)^{1/2}} \exp\Big(-\frac{\varepsilon_t^2}{2\sigma_t^2}\Big).$$

在 $t \leqslant p$ 时, σ_t^2 中有未知的 $\varepsilon_0^2, \varepsilon_{-1}^2, \cdots, \varepsilon_{t-p}^2$, 所以不能用观测数据 $\varepsilon_1, \varepsilon_2, \cdots, \varepsilon_n$ 得出

$$\boldsymbol{\alpha} = (\alpha_0, \alpha_1, \cdots, \alpha_p)$$

的似然函数. 考虑波动 $\boldsymbol{\varepsilon}_p = (\varepsilon_p, \varepsilon_{p-1}, \cdots, \varepsilon_1)$ 是已知的, 不宜丢掉, 因而可用已知 $\boldsymbol{\varepsilon}_p$ 时的条件密度构造似然函数.

用 $f_p(\cdot)$ 表示条件密度 $f(\cdot|\boldsymbol{\varepsilon}_p)$. 注意, 条件密度也是密度函数, 所以已知 $\boldsymbol{\varepsilon}_p$ 时, 用习题 8.4.1 得到 $(\varepsilon_{p+1}, \varepsilon_{p+2}, \cdots, \varepsilon_n)$ 的条件密度

$$\begin{aligned}
&f_p(\varepsilon_{p+1}, \varepsilon_{p+2}, \cdots, \varepsilon_n)\\
&= f_p(\varepsilon_{p+1})f_p(\varepsilon_{p+2}|\varepsilon_{p+1}) \cdots f_p(\varepsilon_n|\varepsilon_{n-1}, \varepsilon_{n-2}, \cdots, \varepsilon_{p+1})\\
&= f(\varepsilon_{p+1}|\varepsilon_p, \cdots, \varepsilon_1)f(\varepsilon_{p+2}|\varepsilon_{p+1}, \cdots, \varepsilon_1) \cdots f(\varepsilon_n|\varepsilon_{n-1}, \cdots, \varepsilon_1)\\
&= \prod_{t=p+1}^{n} \frac{1}{(2\pi\sigma_t^2)^{1/2}} \exp\Big(-\frac{\varepsilon_t^2}{2\sigma_t^2}\Big).
\end{aligned}$$

于是, 得到数据 $\varepsilon_1, \varepsilon_2, \cdots, \varepsilon_t$ 后, $\boldsymbol{\alpha}$ 的对数似然函数为

$$l(\boldsymbol{\alpha}) = -\frac{1}{2}\sum_{t=p+1}^{n}\Big(\ln\sigma_t^2 + \frac{\varepsilon_t^2}{\sigma_t^2}\Big) + 常数. \tag{8.4.2}$$

$l(\boldsymbol{\alpha})$ 的最大值点 $\hat{\boldsymbol{\alpha}} = (\hat{\alpha}_0, \hat{\alpha}_1, \cdots, \hat{\alpha}_p)$ 是 $\boldsymbol{\alpha}$ 的最大似然估计.

上述的最大似然估计是针对 $\{v_t\}$ 服从正态分布得到的, 在 v_t 的分布未知时, 为解决问题, 仍可以采用这一估计.

8.4.2 t 分布下的最大似然估计

在金融时间序列分析中, 往往认为 $\{v_t\}$ 是厚尾的, 而 t 分布比正态分布更加符合厚尾的要求. 设 $\Gamma(r)$ 函数由 (3.3.15) 式定义,

$$a(r) = \frac{\Gamma[(r+1)/2]}{\Gamma(r/2)}, \quad r > 0. \tag{8.4.3}$$

当随机变量 V 有概率密度

$$g(v) = \frac{a(r)}{\sqrt{r\pi}}\Big(1 + \frac{v^2}{r}\Big)^{-(r+1)/2}, \quad v \in (-\infty, \infty)$$

时, 称 V 服从 r 个自由度的 t 分布. 这时

$$EV = 0, \quad \mathrm{Var}(V) = r/(r-2), \quad r > 2.$$

于是知道, 当 $r > 2$ 时, $\xi = V\sqrt{(r-2)/r}$ 的方差为 1, 概率密度为

$$\frac{a(r)}{\sqrt{(r-2)\pi}}\Big(1 + \frac{t^2}{r-2}\Big)^{-(r+1)/2}, \quad t \in (-\infty, \infty). \tag{8.4.4}$$

设 $r > 2$, v_t 有概率密度 (8.4.4). 对 $t \geqslant p+1$, 已知 $\boldsymbol{\varepsilon}_{t-1} = (\varepsilon_{t-1}, \varepsilon_{t-2}, \cdots, \varepsilon_1)$ 时, $\varepsilon_t = \sigma_t v_t$ 有概率密度

$$f_t(\varepsilon_t|\boldsymbol{\varepsilon}_{t-1}) = \frac{a(r)}{\sqrt{(r-2)\pi\sigma_t^2}}\Big[1 + \frac{\varepsilon_t^2}{(r-2)\sigma_t^2}\Big]^{-(r+1)/2}, \quad t \in (-\infty, \infty).$$

给定观测数据 $\varepsilon_1, \varepsilon_2, \cdots, \varepsilon_n$, 当自由度 r 已知时, 用获得 (8.4.2) 式的方法得到参数 $\boldsymbol{\alpha}$ 的对数似然函数

$$l(\boldsymbol{\alpha}) = -\sum_{t=p+1}^{n}\Big\{\frac{1}{2}\ln\sigma_t^2 + \frac{r+1}{2}\ln\Big[1 + \frac{\varepsilon_t^2}{(r-2)\sigma_t^2}\Big]\Big\} + \text{常数}. \tag{8.4.5}$$

似然函数的最大值点 $(\hat{\alpha}_0, \hat{\alpha}_1, \cdots, \hat{\alpha}_p)$ 是 $(\alpha_0, \alpha_1, \cdots, \alpha_p)$ 的最大似然估计.

当自由度 r 未知时, 似然函数为

$$L(r, \boldsymbol{\alpha}) = \prod_{t=p+1}^{n} \frac{a(r)}{\sqrt{(r-2)\pi\sigma_t^2}}\Big[1 + \frac{\varepsilon_t^2}{(r-2)\sigma_t^2}\Big]^{-(r+1)/2}. \tag{8.4.6}$$

似然函数的最大值点 $(\hat{r}, \hat{\alpha}_0, \cdots, \hat{\alpha}_p)$ 是 $(r, \alpha_0, \cdots, \alpha_p)$ 的最大似然估计.

关于所述最大似然函数的相合性和渐近正态性的讨论可参考文献 [19].

习 题 8.4

8.4.1 设 $\varepsilon_n = (\varepsilon_1, \varepsilon_2, \cdots, \varepsilon_n)$ 有联合密度 $f(v_1, v_2, \cdots, v_n)$, $n \geqslant 1$, 已知 $\varepsilon_p = v_p = (v_1, v_2, \cdots, v_p)$ 的条件下, 用 $f_p(\cdot)$ 表示条件密度 $f(\cdot|v_p)$, $p \geqslant 1$, 证明:

(1) $f_p(v_k|v_{p+1}, v_{p+2}, \cdots, v_{k-1}) = f(v_k|v_1, v_2, \cdots, v_{k-1})$, $k > p + 1$;

(2) $f_p(v_{p+1}, v_{p+2}, \cdots, v_n)$
$= f_p(v_{p+1}) f_p(v_{p+2}|v_{p+1}) \cdots f_p(v_n|v_{p+1}, v_{p+2}, \cdots, v_{n-1})$
$= f(v_{p+1}|v_1, \cdots, v_p) f(v_{p+2}|v_1, \cdots, v_{p+1}) \cdots f(v_n|v_1, \cdots, v_{n-1})$.

§8.5 GARCH 模型

GARCH 模型是广义自回归条件异方差模型的简称. 设收益率序列 $\{R_t\}$ 有 Wold 表示 (8.2.1), 预测误差 $\{\varepsilon_t\}$ 由 (8.2.3) 式定义, 仍设

$$\sigma_t^2 = \mathrm{E}(\varepsilon_t^2|\varepsilon_{t-1}, \varepsilon_{t-2}, \cdots). \tag{8.5.1}$$

为了避免 ARCH 模型中 σ_t^2 只依赖于有限个 $\varepsilon_{t-1}, \varepsilon_{t-2}, \cdots, \varepsilon_{t-p}$, 可将 ARCH 模型推广到广义自回归条件异方差模型, 即 GARCH 模型.

定义 8.5.1 如果 $\{v_t\}$ 是独立同分布的 WN(0,1), 非负常数 α_i, β_j 满足条件

$$\sum_{i=1}^p \alpha_i + \sum_{j=1}^q \beta_j < 1, \quad \alpha_0 \alpha_p \beta_q > 0, \tag{8.5.2}$$

则称

$$\begin{cases} \varepsilon_t = \left(\alpha_0 + \sum_{i=1}^p \alpha_i \varepsilon_{t-i}^2 + \sum_{j=1}^q \beta_j \sigma_{t-j}^2\right)^{1/2} v_t, & t \in \mathbb{N} \\ \{\varepsilon_s | s < t\} \text{ 与 } v_t \text{ 独立}, \end{cases} \tag{8.5.3}$$

为 **GARCH**(p,q) **模型**. 如果严平稳白噪声 $\{\varepsilon_t\}$ 及 (8.5.1) 式中的 $\{\sigma_t^2\}$ 满足 GARCH(p,q) 模型 (8.5.3), 则称 $\{\varepsilon_t\}$ 为 **GARCH**(p,q) **序列**.

模型 (8.5.3) 的观测数据是 $\varepsilon_1, \varepsilon_2, \cdots, \varepsilon_n$, 待估参数为诸 α_i, β_j. 因为 $\{\varepsilon_s | s < t\}$ 与 v_t 独立, 所以 $\mathrm{E}\varepsilon_t = 0$.

在模型 (8.5.3) 中, 用 (8.5.1) 式得到

$$
\begin{aligned}
\sigma_t^2 &= \mathrm{E}\Big[\Big(\alpha_0 + \sum_{i=1}^{p} \alpha_i \varepsilon_{t-i}^2 + \sum_{j=1}^{q} \beta_j \sigma_{t-j}^2\Big) v_t^2 \Big| \varepsilon_{t-1}, \varepsilon_{t-2}, \cdots\Big] \\
&= \Big(\alpha_0 + \sum_{i=1}^{p} \alpha_i \varepsilon_{t-i}^2 + \sum_{j=1}^{q} \beta_j \sigma_{t-j}^2\Big) \mathrm{E}(v_t^2 | \varepsilon_{t-1}, \varepsilon_{t-2}, \cdots) \\
&= \alpha_0 + \sum_{i=1}^{p} \alpha_i \varepsilon_{t-i}^2 + \sum_{j=1}^{q} \beta_j \sigma_{t-j}^2,
\end{aligned}
$$

所以可以用

$$
\sigma_t = \Big(\alpha_0 + \sum_{i=1}^{p} \alpha_i \varepsilon_{t-i}^2 + \sum_{j=1}^{q} \beta_j \sigma_{t-j}^2\Big)^{1/2} \tag{8.5.4}
$$

将模型 (8.5.3) 写成下面的等价形式: 对 $t \in \mathbb{N}$,

$$
\begin{cases}
\varepsilon_t = \sigma_t v_t, \\
\{\varepsilon_s \,|\, s < t\} \text{ 与 } v_t \text{ 独立.}
\end{cases} \tag{8.5.5}
$$

为了证明 GARCH(p,q) 模型确有严平稳解, 引入 $h = \max(p,q)$. 当 $i > p$ 时定义 $\alpha_i = 0$, 当 $j > q$ 时定义 $\beta_j = 0$. 再定义多项式

$$
a(t) = \sum_{i=1}^{p} \alpha_i t^i, \quad b(t) = \sum_{j=1}^{q} \beta_j t^j. \tag{8.5.6}
$$

从条件 (8.5.2) 知道有 Taylor 级数

$$
[1 - b(t)]^{-1} a(t) = a(t) \sum_{i=0}^{\infty} b^i(t) = \sum_{j=1}^{\infty} c_j t^j, \quad |t| \leqslant 1. \tag{8.5.7}
$$

因为 $a(t), b(t)$ 都是非负系数多项式, 所以 $c_1, c_2, \cdots$ 是非负数列. 又因为条件 (8.5.2) 等价于 $a(1) + b(1) < 1$, 所以有

$$\beta \overset{\text{def}}{=\!=} \sum_{j=1}^{\infty} c_j = \frac{a(1)}{1 - b(1)} < 1. \tag{8.5.8}$$

定理 8.5.1 在 GARCH(p, q) 模型中, 设 $u_t = v_t^2$, $\{c_i\}$, β 分别由 (8.5.7) 式, (8.5.8) 式定义. 引入 $A_t(0) = u_t$, 对 $n \geqslant 1$,

$$A_t(n) = \sum_{i_1, i_2, \cdots, i_n \geqslant 1} c_{i_1} c_{i_2} \cdots c_{i_n} u_t u_{t-i_1} \cdots u_{t-(i_1 + \cdots + i_n)}, \tag{8.5.9}$$

则有以下结果:

(1) GARCH 模型 (8.5.3) 有严平稳遍历解

$$\varepsilon_t = \left[\alpha_0 \sum_{n=0}^{\infty} A_t(n) \right]^{1/2} v_t,$$

$$\mathrm{E}\varepsilon_t = 0, \quad \mathrm{E}\varepsilon_t^2 = \frac{\alpha_0}{1 - b(1) - a(1)}; \tag{8.5.10}$$

(2) 如果 $\{e_t\}$ 也是模型 (8.1.2) 的严平稳解, 则 $e_t^2 = \varepsilon_t^2$, a.s.;

(3) 如果 $\beta\sqrt{\mathrm{E}v_t^4} < 1$, 则 $\mathrm{E}\varepsilon_t^4 \leqslant \alpha_0^2 \mathrm{E}v_t^4 / (1 - \beta\sqrt{\mathrm{E}v_t^4})^2$.

证明 (1) 设 $c_0 = \alpha_0 / [1 - b(1)]$. 因为 $\{u_t\}$, $\{c_j | j \geqslant 0\}$ 满足引理 8.3.1 的条件, 所以模型

$$\begin{cases} Y_t = \left(c_0 + \sum_{j=1}^{\infty} c_j Y_{t-j} \right) u_t, \\ \{Y_s | s < t\} \text{与 } u_t \text{ 独立} \end{cases} \tag{8.5.11}$$

的唯一严平稳遍历解是

$$Y_t = c_0 \sum_{n=0}^{\infty} A_t(n), \quad t \in \mathbb{N},$$

并且 $\mathrm{E}Y_t = c_0 / (1 - \beta) < \infty$. 定义

$$\varepsilon_t = \left(c_0 + \sum_{j=1}^{\infty} c_j Y_{t-j} \right)^{1/2} v_t, \tag{8.5.12}$$

则 $\varepsilon_t^2 = Y_t$, $\{\varepsilon_s | s < t\}$ 与 v_t 独立, 并且

$$
\begin{aligned}
\sigma_t^2 &= \mathrm{E}(\varepsilon_t^2 | \varepsilon_{t-1}, \varepsilon_{t-2}, \cdots) \\
&= \mathrm{E}(Y_t | \varepsilon_{t-1}, \varepsilon_{t-2}, \cdots) \\
&= \Big(c_0 + \sum_{j=1}^{\infty} c_j Y_{t-j}\Big) \mathrm{E}(v_t^2 | \varepsilon_{t-1}, \varepsilon_{t-2}, \cdots) \\
&= c_0 + \sum_{j=1}^{\infty} c_j Y_{t-j}.
\end{aligned} \tag{8.5.13}
$$

用 $\mathcal{B}$ 表示推移算子, 取 $B(t) = 1 - b(t)$. 按定理 1.5.1, $\{\sigma_t^2\}$ 和 $\{\varepsilon_t\}$ 都是严平稳遍历序列, 又从 (8.5.7) 式和 $c_0 = B^{-1}(\mathcal{B})\alpha_0$ 知道,

$$
\sigma_t^2 = B^{-1}(\mathcal{B})[\alpha_0 + a(\mathcal{B})Y_t],
$$

上式两边同乘以 $B(\mathcal{B})$ 后移项, 用 $Y_t = \varepsilon_t^2$ 得到

$$
\sigma_t^2 = \alpha_0 + a(\mathcal{B})\varepsilon_t^2 + b(\mathcal{B})\sigma_t^2. \tag{8.5.14}
$$

(8.5.12) 式和 (8.5.14) 式说明 $\{\varepsilon_t\}$ 满足模型 (8.5.3). 由 Y_t 的表达式知道 $\{\varepsilon_t\}$ 是零均值白噪声, 并且

$$
\begin{aligned}
\mathrm{E}\varepsilon_t^2 &= \mathrm{E}Y_t = c_0/(1-\beta) \\
&= \frac{\alpha_0}{1 - b(1)} \cdot \frac{1}{1-\beta} \\
&= \frac{\alpha_0}{1 - b(1) - a(1)}.
\end{aligned}
$$

其余的证明和定理 8.3.2 的证明相同, 略去.

设 $h = \max(p, q)$, $A(t) = 1 - a(t) - b(t)$, $B(t) = 1 - b(t)$, 则有

$$
A(t) = 1 - \sum_{j=1}^{h} (\alpha_j + \beta_j)t^j, \quad B(t) = 1 - \sum_{j=1}^{q} \beta_j t^j. \tag{8.5.15}
$$

条件 (8.5.2) 保证了 $A(z)$ 的最小相位性和 $B(z)$ 的可逆性.

例 8.5.1 如果 $\mathrm{E}v_t^4 < \infty$, $\mathrm{E}\varepsilon_t^4 < \infty$, 则 GARCH$(p,q)$ 序列 $\{\varepsilon_t\}$ 满足 ARMA(p,q) 模型

$$A(\mathcal{B})\varepsilon_t^2 = \alpha_0 + B(\mathcal{B})\eta_t, \tag{8.5.16}$$

其中 $\{\eta_t\}$ 是严平稳零均值白噪声.

证明 定义 $\eta_t = \varepsilon_t^2 - \sigma_t^2$, 则 $\varepsilon_t^2 = \sigma_t^2 + \eta_t$. 从 (8.5.4) 式得到

$$
\begin{aligned}
\varepsilon_t^2 &= \alpha_0 + a(\mathcal{B})\varepsilon_t^2 + b(\mathcal{B})\sigma_t^2 + \eta_t \\
&= \alpha_0 + [a(\mathcal{B}) + b(\mathcal{B})]\varepsilon_t^2 - b(\mathcal{B})(\varepsilon_t^2 - \sigma_t^2) + \eta_t \\
&= \alpha_0 + [a(\mathcal{B}) + b(\mathcal{B})]\varepsilon_t^2 + \eta_t - b(\mathcal{B})\eta_t \\
&= \alpha_0 + [1 - A(\mathcal{B})]\varepsilon_t^2 + B(\mathcal{B})\eta_t,
\end{aligned}
$$

即模型 (8.5.16) 成立. 从条件 (8.5.2) 知道模型 (8.5.16) 的 $A(z)$ 和 $B(z)$ 分别满足最小相位条件和可逆性条件. 下面验证 $\{\eta_t\}$ 是白噪声. 因为

$$\eta_t = \varepsilon_t^2 - \sigma_t^2 = \sigma_t^2 v_t^2 - \sigma_t^2 = \sigma_t^2(v_t^2 - 1),$$

所以利用 v_t 与 $\{\varepsilon_s | s < t\}$ 独立得到

$$
\begin{aligned}
&\mathrm{E}\eta_t = \mathrm{E}\sigma_t^2 \mathrm{E}(v_t^2 - 1) = 0, \\
&\mathrm{E}\eta_t\eta_{t+k} = \mathrm{E}[\sigma_t^2\sigma_{t+k}^2(v_t^2 - 1)]\mathrm{E}(v_{t+k}^2 - 1) = 0, \\
&\mathrm{E}\eta_t^2 = (\mathrm{E}\sigma_t^4)\mathrm{E}(v_t^2 - 1)^2 = (\mathrm{E}\sigma_1^4)\mathrm{E}(v_1^2 - 1)^2 \text{ 与 } t \text{ 无关,}
\end{aligned}
$$

说明 $\{\eta_t\}$ 是白噪声.

例 8.5.2 设 $\{\varepsilon_t\}$ 是 GARCH(p,q) 序列, 用 κ_ε 表示 ε 的峰度, 用 κ_v 表示 v_t 的峰度, 则

(1) $\kappa_\varepsilon \geqslant \kappa_v$, 且等号成立的充要条件是 $\sigma_t^2 = \sigma^2$, a.s.;

(2) 如果 $\mathrm{E}v_t^4 < \infty$, $\mathrm{E}\varepsilon_t^4 < \infty$, 则 $\{\varepsilon_t^2\}$ 的自协方差函数 $\gamma_k = \mathrm{Cov}(\varepsilon_t^2, \varepsilon_{t+k}^2) \geqslant 0$, 特别当 $\alpha_j > 0$ 时, 所有的 $\gamma_{kj} > 0$.

证明留作习题 8.5.1.

例 8.5.2 (1) 说明 $\{\varepsilon_t\}$ 的峰度 κ_ε 大于白噪声 $\{v_t\}$ 的峰度, 除非 ε_t 没有条件异方差性, 即 σ_t^2 是常数. 对于有条件异方差性的 GARCH(p,q) 序列, 输入标准正态分布的白噪声 $\{v_t\}$, 得到的输出 $\{\varepsilon_t\}$ 是厚尾的.

例 8.5.2 (2) 说明波动序列 $\{\varepsilon_t^2\}$ 总是非负相关的. 特别当 $\alpha_1 > 0$ 时, 所有的 $\gamma_k > 0$, 说明波动序列 $\{\varepsilon_t^2\}$ 是正相关的.

从 (8.5.13) 式知道可以将 GARCH(p,q) 序列写成 ARCH(∞) 的形式:

$$
\begin{cases}
\varepsilon_t = \sigma_t v_t, \quad \text{其中 } \sigma_t^2 = c_0 + \sum_{j=1}^{\infty} c_j \varepsilon_{t-j}^2, \\
\{\varepsilon_s | s < t\} \text{与 } v_t \text{ 独立},
\end{cases}
$$

这里 $c_0 = \alpha_0 / [1 - b(1)]$, $\{c_j\}$ 由 (8.5.7) 式决定.

如果在 σ_t^2 的表达式中将不能观测的 $\varepsilon_0, \varepsilon_{-1}, \cdots$ 设置为 0, 则得到 σ_t^2 的近似

$$
\tilde{\sigma}_t^2 = c_0 + \sum_{j=1}^{t-1} c_j \varepsilon_{t-j}^2. \tag{8.5.17}
$$

得到了新息的观测数据 $\varepsilon_1, \varepsilon_2, \cdots, \varepsilon_n$ 后, $\tilde{\sigma}_t^2$ 是未知参数

$$
(\boldsymbol{\alpha}, \boldsymbol{\beta}) = (\alpha_0, \alpha_1, \cdots, \alpha_p, \beta_1, \beta_2, \cdots, \beta_q)
$$

的函数, 由 (8.5.7) 式决定. 计算 $\{c_j\}$ 的递推方法见习题 8.5.2.

用 $\tilde{\sigma}_t^2$ 代替 (8.4.1) 式中的 σ_t^2, 当 v_t 服从正态分布时, 参照 (8.4.2) 式得到近似的对数似然函数

$$
l(\boldsymbol{\alpha}, \boldsymbol{\beta}) = - \sum_{t=p+1}^{n} \left(\ln \tilde{\sigma}_t^2 + \frac{\varepsilon_t^2}{\tilde{\sigma}_t^2} \right) + \text{常数}. \tag{8.5.18}
$$

因为 c_j 以负指数阶收敛到 0, 所以用 $\tilde{\sigma}_t^2$ 近似 σ_t^2 时, 近似的精度随着 t 的增加越来越好. 为了保证更好的近似, 需要将近似不好的 $\tilde{\sigma}_t^2$, $t < m$ 省略不用, 把 (8.5.18) 式改为

$$
l(\boldsymbol{\alpha}, \boldsymbol{\beta}) = - \sum_{t=m}^{n} \left(\ln \tilde{\sigma}_t^2 + \frac{\varepsilon_t^2}{\tilde{\sigma}_t^2} \right) + \text{常数}. \tag{8.5.19}
$$

对数似然函数 (8.5.19) 的最大值点 $(\hat{\boldsymbol{\alpha}}, \hat{\boldsymbol{\beta}})$ 是 $(\boldsymbol{\alpha}, \boldsymbol{\beta})$ 的最大似然估计.

对于 $r > 2$, 设 v_t 服从 r 个自由度的 t 分布. 给定观测数据 $\varepsilon_1, \varepsilon_2, \cdots, \varepsilon_n$ 后, 如果自由度 r 是已知的, 参照 (8.4.5) 式得到参数

$(\boldsymbol{\alpha}, \boldsymbol{\beta})$ 的近似对数似然函数

$$l(\boldsymbol{\alpha}, \boldsymbol{\beta}) = -\sum_{t=m}^{n} \left\{ \frac{1}{2} \ln \tilde{\sigma}_t^2 + \frac{r+1}{2} \Big[1 + \frac{\varepsilon_t^2}{(r-2)\tilde{\sigma}_t^2} \Big] \right\} + \text{常数}.$$

求 $L(\boldsymbol{\alpha}, \boldsymbol{\beta})$ 的最大值点得到 $(\boldsymbol{\alpha}, \boldsymbol{\beta})$ 的最大似然估计.

当自由度 r 未知时, 近似的似然函数为

$$L(r, \boldsymbol{\alpha}, \boldsymbol{\beta}) = \prod_{t=m}^{n} \frac{a(r)}{\sqrt{(r-2)\pi\tilde{\sigma}_t^2}} \Big[1 + \frac{\varepsilon_t^2}{(r-2)\tilde{\sigma}_t^2} \Big]^{-(r+1)/2}.$$

求 $L(r, \boldsymbol{\alpha}, \boldsymbol{\beta})$ 的最大值点得到 $(r, \boldsymbol{\alpha}, \boldsymbol{\beta})$ 的最大似然估计.

当 $\{\varepsilon_t\}$ 是 ARCH(p,q) 序列时, 波动序列 $\{\varepsilon_t^2\}$ 满足 ARMA(p,q) 模型 (8.5.16), 因而不是白噪声. 所以, 检验 $\{\varepsilon_t\}$ 是否有条件异方差性, 也可以通过检验 $\{\varepsilon_t^2\}$ 是否是白噪声解决.

注 本章所述的最大似然估计都可以用 R 软件进行计算, 其渐近性质可参考文献 [19].

习 题 8.5

8.5.1 证明例 8.5.2 的结论.

8.5.2 对于 (8.5.7) 式中的 $\{c_j\}$, 验证递推公式:

$$c_n = \alpha_n + \sum_{i=1}^{q} \beta_i c_{n-i} \geqslant 0, \quad n \geqslant 1.$$

8.5.3 对于 ARCH$(1,1)$ 序列 $\{\varepsilon_t\}$, 直接验证以下结论:

(1) $\mathrm{E}\varepsilon_t^2 = \alpha_0/(1 - \alpha_1 - \beta_1)$;

(2) $\sigma_t^2 = \dfrac{\alpha_0}{1 - \beta_1} + \alpha_1 \sum_{j=0}^{\infty} \beta_1^j \varepsilon_{t-j-1}^2.$

第九章　时间序列的谱估计

平稳序列的谱表示揭示了平稳序列的谱密度和频率特性的关系. 为了叙述平稳序列的谱表示定理, 需要引入随机积分的概念.

§9.1　随　机　积　分

先回忆复值随机变量和复值时间序列的定义: 如果 ξ, η 是实值随机变量, 则称 $Z = \xi + \mathrm{i}\eta$ 是复值随机变量; 如果 $\{\xi(t)\}$, $\{\eta(t)\}$ 是实值时间序列, 则称 $\{Z(t)\} = \{\xi(t) + \mathrm{i}\eta(t)\}$ 是复值时间序列.

定义 9.1.1　如果复值时间序列 $\{Z(\lambda)\} = \{Z(\lambda) \mid \lambda \in [-\pi, \pi]\}$ 满足

(1) 对一切 $\lambda \in [-\pi, \pi]$, $\mathrm{E}Z(\lambda) = 0, \mathrm{E}|Z(\lambda)|^2 < \infty$;

(2) 对任何 $-\pi \leqslant \lambda_1 < \lambda_2 \leqslant \lambda_3 < \lambda_4 \leqslant \pi$,

$$\mathrm{E}\{[Z(\lambda_2) - Z(\lambda_1)][\overline{Z}(\lambda_4) - \overline{Z}(\lambda_3)]\} = 0,$$

其中 $\overline{Z}(\lambda)$ 是 $Z(\lambda)$ 的共轭, 则称 $\{Z(\lambda)\}$ 为**正交增量过程**.

定义 9.1.2　称正交增量过程 $\{Z(\lambda)\}$ 是**右连续**的, 如果 $\delta \downarrow 0$ 时, 对任何 $\lambda \in [-\pi, \pi)$,

$$\mathrm{E}|Z(\lambda + \delta) - Z(\lambda)|^2 \to 0.$$

如无特殊声明, 以下提到的正交增量过程总是右连续的, 且满足 $Z(-\pi) = 0$, a.s.. 为表达方便, 以下称 $[-\pi, \pi]$ 上的任何单调不减、右连续的非负有界函数为分布函数.

下面的定理告诉我们, 每一个正交增量过程都对应一个分布函数. 在忽略一个常数加项的意义下, 这个分布函数是唯一的.

定理 9.1.1 设 $\{Z(\lambda)\}$ 是正交增量过程, 则有唯一的分布函数 $F(\lambda)$, 使得对任何 $-\pi \leqslant \lambda < \mu \leqslant \pi$,

$$F(\mu) - F(\lambda) = \mathrm{E}|Z(\mu) - Z(\lambda)|^2, \quad F(-\pi) = 0. \tag{9.1.1}$$

证明 取 $F(\lambda) = \mathrm{E}|Z(\lambda)|^2$, 则 $F(-\pi) = 0$. 对 $\mu > \lambda$, 利用正交增量性得到

$$\begin{aligned}
F(\mu) &= \mathrm{E}|Z(\mu) - Z(\lambda) + Z(\lambda) - Z(-\pi)|^2 \\
&= \mathrm{E}|Z(\mu) - Z(\lambda)|^2 + \mathrm{E}|Z(\lambda) - Z(-\pi)|^2 \\
&= \mathrm{E}|Z(\mu) - Z(\lambda)|^2 + \mathrm{E}|Z(\lambda)|^2 \\
&= \mathrm{E}|Z(\mu) - Z(\lambda)|^2 + F(\lambda).
\end{aligned}$$

于是 (9.1.1) 式成立且 $F(\lambda)$ 单调不减. 由 $\{Z(\lambda)\}$ 的右连续性和 (9.1.1) 式得到 F 的右连续性. 在 (9.1.1) 式中令 $\lambda = -\pi$ 得到 $F(\lambda)$ 的唯一性.

为了方便, 以后称由 (9.1.1) 式定义的 $F(\lambda)$ 为正交增量过程 $\{Z(\lambda)\}$ 的分布函数.

例 9.1.1 设 $\{B(t)\}$ 是 $[-\pi, \pi]$ 上的正交增量过程, 如果对 $\mu > \lambda$, 有 $B(\mu) - B(\lambda) \sim N(0, \sigma^2(\mu - \lambda))$, 则称 $\{B(t)\}$ 是 $[-\pi, \pi]$ 上的 **Brown 运动**. 这时 $F(\lambda) = \mathrm{E}[B(\lambda) - B(-\pi)]^2 = \sigma^2(\lambda + \pi)$.

设 $\Omega = [-\pi, \pi]$, $\mathcal{B}$ 是 Ω 上的 Borel σ 代数 (包含 Ω 的所有子区间的最小 σ 代数), 则分布函数 F 是可测空间 $(\Omega, \mathcal{B})$ 上的有限测度. 于是 $(\Omega, \mathcal{B}, F)$ 是测度空间. 用 $L^2(F)$ 表示 $(\Omega, \mathcal{B}, F)$ 中的复值平方可积函数的全体:

$$L^2(F) = \left\{ g(x) \,\Big|\, \int_{-\pi}^{\pi} |g(x)|^2 \mathrm{d}F(x) < \infty \right\}, \tag{9.1.2}$$

则在内积

$$\langle f, g \rangle = \int_{-\pi}^{\pi} f(s)\overline{g}(s)\mathrm{d}F(s)$$

下, $L^2(F)$ 是复数域上的 Hilbert 空间 (见习题 9.1.1).

设 F 是正交增量过程 $\{Z(\lambda)\}$ 的分布函数. 下面对 $g \in L^2(F)$ 定义随机积分:
$$I(g) = \int_{-\pi}^{\pi} g(s)\mathrm{d}Z(s).$$

在下面的 (1) 中先对阶梯函数 g 定义随机积分 $I(g)$, 在 (2) 中给出 (1) 中定义的随机积分的性质, 在 (3) 中再将随机积分的定义推广到 $L^2(F)$ 上.

(1) 当 g 是 $L^2(F)$ 中的阶梯函数时, 可以将 g 表示成
$$g(s) = \sum_{j=0}^{n} a_j \mathrm{I}_{(\lambda_j, \lambda_{j+1}]}(s), \quad -\pi = \lambda_0 < \lambda_1 < \cdots < \lambda_{n+1} = \pi, \quad (9.1.3)$$
其中 a_j 是复常数, $\mathrm{I}_A(s)$ 是集合 A 的示性函数. 定义
$$I(g) = \sum_{j=0}^{n} a_j [Z(\lambda_{j+1}) - Z(\lambda_j)], \quad (9.1.4)$$
则 $\mathrm{E}I(g) = 0$. 可以看出, 阶梯函数 $g(s)$ 的表达式 (9.1.3) 不必唯一. 但是无论 $g(s)$ 的表达式如何, 由 (9.1.4) 式定义的复值随机变量 $I(g)$ 是唯一的.

(2) 用 $\mathcal{D}$ 表示形如 (9.1.3) 式的阶梯函数的全体:
$$\mathcal{D} = \Big\{ g(s) = \sum_{j=0}^{n} a_j \mathrm{I}_{(\lambda_j, \lambda_{j+1}]}(s) \,\Big|\, n \geqslant 1, \ -\pi = \lambda_0 < \cdots < \lambda_{n+1} = \pi \Big\}.$$
对于复常数 a, b 和 $g, f \in \mathcal{D}$, $af + bg$ 仍是阶梯函数, 并且有 λ_j 和正整数 n 使得
$$f(s) = \sum_{j=0}^{n} a_j \mathrm{I}_{(\lambda_j, \lambda_{j+1}]}(s),$$
$$g(s) = \sum_{j=0}^{n} b_j \mathrm{I}_{(\lambda_j, \lambda_{j+1}]}(s).$$
于是
$$af(s) + bg(s) = \sum_{j=0}^{n} (aa_j + bb_j) \mathrm{I}_{(\lambda_j, \lambda_{j+1}]}(s) \in \mathcal{D}. \quad (9.1.5)$$

对于 (1) 中定义的 $I(g)$, 下面证明性质 (9.1.6), (9.1.7) 和 (9.1.8):

$$I(af + bg) = aI(f) + bI(g), \tag{9.1.6}$$

$$\mathrm{E}[I(f)\overline{I}(g)] = \int_{-\pi}^{\pi} f(s)\overline{g}(s)\mathrm{d}F(s), \tag{9.1.7}$$

$$\mathrm{E}|I(f) - I(g)|^2 = \int_{-\pi}^{\pi} |f(s) - g(s)|^2 \mathrm{d}F(s). \tag{9.1.8}$$

实际上, 利用 (9.1.5) 式直接得到性质 (9.1.6):

$$I(af + bg) = \sum_{j=0}^{n} (aa_j + bb_j)[Z(\lambda_{j+1}) - Z(\lambda_j)] = aI(f) + bI(g).$$

利用 $\{Z(\lambda)\}$ 的正交增量性得到

$$
\begin{aligned}
&\mathrm{E}[I(f)\overline{I}(g)] \\
&= \sum_{j=0}^{n}\sum_{k=0}^{n} a_j\overline{b}_k \mathrm{E}\{[Z(\lambda_{j+1}) - Z(\lambda_j)][\overline{Z}(\lambda_{k+1}) - \overline{Z}(\lambda_k)]\} \\
&= \sum_{j=0}^{n} a_j\overline{b}_j \mathrm{E}|Z(\lambda_{j+1}) - Z(\lambda_j)|^2 \\
&= \sum_{j=0}^{n} a_j\overline{b}_j [F(\lambda_{j+1}) - F(\lambda_j)] \\
&= \sum_{j=0}^{n} \int_{-\pi}^{\pi} a_j\overline{b}_j \mathrm{I}_{(\lambda_j, \lambda_{j+1}]}(s)\,\mathrm{d}F(s) \\
&= \int_{-\pi}^{\pi} f(s)\overline{g}(s)\,\mathrm{d}F(s).
\end{aligned}
$$

最后, 在性质 (9.1.6) 中取 $(a, b) = (1, -1)$, 利用性质 (9.1.7) 得到

$$\mathrm{E}|I(f) - I(g)|^2 = \mathrm{E}|I(f - g)|^2 = \int_{-\pi}^{\pi} |f(s) - g(s)|^2 \mathrm{d}F(s).$$

(3) 用 L^2 表示方差有限的复值随机变量的全体, 则在内积

$$\langle X, Y \rangle = \mathrm{E}(X\overline{Y})$$

下, L^2 是复数域上的 Hilbert 空间 (见习题 9.1.1). 显然对 $g(s) \in \mathcal{D}$, $I(g) \in L^2$. 现在将 $I(g)$ 的定义域推广到 $L^2(F)$.

利用函数论的知识知道 (见文献 [12]), 对 $L^2(F)$ 中的任何函数 $g(s)$, 有 $g_n(s) \in \mathcal{D}$, 使得

$$\int_{-\pi}^{\pi} |g_n(s) - g(s)|^2 \mathrm{d}F(s) \to 0, \quad n \to \infty.$$

我们证明 $\{I(g_n)\}$ 是 L^2 中的基本列. 实际上利用性质 (9.1.8) 和不等式

$$|a + b|^2 \leqslant 2|a|^2 + 2|b|^2,$$

得到

$$
\begin{aligned}
&\mathrm{E}|I(g_n) - I(g_m)|^2 \\
&= \int_{-\pi}^{\pi} |g_n(s) - g_m(s)|^2 \mathrm{d}F(s) \\
&\leqslant 2 \int_{-\pi}^{\pi} |g_n(s) - g(s)|^2 \mathrm{d}F(s) + 2 \int_{-\pi}^{\pi} |g_m(s) - g(s)|^2 \mathrm{d}F(s) \\
&\to 0, \quad \text{当 } n, m \to \infty.
\end{aligned}
$$

利用 Hilbert 空间的完备性知道, 存在和 g 有关的随机变量 $I(g) \in L^2$, 使得

$$\mathrm{E}|I(g_n) - I(g)|^2 \to 0, \quad \text{当 } n \to \infty. \tag{9.1.9}$$

如果想把 $I(g)$ 定义为 g 的随机积分, 必须说明 $I(g)$ 不依赖于 $\{g_n\}$ 的选取. 下面证明这一点. 假设又有 $f_n \in \mathcal{D}$, 使得

$$\int_{-\pi}^{\pi} |f_n(s) - g(s)|^2 \mathrm{d}F(s) \to 0, \quad \text{当 } n \to \infty.$$

对由 (9.1.9) 式定义的 $I(g)$, 用性质 (9.1.8) 得到

$$E|I(f_n) - I(g)|^2$$

$$\leqslant 2E|I(f_n) - I(g_n)|^2 + 2E|I(g_n) - I(g)|^2$$

$$= 2\int_{-\pi}^{\pi} |f_n(s) - g_n(s)|^2 dF(s) + 2E|I(g_n) - I(g)|^2$$

$$\leqslant 4\int_{-\pi}^{\pi} |f_n(s) - g(s)|^2 dF(s) + 4\int_{-\pi}^{\pi} |g_n(s) - g(s)|^2 dF(s)$$

$$+2E|I(g_n) - I(g)|^2$$

$$\to 0, \quad n \to \infty.$$

于是满足 (9.1.9) 式的 $I(g)$(在几乎必然的意义下) 是唯一的. 于是把 $I(g)$ 定义为 g 的**随机积分**, 记作

$$I(g) = \int_{-\pi}^{\pi} g(s)dZ(s). \tag{9.1.10}$$

定理 9.1.2 设正交增量过程 $\{Z(\lambda)\}$ 有分布函数 $F(\lambda) = E|Z(\lambda)|^2$. 对于 $f, g \in L^2(F)$, 随机积分 $I(g)$ 有下面的性质:

(1) $EI(f) = 0$;

(2) $I(af + bg) = aI(f) + bI(g)$, 这里 a, b 是复常数;

(3) $E[I(f)\overline{I}(g)] = \int_{-\pi}^{\pi} f(s)\overline{g}(s)dF(s)$;

(4) $E|I(f) - I(g)|^2 = \int_{-\pi}^{\pi} |f(s) - g(s)|^2 dF(s)$.

证明 设阶梯函数 $f_n, g_n \in \mathcal{D}$ 使得当 $n \to \infty$ 时,

$$E|I(f_n) - I(f)|^2 \to 0, \quad E|I(g_n) - I(g)|^2 \to 0.$$

利用内积的连续性得到

(1) $EI(f) = \lim_{n \to \infty} E[I(f_n) \cdot 1] = 0$;

(2) 因为阶梯函数 $af_n + bg_n$ 在 $L^2(F)$ 中收敛到 $af + bg$, 随机变量 $I(af_n + bg_n) = aI(f_n) + bI(g_n)$ 在 L^2 中收敛到 $aI(f) + bI(g)$, 所以按随机积分的定义得到 (2);

(3) 利用内积的连续性和性质 (9.1.7) 得到

$$
\begin{aligned}
\mathrm{E}[I(f)\overline{I}(g)] &= \lim_{n\to\infty} \mathrm{E}[I(f_n)\overline{I}(g_n)] \\
&= \lim_{n\to\infty} \int_{-\pi}^{\pi} f_n(s)\overline{g}_n(s)\mathrm{d}F(s) \\
&= \int_{-\pi}^{\pi} f(s)\overline{g}(s)\mathrm{d}F(s),
\end{aligned}
$$

最后一个等号要用到 $L^2(F)$ 中的内积连续性;

(4) 在 (2) 中取 $(a,b)=(1,-1)$, 再利用 (3) 得到

$$
\mathrm{E}|I(f)-I(g)|^2 = \mathrm{E}|I(f-g)|^2 = \int_{-\pi}^{\pi} |f(s)-g(s)|^2\mathrm{d}F(s).
$$

习 题 9.1

9.1.1　用 L^2 表示 (某概率空间中) 二阶矩有限的复值随机变量的全体. 在 L^2 上定义 $\langle X,Y\rangle = \mathrm{E}(X\overline{Y})$. 证明: $\langle X,Y\rangle$ 是 L^2 上的内积. 利用定理 1.6.1, 证明: L^2 是复数域上的 Hilbert 空间.

9.1.2　设 $\Omega = [-\pi,\pi]$, $\mathcal{B}$ 是 Ω 上的 Borel σ 代数, 分布函数 F 满足 $F(-\pi)=0$, $F(\pi)=1$. 对 $A\in\mathcal{B}$ 定义测度

$$
F(A) = \int_{-\pi}^{\pi} \mathrm{I}_A(s)\mathrm{d}F(s),
$$

证明: $(\Omega,\mathcal{B},F)$ 是概率空间. 并证明: $L^2(F)$ 恰好是概率空间 $(\Omega,\mathcal{B},F)$ 中二阶矩有限的随机变量的全体. 对任何分布函数 F, 定义

$$
L^2(F) = \left\{ g(x) \,\Big|\, \int_{-\pi}^{\pi} |g(x)|^2\mathrm{d}F(x) < \infty \right\}.
$$

证明: 在内积

$$
\langle f,g\rangle = \int_{-\pi}^{\pi} f(s)\overline{g}(s)\mathrm{d}F(s)
$$

下, $L^2(F)$ 是复数域上的 Hilbert 空间.

§9.2 平稳序列的谱表示

设 $\{Z(\lambda)\}$ 是正交增量过程, 有相应的分布函数 F. 由于 $\mathrm{e}^{\mathrm{i}t\lambda} \in L^2(F)$, 所以定义随机积分

$$X_t = I(\mathrm{e}^{\mathrm{i}t\lambda}) = \int_{-\pi}^{\pi} \mathrm{e}^{\mathrm{i}t\lambda}\mathrm{d}Z(\lambda), \quad t \in \mathbb{Z}. \tag{9.2.1}$$

从定理 9.1.2 知道,

$$\mathrm{E}X_t = 0,$$
$$\mathrm{E}(X_{t+k}\overline{X}_t) = \int_{-\pi}^{\pi} \mathrm{e}^{\mathrm{i}(t+k)\lambda}\mathrm{e}^{-\mathrm{i}t\lambda}\mathrm{d}F(\lambda).$$

于是 $\{X_t\}$ 是复值平稳序列, 有谱函数 F 和自协方差函数

$$\gamma(k) = \mathrm{E}(X_{t+k}\overline{X}_t) = \int_{-\pi}^{\pi} \mathrm{e}^{\mathrm{i}k\lambda}\mathrm{d}F(\lambda).$$

平稳序列的谱表示定理说明, 任何零均值平稳序列都可以表示成 (9.2.1) 式的形式.

定理 9.2.1 (谱表示定理) 对零均值平稳序列 $\{X_t\}$ 有右连续的正交增量过程 $\{Z_x(\lambda)\}$, 使得

$$Z_x(-\pi) = 0, \quad X_t = \int_{-\pi}^{\pi} \mathrm{e}^{\mathrm{i}t\lambda}\mathrm{d}Z_x(\lambda), \quad t \in \mathbb{Z}, \tag{9.2.2}$$

并且 $\{Z_x(\lambda)\}$ 的分布函数恰好是 $\{X_t\}$ 的谱函数. 如果另有右连续的正交增量过程 $\{\xi(\lambda)\}$ 也满足上述条件, 则

$$P(\xi(\lambda) = Z_x(\lambda)) = 1, \quad \lambda \in [-\pi, \pi].$$

在上述定理中, 称正交增量过程 $\{Z_x(\lambda)\}$ 为 $\{X_t\}$ 的**随机测度**. 证明可见文献 [15].

例 9.2.1 (接例 9.1.1) 对于 Brown 运动 $\{B(t) \mid t \in [-\pi, \pi]\}$, 定义平稳序列

$$\varepsilon_t = \int_{-\pi}^{\pi} \mathrm{e}^{\mathrm{i}t\lambda}\mathrm{d}B(\lambda), \quad t \in \mathbb{Z},$$

则 $\{\varepsilon_t\}$ 有谱函数 $F(\lambda) = \sigma^2(\pi + \lambda)$ 和谱密度 $f(\lambda) = \sigma^2$. 于是 $\{\varepsilon_t\}$ 是复值白噪声.

9.2.1 线性平稳序列的谱表示

设 $\{\varepsilon_t\}$ 是 $\mathrm{WN}(0, \sigma^2)$, 从谱表示定理知道, 存在唯一的正交增量过程 $\{Z_\varepsilon(\lambda)\}$, 使得

$$\varepsilon_t = \int_{-\pi}^{\pi} \mathrm{e}^{\mathrm{i}t\lambda} \mathrm{d}Z_\varepsilon(\lambda), \quad t \in \mathbb{Z},$$

而且

$$F_\varepsilon(\lambda) = \mathrm{E}|Z_\varepsilon(\lambda)|^2 = \frac{\sigma^2}{2\pi}(\pi + \lambda)$$

是 $\{\varepsilon_t\}$ 的谱函数. 设实数列 $\{a_j\}$ 平方可和, $\{X_t\}$ 是由 $\{\varepsilon_t\}$ 生成的线性平稳序列

$$X_t = \sum_{j=-\infty}^{\infty} a_j \varepsilon_{t-j}, \quad t \in \mathbb{Z},$$

则 $\{X_t\}$ 有谱密度 $f(\lambda)$ 和谱函数 $F(\lambda)$:

$$f(\lambda) = \frac{\sigma^2}{2\pi} \Big| \sum_{j=-\infty}^{\infty} a_j \mathrm{e}^{-\mathrm{i}j\lambda} \Big|^2, \quad F(\lambda) = \int_{-\pi}^{\lambda} f(s)\mathrm{d}s. \tag{9.2.3}$$

由于级数 $\displaystyle\sum_{j=-\infty}^{\infty} a_j \mathrm{e}^{-\mathrm{i}j\lambda}$ 在 $L^2[-\pi, \pi]$ 中均方收敛 (见例 1.6.4), 所以在 L^2 中,

$$X_t = \sum_{j=-\infty}^{\infty} a_j \int_{-\pi}^{\pi} \mathrm{e}^{\mathrm{i}(t-j)\lambda} \mathrm{d}Z_\varepsilon(\lambda)$$

$$= \int_{-\pi}^{\pi} \mathrm{e}^{\mathrm{i}t\lambda} \sum_{j=-\infty}^{\infty} a_j \mathrm{e}^{-\mathrm{i}j\lambda} \mathrm{d}Z_\varepsilon(\lambda)$$

$$= \int_{-\pi}^{\pi} \mathrm{e}^{\mathrm{i}t\lambda} \mathrm{d}Z_x(\lambda),$$

其中

$$Z_x(\lambda) = \int_{-\pi}^{\lambda} \Big(\sum_{j=-\infty}^{\infty} a_j \mathrm{e}^{-\mathrm{i}js} \Big) \mathrm{d}Z_\varepsilon(s)$$

是右连续的正交增量过程, 有分布函数 $F(\lambda)$. 于是, $\{Z_x(\lambda)\}$ 是 $\{X_t\}$ 的随机测度.

9.2.2 离散谱序列的特征

设平稳序列 $\{X_t\}$ 的谱函数 $F(\lambda)$ 是阶梯函数, 我们证明 $\{X_t\}$ 是离散谱序列. 设 $\{X_t\}$ 有谱表示

$$X_t = \int_{-\pi}^{\pi} \mathrm{e}^{\mathrm{i}t\lambda} \mathrm{d}Z_x(\lambda), \quad t \in \mathbb{Z}, \tag{9.2.4}$$

则 $F(\lambda) = \mathrm{E}|Z_x(\lambda)|^2$. 以下设 $F(\lambda)$ 只在 $\lambda_j, j = 1, 2, \cdots$ 处有跳跃, 其中

$$\lambda_1 < \lambda_2 < \cdots < \lambda_j < \lambda_{j+1} < \cdots, \quad \lambda_j \in (-\pi, \pi], j = 1, 2, \cdots.$$

如果 $F(\lambda)$ 在 λ_j 的跳跃高度是 σ_j^2, 则有

$$F(\lambda) = \sum_{j=1}^{\infty} \sigma_j^2 \mathrm{I}_{[\lambda_j, \pi]}(\lambda) = \sum_{j=1}^{\infty} F_j(\lambda),$$

其中

$$F_j(\lambda) = \sigma_j^2 \mathrm{I}_{[\lambda_j, \pi]}(\lambda), \quad F(\pi) = \sum_{j=1}^{\infty} \sigma_j^2 < \infty.$$

这时,

$$\mathrm{E}(X_{t+k}\overline{X}_t) = \int_{-\pi}^{\pi} \mathrm{e}^{\mathrm{i}k\lambda} \mathrm{d}F(\lambda) = \sum_{j=1}^{\infty} \int_{-\pi}^{\pi} \mathrm{e}^{\mathrm{i}k\lambda} \mathrm{d}F_j(\lambda) = \sum_{j=1}^{\infty} \sigma_j^2 \exp(\mathrm{i}k\lambda_j).$$

定义

$$g_j(s) = \begin{cases} 1, & s = \lambda_j, \\ 0, & s \neq \lambda_j, \end{cases}$$

则 $g_j(s) \in L^2(F)$. 于是可以定义随机积分

$$\xi_j = I(g_j) = \int_{-\pi}^{\pi} g_j(\lambda) \mathrm{d}Z_x(\lambda), \quad j = 1, 2, \cdots.$$

利用定理 9.1.2 的性质 (3) 得到

$$\mathrm{E}(\xi_j \overline{\xi}_k) = \int_{-\pi}^{\pi} g_j(s)\overline{g}_k(s)\mathrm{d}F(s) = \delta_{j-k}\sigma_j^2. \tag{9.2.5}$$

定义

$$Y_t = \int_{-\pi}^{\pi} \Big[1 - \sum_{j=1}^{\infty} g_j(\lambda)\Big]\mathrm{e}^{\mathrm{i}t\lambda}\mathrm{d}Z_x(\lambda), \tag{9.2.6}$$

则

$$\mathrm{E}Y_t = 0,$$

$$\mathrm{E}|Y_t|^2 = \int_{-\pi}^{\pi} \Big[1 - \sum_{j=1}^{\infty} g_j(\lambda)\Big]^2 \mathrm{d}F(\lambda)$$

$$= \sum_{k=1}^{\infty} \int_{-\pi}^{\pi} \Big[1 - \sum_{j=1}^{\infty} g_j(\lambda)\Big]^2 \mathrm{d}F_k(\lambda) = 0.$$

所以 $P(Y_t = 0) = 1$. 于是从 (9.2.6) 式知道, 在几乎必然的意义下

$$X_t = \int_{-\pi}^{\pi} \mathrm{e}^{\mathrm{i}t\lambda}\mathrm{d}Z_x(\lambda)$$

$$= \int_{-\pi}^{\pi} \sum_{j=1}^{\infty} g_j(\lambda)\mathrm{e}^{\mathrm{i}t\lambda}\mathrm{d}Z_x(\lambda) + Y_t$$

$$= \sum_{j=1}^{\infty} \int_{-\pi}^{\pi} g_j(\lambda)\mathrm{e}^{\mathrm{i}t\lambda}\mathrm{d}Z_x(\lambda) = \sum_{j=1}^{\infty} \xi_j \mathrm{e}^{\mathrm{i}t\lambda_j}.$$

说明 $\{X_t\}$ 是离散谱序列. 现在把上述的分析总结成下面的定理.

定理 9.2.2 如果平稳序列 $\{X_t\}$ 的谱函数 $F(\lambda)$ 是阶梯函数, 且只在 λ_j 处有跳跃高度 σ_j^2, $j = 1, 2, \cdots$, 当 $-\pi < \lambda_1 < \lambda_2 < \cdots \leqslant \pi$ 时, 存在数学期望为 0 的随机变量序列 $\{\xi_j\}$ 使得 (9.2.5) 式和

$$X_t = \sum_{j=1}^{\infty} \xi_j \mathrm{e}^{\mathrm{i}t\lambda_j}, \quad t \in \mathbb{Z} \tag{9.2.7}$$

成立. 特别地, 当谱函数 $F(\lambda)$ 只有 p 个跳跃点 $\lambda_1 < \lambda_2 < \cdots < \lambda_p$ 时,

$$X_t = \sum_{j=1}^{p} \xi_j \mathrm{e}^{\mathrm{i}t\lambda_j}, \quad t \in \mathbb{Z}.$$

可以看出, 后者正是潜周期模型的周期部分.

9.2.3 离散谱序列的随机测度

如果离散谱序列 $\{X_t\}$ 由 (9.2.7) 式定义, 其中 $-\pi < \lambda_1 < \lambda_2 < \cdots \leqslant \pi$, $\{\xi_j\}$ 满足 (9.2.5) 式, 我们证明

$$Z_x(\lambda) = \sum_{j=1}^{\infty} \xi_j I_{[\lambda_j, \pi]}(\lambda) \tag{9.2.8}$$

是 $\{X_t\}$ 的随机测度.

定义

$$Z_j(\lambda) = \xi_j I_{[\lambda_j, \pi]}(\lambda), \quad j \in \mathbb{N}_+.$$

对每个确定的 j, 容易验证对任何 $t_1 < t_2 \leqslant t_3 < t_4$,

$$[Z_j(t_2) - Z_j(t_1)][\overline{Z}_j(t_4) - \overline{Z}_j(t_3)] = |\xi_j|^2 I_{[t_1, t_2)}(\lambda) I_{[t_3, t_4)}(\lambda) = 0.$$

于是, $\{Z_j(\lambda)\}$ 是正交增量过程. 对 $\lambda_j < \pi$, 当 ε 充分小时, 从 $Z_j(\lambda) = Z_j(\lambda + \varepsilon)$ 得到 $\{Z_j(\lambda)\}$ 的右连续性. $\{Z_j(\lambda)\}$ 的分布函数是

$$F_j(\lambda) = \sigma_j^2 I_{[\lambda_j, \pi]}(\lambda), \quad j \in \mathbb{N}_+,$$

并且有

$$\xi_j e^{ij\lambda_j} = \int_{-\pi}^{\pi} e^{ij\lambda} dZ_j(\lambda), \quad j \in \mathbb{N}_+.$$

于是

$$Z_x(\lambda) = \sum_{j=1}^{\infty} Z_j(\lambda), \quad \lambda \in [-\pi, \pi]$$

是正交增量过程, 有分布函数

$$F(\lambda) = E|Z_x(\lambda)|^2 = \sum_{j=1}^{\infty} \sum_{k=1}^{\infty} E[Z_j(\lambda)\overline{Z}_k(\lambda)]$$

$$= \sum_{j=1}^{\infty} E|Z_j(\lambda)|^2 = \sum_{j=1}^{\infty} \sigma_j^2 I_{[\lambda_j, \pi]}(\lambda).$$

定义平稳序列

$$Y_t = \int_{-\pi}^{\pi} \mathrm{e}^{\mathrm{i}t\lambda} \mathrm{d}Z_x(\lambda), \quad t \in \mathbb{Z}.$$

利用内积的连续性和随机积分的定义, 得到

$$Y_t = \int_{-\pi}^{\pi} \sum_{j=1}^{\infty} \mathrm{e}^{\mathrm{i}t\lambda} \mathrm{d}Z_j(\lambda) = \sum_{j=1}^{\infty} \int_{-\pi}^{\pi} \mathrm{e}^{\mathrm{i}t\lambda} \mathrm{d}Z_j(\lambda)$$

$$= \sum_{j=1}^{\infty} \xi_j \mathrm{e}^{\mathrm{i}\lambda_j t} = X_t, \quad t \in \mathbb{Z}.$$

于是, $\{Z_x(\lambda)\}$ 是 $\{X_t\}$ 的随机测度.

注 在 9.2.2 小节和 9.2.3 小节中要求条件 $\lambda_1 < \lambda_2 < \cdots$ 是为了分析的方便, 实际上没有这个条件相应的结论仍然成立.

9.2.4 平稳序列的频率性质

设平稳序列有谱表示 (9.2.2), 谱函数 $F(\lambda) = \mathrm{E}|Z_x(\lambda)|^2$. 当 $F(\lambda)$ 绝对连续时, $\{X_t\}$ 有谱密度 $f(\lambda) = F'(\lambda)$. 如果 $f(\lambda)$ 在 λ_0 有一个峰值, 则 $F(\lambda)$ 在 λ_0 有增量

$$F(\lambda_0 + \delta) - F(\lambda_0 - \delta) = \mathrm{E}|Z_x(\lambda_0 + \delta) - Z_x(\lambda_0 - \delta)|^2 = \int_{\lambda_0 - \delta}^{\lambda_0 + \delta} f(\lambda)\mathrm{d}\lambda,$$

这是 $\{X_t\}$ 的随机测度 $\{Z_x(\lambda)\}$ 在 λ_0 处集中的能量.

例 9.2.2 图 9.2.1 是 AR(2) 序列

$$X_t + 0.276X_{t-1} + 0.756X_{t-2} = \varepsilon_t, \quad t \in \mathbb{Z}, \mathrm{Var}(\varepsilon_t) = 4$$

的谱密度 $f(\lambda)$ 的曲线图. 谱函数 $F(\lambda)$ 在 $\lambda_0 = 1.73$ 处的增量是图中阴影部分的面积.

用 $g(s)$ 表示区间 $(\lambda_0 - \delta, \lambda_0 + \delta]$ 的示性函数. 若 $f(\lambda)$ 在 λ_0 处的峰的形状十分陡峭, 可以将 δ 取成比较小的正数. 这时对 $1 \leqslant t \leqslant T_0$, 有

$$X_t = \int_{-\pi}^{\pi} g(\lambda)\mathrm{e}^{\mathrm{i}t\lambda}\mathrm{d}Z_x(\lambda) + \int_{-\pi}^{\pi} (1 - g(\lambda))\mathrm{e}^{\mathrm{i}t\lambda}\mathrm{d}Z_x(\lambda)$$

$$\stackrel{\text{def}}{=\!=} X_1(t) + X_2(t), \tag{9.2.9}$$

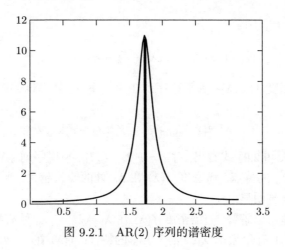

图 9.2.1　AR(2) 序列的谱密度

其中 $\{X_1(t)\}$ 是平稳序列, 有自协方差函数

$$\mathrm{E}[X_1(t+k)\overline{X}_1(t)] = \int_{-\pi}^{\pi} \mathrm{e}^{\mathrm{i}k\lambda}g(\lambda)f(\lambda)\mathrm{d}\lambda$$

和谱密度 $f_1(\lambda) = g(\lambda)f(\lambda)$; $\{X_2(t)\}$ 是平稳序列, 有自协方差函数

$$\mathrm{E}[X_2(t+k)\overline{X}_2(t)] = \int_{-\pi}^{\pi} \mathrm{e}^{\mathrm{i}k\lambda}(1-g(\lambda))f(\lambda)\mathrm{d}\lambda$$

和谱密度 $f_2(\lambda) = [1-g(\lambda)]f(\lambda)$.

　　由正交增加过程的定义知道, 平稳序列 $\{X_1(t)\}$ 和 $\{X_2(t)\}$ 正交. 这样,

$$\begin{aligned}
\gamma_k &= \mathrm{E}(X_{t+k}\overline{X}_t) \\
&= \mathrm{E}[X_1(t+k)\overline{X}_1(t)] + \mathrm{E}[X_2(t+k)\overline{X}_2(t)] \\
&= \int_{\lambda_0-\delta}^{\lambda_0+\delta} \mathrm{e}^{\mathrm{i}k\lambda}f(\lambda)\mathrm{d}\lambda + \int_{-\pi}^{\pi} \mathrm{e}^{\mathrm{i}k\lambda}[1-g(\lambda)]f(\lambda)\mathrm{d}\lambda.
\end{aligned}$$

于是, 在角频率 λ_0 附近, 谱密度 $f(\lambda)$ 为自协方差函数 $\{\gamma_k\}$ 提供的能量是

$$\int_{\lambda_0-\delta}^{\lambda_0+\delta} \mathrm{e}^{\mathrm{i}k\lambda}f(\lambda)\mathrm{d}\lambda \approx \mathrm{e}^{\mathrm{i}k\lambda_0} \int_{\lambda_0-\delta}^{\lambda_0+\delta} f(\lambda)\mathrm{d}\lambda.$$

同样, 形式上利用

$$X_1(t) \approx \mathrm{e}^{\mathrm{i} t \lambda_0} [Z_x(\lambda_0 + \delta) - Z_x(\lambda_0 - \delta)],$$

知道随机测度 $\{Z_x(\lambda)\}$ 为平稳序列在角频率 λ_0 处提供的频率成分大致是

$$\mathrm{e}^{\mathrm{i} t \lambda_0} [Z_x(\lambda_0 + \delta) - Z_x(\lambda_0 - \delta)].$$

于是从 (9.2.9) 式看出, 对 $t = 1, 2, \cdots, T_0$, 平稳序列 $\{X_t\}$ 表现出有角频率 λ_0 的特点. 谱密度 $f(\lambda)$ 在 λ_0 处的峰值越大、形状越陡峭, 频率性质就越明显.

类似地可以解释, 当谱密度 $f(\lambda)$ 在 $\lambda_1, \lambda_2, \cdots, \lambda_p$ 处有峰值时, 平稳序列 $\{X_t\}$ 有角频率 $\lambda_1, \lambda_2, \cdots, \lambda_p$ 的特性. $f(\lambda)$ 在 λ_j 处的峰值越大、形状越陡峭, 角频率 λ_j 的性质就越明显.

因为 $\{X_t\}$ 是实值平稳序列, 故谱密度 $f(\lambda)$ 是偶函数. 这时谱密度 $f(\lambda)$ 在角频率 $-\lambda_0$ 处为自协方差函数提供的能量是

$$\int_{-\lambda_0 - \delta}^{-\lambda_0 + \delta} \mathrm{e}^{\mathrm{i} k \lambda} f(\lambda) \mathrm{d}\lambda \approx \mathrm{e}^{-\mathrm{i} k \lambda_0} \int_{\lambda_0 - \delta}^{\lambda_0 + \delta} f(\lambda) \mathrm{d}\lambda.$$

于是, 谱密度 $f(\lambda)$ 在 λ_0 和 $-\lambda_0$ 处为 $\{X_t\}$ 的自协方差函数 $\{\gamma_k\}$ 提供的总能量大致是

$$\mathrm{e}^{-\mathrm{i} k \lambda_0} \int_{-\lambda_0 - \delta}^{-\lambda_0 + \delta} f(\lambda) \mathrm{d}\lambda + \mathrm{e}^{\mathrm{i} k \lambda_0} \int_{\lambda_0 - \delta}^{\lambda_0 + \delta} f(\lambda) \mathrm{d}\lambda$$

$$= 2 \cos(k \lambda_0) \int_{\lambda_0 - \delta}^{\lambda_0 + \delta} f(\lambda) \mathrm{d}\lambda.$$

同样, 随机测度 $\{Z_x(\lambda)\}$ 为平稳序列在角频率 $-\lambda_0$ 处提供的频率成分大致是

$$\mathrm{e}^{-\mathrm{i} t \lambda_0} [Z_x(-\lambda_0 + \delta) - Z_x(-\lambda_0 - \delta)].$$

于是随机测度 $\{Z_x(\lambda)\}$ 为平稳序列在角频率 $-\lambda_0$ 和 λ_0 处提供的频率成分大致是

$$\mathrm{e}^{-\mathrm{i} t \lambda_0} [Z_x(-\lambda_0 + \delta) - Z_x(-\lambda_0 - \delta)] + \mathrm{e}^{\mathrm{i} t \lambda_0} [Z_x(\lambda_0 + \delta) - Z_x(\lambda_0 - \delta)].$$

9.2.5 平稳序列的分解

平稳序列的分解定理解析了平稳序列的基本结构. 从实变函数论知道, 每个分布函数 $F(\lambda)$ 可以唯一分解成绝对连续部分 $F_1(\lambda)$、纯跳跃部分 $F_2(\lambda)$ 和奇异部分 $F_3(\lambda)$, 即

$$F(\lambda) = F_1(\lambda) + F_2(\lambda) + F_3(\lambda). \tag{9.2.10}$$

这种分解被称为 **Lebesgue 分解** (见文献 [8]).

定理 9.2.3 (Lebesgue 分解定理)   设零均值平稳序列 $\{X_t\}$ 有谱函数 $F(\lambda)$. 相应于 $F(\lambda)$ 的 Lebesgue 分解 (9.2.10), $\{X_t\}$ 可以唯一分解成三个相互正交的零均值平稳序列之和, 即

$$X_t = X_1(t) + X_2(t) + X_3(t), \quad t \in \mathbb{Z}, \tag{9.2.11}$$

其中 $\{X_j(t)\}$ 有谱函数 $F_j(\lambda), j = 1, 2, 3$.

从定理 9.2.2 知道, $\{X_2(t)\}$ 是离散谱序列. 实际上还可以证明 $\{X_1(t)\}$ 是某个零均值白噪声的双边滑动和 (见习题 9.2.1). 也就是说, $\{X_1(t)\}$ 是线性平稳序列.

在实际问题中, 如果不考虑奇异部分的存在, 上述定理说明, 每个平稳序列可以唯一分解成有谱密度的线性平稳序列和与其正交的离散谱序列的和.

习 题 9.2

9.2.1   设 $f(\lambda)$ 是 $[-\pi, \pi]$ 上的非负可积函数, 则 $\sqrt{f(\lambda)}$ 有 Fourier 级数

$$\sqrt{f(\lambda)} = \sum_{j=-\infty}^{\infty} a_j \mathrm{e}^{-\mathrm{i}j\lambda},$$

其中的 Fourier 系数

$$a_j = \frac{1}{2\pi} \int_{-\pi}^{\pi} \sqrt{f(\lambda)} \mathrm{e}^{\mathrm{i}j\lambda} \mathrm{d}\lambda, \quad j = 1, 2, \cdots$$

满足 Parseval 等式

$$\frac{1}{2\pi} \int_{-\pi}^{\pi} f(\lambda) \mathrm{d}\lambda = \sum_{j=-\infty}^{\infty} |a_j|^2.$$

如果 $f(\lambda)$ 是偶函数, 证明: 存在零均值白噪声 $\{\varepsilon_t\}$ 和平方可和的实数列 $\{b_j\}$, 使得线性序列 $X_t = \displaystyle\sum_{j=-\infty}^{\infty} b_j \varepsilon_{t-j}, t \in \mathbb{Z}$ 以 $f(\lambda)$ 为谱密度.

9.2.2 对 $a \in (0, \pi)$, 证明:

$$\gamma_0 = a, \quad \gamma_k = \frac{\sin(ka)}{k}, \quad k \neq 0$$

是平稳序列的自协方差函数. 并求相应的谱密度.

9.2.3 设 ARMA 序列 $\{X_t\}$ 和 $\{Y_t\}$ 正交, 证明: 平稳序列 $Z_t = X_t + Y_t, t \in \mathbb{Z}$ 有有理谱密度. 从而证明: $\{Z_t\}$ 仍是 ARMA 序列.

§9.3 平稳序列的周期图

由于平稳序列的谱密度能体现该平稳序列的频率特性, 所以对于平稳序列的谱密度进行估计, 特别是估计谱密度的峰值情况是应用时间序列分析的重要任务之一. 平稳序列的周期图中蕴含了谱密度的信息, 所以有必要对周期图详加考察. 本节假设所述的平稳序列是实值的.

9.3.1 周期图

设平稳序列 $\{X_t\}$ 有谱密度 $f(\lambda)$ 和自协方差函数 $\{\gamma_k\}$, 则

$$\gamma_k = \int_{-\pi}^{\pi} \mathrm{e}^{ik\lambda} f(\lambda)\mathrm{d}\lambda, \quad k \in \mathbb{Z}. \tag{9.3.1}$$

如果 $\{\gamma_k\}$ 绝对可和 $\displaystyle\sum_{k=1}^{\infty} |\gamma_k| < \infty$, 利用定理 2.3.1 得到

$$f(\lambda) = \frac{1}{2\pi} \sum_{k=-\infty}^{\infty} \gamma_k \mathrm{e}^{-ik\lambda}, \quad \lambda \in [-\pi, \pi]. \tag{9.3.2}$$

于是从观测数据 $x_1, x_2, \cdots, x_N$ 出发, 谱密度 $f(\lambda)$ 的估计应当定义为

$$\tilde{f}(\lambda) = \frac{1}{2\pi} \sum_{k=-N+1}^{N-1} \hat{\gamma}_k \mathrm{e}^{-ik\lambda}, \quad \lambda \in [-\pi, \pi], \tag{9.3.3}$$

其中

$$\hat{\gamma}_{\pm k} = \frac{1}{N} \sum_{t=1}^{N-k} (x_t - \overline{x})(x_{t+k} - \overline{x})$$

是样本自协方差函数, $\overline{x}$ 是样本均值.

下面研究 $\tilde{f}(\lambda)$ 的基本性质. 定义

$$J_N(\lambda) = \frac{1}{2\pi N} \left| \sum_{k=1}^{N} (x_k - \overline{x})\mathrm{e}^{-\mathrm{i}k\lambda} \right|^2. \tag{9.3.4}$$

引理 9.3.1 $\tilde{f}(\lambda) = J_N(\lambda)$.

证明 记 $y_t = (x_t - \overline{x})\mathrm{e}^{-\mathrm{i}t\lambda}$, $t = 1, 2, \cdots, N$, 用 e 表示元素都是 1 的 N 维列向量, 则

$$\begin{aligned}
J_N(\lambda) &= \frac{1}{2\pi N} \sum_{j=1}^{N} \sum_{k=1}^{N} (x_k - \overline{x})(x_j - \overline{x})\mathrm{e}^{-\mathrm{i}(k-j)\lambda} \\
&= \frac{1}{2\pi N} \sum_{j=1}^{N} \sum_{k=1}^{N} y_k \overline{y}_j \\
&= \frac{1}{2\pi N} e^{\mathrm{T}} \begin{pmatrix} y_1\overline{y}_1 & y_1\overline{y}_2 & \cdots & y_1\overline{y}_N \\ y_2\overline{y}_1 & y_2\overline{y}_2 & \cdots & y_2\overline{y}_N \\ \vdots & \vdots & & \vdots \\ y_N\overline{y}_1 & y_N\overline{y}_2 & \cdots & y_N\overline{y}_N \end{pmatrix} e \\
&= \frac{1}{2\pi} \big[\hat{\gamma}_0 + \hat{\gamma}_1 \mathrm{e}^{\mathrm{i}\lambda} + \cdots + \hat{\gamma}_{N-1}\mathrm{e}^{\mathrm{i}(N-1)\lambda} \\
&\qquad + \hat{\gamma}_1\mathrm{e}^{-\mathrm{i}\lambda} + \cdots + \hat{\gamma}_{N-1}\mathrm{e}^{-\mathrm{i}(N-1)\lambda} \big] \\
&= \tilde{f}(\lambda).
\end{aligned}$$

于是, $J_N(\lambda)$ 也是谱密度 $f(\lambda)$ 的估计. 定义

$$I_N(\lambda) = \frac{1}{2\pi N} \left| \sum_{k=1}^{N} x_k \mathrm{e}^{-\mathrm{i}k\lambda} \right|^2. \tag{9.3.5}$$

利用求和公式

$$\sum_{k=1}^{N} \mathrm{e}^{-\mathrm{i}k\lambda} = \frac{1 - \mathrm{e}^{-\mathrm{i}N\lambda}}{1 - \mathrm{e}^{-\mathrm{i}\lambda}} \mathrm{e}^{-\mathrm{i}\lambda}$$

知道, 在每一个 **Fourier** 频率点 $\lambda_j = 2\pi j/N$,

$$\sum_{k=1}^{N} \mathrm{e}^{-\mathrm{i}k\lambda_j} = 0, \quad j = 1, 2, \cdots, N. \tag{9.3.6}$$

于是对 $\lambda_j = 2\pi j/N$, 有

$$I_N(\lambda_j) = J_N(\lambda_j), \quad j = 1, 2, \cdots, N.$$

由于 $J_N(\lambda)$ 的实际计算都是通过离散化完成的, 而且一般只需在 Fourier 频率点 $\lambda_j = 2\pi j/N$ 计算 $J_N(\lambda)$ 的取值, 所以为了分析的方便, 人们也用 $I_N(\lambda)$ 作为 $f(\lambda)$ 的估计.

定义 9.3.1　称 (9.3.5) 式中的 $I_N(\lambda)$ 为 $x_1, x_2, \cdots, x_N$ 的**周期图**.

定理 9.3.2　对于零均值时间序列的观测数据 $x_1, x_2, \cdots, x_N$, 定义

$$\hat{\gamma}_{\pm k} = \frac{1}{N} \sum_{t=1}^{N-k} x_t x_{t+k}, \quad k = 0, 1, \cdots, N-1, \tag{9.3.7}$$

则

$$I_N(\lambda) = \frac{1}{2\pi} \sum_{k=-N+1}^{N-1} \hat{\gamma}_k \mathrm{e}^{-\mathrm{i}k\lambda}, \quad \lambda \in [-\pi, \pi]. \tag{9.3.8}$$

证明　在引理 9.3.1 的证明中将 $\bar{x}$ 都换成 0, 就得到 (9.3.8) 式.

9.3.2　周期图的性质

定理 9.3.3　如果零均值平稳序列 $\{X_t\}$ 的自协方差函数绝对可和: $\sum_{k=1}^{\infty} |\gamma_k| < \infty$, 则 $I_N(\lambda)$ 是 $f(\lambda)$ 的渐近无偏估计:

$$\mathrm{E}I_N(\lambda) \to f(\lambda), \quad \text{当 } N \to \infty.$$

证明 利用 (9.3.7) 式, (9.3.8) 式和 Kronecker 引理得到

$$
\begin{aligned}
\mathrm{E}I_N(\lambda) &= \frac{1}{2\pi} \sum_{k=-N+1}^{N-1} \mathrm{E}\hat{\gamma}_k \mathrm{e}^{-\mathrm{i}k\lambda} \\
&= \frac{1}{2\pi} \sum_{k=-N+1}^{N-1} \frac{1}{N}(N-|k|)\gamma_k \mathrm{e}^{-\mathrm{i}k\lambda} \\
&= \frac{1}{2\pi} \sum_{k=-N+1}^{N-1} \gamma_k \mathrm{e}^{-\mathrm{i}k\lambda} - \frac{1}{2\pi N} \sum_{k=-N+1}^{N-1} |k|\gamma_k \mathrm{e}^{-\mathrm{i}k\lambda} \\
&\to \frac{1}{2\pi} \sum_{k=-\infty}^{\infty} \gamma_k \mathrm{e}^{-\mathrm{i}k\lambda} = f(\lambda), \quad \text{当 } N \to \infty.
\end{aligned}
$$

通常, 一个好的估计量应当是相合的. 为了考察周期图的相合性, 介绍下面的定理.

定理 9.3.4 (见文献 [6]) 设 $\{\varepsilon_t\}$ 是独立同分布的 $\mathrm{WN}(0,\sigma^2)$, 实数列 $\{c_j\}$ 满足 $\sum_{j=0}^{\infty} j|c_j| < \infty$, 线性平稳序列 $\{X_t\}$ 由

$$
X_t = \sum_{j=0}^{\infty} c_j \varepsilon_{t-j} \tag{9.3.9}
$$

定义, 有谱密度 $f(\lambda)$. 用 $I_N(\lambda)$ 表示 $X_1, X_2, \cdots, X_N$ 的周期图, 则有下面的结果:

$$
\varlimsup_{N\to\infty} \frac{1}{\ln\ln N} I_N(\lambda) = \begin{cases} f(\lambda), & \lambda \neq 0, \pi, \\ 2f(\lambda), & \lambda = 0, \pi, \end{cases} \quad \text{a.s..} \tag{9.3.10}
$$

于是可以看出, $I_N(\lambda)$ 不收敛到 $f(\lambda)$, 所以不是 $f(\lambda)$ 的强相合估计. 下面的例子说明, 在很强的条件下, 周期图也不是弱相合估计.

例 9.3.1 举例说明周期图不是谱密度的相合估计.

解 设 $\{X_t\}$ 是标准正态白噪声, 则 $\{X_t\}$ 有谱密度 $f(\lambda) = 1/2\pi$,

$\dfrac{1}{\sqrt{N}}\displaystyle\sum_{j=1}^{N}X_j$ 服从标准正态分布 $N(0,1)$. 于是,

$$I_N(0) = \frac{1}{2\pi N}\Big(\sum_{j=1}^{N}X_j\Big)^2$$

的分布和 N 无关. 因而 $I_N(0) - f(0)$ 不依概率收敛到 0. 也就是说 $I_N(0)$ 不是 $f(0)$ 的弱相合估计.

例 9.3.1 说明周期图作为谱密度 $f(\lambda)$ 的估计是不相合的. 造成上述不相合的原因主要有以下两个:

(1) (9.3.8) 式中的求和项过多;

(2) 对于接近 N 的 k, 由 (9.3.7) 式定义的样本自协方差 $\hat\gamma_k$ 的偏差增大:

$$\mathrm{E}\hat\gamma_k - \gamma_k = \frac{N-k}{N}\gamma_k - \gamma_k = -\frac{k}{N}\gamma_k.$$

对于较大的数据量, 以上的两个因素引起了周期图围绕 $f(\lambda)$ 的剧烈振动.

例 9.3.2 平稳 AR(2) 序列

$$X_t = 0.1132X_{t-1} - 0.64X_{t-2} + \varepsilon_t, \quad \text{其中 } \mathrm{Var}(\varepsilon_t) = 4$$

的谱密度是

$$f(\lambda) = \frac{4}{2\pi|1 - 0.1132\mathrm{e}^{-\mathrm{i}\lambda} + 0.64\mathrm{e}^{-\mathrm{i}2\lambda}|^2}.$$

图 9.3.1 是 120 个观测数据的周期图, 它围绕谱密度 $f(\lambda)$ 剧烈振动.

如果 N_1 是小于 N 的正整数, 用

$$\hat f(\lambda) = \frac{1}{2\pi}\sum_{k=-N_1}^{N_1}\hat\gamma_k \mathrm{e}^{-\mathrm{i}k\lambda} \tag{9.3.11}$$

作为 $f(\lambda)$ 的估计, 得到的效果会有所改进. 人们称 (9.3.11) 式是观测数据的截断周期图.

图 9.3.2 中, 虚曲线是例 9.3.2 中用 $N = 120$ 个数据计算的截断周期图, $N_1 = 10$, 实曲线是谱密度 $f(\lambda)$.

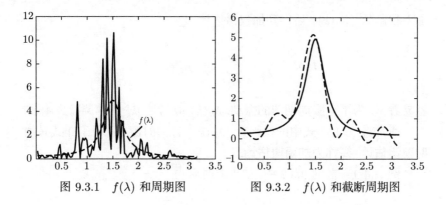

图 9.3.1 $f(\lambda)$ 和周期图　　　　　图 9.3.2 $f(\lambda)$ 和截断周期图

习　题　9.3

9.3.1　构造一个 AR(2) 模型, 使得它的谱密度 $f(\lambda)$ 在 $\lambda_1 = 0.987$ 附近有一个明显的峰值. 给出这个 AR(2) 模型的自回归系数和特征多项式零点的模和辐角. 产生 200 个数据, 画出周期图.

9.3.2　构造一个 ARMA(3, 2) 模型, 使得它的谱密度 $f(\lambda)$ 在 $\lambda_1 = 1.9$ 和 $\lambda_2 = 2.8$ 附近有明显的峰值. 给出这个 ARMA(3, 2) 模型的参数和特征多项式 $A(z)$, $B(z)$ 的零点的模和辐角. 产生 200 个数据, 画出周期图.

§9.4　加窗谱估计

为了克服周期图的不相合性, 需要对周期图加以改造. 常用方法是加窗.

9.4.1　时窗

对周期图

$$I_N(\lambda) = \frac{1}{2\pi} \sum_{k=-N+1}^{N-1} \hat{\gamma}_k \mathrm{e}^{-\mathrm{i}k\lambda}$$

加上权函数 $\{\lambda_N(k)\}$ 后得到加权谱估计

$$\hat{f}(\lambda) = \frac{1}{2\pi} \sum_{k=-N+1}^{N-1} \lambda_N(k)\hat{\gamma}_k \mathrm{e}^{-ik\lambda}. \tag{9.4.1}$$

容易看出, 为了克服周期图的振动, $\lambda_N(k)$ 应当是 $|k|$ 的单调减少函数.

通常将 (9.4.1) 式中的权函数 $\{\lambda_N(k)\}$ 称为**时窗**, 称 (9.4.1) 式是**加时窗谱估计**, 简称为**加窗谱估计**.

例 9.4.1 在例 9.3.2 中, 如果取时窗

$$\lambda_N(k) = \begin{cases} 1, & |k| \leqslant \sqrt{N}, \\ 0, & |k| > \sqrt{N}, \end{cases}$$

就得到由 (9.3.11) 式定义的谱估计. 对于 ARMA(p,q) 序列, 这个加窗谱估计要比周期图好得多. 一般来讲, 如果时窗 $\{\lambda_N(k)\}$ 取得合适, 都会得到相合的加窗谱估计.

例 9.4.2 设 $\{X_t\}$ 是 MA(q) 序列, 满足

$$X_t = B(\mathcal{B})\varepsilon_t, \quad t \in \mathbb{Z}.$$

由于自协方差函数 q 后截尾, 所以 $\{X_t\}$ 的谱密度是

$$f(\lambda) = \frac{1}{2\pi} \sum_{k=-q}^{q} \gamma_k \mathrm{e}^{-ik\lambda}.$$

对正整数 $M \geqslant q$, 取时窗

$$\lambda_N(k) = \begin{cases} 1, & |k| \leqslant M, \\ 0, & |k| > M, \end{cases}$$

则加窗谱估计 (9.4.1) 成为

$$\hat{f}(\lambda) = \frac{1}{2\pi} \sum_{k=-M}^{M} \hat{\gamma}_k \mathrm{e}^{-ik\lambda}. \tag{9.4.2}$$

如果 $\{\varepsilon_t\}$ 是独立同分布的白噪声, 则当 $N \to \infty$ 时, $\hat{\gamma}_k$ 几乎必然收敛到 γ_k (见定理 4.2.1). 于是,

$$\lim_{N \to \infty} \hat{f}(\lambda) = \frac{1}{2\pi} \sum_{k=-M}^{M} \gamma_k e^{-ik\lambda} = \frac{1}{2\pi} \sum_{k=-q}^{q} \gamma_k e^{-ik\lambda} = f(\lambda), \quad \text{a.s.,}$$

表明加窗谱估计是 $f(\lambda)$ 的强相合估计.

图 9.4.1 是 MA(2) 序列

$$X_t = \varepsilon_t + 0.0943\varepsilon_{t-1} - 0.4444\varepsilon_{t-2}, \quad \text{其中 } \mathrm{Var}(\varepsilon_t) = 1$$

的谱密度 $f(\lambda)$(实曲线) 和用 $N = 100$ 个数据按 (9.4.2) 式计算的 $\hat{f}(\lambda)$(虚曲线), $M = 3$.

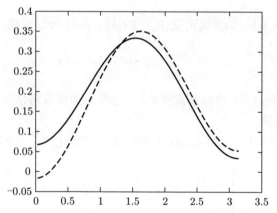

图 9.4.1 谱密度 $f(\lambda)$ 和利用 (9.4.2) 式计算的谱估计 $\hat{f}(\lambda)$

9.4.2 谱窗

从周期图的表达式 (9.3.8) 得到

$$\hat{\gamma}_k = \int_{-\pi}^{\pi} I_N(s) e^{iks} \mathrm{d}s, \quad |k| \leqslant N - 1. \tag{9.4.3}$$

这样, 可将加窗谱估计 (9.4.1) 写成

$$
\begin{aligned}
\hat{f}(\lambda) &= \frac{1}{2\pi} \sum_{k=-N+1}^{N-1} \lambda_N(k)\hat{\gamma}_k \mathrm{e}^{-\mathrm{i}k\lambda} \\
&= \frac{1}{2\pi} \sum_{k=-N+1}^{N-1} \lambda_N(k) \int_{-\pi}^{\pi} I_N(s)\mathrm{e}^{\mathrm{i}ks}\mathrm{e}^{-\mathrm{i}k\lambda}\mathrm{d}s \\
&= \int_{-\pi}^{\pi} I_N(s) \frac{1}{2\pi} \sum_{k=-N+1}^{N-1} \lambda_N(k)\mathrm{e}^{-\mathrm{i}k(\lambda-s)}\mathrm{d}s \\
&= \int_{-\pi}^{\pi} I_N(s)W_N(\lambda-s)\mathrm{d}s,
\end{aligned}
$$

其中

$$
W_N(\lambda) = \frac{1}{2\pi} \sum_{k=-N+1}^{N-1} \lambda_N(k)\mathrm{e}^{-\mathrm{i}k\lambda}.
$$

定义 9.4.1 如果谱密度 $f(\lambda)$ 的估计 $\hat{f}(\lambda)$ 可以写成

$$
\hat{f}(\lambda) = \int_{-\pi}^{\pi} I_N(s)W_N(\lambda-s)\mathrm{d}s, \tag{9.4.4}
$$

则称 $\hat{f}(\lambda)$ 是 $f(\lambda)$ 的**加谱窗谱估计**, 也简称为**加窗谱估计**. 称权函数 $W_N(\lambda)$ 为**谱窗**.

加窗谱估计的时窗 $\{\lambda_N(k)\}$ 和谱窗 $W_N(\lambda)$ 之间有下面的关系:

$$
\begin{cases}
W_N(\lambda) = \dfrac{1}{2\pi} \displaystyle\sum_{k=-N+1}^{N-1} \lambda_N(k)\mathrm{e}^{-\mathrm{i}k\lambda}, \\[2mm]
\lambda_N(k) = \displaystyle\int_{-\pi}^{\pi} W_N(s)\mathrm{e}^{\mathrm{i}ks}\mathrm{d}s.
\end{cases} \tag{9.4.5}
$$

可以从谱窗的角度解释对周期图加谱窗的必要性. 对于较大的样本量, 周期图 $I_N(\lambda)$ 总是围绕谱密度 $f(\lambda)$ 振动. 所以取一个较小的正数 δ, 利用周期图在 λ_0 附近的平均

$$
\frac{1}{2\delta} \int_{-\pi}^{\pi} I_N(s)\mathrm{I}_{[\lambda_0-\delta,\lambda_0+\delta]}(s)\mathrm{d}s \tag{9.4.6}
$$

作为 $f(\lambda_0)$ 的估计是有道理的. 它可以有效地对周期图在 λ_0 的 δ 邻域内进行光滑, 降低周期图的振动. 如果把 (9.4.6) 式写成更一般的形式, 就得到 λ_0 处的加谱窗的谱估计

$$\hat{f}(\lambda_0) = \int_{-\pi}^{\pi} I_N(s)W_N(\lambda_0 - s)\mathrm{d}s.$$

由于 λ_0 是任意选取的, 所以加窗谱估计 (9.4.4) 式恰好是周期图的光滑平均.

从上述的分析可以看出, 谱窗 $W_N(\lambda)$ 应当是在 $\lambda = 0$ 处有单峰的对称函数. 为了进一步研究加窗谱估计的统计性质, 一般要求谱窗 $W_N(s)$ 满足下面的条件:

(1) $\int_{-\pi}^{\pi} W_N(\lambda)\mathrm{d}\lambda = 1$ (等价于 $\lambda_N(0) = 1$);

(2) $\int_{-\pi}^{\pi} W_N^2(\lambda)\mathrm{d}\lambda < \infty$;

(3) 对任何 $\varepsilon > 0$, 当 $N \to \infty$ 时, $\sup\limits_{|\lambda|\geqslant\varepsilon} W_N(\lambda) \to 0$;

(4) 对称性: $W_N(-\lambda) = W_N(\lambda)$;

(5) 对任何正数 A, 当 $N \to \infty$ 时,

$$\max_{|\mu|\leqslant A/N}\left|\frac{\int_{-\pi}^{\pi} W_N(\lambda)W_N(\mu + \lambda)\mathrm{d}\lambda}{\int_{-\pi}^{\pi} W_N^2(\lambda)\mathrm{d}\lambda} - 1\right| \to 0.$$

可以看出, 满足上述条件的谱窗 $W_N(\lambda)$ 的质量随着 N 的增加向 $\lambda = 0$ 集中.

9.4.3 常用的加窗谱估计

设 $x_1, x_2, \cdots, x_N$ 是经过零均值化的观测数据. 样本自协方差函数和周期图分别是

$$\hat{\gamma}_k = \frac{1}{N}\sum_{j=1}^{N-k} x_j x_{j+k}, \quad I_N(\lambda) = \frac{1}{2\pi N}\left|\sum_{k=1}^{N} x_k \mathrm{e}^{-ik\lambda}\right|^2.$$

取正整数 M_N 满足 $M_N = o(N)$ 和 $M_N \to \infty$, 当 $N \to \infty$. 实际应用时可以将 M_N 取成 $A[\sqrt{N}]$, 这里 A 是正常数, 一般取值在 1 和 3 之间.

1. 截断窗　截断窗的时窗是

$$\lambda_N(k) = \begin{cases} 1, & |k| \leqslant M_N, \\ 0, & |k| > M_N. \end{cases}$$

这时, 相应的加窗谱估计是

$$\hat{f}(\lambda) = \frac{1}{2\pi} \sum_{k=1-N}^{N-1} \lambda_N(k) \hat{\gamma}_k e^{-ik\lambda} = \frac{1}{2\pi} \sum_{|k| \leqslant M_N} \hat{\gamma}_k e^{-ik\lambda}.$$

利用 (9.4.5) 式, 得到相应的谱窗

$$\begin{aligned}
W_N(\lambda) &= \frac{1}{2\pi} \sum_{k=1-N}^{N-1} \lambda_N(k) e^{-ik\lambda} = \frac{1}{2\pi} \sum_{|k| \leqslant M_N} e^{-ik\lambda} \\
&= \frac{1}{2\pi} \sum_{k=-M_N}^{M_N} \cos(k\lambda) = \frac{1}{2\pi} \frac{\sin[(2M_N+1)\lambda/2]}{\sin(\lambda/2)} \\
&= \frac{1}{2\pi} D_{2M+1}(\lambda),
\end{aligned} \tag{9.4.7}$$

其中 $M = M_N$, $D_{2M+1}(\lambda)$ 是 Dirichlet 核 (见图 7.1.1).

由谱窗表示的谱估计是

$$\hat{f}(\lambda) = \int_{-\pi}^{\pi} I_N(s) D_M(\lambda - s) \mathrm{d}s.$$

由于 Dirichlet 核可以取到负值, 因而加截断窗的谱估计也有可能在某些 λ 处取到负值. 这是截断窗的不足. 用例 9.3.2 中 AR(2) 序列的 120 个数据计算的加截断窗谱估计 (简称为截断窗估计) 见图 9.3.2 中的虚曲线.

2. Bartlett 窗 (参见 [13])　Bartlett 时窗是

$$\lambda_N(k) = \begin{cases} 1 - |k|/M_N, & |k| \leqslant M_N, \\ 0, & |k| > M_N. \end{cases}$$

这时, 相应的加窗谱估计是

$$\hat{f}(\lambda) = \frac{1}{2\pi} \sum_{|k| \leqslant M_N} (1 - |k|/M_N)\hat{\gamma}_k \mathrm{e}^{-\mathrm{i}k\lambda}.$$

相应的谱窗是 **Fejer 核**

$$\begin{aligned}
W_N(\lambda) &= \frac{1}{2\pi} \sum_{k=1-N}^{N-1} \lambda_N(k)\mathrm{e}^{-\mathrm{i}k\lambda} \\
&= \frac{1}{2\pi} \sum_{|k| \leqslant M_N} [1 - |k|/M_N]\mathrm{e}^{-\mathrm{i}k\lambda} \\
&= \frac{1}{2\pi M_N} \left[\frac{\sin(M_N\lambda/2)}{\sin(\lambda/2)}\right]^2 \\
&\stackrel{\mathrm{def}}{=\!=} F_M(\lambda),
\end{aligned} \tag{9.4.8}$$

这里 $M = M_N$. Fejer 核的图形见图 9.4.2. 由谱窗表示的谱估计是

$$\hat{f}(\lambda) = \int_{-\pi}^{\pi} I_N(s)F_M(\lambda - s)\mathrm{d}s. \tag{9.4.9}$$

用例 9.3.2 中 AR(2) 序列的 120 个数据计算的 Bartlett 窗估计见图 9.4.3 中的虚曲线, 实曲线是 $f(\lambda)$, $M_N = 10$. 取 $M_N = 20$ 时效果会更好.

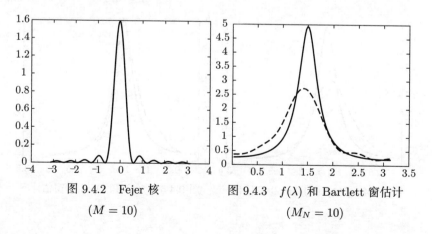

图 9.4.2　Fejer 核　　　　图 9.4.3　$f(\lambda)$ 和 Bartlett 窗估计

$(M = 10)$　　　　　　　　　$(M_N = 10)$

3. Daniell 窗　Daniell 谱窗是

$$W_N(\lambda) = \begin{cases} M_N/2\pi, & |\lambda| \leqslant \pi/M_N, \\ 0, & |\lambda| > \pi/M_N. \end{cases}$$

利用 (9.4.5) 式得到相应的时窗

$$\begin{aligned} \lambda_N(k) &= \int_{-\pi}^{\pi} W_N(\lambda) \mathrm{e}^{\mathrm{i}k\lambda} \mathrm{d}\lambda \\ &= \frac{M_N}{2\pi} \int_{-\pi/M_N}^{\pi/M_N} \mathrm{e}^{\mathrm{i}k\lambda} \mathrm{d}\lambda \\ &= \frac{M_N}{2k\pi} 2\sin\left(\frac{k\pi}{M_N}\right) = \sin\left(\frac{k\pi}{M_N}\right) \Big/ \frac{k\pi}{M_N}. \end{aligned}$$

这时, 相应的加窗谱估计是

$$\begin{aligned} \hat{f}(\lambda) &= \frac{1}{2\pi} \sum_{|k| \leqslant N-1} \left[\sin\left(\frac{k\pi}{M_N}\right) \Big/ \frac{k\pi}{M_N} \right] \hat{\gamma}_k \mathrm{e}^{-\mathrm{i}k\lambda} \\ &= \int_{-\pi}^{\pi} I_N(s) W_N(\lambda - s) \mathrm{d}s. \end{aligned}$$

用例 9.3.2 中 AR(2) 序列的 120 个数据计算得到的 Daniell 窗估计见图 9.4.4 和图 9.4.5 中的虚曲线, 实曲线是 $f(\lambda)$.

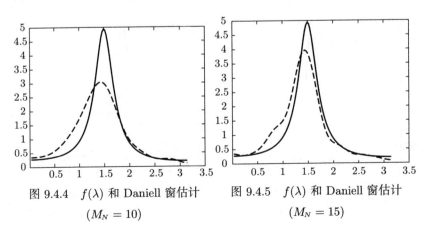

图 9.4.4　$f(\lambda)$ 和 Daniell 窗估计　图 9.4.5　$f(\lambda)$ 和 Daniell 窗估计

$(M_N = 10)$ 　　　　　　　　$(M_N = 15)$

4. Turkey 窗 设 a 是 $(0, 1/4]$ 中的常数, Turkey 时窗由下式定义:

$$\lambda_N(k) = \begin{cases} 1 - 2a + 2a\cos(k\pi/M_N), & |k| \leqslant M_N, \\ 0, & |k| > M_N. \end{cases}$$

相应的 Turkey 谱窗是

$$W_N(\lambda) = aD(\lambda - \pi/M_N) + (1 - 2a)D(\lambda) + aD(\lambda + \pi/M_N),$$

其中

$$D(\lambda) = \frac{\sin[(2M_N + 1)\lambda/2]}{2\pi\sin(\lambda/2)}$$

是 Dirichlet 核. 加窗谱估计可利用 (9.4.1) 式或 (9.4.4) 式计算.

特别地, 在 Turkey 谱窗中取 $a = 0.23$ 得到 Turkey-Hamming 谱窗, 见图 9.4.6. 取 $a = 0.25$ 得到 Turkey-Hanning 谱窗, 见图 9.4.7. 值得指出: 如果取 $a > 1/4$, 得到的结果是很糟糕的.

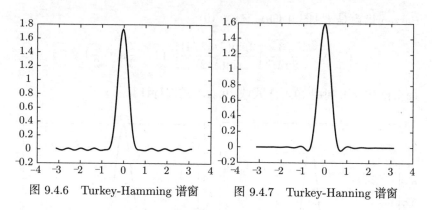

图 9.4.6 Turkey-Hamming 谱窗   图 9.4.7 Turkey-Hanning 谱窗

用例 9.3.2 中 AR(2) 序列的 120 个数据计算得到的 Turkey-Hamming 窗估计和 Turkey-Hanning 窗估计分别见图 9.4.8 和图 9.4.9, $M_N = 10$. 如果取 $M_N = 15$ 效果会更好一些. 图 9.4.8 和图 9.4.9 中的虚曲线是 $\hat{f}(\lambda)$, 实曲线是 $f(\lambda)$.

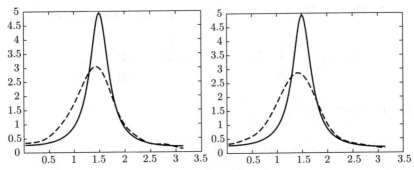

图 9.4.8 $f(\lambda)$ 和 Turkey-Hamming 窗　图 9.4.9 $f(\lambda)$ 和 Turkey-Hanning 窗
　　　估计　　　　　　　　　　　　　　估计

5. Parzen 窗　Parzen 时窗由下式定义:

$$\lambda_N(k) = \begin{cases} 1 - 6(k/M_N)^2 + 6(|k|/M_N)^3, & |k| \leqslant M_N/2, \\ 2(1 - |k|/M_N)^3, & M_N/2 < |k| \leqslant M_N, \\ 0, & |k| > M_N. \end{cases}$$

Parzen 谱窗是 (见图 9.4.10, $M_N = 10$)

$$W_N(\lambda) = \frac{3}{8\pi M_N^3} \left[\frac{2\sin(M_N\lambda/4)}{\sin(\lambda/2)} \right]^4 \left(1 - \frac{2}{3}\sin^2\frac{\lambda}{2} \right).$$

加窗谱估计可利用 (9.4.1) 式或 (9.4.4) 式进行计算.

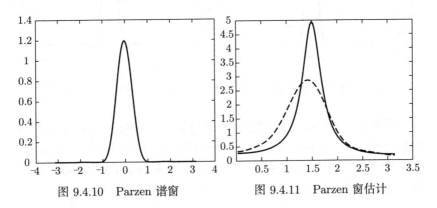

图 9.4.10　Parzen 谱窗　　　　　图 9.4.11　Parzen 窗估计

用例 9.3.2 中 AR(2) 序列的 120 个数据计算的 Parzen 窗估计见图 9.4.11 中的虚曲线, $M_N = 10$, 实曲线 $f(\lambda)$. 取 $M_N = 20$ 时效果会更好, 参考图 9.5.1.

6. Bartlett-Priestley 窗　Bartlett-Priestley 时窗由下式定义:

$$
\lambda_N(k) = \begin{cases} \dfrac{3M_N^2}{(\pi k)^2}\left[\dfrac{\sin(\pi k/M_N)}{\pi k/M_N} - \cos\left(\dfrac{\pi k}{M_N}\right)\right], & 0 < |k| \leqslant M_N, \\ 1, & k = 0, \\ 0, & |k| > M_N. \end{cases}
$$

Bartlett-Priestley 谱窗是开口向下的细长抛物线 (见图 9.4.12, $M_N=12$):

$$
W_N(\lambda) = \begin{cases} \dfrac{3M_N}{4\pi}\left[1 - (M_N\lambda/\pi)^2\right], & |\lambda| \leqslant \pi/M_N, \\ 0, & |\lambda| > \pi/M_N. \end{cases}
$$

加窗谱估计可利用 (9.4.1) 式或 (9.4.4) 式进行计算. 用例 9.3.2 中 AR(2) 序列的 120 个数据计算的 Bartlett-Priestley 窗估计见图 9.4.13 中的虚曲线, $M_N = 12$, 实曲线是 $f(\lambda)$.

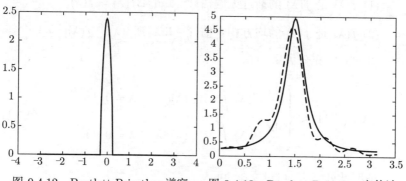

图 9.4.12　Bartlett-Priestley 谱窗　　图 9.4.13　Bartlett-Priestley 窗估计

习 题 9.4

9.4.1 附录 2.9 中的数据是对一台振动机械的离散等间隔抽样. 试用加窗谱估计分析这台机械振动的谱密度, 回答以下问题:

(1) 谱密度有几个峰值;

(2) 谱密度的峰值位置;

(3) 这台机械振动的频率特性.

§9.5 加窗谱估计的比较

下面通过分析加窗谱估计的方差和分辨率来对加窗谱估计进行比较.

9.5.1 方差的比较

定理 9.5.1 设 $\{X_t\}$ 是平稳正态序列, 有连续可微的谱密度 $f(\lambda)$, $W_N(\lambda)$ 满足 9.4.2 小节中的谱窗条件. 加窗谱估计 $\hat{f}(\lambda)$ 由 (9.4.4) 式定义, 则有如下的结果:

(1) $\hat{f}(\lambda)$ 是 $f(\lambda)$ 的渐近无偏估计: $\lim_{N\to\infty} \mathrm{E}\hat{f}(\lambda) = f(\lambda)$;

(2) $\hat{f}(\lambda)$ 是 $f(\lambda)$ 的均方相合估计: $\lim_{N\to\infty} \mathrm{E}[\hat{f}(\lambda) - f(\lambda)]^2 = 0$;

(3) 当 N 充分大后, 有

$$\mathrm{Var}(\hat{f}(\lambda)) \approx \begin{cases} \dfrac{2\pi}{N} f^2(\lambda) \displaystyle\int_{-\pi}^{\pi} W_N^2(\lambda)\mathrm{d}\lambda, & \lambda \neq 0, \pm\pi, \\ \dfrac{4\pi}{N} f^2(\lambda) \displaystyle\int_{-\pi}^{\pi} W_N^2(\lambda)\mathrm{d}\lambda, & \lambda = 0, \pm\pi. \end{cases} \tag{9.5.1}$$

证明此处略去, 可见文献 [9].

由于加窗谱估计 $\hat{f}(\lambda)$ 是谱密度 $f(\lambda)$ 的渐近无偏估计和均方相合估计, 所以方差 $\mathrm{Var}(\hat{f}(\lambda))$ 的大小表示了加窗谱估计 $\hat{f}(\lambda)$ 的估计精度的高低. 选取适当的谱窗 (或时窗) 使得 $\mathrm{Var}(\hat{f}(\lambda))$ 的取值较小, 一般会得到较好的估计.

对每个固定的窗, 加窗谱估计的方差随着 M_N 的降低而减小. 但是实际中不应当过于追求较小方差, 因为这样会增加估计的偏差和降低下面所述的分辨率.

以 Parzen 窗为例, 在利用例 9.3.2 中的 120 个数据计算 Parzen 窗估计时, 如果取 $M_N = 20$, 尽管加窗谱估计的渐近方差 $\mathrm{Var}(\hat{f}(\lambda))$ 比 $M_N = 10$ 的渐近方差更大, 但是估计的精度会改善, 见图 9.5.1 中的虚曲线. 实曲线是 $f(\lambda)$. 如果继续增加 M_N 的值到 30, 加窗谱估计在峰值以外的地方开始失真, 见图 9.5.2 中的虚曲线.

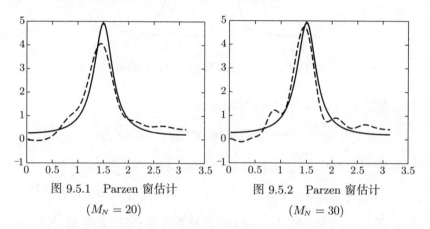

图 9.5.1　Parzen 窗估计
($M_N = 20$)

图 9.5.2　Parzen 窗估计
($M_N = 30$)

对于 Bartlett, Daniell, Turkey-Hamming, Turkey-Hanning 窗估计也都有相似的结果.

9.5.2　分辨率的比较

在应用时间序列分析中, 谱估计的目的往往在于分辨出原始数据的频率特性. 这就需要找到谱密度的峰值个数和峰值的位置. 如果谱密度 $f(\lambda)$ 在 λ_1 和 λ_2 处分别有峰值 (见图 9.5.3), 那么好的加窗谱估计应当能够把这两个峰值区分开. 也就是说, 好的加窗谱估计也应当分别在 λ_1 和 λ_2 处有峰值 (见图 9.5.4). 下面看怎样做到这点.

例 9.5.1 图 9.5.3 是 AR(4) 序列

$$X_t = a_1 X_{t-1} + a_2 X_{t-2} + a_3 X_{t-3} + a_4 X_{t-4} + \varepsilon_t, \quad t \in \mathbb{Z} \qquad (9.5.2)$$

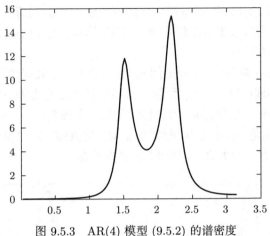

图 9.5.3　AR(4) 模型 (9.5.2) 的谱密度

的谱密度 $f(\lambda)$, 其中 $\{\varepsilon_t\}$ 是 WN$(0,4)$,

$$\boldsymbol{a} = -(0.9337,\ 1.4599,\ 0.7528,\ 0.6355)^{\mathrm{T}}.$$

特征多项式 $A(z) = 1 - a_1 z - a_2 z^2 - a_3 z^3 - a_4 z^4$ 有两对共轭根

$$z_1 = 1.115\mathrm{e}^{1.5\mathrm{i}},\ z_2 = 1.115\mathrm{e}^{-1.5\mathrm{i}},\ z_3 = 1.125\mathrm{e}^{2.21\mathrm{i}},\ z_4 = 1.125\mathrm{e}^{-2.21\mathrm{i}}.$$

$f(\lambda)$ 在 $\lambda_1 = 1.508$ 和 $\lambda_2 = 2.199$ 处分别有两个明显的峰值 $f(\lambda_1) = 11.79$ 和 $f(\lambda_2) = 15.35$. 这两个峰值和特征多项式 $A(z)$ 根的辐角相对应, 表明这个 AR(4) 序列有角频率成分 λ_1 和 λ_2.

　　以 Daniell 窗为例. Daniell 谱窗是

$$W_N(\lambda) = \begin{cases} M_N/2\pi, & |\lambda| \leqslant \pi/M_N, \\ 0, & |\lambda| > \pi/M_N, \end{cases}$$

加窗谱估计是

$$\hat{f}(\lambda) = \frac{M_N}{2\pi} \int_{\lambda - \pi/M_N}^{\lambda + \pi/M_N} I_N(s)\mathrm{d}s.$$

利用周期图的渐近无偏性 $\mathrm{E}I_N(\lambda) \to f(\lambda), N \to \infty$, 得到

$$\mathrm{E}\hat{f}(\lambda) \approx \frac{M_N}{2\pi} \int_{\lambda - \pi/M_N}^{\lambda + \pi/M_N} f(s)\mathrm{d}s.$$

于是, $\mathrm{E}\hat{f}(\lambda)$ 是谱密度 $f(\lambda)$ 在 $[\lambda-\pi/M_N, \lambda+\pi/M_N]$ 上的近似平均. 可以看出, 只有当这个区间的长度比 $\lambda_2-\lambda_1$ 小很多时, $\mathrm{E}\hat{f}(\lambda)$ 才有可能把 $f(\lambda)$ 的两个峰区分开. 于是, 只有当 $2\pi/M_N$ 比 $\lambda_2-\lambda_1$ 小很多时, 加窗谱估计 $\hat{f}(\lambda)$ 才有可能把 $f(\lambda_1)$ 和 $f(\lambda_2)$ 区分开.

可以看出, 对确定的 N, M_N 越大, $\hat{f}(\lambda)$ 区分不同峰值的能力越强, 这时我们称 $\hat{f}(\lambda)$ 的分辨率越高. 但是 M_N 也不能被取得过大, 否则加窗谱估计就接近于周期图 $I_N(\lambda)$, 并失去了加窗谱估计的相合性. 过大的 M_N 还会造成虚假峰值, 其原因仍是周期图的剧烈振动性.

为了更加方便地描述加窗谱估计的分辨率, 需要引入谱密度带宽的定义.

设谱密度 $f(\lambda)$ 连续, 在 λ_0 处有一个明显的峰值, 如果有 $\omega_1 < \omega_2$ 满足

$$f(\omega_1) = f(\omega_2) = \frac{1}{2}f(\lambda_0), \quad f(\lambda) > \frac{1}{2}f(\lambda_0), \quad 当 \lambda \in (\lambda_1, \lambda_2), \quad (9.5.3)$$

则称 $\omega_2-\omega_1$ 是 $f(\lambda)$ 在 λ_0 处的**带宽**, 记作 $B_f(\lambda_0)$. 完全类似地, 当 $f(\lambda)$ 在 λ_0 处有一个明显低谷时, 取 $\omega_1 < \omega_2$ 满足

$$f(\omega_1) = f(\omega_2) = 2f(\lambda_0), \quad f(\lambda) < 2f(\lambda_0), \quad 当 \lambda \in (\lambda_1, \lambda_2), \quad (9.5.4)$$

则称 $\omega_2-\omega_1$ 是 $f(\lambda)$ 在 λ_0 处的**带宽**, 也记作 $B_f(\lambda_0)$. 当 λ_0 靠近 $\pm\pi$ 时, 应当对 $f(\lambda)$ 做周期为 2π 的延拓.

例 9.5.1 中的谱密度 $f(\lambda)$ 在 $\lambda_0 = 1.83$ 处有一个低谷 (见图 9.5.3), 最小值 $f(\lambda_0) = 4.12$. $f(\lambda)$ 在 λ_0 处的带宽是 $B_f(\lambda_0) = 0.7$.

由于加窗谱估计的带宽由谱窗的带宽决定, 所以对于谱密度 $f(\lambda)$ 进行加窗谱估计时, 应当要求谱窗的带宽比谱密度的带宽小很多. 只有这样, 加窗谱估计才能分辨出谱密度的峰值情况, 从而得到原平稳序列 $\{X_t\}$ 的频率特性.

用 $W_N(\lambda)$ 表示谱窗, 关于谱窗的带宽有以下几种常用的定义.

(1) 半功率带宽: $B_{HP} = 2\theta_1$, 其中 θ_1 由

$$W_N(\theta_1) = \frac{1}{2}W_N(0)$$

决定. 由于谱窗在 $\lambda = 0$ 处有一个峰值, 所以半功率带宽和 (9.5.3) 式中的带宽定义是一致的.

(2) Parzen 带宽: $B_P = 1/W_N(0)$. 以 Daniell 窗为例, $B_P = 2\pi/M_N$. 这个带宽的定义有如下的解释: 对于谱窗 $W_N(\lambda)$, 以 $W_N(0)$ 为高, 在 x 轴的上部关于 y 轴对称地做一个面积等于 1 的矩形. 矩形底边长是 B_P.

(3) Jenkin 带宽. Jenkin 利用时窗 $\{\lambda_N(k)\}$ 定义的带宽如下:

$$B_J = \frac{2\pi}{\displaystyle\sum_{|k| \leqslant N-1} \lambda_N^2(k)}.$$

下面给出了常用窗的带宽比较:

谱窗	B_{HP}	B_P	B_J
Bartlett	$2\pi/M_N$	$2\pi/M_N$	$3\pi/M_N$
Daniell	$2\pi/M_N$	$2\pi/M_N$	$2\pi/M_N$
Turkey-Hamming	$2\pi/M_N$	$2\pi/M_N$	$2.52\pi/M_N$
Turkey-Hanning	$2\pi/M_N$	$2\pi/M_N$	$8\pi/(3M_N)$
Parzen	$4\pi/M_N$	$8\pi/(3M_N)$	$3.72\pi/(3M_N)$
Bartlett-Priestley	$1.41\pi/M_N$	$4\pi/(3M_N)$	$5\pi/(3M_N)$

应当注意, 尽管降低谱窗的带宽可以提高加窗谱估计的分辨率, 但这是以增加方差为代价的. 因为提高加窗谱估计的分辨率就要增加 M_N, 然而这会导致 $\text{Var}(\hat{f}(\lambda))$ 的增加.

例 9.5.2 AR(4) 模型 (9.5.2) 的谱密度 $f(\lambda)$ 在 λ_0 处有带宽 $B(\lambda_0) = 0.7$, 见图 9.5.3. 用 $N = 120$ 个观测数据计算的 Daniell 窗估计如下 (下面各图中的虚曲线是 $\hat{f}(\lambda)$, 实曲线是 $f(\lambda)$):

(1) 当 $M_N = 30$ 时, $B_P = 0.21 < 0.7$, 加窗谱估计可以很好地分辨 $f(\lambda)$ 的两个峰值, 见图 9.5.4;

(2) 当 $M_N = 20$ 时, $B_P = 0.31 < 0.7$, 加窗谱估计可以很好地分辨 $f(\lambda)$ 的两个峰值, 见图 9.5.5;

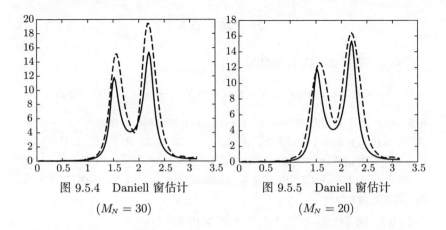

图 9.5.4　Daniell 窗估计　　　　　图 9.5.5　Daniell 窗估计

$(M_N = 30)$　　　　　　　　　　$(M_N = 20)$

(3) 当 $M_N = 14$ 时, $B_P = 0.45 < 0.7$, 用加窗谱估计还可以分辨 $f(\lambda)$ 的两个峰值, 但是结果比 $M_N = 20$ 时要差, 见图 9.5.6;

(4) 当 $M_N = 10$ 时, $B_P = 0.62$ 接近 0.7, 这时从加窗谱估计不能分辨 $f(\lambda)$ 的两个峰值, 见图 9.5.7.

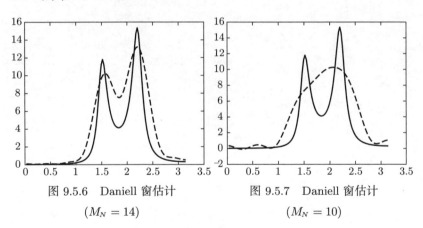

图 9.5.6　Daniell 窗估计　　　　　图 9.5.7　Daniell 窗估计

$(M_N = 14)$　　　　　　　　　　$(M_N = 10)$

习　题　9.5

9.5.1　设 ARMA$(4,1)$ 模型由

$$X_t = a_1 X_{t-1} + a_2 X_{t-2} + a_3 x_{t-3} + a_4 X_{t-4} + \varepsilon_t + b_1 \varepsilon_{t-1}, \quad t \in \mathbb{Z}$$

定义, 其中 $\{\varepsilon_t\}$ 是正态 WN$(0,4)$. $\boldsymbol{a} = (0.39,\ 0.06,\ 0.46,\ -0.60)^{\mathrm{T}}$, $b_1 = 0.76$. 利用计算机产生 200 个观测数据. 对 $M_N = 10, 15, 20, 25, 30$ 分别计算 Bartlett-Priestley 加窗谱估计, 并画出谱估计的图形.

9.5.2　对于附录 2.7 中的数据进行加窗谱估计. 画出谱估计的图形, 并列出使用的方法和参数.

9.5.3　在定理 9.5.1 中, 利用结论 (2) 证明结论 (1).

第十章　多维时间序列

在实际问题中, 一个时间序列往往和另一个时间序列相关. 在例 1.1.1 中, 北京地区洪涝灾害的受灾面积 X_t 总是伴随着成灾面积 Y_t 的增加而增加. 也就是说, 这两个时间序列具有正相关的关系. 如果把 X_t 和 Y_t 一起考虑, 就要研究向量值的时间序列

$$(X_t, Y_t)^{\mathrm{T}}, \quad t \in \mathbb{N}.$$

向量值的时间序列本身比每个分量时间序列含有更多的信息. 对向量值时间序列的研究会比对每个分量时间序列的研究得到更好的结果. 向量值的时间序列被称为多维时间序列. 限于篇幅, 本章只对多维平稳序列进行简单的介绍.

§10.1　多维平稳序列

定义 10.1.1　称 m 维随机序列 $\boldsymbol{X}_t = (X_{1t}, X_{2t}, \cdots, X_{mt})^{\mathrm{T}}, t \in \mathbb{Z}$ 是**平稳序列**, 如果对任何 $t, n \in \mathbb{Z}$,

(1) $\mathrm{E}\boldsymbol{X}_t = \boldsymbol{\mu} = (\mu_1, \mu_2, \cdots, \mu_m)^{\mathrm{T}}$ 与 t 无关,

(2) $\boldsymbol{\Gamma}(n) = \mathrm{E}[(\boldsymbol{X}_{t+n} - \boldsymbol{\mu})(\boldsymbol{X}_t - \boldsymbol{\mu})^{\mathrm{T}}]$ 与 t 无关,

则称 $\{\boldsymbol{\Gamma}(n), n \in \mathbb{Z}\}$ 为平稳序列 $\{\boldsymbol{X}_t\}$ 的**自协方差函数 (矩阵)**.

定义

$$\gamma_{jk}(n) = \mathrm{E}[(X_{j,t+n} - \mu_j)(X_{kt} - \mu_k)], \tag{10.1.1}$$

则有

$$\boldsymbol{\Gamma}(n) = \Big(\gamma_{jk}(n)\Big)_{j,k=1,2,\cdots,m}. \tag{10.1.2}$$

为了简单起见, 以后略去下标 $j, k = 1, 2, \cdots, m$, 并且规定 $0/0 = 0$.

引入自相关系数

$$\rho_{jk}(n) = \frac{\gamma_{jk}(n)}{\sqrt{\gamma_{jj}(0)\gamma_{kk}(0)}}, \tag{10.1.3}$$

称矩阵

$$\boldsymbol{R}(n) = \Big(\rho_{jk}(n)\Big) \tag{10.1.4}$$

为 $\{\boldsymbol{X}_t\}$ 的自相关系数矩阵. 由于 $\boldsymbol{R}(n)$ 是平稳序列

$$\boldsymbol{Y}_t = \left(\frac{X_{1t}}{\sqrt{\gamma_{11}(0)}}, \frac{X_{2t}}{\sqrt{\gamma_{22}(0)}}, \cdots, \frac{X_{mt}}{\sqrt{\gamma_{mm}(0)}}\right)^{\mathrm{T}}, \quad t \in \mathbb{Z}$$

的自协方差函数, 所以有与 $\boldsymbol{\Gamma}(n)$ 类似的性质. 和一维平稳序列的自协方差函数相同, 多维平稳序列的自协方差函数有下面的基本性质.

定理 10.1.1 对任何 $n \in \mathbb{Z}$,

(1) $\boldsymbol{\Gamma}(-n) = \boldsymbol{\Gamma}^{\mathrm{T}}(n)$,

(2) $|\gamma_{jk}(n)| \leqslant [\gamma_{jj}(0)\gamma_{kk}(0)]^{1/2}$,

(3) 非负定性: 对任何 m 维实向量 $\boldsymbol{\xi}_1, \boldsymbol{\xi}_2, \cdots, \boldsymbol{\xi}_n$,

$$\sum_{k=1}^{n}\sum_{j=1}^{n}\boldsymbol{\xi}_k^{\mathrm{T}}\boldsymbol{\Gamma}(k-j)\boldsymbol{\xi}_j \geqslant 0.$$

证明 (1) 由简单的推导得到

$$
\begin{aligned}
\boldsymbol{\Gamma}(-n) &= \mathrm{E}[(\boldsymbol{X}_t - \boldsymbol{\mu})(\boldsymbol{X}_{t+n} - \boldsymbol{\mu})^{\mathrm{T}}] \\
&= \big[\mathrm{E}(\boldsymbol{X}_{t+n} - \boldsymbol{\mu})(\boldsymbol{X}_t - \boldsymbol{\mu})^{\mathrm{T}}\big]^{\mathrm{T}} \\
&= \boldsymbol{\Gamma}^{\mathrm{T}}(n).
\end{aligned}
$$

(2) 用内积不等式直接得到.

(3) 记 $\boldsymbol{Y}_t = \boldsymbol{X}_t - \boldsymbol{\mu}$, 则有

$$
\begin{aligned}
\sum_{k=1}^{n}\sum_{j=1}^{n}\boldsymbol{\xi}_k^{\mathrm{T}}\boldsymbol{\Gamma}(k-j)\boldsymbol{\xi}_j &= \sum_{k=1}^{n}\sum_{j=1}^{n}\boldsymbol{\xi}_k^{\mathrm{T}}\mathrm{E}(\boldsymbol{Y}_k\boldsymbol{Y}_j^{\mathrm{T}})\boldsymbol{\xi}_j \\
&= \mathrm{E}\sum_{k=1}^{n}\sum_{j=1}^{n}(\boldsymbol{Y}_k^{\mathrm{T}}\boldsymbol{\xi}_k)(\boldsymbol{Y}_j^{\mathrm{T}}\boldsymbol{\xi}_j) = \mathrm{E}\Big(\sum_{j=1}^{n}\boldsymbol{Y}_j^{\mathrm{T}}\boldsymbol{\xi}_j\Big)^2 \geqslant 0.
\end{aligned}
$$

例 10.1.1 (m 维白噪声) 如果 m 维平稳序列 $\{\boldsymbol{X}_t\}$ 满足

$$\mathrm{E}\boldsymbol{X}_1 = \boldsymbol{\mu}, \quad \boldsymbol{\Gamma}(n) = \boldsymbol{Q}\delta_n,$$

则称 $\{\boldsymbol{X}_t\}$ 是 m 维**白噪声**, 记作 $\mathrm{WN}(\boldsymbol{\mu}, \boldsymbol{Q})$. 这时对任何 k, j, 只要 $n \neq 0$, 就有 $\mathrm{E}[(X_{kt} - \mu_k)(X_{j,t+n} - \mu_j)] = 0$. 于是 $\{\boldsymbol{X}_t\}$ 的每个分量过程 $\{X_{jt}\}, j = 1, 2, \cdots, m$ 都是白噪声. 特别当 $\boldsymbol{\Gamma}(0)$ 是对角阵时, $\{X_{jt}\}, j = 1, 2, \cdots, m$ 是 m 个互不相关的白噪声.

例 10.1.2 (m 维线性序列) 设 $\{\varepsilon_t | t \in \mathbb{Z}\}$ 是 m 维的 $\mathrm{WN}(\boldsymbol{0}, \boldsymbol{Q})$, 其中 $\boldsymbol{Q} = \mathrm{E}(\varepsilon_t \varepsilon_t^{\mathrm{T}})$. 如果 $m \times m$ 实系数矩阵列 $\{\boldsymbol{C}_j\}$ 满足 $\sum\limits_{j=-\infty}^{\infty} \boldsymbol{C}_j \boldsymbol{Q} \boldsymbol{C}_j^{\mathrm{T}} < \infty$, 则称

$$\boldsymbol{X}_t = \sum_{j=-\infty}^{\infty} \boldsymbol{C}_j \varepsilon_{t-j}, \ t \in \mathbb{Z} \tag{10.1.5}$$

为 m **维平稳线性序列**. 这时可以证明 $\{\boldsymbol{X}_t\}$ 的每个分量都是均方收敛的, 并且有

$$\mathrm{E}\boldsymbol{X}_t = \boldsymbol{0}, \quad \boldsymbol{\Gamma}(n) = \mathrm{E}(\boldsymbol{X}_{t+n}\boldsymbol{X}_t^{\mathrm{T}}) = \sum_{j=-\infty}^{\infty} \boldsymbol{C}_{j+n} \boldsymbol{Q} \boldsymbol{C}_j^{\mathrm{T}}. \tag{10.1.6}$$

例 10.1.3 (m 维 $\mathrm{MA}(q)$ 序列) 设 $\{\varepsilon_t\}$ 是 m 维的 $\mathrm{WN}(\boldsymbol{0}, \boldsymbol{Q})$. 如果 $\boldsymbol{I}_m$ 是单位阵, $\boldsymbol{B}_1, \boldsymbol{B}_2, \cdots, \boldsymbol{B}_q$ 是 $m \times m$ 实矩阵, 满足

$$\det(\boldsymbol{I}_m + \boldsymbol{B}_1 z + \boldsymbol{B}_2 z^2 + \cdots + \boldsymbol{B}_q z^q) \neq 0, \quad |z| < 1,$$

则称

$$\boldsymbol{X}_t = \varepsilon_t + \boldsymbol{B}_1 \varepsilon_{t-1} + \boldsymbol{B}_2 \varepsilon_{t-2} + \cdots + \boldsymbol{B}_q \varepsilon_{t-q}, \quad t \in \mathbb{Z} \tag{10.1.7}$$

为 m **维 $\mathrm{MA}(q)$ 序列**. 若进一步要求

$$\det(\boldsymbol{I}_m + \boldsymbol{B}_1 z + \boldsymbol{B}_2 z^2 + \cdots + \boldsymbol{B}_q z^q) \neq 0, \quad |z| \leqslant 1,$$

则称 (10.1.7) 式中的 $\{\boldsymbol{X}_t\}$ 为**可逆的 $\mathrm{MA}(q)$ 序列**.

设 $\boldsymbol{A}_1, \boldsymbol{A}_2, \cdots, \boldsymbol{A}_p, \boldsymbol{B}_1, \boldsymbol{B}_2, \cdots, \boldsymbol{B}_q$ 是 $p+q$ 个 $m \times m$ 实矩阵, 记

$$\boldsymbol{A}(z) = \boldsymbol{I}_m - \boldsymbol{A}_1 z - \boldsymbol{A}_2 z^2 - \cdots - \boldsymbol{A}_p z^p,$$
$$\boldsymbol{B}(z) = \boldsymbol{I}_m + \boldsymbol{B}_1 z + \boldsymbol{B}_2 z^2 + \cdots + \boldsymbol{B}_q z^q.$$

形如 $\boldsymbol{A}(z), \boldsymbol{B}(z)$ 的多项式被称为**矩阵系数多项式**.

如果存在 $m \times m$ 矩阵系数多项式 $\boldsymbol{C}(z)$, 使得 $\boldsymbol{A}(z) = \boldsymbol{C}(z)\boldsymbol{A}_1(z)$, $\boldsymbol{B}(z) = \boldsymbol{C}(z)\boldsymbol{B}_1(z)$ 时, 必有 $\det(\boldsymbol{C}(z)) = $ 常数, 则称 $\boldsymbol{A}(z)$ 和 $\boldsymbol{B}(z)$ 是**左互素**的.

设 $\boldsymbol{A}(z), \boldsymbol{B}(z)$ 如前定义, $\{\boldsymbol{\varepsilon}_t\}$ 是 m 维 WN$(\boldsymbol{0}, \boldsymbol{Q})$. 称 m 维平稳序列 $\{\boldsymbol{X}_t\}$ 满足 m 维平稳可逆的 ARMA(p,q) 模型, 如果对任何 $t \in \mathbb{Z}$,

$$\boldsymbol{X}_t = \sum_{j=1}^p \boldsymbol{A}_j \boldsymbol{X}_{t-j} + \boldsymbol{\varepsilon}_t + \sum_{j=1}^q \boldsymbol{B}_j \boldsymbol{\varepsilon}_{t-j}, \tag{10.1.8}$$

其中多项式 $\boldsymbol{A}(z), \boldsymbol{B}(z)$ 满足:

(1) $\boldsymbol{A}(z), \boldsymbol{B}(z)$ 左互素;

(2) $\det(\boldsymbol{A}(z)\boldsymbol{B}(z)) \neq 0, |z| \leqslant 1$.

仍用 $\mathcal{B}$ 表示时间 t 的向后推移算子, 可将 m 维 ARMA(p,q) 模型改写成

$$\boldsymbol{A}(\mathcal{B})\boldsymbol{X}_t = \boldsymbol{B}(\mathcal{B})\boldsymbol{\varepsilon}_t, \quad t \in \mathbb{Z}. \tag{10.1.9}$$

对于一维的 ARMA(p,q) 序列, 我们知道 $\{X_t\}$ 的自协方差函数 $\{\gamma_n\}$ 可以唯一决定 ARMA(p,q) 模型的所有参数, 但对于 m 维 ARMA 模型来讲, 这个结果不再成立.

在模型 (10.1.9) 中, 如果 $\det(\boldsymbol{A}(z)) = c$ 是常数, 则 $\boldsymbol{A}^{-1}(z)$ 仍然是一个矩阵系数多项式, 并且 $\det(\boldsymbol{A}^{-1}(z)) = c^{-1}$. 从 (10.1.9) 式得到

$$\boldsymbol{X}_t = \boldsymbol{A}^{-1}(\mathcal{B})\boldsymbol{B}(\mathcal{B})\boldsymbol{\varepsilon}_t = \boldsymbol{B}_1(\mathcal{B})\boldsymbol{\varepsilon}_t, \quad t \in \mathbb{Z},$$

其中 $\boldsymbol{B}_1(z) \equiv \boldsymbol{A}^{-1}(z)\boldsymbol{B}(z)$ 是矩阵系数多项式, 满足

$$\det(\boldsymbol{B}_1(z)) = c^{-1}\det(\boldsymbol{B}(z)) \neq 0, \quad |z| \leqslant 1.$$

这样, 同一个 m 维平稳序列可以满足两个或两个以上的 m 维 ARMA 模型. 于是, ARMA(p,q) 模型的参数不能由 $\{\boldsymbol{X}_t\}$ 唯一决定, 当然也不能由 $\{\boldsymbol{X}_t\}$ 的自协方差函数 $\{\boldsymbol{\Gamma}(n)\}$ 唯一决定. 这种不唯一性被称为多维 ARMA 模型的**不可识别性**, 它给多维 ARMA(p,q) 模型的参数估计的研究带来困难.

§10.2   数学期望和自协方差函数的估计

10.2.1   数学期望的估计

设 $\{\boldsymbol{X}_t\}$ 是 m 维平稳序列, $\boldsymbol{X}_1, \boldsymbol{X}_2, \cdots, \boldsymbol{X}_N$ 是观测数据. 数学期望 $\boldsymbol{\mu} = \mathrm{E}\boldsymbol{X}_t$ 的点估计定义为

$$\hat{\boldsymbol{\mu}}_N = (\hat{\mu}_1, \hat{\mu}_2, \cdots, \hat{\mu}_m)^{\mathrm{T}} = \frac{1}{N}\sum_{t=1}^N \boldsymbol{X}_t.$$

从每个分量的角度不难得到下面的定理.

定理 10.2.1   如果 $\{\boldsymbol{X}_t\}$ 的每个分量序列 $\{X_{jt} \,|\, t \in \mathbb{Z}\}$ 都是严平稳遍历序列, 则当 $N \to \infty$ 时, $\hat{\boldsymbol{\mu}}_N \to \boldsymbol{\mu}$, a.s..

定理 10.2.2   如果当 $n \to \infty$ 时, 自协方差函数 $\boldsymbol{\Gamma}(n) \to \boldsymbol{0}$, 则

$$\mathrm{E}|\hat{\boldsymbol{\mu}}_N - \boldsymbol{\mu}|^2 \to 0,$$

其中 $|\hat{\boldsymbol{\mu}}_N - \boldsymbol{\mu}|^2 = \sum_{j=1}^m (\hat{\mu}_j - \mu_j)^2$.

证明   当 $N \to \infty$ 时, 有

$$\begin{aligned}
\mathrm{E}|\hat{\boldsymbol{\mu}}_N - \boldsymbol{\mu}|^2 &= \sum_{j=1}^m \mathrm{E}(\hat{\mu}_j - \mu_j)^2 \\
&= \sum_{j=1}^m \mathrm{E}\Big(\frac{1}{N}\sum_{t=1}^N X_{jt} - \mu_j\Big)^2 \\
&= \sum_{j=1}^m \frac{1}{N^2}\mathrm{E}\Big[\sum_{t=1}^N (X_{jt} - \mu_j)\Big]^2
\end{aligned}$$

$$= \sum_{j=1}^{m} \frac{1}{N^2} \sum_{l=1}^{N} \sum_{k=1}^{N} \gamma_{jj}(l-k)$$

$$= \sum_{j=1}^{m} \frac{1}{N^2} \sum_{k=1-N}^{N-1} (N-|k|)\gamma_{jj}(k)$$

$$\leqslant \sum_{j=1}^{m} \frac{1}{N} \sum_{k=1-N}^{N-1} |\gamma_{jj}(k)| \to 0.$$

定理 10.2.3 如果 $\sum_{k=0}^{\infty} |\gamma_{jj}(k)| < \infty$, $j = 1, 2, \cdots, m$, 则当 $N \to \infty$ 时,

$$N\mathrm{E}|\hat{\boldsymbol{\mu}}_N - \boldsymbol{\mu}|^2 \to \sum_{j=1}^{m} \sum_{k=-\infty}^{\infty} \gamma_{jj}(k).$$

证明 按定理 10.2.2 的证明, 当 $N \to \infty$ 时, 有

$$N\mathrm{E}|\hat{\boldsymbol{\mu}}_N - \boldsymbol{\mu}|^2 = \sum_{j=1}^{m} \frac{1}{N} \sum_{k=1-N}^{N-1} (N-|k|)\gamma_{jj}(k)$$

$$= \sum_{j=1}^{m} \sum_{k=1-N}^{N-1} \gamma_{jj}(k) - \sum_{j=1}^{m} \frac{1}{N} \sum_{k=1-N}^{N-1} |k|\gamma_{jj}(k)$$

$$\to \sum_{j=1}^{m} \sum_{k=-\infty}^{\infty} \gamma_{jj}(k).$$

关于 $\hat{\boldsymbol{\mu}}_N$ 的渐近分布我们介绍下面的定理 (见文献 [15]).

定理 10.2.4 设 $\{\boldsymbol{\varepsilon}_t\}$ 是 m 维独立同分布的 $\mathrm{WN}(\boldsymbol{\mu}, \boldsymbol{Q})$, $m \times m$ 矩阵 $\boldsymbol{C}_n = (c_{jk}(n))$ 的每个元素 $c_{jk}(n), j, k = 1, 2, \cdots, m$ 关于 $n \in \mathbb{Z}$ 绝对可和, 平稳序列 $\{\boldsymbol{X}_t\}$ 由 (10.1.5) 式定义, 如果

$$\boldsymbol{\Sigma} = \Big(\sum_{j=-\infty}^{\infty} \boldsymbol{C}_j \Big) \boldsymbol{Q} \Big(\sum_{j=-\infty}^{\infty} \boldsymbol{C}_j^{\mathrm{T}} \Big) \neq \boldsymbol{0},$$

则 $\sqrt{N}(\hat{\boldsymbol{\mu}}_N - \boldsymbol{\mu})$ 依分布收敛到 $N(\boldsymbol{0}, \boldsymbol{\Sigma})$.

10.2.2 自协方差函数的估计

设 $\{\boldsymbol{X}_t\}$ 是 m 维平稳序列. 给定观测值 $\boldsymbol{X}_1, \boldsymbol{X}_2, \cdots, \boldsymbol{X}_N$, $\boldsymbol{\Gamma}(n)$ 的估计由

$$
\begin{cases}
\hat{\boldsymbol{\Gamma}}(n) = \dfrac{1}{N} \displaystyle\sum_{t=1}^{N-n} (\boldsymbol{X}_{t+n} - \hat{\boldsymbol{\mu}}_N)(\boldsymbol{X}_t - \hat{\boldsymbol{\mu}}_N)^{\mathrm{T}}, & 0 \leqslant n \leqslant N-1, \\[2mm]
\hat{\boldsymbol{\Gamma}}(-n) = \hat{\boldsymbol{\Gamma}}^{\mathrm{T}}(n), & 1 \leqslant n \leqslant N-1
\end{cases}
$$

定义. 这个估计量是一维情况的推广, 也具有良好的统计性质. 如果用 $\hat{\gamma}_{jk}(n)$ 表示 $\hat{\boldsymbol{\Gamma}}(n)$ 的 (j,k) 元素, 则相关系数 $\rho_{jk}(n)$ 的估计是

$$
\hat{\rho}_{jk}(n) = \frac{\hat{\gamma}_{jk}(n)}{\sqrt{\hat{\gamma}_{jj}(0)\hat{\gamma}_{kk}(0)}}, \tag{10.2.1}
$$

自相关系数矩阵的估计是

$$
\hat{\boldsymbol{R}}(n) = \big(\hat{\rho}_{jk}(n)\big). \tag{10.2.2}
$$

利用严平稳序列的遍历定理可以证明下面的结论.

定理 10.2.5 在定理 10.2.4 的条件下, 对每个确定的 n, 当 $N \to \infty$ 时,

$$
\hat{\boldsymbol{\Gamma}}(n) \to \boldsymbol{\Gamma}(n), \quad \text{a.s.}, \quad \hat{\boldsymbol{R}}(n) \to \boldsymbol{R}(n), \quad \text{a.s.},
$$

其中的 $\boldsymbol{\Gamma}(n)$ 由 (10.1.6) 式给出.

关于 $\hat{\boldsymbol{R}}(n)$ 的渐近分布, 只介绍下面的定理 (见文献 [15]).

定理 10.2.6 设 $\{Z_{1t}\}$ 和 $\{Z_{2t}\}$ 都是一维独立同分布的零均值白噪声, $\{a_j\}$ 和 $\{b_j\}$ 是绝对可和的实数列,

$$
X_{1t} = \sum_{j=-\infty}^{\infty} a_j Z_{1,t-j}, \quad X_{2t} = \sum_{j=-\infty}^{\infty} b_j Z_{2,t-j}, \quad t \in \mathbb{N}_+,
$$

$\hat{\rho}_{jk}(n)$ 由 (10.2.1) 式定义. 如果 $\{Z_{1t}\}$ 和 $\{Z_{2t}\}$ 相互独立, 则有

(1) 对 $k \geqslant 0$, 当 $N \to \infty$ 时, $\sqrt{N}\hat{\rho}_{12}(k)$ 依分布收敛到 $N(0, \sigma_{11}^2)$,

(2) 对 $h, k \geqslant 0$ 且 $h \neq k$, $\sqrt{N}(\hat{\rho}_{12}(h), \hat{\rho}_{12}(k))^{\mathrm{T}}$ 依分布收敛到 $N(\mathbf{0}, \boldsymbol{\Sigma})$, 这里 $\boldsymbol{\Sigma} = (\sigma_{ij}^2)_{2 \times 2}$, 其中

$$\sigma_{11}^2 = \sum_{j=-\infty}^{\infty} \rho_{11}(j) \rho_{22}(j),$$

$$\sigma_{12}^2 = \sum_{j=-\infty}^{\infty} \rho_{11}(j) \rho_{22}(j + k - h).$$

§10.3　多维 AR 序列

定义 10.3.1　设 $\{\boldsymbol{\varepsilon}_t\}$ 是 m 维 $\mathrm{WN}(\mathbf{0}, \boldsymbol{Q})$, $\boldsymbol{A}_1, \boldsymbol{A}_2, \cdots, \boldsymbol{A}_p$ 是 $m \times m$ 实矩阵, 使得

$$\det\left(\boldsymbol{I}_m - \sum_{j=1}^{p} \boldsymbol{A}_j z^j\right) \neq 0, \quad |z| \leqslant 1, \tag{10.3.1}$$

则称

$$\boldsymbol{X}_t = \sum_{j=1}^{p} \boldsymbol{A}_j \boldsymbol{X}_{t-j} + \boldsymbol{\varepsilon}_t, \quad t \in \mathbb{Z} \tag{10.3.2}$$

为 m **维 AR**(p) **模型**. 如果平稳序列 $\{\boldsymbol{X}_t\}$ 满足 m 维 AR(p) 模型, 则称 $\{\boldsymbol{X}_t\}$ 是 m **维 AR**(p) **序列**.

利用时间 t 的向后推移算子 $\mathcal{B}$ 和矩阵系数多项式

$$\boldsymbol{A}(z) = \boldsymbol{I}_m - \sum_{j=1}^{p} \boldsymbol{A}_j z^j,$$

可以将模型 (10.3.2) 写成

$$\boldsymbol{A}(\mathcal{B}) \boldsymbol{X}_t = \boldsymbol{\varepsilon}_t, \quad t \in \mathbb{Z}. \tag{10.3.3}$$

利用 $\boldsymbol{A}(z)$ 的伴随矩阵表示 $\boldsymbol{A}^{-1}(z)$ 后, 知道 $\boldsymbol{A}^{-1}(z)$ 的每个元素有 Taylor 展式, 于是 $\boldsymbol{A}^{-1}(z)$ 有 Taylor 展式

$$\boldsymbol{A}^{-1}(z) = \sum_{j=0}^{\infty} \boldsymbol{C}_j z^j, \quad |z| \leqslant 1. \tag{10.3.4}$$

在 (10.3.3) 式两边同乘 $\boldsymbol{A}^{-1}(\mathcal{B})$ 后得到模型 (10.3.2) 的平稳解

$$
\begin{aligned}
\boldsymbol{X}_t &= \boldsymbol{A}^{-1}(\mathcal{B})\boldsymbol{\varepsilon}_t \\
&= \sum_{j=0}^{\infty} \boldsymbol{C}_j \mathcal{B}^j \boldsymbol{\varepsilon}_t = \sum_{j=0}^{\infty} \boldsymbol{C}_j \boldsymbol{\varepsilon}_{t-j}, \quad t \in \mathbb{Z}.
\end{aligned} \tag{10.3.5}
$$

设 $\boldsymbol{C}_n = (c_{jk}(n))$ 时, 对任何 $j, k = 1, 2, \cdots, m$, 当 $n \to \infty$ 时, $c_{jk}(n)$ 以负指数阶收敛到 0. 所以由 (10.3.5) 式定义的时间序列是平稳序列, 并且是模型 (10.3.2) 的唯一平稳解.

例 10.3.1 设一维平稳序列 $\{X_t\}$ 满足 AR(p) 模型

$$
X_t = \sum_{j=1}^{p} a_j X_{t-j} + \varepsilon_t, \quad t \in \mathbb{Z}, \{\varepsilon_t\} \text{ 是 WN}(0, \sigma^2). \tag{10.3.6}
$$

取

$$
\boldsymbol{X}_t = (X_t, X_{t-1}, \cdots, X_{t-p+1})^{\mathrm{T}}, \quad \boldsymbol{\varepsilon}_t = (\varepsilon_t, 0, \cdots, 0)^{\mathrm{T}},
$$

$$
\boldsymbol{A} = \begin{pmatrix}
a_1 & a_2 & \cdots & a_{p-1} & a_p \\
1 & 0 & \cdots & 0 & 0 \\
0 & 1 & \cdots & 0 & 0 \\
\vdots & \vdots & & \vdots & \vdots \\
0 & 0 & \cdots & 1 & 0
\end{pmatrix},
$$

可以将模型 (10.3.6) 写成

$$
\boldsymbol{X}_t = \boldsymbol{A}\boldsymbol{X}_{t-1} + \boldsymbol{\varepsilon}_t, \quad t \in \mathbb{Z}. \tag{10.3.7}
$$

这是一个 p 维的 AR(1) 模型, 满足

$$
\begin{aligned}
\det(\boldsymbol{I}_p - \boldsymbol{A}z) &= \det \begin{pmatrix}
1 - a_1 z & -a_2 z & \cdots & -a_{p-1}z & -a_p z \\
-z & 1 & \cdots & 0 & 0 \\
0 & -z & \cdots & 0 & 0 \\
\vdots & \vdots & & \vdots & \vdots \\
0 & 0 & \cdots & -z & 1
\end{pmatrix} \\
&= 1 - a_1 z - a_2 z^2 - \cdots - a_p z^p \neq 0, \quad |z| \leqslant 1.
\end{aligned}
$$

上述计算是将第 j 列乘以 $z^{j-1}, 2 \leqslant j \leqslant p$, 再加到第一列完成的.

10.3.1 AR 序列的自协方差函数

设 m 维 AR(p) 序列 $\{\boldsymbol{X}_t\}$ 由 (10.3.5) 式决定, 则对 $n \geqslant 1$, 有

$$\mathrm{E}(\boldsymbol{X}_t \boldsymbol{\varepsilon}_{t+n}^{\mathrm{T}}) = \boldsymbol{0},$$

所以多维 AR(p) 序列也有合理性: t 和 t 以前的随机现象不受 t 以后的随机干扰的影响. 这样对 $n \geqslant 1$, 有

$$\begin{aligned}
\boldsymbol{\Gamma}(n) &= \mathrm{E}(\boldsymbol{X}_{t+n} \boldsymbol{X}_t^{\mathrm{T}}) \\
&= \mathrm{E}\Big[\Big(\sum_{j=1}^{p} \boldsymbol{A}_j \boldsymbol{X}_{t+n-j} + \boldsymbol{\varepsilon}_{t+n}\Big) \boldsymbol{X}_t^{\mathrm{T}}\Big] \\
&= \sum_{j=1}^{p} \boldsymbol{A}_j \boldsymbol{\Gamma}(n-j) + \mathrm{E}(\boldsymbol{\varepsilon}_{t+n} \boldsymbol{X}_t^{\mathrm{T}}) \\
&= \sum_{j=1}^{p} \boldsymbol{A}_j \boldsymbol{\Gamma}(n-j). \tag{10.3.8}
\end{aligned}$$

于是有

$$\boldsymbol{A}(\mathcal{B}) \boldsymbol{\Gamma}(t) = \boldsymbol{0}, \quad t \geqslant 1. \tag{10.3.9}$$

因为

$$\mathrm{E}(\boldsymbol{\varepsilon}_t \boldsymbol{X}_t^{\mathrm{T}}) = \mathrm{E}\Big(\sum_{j=0}^{\infty} \boldsymbol{\varepsilon}_t \boldsymbol{\varepsilon}_{t-j}^{\mathrm{T}} \boldsymbol{C}_j^{\mathrm{T}}\Big) = \boldsymbol{Q} \boldsymbol{C}_0^{\mathrm{T}} = \boldsymbol{Q},$$

所有由 (10.3.8) 式又得到

$$\boldsymbol{A}(\mathcal{B}) \boldsymbol{\Gamma}(t)\big|_{t=0} = \boldsymbol{Q}. \tag{10.3.10}$$

总结 (10.3.9) 式和 (10.3.10) 式我们得到 $\boldsymbol{\Gamma}(n)$ 满足的 Yule-Walker 方程:

$$\begin{cases}
\boldsymbol{\Gamma}(0) = \displaystyle\sum_{j=1}^{p} \boldsymbol{A}_j \boldsymbol{\Gamma}(-j) + \boldsymbol{Q}, \\
\boldsymbol{\Gamma}(n) = \displaystyle\sum_{j=1}^{p} \boldsymbol{A}_j \boldsymbol{\Gamma}(n-j), \quad n \geqslant 1.
\end{cases} \tag{10.3.11}$$

把 Yule-Walker 方程 (10.3.11) 的第二式写成矩阵的形式, 得到

$$
\begin{pmatrix} \boldsymbol{\varGamma}^{\mathrm{T}}(1) \\ \boldsymbol{\varGamma}^{\mathrm{T}}(2) \\ \vdots \\ \boldsymbol{\varGamma}^{\mathrm{T}}(p) \end{pmatrix} = \begin{pmatrix} \boldsymbol{\varGamma}(0) & \boldsymbol{\varGamma}(1) & \cdots & \boldsymbol{\varGamma}(p-1) \\ \boldsymbol{\varGamma}(-1) & \boldsymbol{\varGamma}(0) & \cdots & \boldsymbol{\varGamma}(p-2) \\ \vdots & \vdots & & \vdots \\ \boldsymbol{\varGamma}(-p+1) & \boldsymbol{\varGamma}(-p+2) & \cdots & \boldsymbol{\varGamma}(0) \end{pmatrix} \begin{pmatrix} \boldsymbol{A}_1^{\mathrm{T}} \\ \boldsymbol{A}_2^{\mathrm{T}} \\ \vdots \\ \boldsymbol{A}_p^{\mathrm{T}} \end{pmatrix}.
$$
(10.3.12)

(10.3.12) 式的系数矩阵是向量

$$(\boldsymbol{X}_p^{\mathrm{T}}, \boldsymbol{X}_{p-1}^{\mathrm{T}}, \cdots, \boldsymbol{X}_1^{\mathrm{T}})^{\mathrm{T}}$$

的协方差矩阵, 如果它是正定的, 则 $\boldsymbol{A}_1, \boldsymbol{A}_2, \cdots, \boldsymbol{A}_p$ 和 $\boldsymbol{Q}$ 可以由

$$\boldsymbol{\varGamma}(0), \boldsymbol{\varGamma}(1), \cdots, \boldsymbol{\varGamma}(p)$$

唯一决定.

和一维的情况相同, 对于任何 m 维平稳序列 $\{\boldsymbol{X}_t\}$, 当

$$(\boldsymbol{X}_{p+1}^{\mathrm{T}}, \boldsymbol{X}_p^{\mathrm{T}}, \cdots, \boldsymbol{X}_1^{\mathrm{T}})^{\mathrm{T}}$$

的协方差矩阵正定时, 则由方程 (10.3.12) 唯一解出的 $\boldsymbol{A}_1, \boldsymbol{A}_2, \cdots, \boldsymbol{A}_p$ 满足条件 (10.3.1). 证明可参见附录 1.1 或文献 [15].

10.3.2 AR 序列的 Yule-Walker 估计

在 Yule-Walker 方程 (10.3.11) 中, 将 $\boldsymbol{\varGamma}(n)$ 用样本自协方差函数 $\hat{\boldsymbol{\varGamma}}(n)$ 代替就得到样本 Yule-Walker 方程. 解样本 Yule-Walker 方程得到 Yule-Walker 估计:

$$(\hat{\boldsymbol{A}}_1, \hat{\boldsymbol{A}}_2, \cdots, \hat{\boldsymbol{A}}_p, \hat{\boldsymbol{Q}}).$$

解样本 Yule-Walker 方程也可用类似一维时的 Levinson 递推公式 (见文献 [9]).

可以证明, 只要

$$\begin{pmatrix} \hat{\boldsymbol{\Gamma}}(0) & \hat{\boldsymbol{\Gamma}}(1) & \cdots & \hat{\boldsymbol{\Gamma}}(p) \\ \hat{\boldsymbol{\Gamma}}(-1) & \hat{\boldsymbol{\Gamma}}(0) & \cdots & \hat{\boldsymbol{\Gamma}}(p-1) \\ \vdots & \vdots & & \vdots \\ \hat{\boldsymbol{\Gamma}}(-p) & \hat{\boldsymbol{\Gamma}}(-p+1) & \cdots & \hat{\boldsymbol{\Gamma}}(0) \end{pmatrix}$$

正定, 则 Yule-Walker 估计满足条件 (10.3.1).

10.3.3　AR 序列的最小二乘估计

假设给定的观测值 $\boldsymbol{X}_1, \boldsymbol{X}_2, \cdots, \boldsymbol{X}_N$ 满足模型 (10.3.2), 则有

$$\boldsymbol{X}_t^{\mathrm{T}} = \sum_{j=1}^{p} \boldsymbol{X}_{t-j}^{\mathrm{T}} \boldsymbol{A}_j^{\mathrm{T}} + \boldsymbol{\varepsilon}_t^{\mathrm{T}}, \quad t = p+1, p+2, \cdots, N. \tag{10.3.13}$$

引入 $(n-p) \times mp$ 矩阵

$$\boldsymbol{X}_n = \begin{pmatrix} \boldsymbol{X}_p^{\mathrm{T}} & \boldsymbol{X}_{p-1}^{\mathrm{T}} & \cdots & \boldsymbol{X}_1^{\mathrm{T}} \\ \boldsymbol{X}_{p+1}^{\mathrm{T}} & \boldsymbol{X}_p^{\mathrm{T}} & \cdots & \boldsymbol{X}_2^{\mathrm{T}} \\ \vdots & \vdots & & \vdots \\ \boldsymbol{X}_{n-1}^{\mathrm{T}} & \boldsymbol{X}_{n-2}^{\mathrm{T}} & \cdots & \boldsymbol{X}_{n-p}^{\mathrm{T}} \end{pmatrix}$$

和矩阵

$$\boldsymbol{Y}_n = \begin{pmatrix} \boldsymbol{X}_{p+1}^{\mathrm{T}} \\ \boldsymbol{X}_{p+2}^{\mathrm{T}} \\ \vdots \\ \boldsymbol{X}_n^{\mathrm{T}} \end{pmatrix}, \quad \boldsymbol{E}_n = \begin{pmatrix} \boldsymbol{\varepsilon}_{p+1}^{\mathrm{T}} \\ \boldsymbol{\varepsilon}_{p+2}^{\mathrm{T}} \\ \vdots \\ \boldsymbol{\varepsilon}_n^{\mathrm{T}} \end{pmatrix}, \quad \boldsymbol{A} = \begin{pmatrix} \boldsymbol{A}_1^{\mathrm{T}} \\ \boldsymbol{A}_2^{\mathrm{T}} \\ \vdots \\ \boldsymbol{A}_p^{\mathrm{T}} \end{pmatrix},$$

可以把 (10.3.13) 式写成

$$\boldsymbol{Y}_n = \boldsymbol{X}_n \boldsymbol{A} + \boldsymbol{E}_n.$$

这时求 $\boldsymbol{A}_1, \boldsymbol{A}_2, \cdots, \boldsymbol{A}_p$ 的最小二乘估计 $\hat{\boldsymbol{A}}$, 就是要求 $\hat{\boldsymbol{A}}$ 使得

$$S(\boldsymbol{A}) = (\boldsymbol{Y}_n - \boldsymbol{X}_n \boldsymbol{A})^{\mathrm{T}} (\boldsymbol{Y}_n - \boldsymbol{X}_n \boldsymbol{A})$$

达到最小. 这里对两个对称矩阵 $\boldsymbol{A}$ 和 $\boldsymbol{B}$, 当且仅当 $\boldsymbol{A} - \boldsymbol{B}$ 非负定和非 0 时称 $\boldsymbol{A}$ 大于 $\boldsymbol{B}$. 从最小二乘的思想知道 $\hat{\boldsymbol{A}}$ 应当满足

$$\boldsymbol{X}_n^{\mathrm{T}}(\boldsymbol{Y}_n - \boldsymbol{X}_n\hat{\boldsymbol{A}}) = 0.$$

所以 $\hat{\boldsymbol{A}}$ 由 $(\boldsymbol{X}_n^{\mathrm{T}}\boldsymbol{X}_n)\hat{\boldsymbol{A}} = \boldsymbol{X}_n^{\mathrm{T}}\boldsymbol{Y}_n$ 决定. 特别当 $\boldsymbol{X}_n^{\mathrm{T}}\boldsymbol{X}_n$ 可逆时, 有

$$\hat{\boldsymbol{A}} = (\boldsymbol{X}_n^{\mathrm{T}}\boldsymbol{X}_n)^{-1}\boldsymbol{X}_n^{\mathrm{T}}\boldsymbol{Y}_n.$$

实际上这时对任何和 $\hat{\boldsymbol{A}}$ 同阶的 $\boldsymbol{B}$, 有

$$(\boldsymbol{Y}_n - \boldsymbol{X}_n\boldsymbol{B})^{\mathrm{T}}(\boldsymbol{Y}_n - \boldsymbol{X}_n\boldsymbol{B})$$
$$= (\boldsymbol{Y}_n - \boldsymbol{X}_n\hat{\boldsymbol{A}} + \boldsymbol{X}_n\hat{\boldsymbol{A}} - \boldsymbol{X}_n\boldsymbol{B})^{\mathrm{T}}(\boldsymbol{Y}_n - \boldsymbol{X}_n\hat{\boldsymbol{A}} + \boldsymbol{X}_n\hat{\boldsymbol{A}} - \boldsymbol{X}_n\boldsymbol{B})$$
$$= (\boldsymbol{Y}_n - \boldsymbol{X}_n\hat{\boldsymbol{A}})^{\mathrm{T}}(\boldsymbol{Y}_n - \boldsymbol{X}_n\hat{\boldsymbol{A}}) + [\boldsymbol{X}_n(\hat{\boldsymbol{A}} - \boldsymbol{B})]^{\mathrm{T}}[\boldsymbol{X}_n(\hat{\boldsymbol{A}} - \boldsymbol{B})]$$
$$\geqslant (\boldsymbol{Y}_n - \boldsymbol{X}_n\hat{\boldsymbol{A}})^{\mathrm{T}}(\boldsymbol{Y}_n - \boldsymbol{X}_n\hat{\boldsymbol{A}}).$$

10.3.4 AR 序列的预测

我们先证明任何一个 m 维 AR(p) 模型可以写成一个 mp 维的 AR(1) 模型. 在 AR(p) 模型

$$\boldsymbol{X}_t = \sum_{j=1}^{p} \boldsymbol{A}_j\boldsymbol{X}_{t-j} + \boldsymbol{\varepsilon}_t, \quad t \in \mathbb{Z} \tag{10.3.14}$$

中, 取

$$\boldsymbol{Y}_t = \begin{pmatrix} \boldsymbol{X}_t \\ \boldsymbol{X}_{t-1} \\ \vdots \\ \boldsymbol{X}_{t-p+1} \end{pmatrix}, \quad \boldsymbol{\eta}_t = \begin{pmatrix} \boldsymbol{\varepsilon}_t \\ 0 \\ \vdots \\ 0 \end{pmatrix},$$

$$\boldsymbol{A} = \begin{pmatrix} \boldsymbol{A}_1 & \boldsymbol{A}_2 & \cdots & \boldsymbol{A}_{p-1} & \boldsymbol{A}_p \\ \boldsymbol{I}_m & 0 & \cdots & 0 & 0 \\ 0 & \boldsymbol{I}_m & \cdots & 0 & 0 \\ \vdots & \vdots & & \vdots & \vdots \\ 0 & 0 & \cdots & \boldsymbol{I}_m & 0 \end{pmatrix},$$

可以将模型 (10.3.14) 改写成

$$\boldsymbol{Y}_t = \boldsymbol{A}\boldsymbol{Y}_{t-1} + \boldsymbol{\eta}_t, \quad t \in \mathbb{Z},$$

其中 $\boldsymbol{\eta}_t$ 为一个 mp 维的零均值白噪声. 这是 mp 维 AR(1) 模型的系数矩阵 $\boldsymbol{A}$ 满足

$$\det(\boldsymbol{I}_{mp} - \boldsymbol{A}z) = \det \begin{pmatrix} \boldsymbol{I}_p - \boldsymbol{A}_1 z & -\boldsymbol{A}_2 z & \cdots & -\boldsymbol{A}_{p-1} z & -\boldsymbol{A}_p z \\ -\boldsymbol{I}_p z & \boldsymbol{I}_p & \cdots & \boldsymbol{0} & \boldsymbol{0} \\ \vdots & \vdots & & \vdots & \vdots \\ \boldsymbol{0} & \boldsymbol{0} & \cdots & -\boldsymbol{I}_p z & \boldsymbol{I}_p \end{pmatrix}$$

$$= \det(\boldsymbol{I}_p - \boldsymbol{A}_1 z - \boldsymbol{A}_2 z^2 - \cdots - \boldsymbol{A}_p z^p) \neq 0, \quad |z| \leqslant 1. \tag{10.3.15}$$

由此知道只需要研究 AR(1) 序列的预测问题. 对随机向量 $\boldsymbol{Y} = (Y_1, Y_2, \cdots, Y_m)^{\mathrm{T}}$ 定义

$$L(\boldsymbol{Y}|\boldsymbol{Z}) = \big(L(Y_1|\boldsymbol{Z}), L(Y_2|\boldsymbol{Z}), \cdots, L(Y_m|\boldsymbol{Z}) \big)^{\mathrm{T}},$$

这里 $L(Y_k|\boldsymbol{Z})$ 是用 $\boldsymbol{Z}$ 对 Y_k 的最佳线性预测.

设 $\{\boldsymbol{X}_t\}$ 为 m 维 AR(1) 序列, 满足 $\boldsymbol{X}_t = \boldsymbol{A}\boldsymbol{X}_{t-1} + \boldsymbol{\varepsilon}_t$. 考虑用 $\boldsymbol{X}_1, \boldsymbol{X}_2, \cdots, \boldsymbol{X}_n$ 对 $\boldsymbol{X}_{n+k}$ 进行最佳线性预测. 首先利用 AR(p) 序列的合理性得到

$$\begin{aligned} & L(\boldsymbol{X}_{n+1}|\boldsymbol{X}_1, \boldsymbol{X}_2, \cdots, \boldsymbol{X}_n) \\ &= L(\boldsymbol{A}\boldsymbol{X}_n + \boldsymbol{\varepsilon}_{n+1}|\boldsymbol{X}_1, \boldsymbol{X}_2, \cdots, \boldsymbol{X}_n) \\ &= L(\boldsymbol{A}\boldsymbol{X}_n|\boldsymbol{X}_1, \boldsymbol{X}_2, \cdots, \boldsymbol{X}_n) = \boldsymbol{A}\boldsymbol{X}_n, \quad n \in \mathbb{N}_+. \end{aligned}$$

于是对 $k \geqslant 1$, 有

$$\begin{aligned} & L(\boldsymbol{X}_{n+k}|\boldsymbol{X}_1, \boldsymbol{X}_2, \cdots, \boldsymbol{X}_n) \\ &= L(\boldsymbol{A}\boldsymbol{X}_{n+k-1} + \boldsymbol{\varepsilon}_{n+k}|\boldsymbol{X}_1, \boldsymbol{X}_2, \cdots, \boldsymbol{X}_n) \\ &= L(\boldsymbol{A}\boldsymbol{X}_{n+k-1}|\boldsymbol{X}_1, \boldsymbol{X}_2, \cdots, \boldsymbol{X}_n) \\ &= \boldsymbol{A}L(\boldsymbol{X}_{n+k-1}|\boldsymbol{X}_1, \boldsymbol{X}_2, \cdots, \boldsymbol{X}_n) \\ &= \cdots = \boldsymbol{A}^k \boldsymbol{X}_n. \end{aligned}$$

最后得到对 $n, k \geqslant 1$, 有

$$L(\boldsymbol{X}_{n+k} | \boldsymbol{X}_1, \boldsymbol{X}_2, \cdots, \boldsymbol{X}_n) = L(\boldsymbol{X}_{n+k} | \boldsymbol{X}_n) = \boldsymbol{A}^k \boldsymbol{X}_n.$$

§10.4 多维平稳序列的谱分析

10.4.1 多维平稳序列的谱函数

设 $\{\boldsymbol{X}_t = (X_{1t}, X_{2t})^{\mathrm{T}} \mid t \in \mathbb{Z}\}$ 是二维零均值平稳序列. 对复数 z 定义

$$Y_t = X_{1t} + z X_{2t}, \quad t \in \mathbb{Z}.$$

由于 $\mathrm{E} Y_t = 0$,

$$\begin{aligned}
\gamma_z(k) &\stackrel{\text{def}}{=\!=} \mathrm{E}(Y_{t+k} \overline{Y}_t) \\
&= \mathrm{E}[(X_{1,t+k} + z X_{2,t+k})(X_{1t} + \overline{z} X_{2t})] \\
&= \gamma_{11}(k) + z \gamma_{21}(k) + \overline{z} \gamma_{12}(k) + |z|^2 \gamma_{22}(k)
\end{aligned}$$

与 t 无关, 所以 $\{Y_t\}$ 是一个复值平稳序列. 设 $\{Y_t\}$ 有谱函数 F_z, 则对 $n \in \mathbb{Z}$, 有

$$\gamma_z(n) = \int_{-\pi}^{\pi} \mathrm{e}^{\mathrm{i}n\lambda} \, \mathrm{d}F_z(\lambda), \quad F_z(-\pi) = 0.$$

分别取 $z = \pm 1, \pm \mathrm{i}$ 时, 得到

$$\gamma_1(n) = \gamma_{11}(n) + \gamma_{21}(n) + \gamma_{12}(n) + \gamma_{22}(n), \text{设其谱函数为 } F_1(\lambda),$$
$$\gamma_{-1}(n) = \gamma_{11}(n) - \gamma_{21}(n) - \gamma_{12}(n) + \gamma_{22}(n), \text{设其谱函数为 } F_{-1}(\lambda),$$
$$\gamma_{\mathrm{i}}(n) = \gamma_{11}(n) + \mathrm{i}\gamma_{21}(n) - \mathrm{i}\gamma_{12}(n) + \gamma_{22}(n), \text{设其谱函数为 } F_{\mathrm{i}}(\lambda),$$
$$\gamma_{-\mathrm{i}}(n) = \gamma_{11}(n) - \mathrm{i}\gamma_{21}(n) + \mathrm{i}\gamma_{12}(n) + \gamma_{22}(n), \text{设其谱函数为 } F_{-\mathrm{i}}(\lambda).$$

从上面四个等式解出

$$\gamma_{12}(n) = [\gamma_1(n) - \gamma_{-1}(n) + \mathrm{i}\gamma_{\mathrm{i}}(n) - \mathrm{i}\gamma_{-\mathrm{i}}(n)]/4,$$
$$\gamma_{21}(n) = [\gamma_1(n) - \gamma_{-1}(n) - \mathrm{i}\gamma_{\mathrm{i}}(n) + \mathrm{i}\gamma_{-\mathrm{i}}(n)]/4.$$

现在用 $F_{11}(\lambda)$ 和 $F_{22}(\lambda)$ 分解表示 $\{X_{1t}\}$ 和 $\{X_{2t}\}$ 的谱函数. 引入

$$F_{12}(\lambda) = [F_1(\lambda) - F_{-1}(\lambda) + \mathrm{i}F_{\mathrm{i}}(\lambda) - \mathrm{i}F_{-\mathrm{i}}(\lambda)]/4,$$
$$F_{21}(\lambda) = [F_1(\lambda) - F_{-1}(\lambda) - \mathrm{i}F_{\mathrm{i}}(\lambda) + \mathrm{i}F_{-\mathrm{i}}(\lambda)]/4.$$

由于 $F_1, F_{-1}, F_{\mathrm{i}}, F_{-\mathrm{i}}$ 都是谱函数, 所以有 $F_{21}(\lambda) = \overline{F}_{12}(\lambda)$, 并且

$$\gamma_{11}(n) = \int_{-\pi}^{\pi} \mathrm{e}^{\mathrm{i}n\lambda}\mathrm{d}F_{11}(\lambda), \quad \gamma_{12}(n) = \int_{-\pi}^{\pi} \mathrm{e}^{\mathrm{i}n\lambda}\mathrm{d}F_{12}(\lambda),$$
$$\gamma_{21}(n) = \int_{-\pi}^{\pi} \mathrm{e}^{\mathrm{i}n\lambda}\mathrm{d}F_{21}(\lambda), \quad \gamma_{22}(n) = \int_{-\pi}^{\pi} \mathrm{e}^{\mathrm{i}n\lambda}\mathrm{d}F_{22}(\lambda).$$

引入矩阵函数

$$\boldsymbol{F}(\lambda) = \begin{pmatrix} F_{11}(\lambda) & F_{12}(\lambda) \\ F_{21}(\lambda) & F_{22}(\lambda) \end{pmatrix}, \quad \lambda \in [-\pi, \pi], \tag{10.4.1}$$

则有

$$\boldsymbol{\Gamma}(n) = \mathrm{E}(\boldsymbol{X}_{t+n}\boldsymbol{X}_t^{\mathrm{T}}) = \int_{-\pi}^{\pi} \mathrm{e}^{\mathrm{i}n\lambda}\,\mathrm{d}\boldsymbol{F}(\lambda)$$
$$\stackrel{\text{def}}{=\!=} \begin{pmatrix} \displaystyle\int_{-\pi}^{\pi} \mathrm{e}^{\mathrm{i}n\lambda}\,\mathrm{d}F_{11}(\lambda) & \displaystyle\int_{-\pi}^{\pi} \mathrm{e}^{\mathrm{i}n\lambda}\,\mathrm{d}F_{12}(\lambda) \\ \displaystyle\int_{-\pi}^{\pi} \mathrm{e}^{\mathrm{i}n\lambda}\,\mathrm{d}F_{21}(\lambda) & \displaystyle\int_{-\pi}^{\pi} \mathrm{e}^{\mathrm{i}n\lambda}\,\mathrm{d}F_{22}(\lambda) \end{pmatrix}, \quad n \in \mathbb{Z}. \tag{10.4.2}$$

以后称 $\boldsymbol{F}(\lambda)$ 为二维平稳序列 $\{\boldsymbol{X}_t\}$ 的谱函数矩阵. 由于 $\boldsymbol{F}(\lambda)$ 中的每个元素都是 $[-\pi, \pi]$ 上分布函数的线性组合, 因而 $\boldsymbol{F}(\lambda)$ 的每个元素都是有界变差函数. 另外 $\boldsymbol{F}(\lambda)$ 还是 Hermite 矩阵函数

$$\boldsymbol{F}^*(\lambda) = \boldsymbol{F}(\lambda),$$

这里 $*$ 表示共轭转置. 还可以证明 $\boldsymbol{F}(\lambda)$ 关于 λ 单调不减, 即对任何 $\lambda > \mu, \lambda, \mu \in [-\pi, \pi]$, 矩阵 $\boldsymbol{F}(\lambda) - \boldsymbol{F}(\mu)$ 非负定.

又当 $\boldsymbol{F}(\lambda)$ 的每个元素的实部和虚部都是连续函数, 并且除去有限个点外导函数连续时, 称定义在 $[-\pi, \pi]$ 上的

$$\boldsymbol{f}(\lambda) = \begin{pmatrix} f_{11}(\lambda) & f_{12}(\lambda) \\ f_{21}(\lambda) & f_{22}(\lambda) \end{pmatrix} = \begin{pmatrix} F'_{11}(\lambda) & F'_{12}(\lambda) \\ F'_{21}(\lambda) & F'_{22}(\lambda) \end{pmatrix} \tag{10.4.3}$$

为 $\{\boldsymbol{X}_t\}$ 的**谱密度矩阵**, 称 f_{12} 是 $\{X_{1t}\}$ 和 $\{X_{2t}\}$ **互谱密度**. 因为 $\boldsymbol{F}(\lambda)$ 是 Hermite 矩阵, 并且单调不减, 所以 $\boldsymbol{f}(\lambda)$ 是 Hermite 非负定的. 这时, 对 $n \in \mathbb{Z}$, 有

$$\begin{aligned} \boldsymbol{\Gamma}(n) &= \int_{-\pi}^{\pi} \mathrm{e}^{\mathrm{i}n\lambda} \boldsymbol{f}(\lambda) \mathrm{d}\lambda \\ &\stackrel{\text{def}}{=\!=} \begin{pmatrix} \int_{-\pi}^{\pi} \mathrm{e}^{\mathrm{i}n\lambda} f_{11}(\lambda) \mathrm{d}\lambda & \int_{-\pi}^{\pi} \mathrm{e}^{\mathrm{i}n\lambda} f_{12}(\lambda) \mathrm{d}\lambda \\ \int_{-\pi}^{\pi} \mathrm{e}^{\mathrm{i}n\lambda} f_{21}(\lambda) \mathrm{d}\lambda & \int_{-\pi}^{\pi} \mathrm{e}^{\mathrm{i}n\lambda} f_{22}(\lambda) \mathrm{d}\lambda \end{pmatrix}. \end{aligned} \tag{10.4.4}$$

对于一般的 m 维平稳序列, 我们有下面的定理.

定理 10.4.1 设 m 维平稳序列 $\{\boldsymbol{X}_t\}$ 有自协方差函数 $\{\boldsymbol{\Gamma}(n)\}$, 则存在唯一的 $m \times m$ 矩阵函数

$$\boldsymbol{F}(\lambda) = \big(F_{jk}(\lambda)\big), \quad \lambda \in [-\pi, \pi],$$

使得下面的 (1), (2) 和 (3) 成立:

(1) $\boldsymbol{\Gamma}(n) = \int_{-\pi}^{\pi} \mathrm{e}^{\mathrm{i}n\lambda} \mathrm{d}\boldsymbol{F}(\lambda)$, $n \in \mathbb{Z}$;

(2) $\boldsymbol{F}^*(\lambda) = \boldsymbol{F}(\lambda)$, $\boldsymbol{F}(-\pi) = \boldsymbol{0}$, 当 $\mu > \lambda$ 时, $\boldsymbol{F}(\mu) - \boldsymbol{F}(\lambda)$ 非负定;

(3) $\boldsymbol{F}(\lambda)$ 的每个元素 $F_{jk}(\lambda)$ 是有界变差和右连续的.

定理 10.4.1 中的 $\boldsymbol{F}(\lambda)$ 称作 $\{\boldsymbol{X}_t\}$ 的谱函数矩阵. 如果 $\boldsymbol{F}(\lambda) = \big(F_{jk}(\lambda)\big)$ 的每个元素 $F_{jk}(\lambda)$ 的实部和虚部都是连续函数, 且除去有限点外导函数连续, 则称

$$\boldsymbol{f}(\lambda) = \big(f_{jk}(\lambda)\big) \stackrel{\text{def}}{=\!=} \big(F'_{jk}(\lambda)\big)$$

为 $\{\boldsymbol{X}_t\}$ 的谱密度矩阵, 这时

$$\boldsymbol{\Gamma}(n) = \int_{-\pi}^{\pi} \mathrm{e}^{\mathrm{i}n\lambda} \boldsymbol{f}(\lambda) \mathrm{d}\lambda \equiv \left(\int_{-\pi}^{\pi} \mathrm{e}^{\mathrm{i}n\lambda} f_{jk}(\lambda) \mathrm{d}\lambda \right), \quad n \in \mathbb{Z}. \tag{10.4.5}$$

注 称实变复值函数是绝对连续函数, 如果这个函数的实部和虚部都是绝对连续函数. 当 $\boldsymbol{F}$ 的每个元素 F_{jk} 都是绝对连续函数时, 则称 $\boldsymbol{f}(\lambda) = (F'_{jk}(\lambda))$ 是 $\{\boldsymbol{X}_t\}$ 的谱密度矩阵, 这时 (10.4.5) 式成立.

完全类似于定理 2.3.1 的证明, 可以得到下面的定理.

定理 10.4.2 设 m 维平稳序列 $\{\boldsymbol{X}_t\}$ 有自协方差函数 $\boldsymbol{\Gamma}(n) = (\gamma_{jk}(n))$, 如果 $\sum\limits_{n=-\infty}^{\infty} |\gamma_{jk}(n)| < \infty$ 对 $1 \leqslant j, k \leqslant m$ 成立, 则

$$\boldsymbol{f}(\lambda) = \frac{1}{2\pi} \sum_{n=-\infty}^{\infty} \boldsymbol{\Gamma}(n)\mathrm{e}^{-in\lambda}, \quad \lambda \in [-\pi, \pi]$$

是 $\{\boldsymbol{X}_t\}$ 的谱密度矩阵.

10.4.2 多维平稳序列的谱表示

设 $\{\boldsymbol{X}_t\} = (X_{1t}, X_{2t}, \cdots, X_{mt})^{\mathrm{T}}$ 是 m 维零均值平稳序列, 则对每个固定的 j, $\{X_{jt}\}$ 是一维平稳序列, 从而有谱表示

$$X_{jt} = \int_{-\pi}^{\pi} \mathrm{e}^{it\lambda}\mathrm{d}Z_j(\lambda), \quad t \in \mathbb{Z}, \tag{10.4.6}$$

其中 $\{Z_j(\lambda)\}$ 是 $[-\pi, \pi]$ 上右连续的正交增量过程. 记

$$\boldsymbol{Z}(\lambda) = (Z_1(\lambda), Z_2(\lambda), \cdots, Z_m(\lambda))^{\mathrm{T}}, \quad \lambda \in [-\pi, \pi], \tag{10.4.7}$$

则得到

$$\boldsymbol{X}_t = \int_{-\pi}^{\pi} \mathrm{e}^{it\lambda}\mathrm{d}\boldsymbol{Z}(\lambda), \quad t \in \mathbb{Z}. \tag{10.4.8}$$

(10.4.8) 式是多维平稳序列的谱表示. 可以证明 (10.4.8) 式中的 $\{\boldsymbol{Z}(\lambda)\}$ 有下面的性质:

(1) (正交增量性) 对 $-\pi \leqslant \lambda_1 < \lambda_2 \leqslant \lambda_3 < \lambda_4 \leqslant \pi$,

$$\mathrm{E}\{[\boldsymbol{Z}(\lambda_2) - \boldsymbol{Z}(\lambda_1)][\boldsymbol{Z}(\lambda_4) - \boldsymbol{Z}(\lambda_3)]^*\} = 0;$$

(2) (右连续性) 当 $\delta \downarrow 0$ 时,

$$\mathrm{E}\{[\boldsymbol{Z}(\lambda + \delta) - \boldsymbol{Z}(\lambda)][\boldsymbol{Z}(\lambda + \delta) - \boldsymbol{Z}(\lambda)]^*\} \to 0;$$

(3) $\boldsymbol{F}(\lambda) = \mathrm{E}[\boldsymbol{Z}(\lambda)\boldsymbol{Z}^*(\lambda)]$ 是 $\{\boldsymbol{X}_t\}$ 的谱函数矩阵, 满足

$$\boldsymbol{F}(\lambda) - \boldsymbol{F}(\mu) = \mathrm{E}\{[\boldsymbol{Z}(\lambda) - \boldsymbol{Z}(\mu)][\boldsymbol{Z}(\lambda) - \boldsymbol{Z}(\mu)]^*\}, \quad \lambda \geqslant \mu.$$

满足上述 (1), (2), (3) 的 m 维随机过程 $\{\boldsymbol{Z}_t\}$ 被称为**右连续的正交增量过程**.

定理 10.4.3 对 m 维零均值平稳序列 $\{\boldsymbol{X}_t\}$, 有右连续的正交增量过程 $\{\boldsymbol{Z}_t\}$ 使得 $\boldsymbol{Z}(-\pi) = \boldsymbol{0}$ 和 (10.4.8) 式成立. 如果正交增量过程 $\{\boldsymbol{\xi}(\lambda)\}$ 也满足上述条件, 则

$$P(\boldsymbol{\xi}(\lambda) = \boldsymbol{Z}(\lambda)) = 1, \quad \lambda \in [-\pi, \pi].$$

对于实矩阵 $\boldsymbol{A} = (a_{jk})_{m \times m}$ 和 $\boldsymbol{B} = (b_{jk})_{m \times m}$, 用 $\boldsymbol{A} \leqslant \boldsymbol{B}$ 表示 $a_{jk} \leqslant b_{jk}$ 对所有的 $1 \leqslant j, k \leqslant m$ 成立. 设 $[\boldsymbol{A}] = (|a_{jk}|)_{m \times m}$, 则有 $[\boldsymbol{AB}] \leqslant [\boldsymbol{A}][\boldsymbol{B}]$. 按上面定义, 如果

$$\sum_{j=-\infty}^{\infty} [\boldsymbol{A}_j] < \infty,$$

则有

$$\begin{aligned}
\sum_{n=-\infty}^{\infty} [\boldsymbol{\Gamma}(n)] &= \sum_{n=-\infty}^{\infty} \Big[\sum_{j=-\infty}^{\infty} \boldsymbol{A}_{j+n} \boldsymbol{Q} \boldsymbol{A}_j^{\mathrm{T}} \Big] \\
&\leqslant \sum_{j=-\infty}^{\infty} \sum_{n=-\infty}^{\infty} [\boldsymbol{A}_{j+n}][\boldsymbol{Q}][\boldsymbol{A}_j^{\mathrm{T}}] \\
&= \sum_{n=-\infty}^{\infty} [\boldsymbol{A}_n][\boldsymbol{Q}] \sum_{j=-\infty}^{\infty} [\boldsymbol{A}_j^{\mathrm{T}}] < \infty.
\end{aligned}$$

于是 $\{\boldsymbol{X}_t\}$ 有谱密度

$$\begin{aligned}
\boldsymbol{f}(\lambda) &= \frac{1}{2\pi} \sum_{n=-\infty}^{\infty} \boldsymbol{\Gamma}(n) \mathrm{e}^{-in\lambda} \\
&= \frac{1}{2\pi} \sum_{n=-\infty}^{\infty} \sum_{j=-\infty}^{\infty} \boldsymbol{A}_{j+n} \boldsymbol{Q} \boldsymbol{A}_j^{\mathrm{T}} \mathrm{e}^{-in\lambda} \\
&= \frac{1}{2\pi} \Big(\sum_{k=-\infty}^{\infty} \boldsymbol{A}_k \mathrm{e}^{-ik\lambda} \Big) \boldsymbol{Q} \Big(\sum_{k=-\infty}^{\infty} \boldsymbol{A}_k \mathrm{e}^{-ik\lambda} \Big)^*.
\end{aligned}$$

例 10.4.1   对于平稳可逆的 m 维 ARMA(p,q) 模型

$$\boldsymbol{A}(\mathcal{B})\boldsymbol{X}_t = \boldsymbol{B}(\mathcal{B})\boldsymbol{\varepsilon}_t, \quad t \in \mathbb{Z},$$

试用白噪声 $\{\boldsymbol{\varepsilon}_t\}$ 表示平稳解 $\{\boldsymbol{X}_t\}$, 并求 $\{\boldsymbol{X}_t\}$ 的谱密度矩阵.

解   由于 $\det(\boldsymbol{A}(z))\boldsymbol{A}^{-1}(z)$ 是 $\boldsymbol{A}(z)$ 的伴随矩阵, 所以仍是矩阵系数多项式. 于是 $\boldsymbol{A}^{-1}(z)\boldsymbol{B}(z)$ 的每个元素是有理多项式. 将 $\boldsymbol{A}^{-1}(z)\boldsymbol{B}(z)$ 的每个元素进行 Taylor 展开后得到 $\boldsymbol{A}^{-1}(z)\boldsymbol{B}(z)$ 的 Taylor 展开公式

$$\boldsymbol{A}^{-1}(z)\boldsymbol{B}(z) = \sum_{j=0}^{\infty} \boldsymbol{C}_j z^j, \quad |z| \leqslant 1,$$

其中的系数矩阵满足 $\sum_{j=0}^{\infty}[\boldsymbol{C}_j] < \infty$. 于是平稳解

$$\boldsymbol{X}_t = \boldsymbol{A}^{-1}(\mathcal{B})\boldsymbol{B}(\mathcal{B})\boldsymbol{\varepsilon}_t = \sum_{j=0}^{\infty} \boldsymbol{C}_j \boldsymbol{\varepsilon}_{t-j}, \quad t \in \mathbb{Z}$$

有谱密度矩阵

$$\boldsymbol{f}(\lambda) = \frac{1}{2\pi}\Big(\sum_{-\infty}^{\infty} \boldsymbol{C}_k \mathrm{e}^{-\mathrm{i}k\lambda}\Big)\boldsymbol{Q}\Big(\sum_{-\infty}^{\infty} \boldsymbol{C}_k \mathrm{e}^{-\mathrm{i}k\lambda}\Big)^*$$

$$= \frac{1}{2\pi}\big[\boldsymbol{A}^{-1}(\mathrm{e}^{-\mathrm{i}\lambda})\boldsymbol{B}(\mathrm{e}^{-\mathrm{i}\lambda})\big]\boldsymbol{Q}\big[\boldsymbol{A}^{-1}(\mathrm{e}^{-\mathrm{i}\lambda})\boldsymbol{B}(\mathrm{e}^{-\mathrm{i}\lambda})\big]^*.$$

例 10.4.2   设二维零均值平稳序列 $\{\boldsymbol{X}_t\}$ 有谱表示

$$\boldsymbol{X}_t = \int_{-\pi}^{\pi} \mathrm{e}^{\mathrm{i}t\lambda}\mathrm{d}\begin{pmatrix} Z_1(\lambda) \\ Z_2(\lambda) \end{pmatrix}, \quad t \in \mathbb{Z}.$$

取 $t \in [-\pi, \pi]$, 对充分小的正数 Δt, 定义 $\Delta Z_i(t) = Z_i(t + \Delta t) - Z_i(t)$, 则有

$$\boldsymbol{F}(t + \Delta t) - \boldsymbol{F}(t) = \mathrm{E}\begin{pmatrix} \Delta Z_1(t) \\ \Delta Z_2(t) \end{pmatrix}\big(\Delta \overline{Z}_1(t), \ \Delta \overline{Z}_2(t)\big)$$

$$= \begin{pmatrix} \mathrm{E}|\Delta Z_1(t)|^2 & \mathrm{E}(\Delta Z_1(t)\Delta \overline{Z}_2(t)) \\ \mathrm{E}(\Delta \overline{Z}_1(t)\Delta Z_2(t)) & \mathrm{E}|\Delta Z_2(t)|^2 \end{pmatrix}.$$

如果 $\boldsymbol{F}'(t)$ 连续, 则有

$$\mathrm{d}\boldsymbol{F}(t) = \boldsymbol{f}(t)\mathrm{d}t = \begin{pmatrix} \mathrm{E}|\mathrm{d}Z_1(t)|^2 & \mathrm{E}(\mathrm{d}Z_1(t)\mathrm{d}\overline{Z}_2(t)) \\ \mathrm{E}(\mathrm{d}\overline{Z}_1(t)\mathrm{d}Z_2(t)) & \mathrm{E}|\mathrm{d}Z_2(t)|^2 \end{pmatrix}.$$

从而 $\mathrm{d}Z_1(\lambda), \mathrm{d}Z_2(\lambda)$ 的相关系数为

$$\begin{aligned} \rho_{12}(\lambda) &= \frac{\mathrm{E}(\mathrm{d}Z_1(\lambda)\mathrm{d}\overline{Z}_2(\lambda))}{\sqrt{\mathrm{E}|\mathrm{d}Z_1(\lambda)|^2\mathrm{E}|\mathrm{d}Z_2(\lambda)|^2}} \\ &= \frac{f_{12}(\lambda)\mathrm{d}\lambda}{\sqrt{f_{11}(\lambda)\mathrm{d}\lambda f_{22}(\lambda)\mathrm{d}\lambda}} = \frac{f_{12}(\lambda)}{\sqrt{f_{11}(\lambda)f_{22}(\lambda)}}. \end{aligned}$$

注意, 已经规定 $0/0 = 0$. 通常称

$$K_{12}^2(\lambda) = |\rho_{12}(\lambda)|^2 = \frac{|f_{12}(\lambda)|^2}{f_{11}(\lambda)f_{22}(\lambda)}$$

为 $\{\boldsymbol{X}_t|\ t \in \mathbb{Z}\}$ 的**二次相干函数**. 从上述的推导可以看出, 二次相干函数 $K_{12}^2(\lambda)$ 描述了 $\{X_{1t}\}$ 和 $\{X_{2t}\}$ 在角频率 λ 处的线性相关性. 如果 $K_{12}^2(\lambda) = 1$, 说明 $\{X_{1t}\}$ 和 $\{X_{2t}\}$ 在角频率 λ 处线性相关.

例 10.4.3 设平稳序列 $\{X_{1t}\}$ 有谱密度 $f(\lambda)$, $\{h_j\}$ 是绝对可和的保时线性滤波器, 则输出过程

$$X_{2t} = \sum_{j=-\infty}^{\infty} h_j X_{1,t-j}, \ \ t \in \mathbb{Z}$$

有谱密度 (见定理 1.7.4)

$$f_{22}(\lambda) = |h(\lambda)|^2 f(\lambda),$$

其中 $h(\lambda) = \sum_{j=-\infty}^{\infty} h_j \mathrm{e}^{-\mathrm{i}j\lambda}$. 利用

$$\begin{aligned} \gamma_{12}(n) = \mathrm{E}(X_{1,t+n}X_{2t}) &= \sum_{j=-\infty}^{\infty} h_j \mathrm{E}(X_{1,t+n}X_{1,t-j}) \\ &= \sum_{j=-\infty}^{\infty} h_j \int_{-\pi}^{\pi} f(\lambda)\mathrm{e}^{\mathrm{i}(n+j)\lambda}\mathrm{d}\lambda = \int_{-\pi}^{\pi} h(-\lambda)f(\lambda)\mathrm{e}^{\mathrm{i}n\lambda}\mathrm{d}\lambda \end{aligned}$$

得到 $\{X_{1t}\}$ 和 $\{X_{2t}\}$ 的互谱密度

$$f_{12}(\lambda) = h(-\lambda)f(\lambda).$$

于是 $\boldsymbol{X}_t = (X_{1t}, X_{2t})^{\mathrm{T}}$ 有退化的谱密度矩阵

$$\boldsymbol{f}(\lambda) = \begin{pmatrix} f(\lambda) & h(-\lambda)f(\lambda) \\ h(\lambda)f(\lambda) & |h(\lambda)|^2 f(\lambda) \end{pmatrix}.$$

这时对 $\lambda \in [-\pi, \pi]$, 二次相干函数 $K^2(\lambda) = 1$.

10.4.3 谱密度矩阵的估计

二维平稳序列 $\{\boldsymbol{X}_t\}$ 观测值 $\boldsymbol{X}_1, \boldsymbol{X}_2, \cdots, \boldsymbol{X}_N$ 的周期图定义为

$$\boldsymbol{I}_N(\lambda) = \frac{1}{2\pi N} \Big(\sum_{j=1}^{N} \boldsymbol{X}_j \mathrm{e}^{-\mathrm{i}j\lambda} \Big) \Big(\sum_{j=1}^{N} \boldsymbol{X}_j \mathrm{e}^{-\mathrm{i}j\lambda} \Big)^*.$$

周期图 $\boldsymbol{I}_N(\lambda)$ 是一个 2×2 方阵. 和一维的情况一样, 可以通过改造 $\boldsymbol{I}_N(\lambda)$ 构造出谱密度矩阵的估计. 下面介绍平滑周期图估计.

设 $\lambda_j = 2\pi j/N$, 对 $\lambda \in [0, \pi]$ 用 $g(N, \lambda)$ 表示 $\{\lambda_j \,|\, 0 \leqslant j \leqslant N/2\}$ 中距离 λ 最近的 λ_j(若有两个, 取左边的). 取 $M_N = O(\sqrt{N})$ 满足 $M_N \to \infty$, 当 $N \to \infty$. 又设 $W_N(k)$ 为实值权函数, 满足条件:

(1) $W_N(k) = W_N(-k)$, $W_N(k) \geqslant 0$, $|k| \leqslant M_N$,

(2) $\displaystyle\sum_{|k| \leqslant M_N} W_N(k) = 1$,

(3) $\displaystyle\sum_{|k| \leqslant M_N} W_N^2(k) \to 0$, 当 $N \to \infty$,

则 $\boldsymbol{f}(\lambda)$ 的平滑周期图谱估计定义为

$$\begin{cases} \hat{\boldsymbol{f}}(\lambda) = \displaystyle\sum_{|k| \leqslant M_N} W_N(k) \boldsymbol{I}_N(g(N, \lambda) + \lambda_k), & \lambda \in [0, \pi], \\ \hat{\boldsymbol{f}}(\lambda) = \boldsymbol{f}^{\mathrm{T}}(-\lambda), & \lambda \in [-\pi, 0). \end{cases}$$

二次相干函数 $K_{12}^2(\lambda)$ 的估计定义为

$$\hat{K}_{12}^2(\lambda) = \frac{|\hat{f}_{12}(\lambda)|^2}{\hat{f}_{11}(\lambda)\hat{f}_{22}(\lambda)}, \quad \text{其中 } \hat{\boldsymbol{f}}(\lambda) = \begin{pmatrix} \hat{f}_{11} & \hat{f}_{12} \\ \hat{f}_{21} & \hat{f}_{22} \end{pmatrix}.$$

习 题 10.4

10.4.1 设 $\{X_t\}$ 是 m 维平稳序列, 证明: 对任何 m 维列向量 a,

$$Y_t = a^{\mathrm{T}} X_t, \quad t \in \mathbb{Z}$$

是平稳序列.

10.4.2 设 $\hat{\gamma}_{kk}(0)$ 在 (10.1.1) 式中定义, 求 $\hat{\gamma}_{kk}(0) = 0$ 的充要条件.

10.4.3 设 $\{\varepsilon_t\}$ 是一维 $\mathrm{WN}(0, \sigma^2)$, $X_{1t} = \varepsilon_t$, $X_{2t} = \varepsilon_t + 0.5\varepsilon_{t-1}$, 验证平稳序列 $X_t = (X_{1t}, X_{2t})^{\mathrm{T}}$, $t \in \mathbb{Z}$ 的谱密度矩阵是

$$f(\lambda) = \frac{\sigma^2}{2\pi} \begin{pmatrix} 1 & 1 + 0.5\mathrm{e}^{\mathrm{i}\lambda} \\ 1 + 0.5\mathrm{e}^{-\mathrm{i}\lambda} & 1.25 + \cos\lambda \end{pmatrix},$$

并验证二次相干函数 $K_{12}^2(\lambda) = 1$.

附录 1 部分定理的证明

1.1 定理 2.4.1 的证明

以下用 $\boldsymbol{I}_n$ 表示 n 阶单位阵. 对正整数 m, $(X_{m-n}, X_{m-n+1}, \cdots, X_m)$ 和 $(X_1, X_2, \cdots, X_{n+1})$ 有相同的协方差矩阵 $\boldsymbol{\Gamma}_{n+1}$, 所以

$$\hat{X}_m \equiv L(X_m | X_{m-1}, X_{m-2}, \cdots, X_{m-n}) = \sum_{j=1}^{n} a_{n,j} X_{m-j}. \qquad (1.1)$$

定义

$$V_m = X_m - \hat{X}_m = X_m - \sum_{j=1}^{n} a_{n,j} X_{m-j}. \qquad (1.2)$$

利用 $\boldsymbol{\Gamma}_{n+1}$ 正定得到 $\mathrm{E}V_m^2 > 0$, 并且 $\mathrm{E}(V_m X_{m-j}) = 0$, $1 \leqslant j \leqslant n$. 引入

$$\boldsymbol{Y}_m = \begin{pmatrix} X_m \\ X_{m-1} \\ \vdots \\ X_{m-n+1} \end{pmatrix}, \quad \boldsymbol{V}_m = \begin{pmatrix} V_m \\ 0 \\ \vdots \\ 0 \end{pmatrix}, \quad \boldsymbol{A} = \begin{pmatrix} a_{n,1} & a_{n,2} & \cdots & a_{n,n} \\ \boldsymbol{I}_{n-1} & & & \boldsymbol{0} \end{pmatrix},$$

则有

$$\boldsymbol{Y}_m - \boldsymbol{A}\boldsymbol{Y}_{m-1} = \boldsymbol{V}_m. \qquad (1.3)$$

于是

$$\begin{aligned} \begin{pmatrix} \sigma_n^2 & \boldsymbol{0} \\ \boldsymbol{0} & 0\boldsymbol{I}_{n-1} \end{pmatrix} &= \mathrm{E}(\boldsymbol{V}_m \boldsymbol{V}_m^{\mathrm{T}}) \\ &= \mathrm{E}[(\boldsymbol{Y}_m - \boldsymbol{A}\boldsymbol{Y}_{m-1})\boldsymbol{Y}_m^{\mathrm{T}}] \\ &= \boldsymbol{\Gamma}_n - \boldsymbol{A}\mathrm{E}[\boldsymbol{Y}_{m-1}(\boldsymbol{A}\boldsymbol{Y}_{m-1} + \boldsymbol{V}_m)^{\mathrm{T}}] \\ &= \boldsymbol{\Gamma}_n - \boldsymbol{A}\boldsymbol{\Gamma}_n\boldsymbol{A}^{\mathrm{T}}. \end{aligned} \qquad (1.4)$$

设复数 $z_0 \neq 0$ 使得

$$\det(\boldsymbol{I}_n - z_0\boldsymbol{A})$$

$$= \det \begin{pmatrix} 1-a_{n,1}z_0 & -a_{n,2}z_0 & \cdots & -a_{n,n-1}z_0 & -a_{n,n}z_0 \\ -z_0 & 1 & \cdots & 0 & 0 \\ 0 & -z_0 & \cdots & 0 & 0 \\ \vdots & \vdots & & \vdots & \vdots \\ 0 & 0 & \cdots & -z_0 & 1 \end{pmatrix}$$

$$= 1 - a_{n,1}z_0 - a_{n,2}z_0^2 - \cdots - a_{n,n}z_0^n = 0.$$

我们只需证明 $|z_0| > 1$.

因为有非零向量 $\boldsymbol{\alpha} = (\alpha_1, \alpha_2, \cdots, \alpha_n)$, 使得 $\boldsymbol{\alpha}(\boldsymbol{I}_n - z_0\boldsymbol{A}) = \boldsymbol{0}$, 所以有 $\boldsymbol{\alpha}\boldsymbol{A} = z_0^{-1}\boldsymbol{\alpha}$. 我们说明 $\alpha_1 \neq 0$, 否则由 $\boldsymbol{A}$ 的定义得到

$$\alpha_{j+1} = z_0^{-1}\alpha_j = 0, \quad j = 1, 2, \cdots, n-1.$$

这和 $\boldsymbol{\alpha} \neq \boldsymbol{0}$ 矛盾. 于是 $\alpha_1 \neq 0$ 成立.

利用 $\sigma_n^2 > 0$ 和 (1.4) 式得到

$$0 < \alpha_1\sigma_n^2\overline{\alpha}_1 = \boldsymbol{\alpha}\begin{pmatrix} \sigma_n^2 & \boldsymbol{0} \\ \boldsymbol{0} & 0\boldsymbol{I}_{n-1} \end{pmatrix}\boldsymbol{\alpha}^*$$

$$= \boldsymbol{\alpha}\boldsymbol{\Gamma}_n\boldsymbol{\alpha}^* - z_0^{-1}\boldsymbol{\alpha}\boldsymbol{\Gamma}_n\boldsymbol{\alpha}^*\overline{z}_0^{-1}$$

$$= (1 - |z_0|^{-2})\boldsymbol{\alpha}\boldsymbol{\Gamma}_n\boldsymbol{\alpha}^*,$$

所以有 $|z_0| > 1$.

1.2 定理 2.4.2 的证明

对 $k = 1$, 递推公式 (2.4.4) 明显成立. 设 (2.4.4) 式对 $k(k \leqslant n-1)$ 已经成立. 引入正交矩阵

$$\boldsymbol{T}_k = \begin{pmatrix} 0 & \cdots & 0 & 1 \\ 0 & \cdots & 1 & 0 \\ \vdots & & \vdots & \vdots \\ 1 & \cdots & 0 & 0 \end{pmatrix},$$

则 $T_k^{\mathrm{T}} = T_k^{-1} = T_k$. 可以看出

$$T_k \Gamma_k T_k = \Gamma_k, \quad g_k \equiv T_k \gamma_k = (\gamma_k, \gamma_{k-1}, \cdots, \gamma_1)^{\mathrm{T}}.$$

再引入

$$\Gamma_{k+1} = \begin{pmatrix} \Gamma_k & g_k \\ g_k^{\mathrm{T}} & \gamma_0 \end{pmatrix} = \begin{pmatrix} \Gamma_k & T_k \gamma_k \\ (T_k \gamma_k)^{\mathrm{T}} & \gamma_0 \end{pmatrix},$$

$$a_{k+1} = \begin{pmatrix} \xi_{k+1} \\ a_{k+1,k+1} \end{pmatrix}, \quad \gamma_{k+1} = \begin{pmatrix} \gamma_k \\ \gamma_{k+1} \end{pmatrix}.$$

由 $k+1$ 阶 Yule-Walker 方程

$$\begin{pmatrix} \Gamma_k & g_k \\ g_k^{\mathrm{T}} & \gamma_0 \end{pmatrix} \begin{pmatrix} \xi_{k+1} \\ a_{k+1,k+1} \end{pmatrix} = \begin{pmatrix} \gamma_k \\ \gamma_{k+1} \end{pmatrix}$$

得到

$$\Gamma_k \xi_{k+1} + a_{k+1,k+1} g_k = \gamma_k, \tag{1.5}$$

$$g_k^{\mathrm{T}} \xi_{k+1} + a_{k+1,k+1} \gamma_0 = \gamma_{k+1}. \tag{1.6}$$

利用 (1.5) 式和 $T_k T_k = I_k$, $T_k \Gamma_k^{-1} T_k = \Gamma_k^{-1}$ 得到

$$\begin{aligned} \xi_{k+1} &= \Gamma_k^{-1} \gamma_k - a_{k+1,k+1} \Gamma_k^{-1} T_k \gamma_k \\ &= a_k - a_{k+1,k+1} T_k \Gamma_k^{-1} \gamma_k \\ &= a_k - a_{k+1,k+1} T_k a_k. \end{aligned} \tag{1.7}$$

将 (1.7) 式代入 (1.6) 式得到

$$g_k^{\mathrm{T}}(a_k - a_{k+1,k+1} T_k a_k) + a_{k+1,k+1} \gamma_0 = \gamma_{k+1}.$$

所以有

$$\begin{aligned} a_{k+1,k+1} &= \frac{\gamma_{k+1} - g_k^{\mathrm{T}} a_k}{\gamma_0 - g_k^{\mathrm{T}} T_k a_k} \\ &= \frac{\gamma_{k+1} - \gamma_k a_{k,1} - \gamma_{k-1} a_{k,2} - \cdots - \gamma_1 a_{k,k}}{\gamma_0 - \gamma_1 a_{k,1} - \gamma_2 a_{k,2} - \cdots - \gamma_k a_{k,k}}. \end{aligned} \tag{1.8}$$

再由 (1.7) 式得到

$$a_{k+1,j} = a_{k,j} - a_{k+1,k+1}a_{k,k+1-j}, \quad 1 \leqslant j \leqslant k.$$

下面推导 σ_k^2 的递推公式. 设

$$\sigma_0^2 = \gamma_0, \quad \boldsymbol{X}_k = (X_k, X_{k-1}, \cdots, X_1)^{\mathrm{T}},$$

则有

$$
\begin{aligned}
\sigma_k^2 &= \mathrm{E}(X_{k+1} - \boldsymbol{a}_k^{\mathrm{T}}\boldsymbol{X}_k)^2 \\
&= \mathrm{E}[(X_{k+1} - \boldsymbol{a}_k^{\mathrm{T}}\boldsymbol{X}_k)X_{k+1}] - \mathrm{E}[(X_{k+1} - \boldsymbol{a}_k^{\mathrm{T}}\boldsymbol{X}_k)\boldsymbol{X}_k^{\mathrm{T}}\boldsymbol{a}_k] \\
&= \gamma_0 - \boldsymbol{a}_k^{\mathrm{T}}\boldsymbol{\gamma}_k, \quad 1 \leqslant k \leqslant n+1.
\end{aligned} \tag{1.9}
$$

于是对 $k \leqslant n$, 有

$$
\begin{aligned}
\sigma_{k+1}^2 &= \gamma_0 - \boldsymbol{a}_{k+1}^{\mathrm{T}}\boldsymbol{\gamma}_{k+1} \\
&= \gamma_0 - \left(\boldsymbol{\xi}_{k+1}^{\mathrm{T}}, a_{k+1,k+1}\right)\begin{pmatrix} \boldsymbol{\gamma}_k \\ \gamma_{k+1} \end{pmatrix} \\
&= \gamma_0 - \boldsymbol{\xi}_{k+1}^{\mathrm{T}}\boldsymbol{\gamma}_k - a_{k+1,k+1}\gamma_{k+1} &\text{(用 (1.7) 式)} \\
&= \gamma_0 - \boldsymbol{a}_k^{\mathrm{T}}\boldsymbol{\gamma}_k + a_{k+1,k+1}\boldsymbol{a}_k^{\mathrm{T}}\boldsymbol{T}_k\boldsymbol{\gamma}_k - a_{k+1,k+1}\gamma_{k+1} \\
&= \sigma_k^2 - a_{k+1,k+1}(\gamma_{k+1} - \boldsymbol{a}_k^{\mathrm{T}}\boldsymbol{g}_k) &\text{(用 (1.9) 式)} \\
&= \sigma_k^2 - a_{k+1,k+1}(a_{k+1,k+1}\sigma_k^2) &\text{(用 (1.8) 式)} \\
&= \sigma_k^2(1 - a_{k+1,k+1}^2).
\end{aligned}
$$

1.3 定理 4.4.2 的证明

证明 对于 $m > 0$, $k = 1, 2, \cdots, m$, $\{X_t\}$ 的样本自协方差函数

$$
\begin{aligned}
\hat{\gamma}_x(k) &= \frac{1}{N}\sum_{j=1}^{N-k}(X_j - \overline{X}_N)(X_{j+k} - \overline{X}_N) \\
&= \frac{1}{N}\sum_{j=1}^{N-k}(X_j - \overline{X}_N)[(X_j - \overline{X}_N) + (X_{j+k} - X_j)] \\
&= \hat{\gamma}_x(0) - U_k + V_k,
\end{aligned} \tag{1.10}
$$

其中

$$U_k = \frac{1}{N} \sum_{j=N-k+1}^{N} (X_j - \overline{X}_N)^2,$$

$$V_k = \frac{1}{N} \sum_{j=1}^{N-k} (X_j - \overline{X}_N)(X_{j+k} - X_j).$$

从 (4.4.2) 式和定理 4.1.4 知道, 当 $N \to \infty$ 时,

$$\max_{1 \leqslant j \leqslant N} |X_j| = \max_{1 \leqslant j \leqslant N} |X_0 + Y_1 + \cdots + Y_j| = o(\sqrt{N \ln N}), \quad \text{a.s.},$$

于是对样本均值 $\overline{X}_N$ 得到

$$|\overline{X}_N| = o(\sqrt{N \ln N}), \quad \text{a.s..} \tag{1.11}$$

利用 $(a+b)^2 \leqslant 2(a^2+b^2)$ 得到

$$\max_{1 \leqslant k \leqslant m} U_k \leqslant \frac{1}{N} \sum_{j=N-m+1}^{N} 2(X_j^2 + \overline{X}_N^2)$$
$$= 4m \, o(\ln N), \quad \text{a.s..} \tag{1.12}$$

设 $Z_{k,j} = X_{j+k} - X_j = Y_{j+1} + Y_{j+2} + \cdots + Y_{j+k}$, 则有

$$\mathrm{E} \max_{1 \leqslant k \leqslant m} Z_{k,j}^2 \leqslant \sum_{k=1}^{m} \mathrm{E} Z_{k,j}^2$$
$$\leqslant \sum_{k=1}^{m} 2m(\gamma_Y(0) + |\gamma_Y(1)| + \cdots + |\gamma_Y(k)|)$$
$$\leqslant 2m^2 \sum_{i=0}^{\infty} |\gamma_Y(i)| \leqslant 2m^2 \sigma^2 \Big(\sum_{i=0}^{\infty} |\psi_i| \Big)^2.$$

于是从

$$\mathrm{E} \sum_{j=1}^{N} \max_{1 \leqslant k \leqslant m} Z_{k,j}^2 \leqslant N 2m^2 \sigma^2 \Big(\sum_{i=0}^{\infty} |\psi_i| \Big)^2 < \infty$$

得到 (习题 6.5.3)

$$\sum_{j=1}^{N} \max_{1 \leqslant k \leqslant m} Z_{k,j}^2 = O_p(Nm^2).$$

又从定理 4.4.1 得到 $\dfrac{1}{N^2} \displaystyle\sum_{j=1}^{N} (X_j - \overline{X}_N)^2 = O_p(1)$, 因而用内积不等式

和 $O_p(1) \cdot O_p(Nm^2) = O_p(Nm^2)$, 得到

$$\max_{1 \leqslant k \leqslant m} V_k^2 \leqslant \frac{1}{N^2} \sum_{j=1}^{N} (X_j - \overline{X}_N)^2 \sum_{j=1}^{N} \max_{1 \leqslant k \leqslant m} Z_{k,j}^2 = O_p(Nm^2). \quad (1.13)$$

因为 $m\, o(\ln N) = o(N)$, $\sqrt{Nm^2} \leqslant N/\sqrt{\ln N} = o(N)$, 所以从 (1.10) 式,
(1.12) 式和 (1.13) 式得到对于 $k \in [0, \sqrt{N/\ln N}]$, 一致地有

$$\hat{\gamma}_x(k) = \hat{\gamma}_x(0) + o_p(N).$$

设 $\hat{\gamma}_Y(-k) = \hat{\gamma}_Y(k)$, $\hat{f}_Y(0) = \dfrac{1}{2\pi} \displaystyle\sum_{k=-m}^{m} \hat{\gamma}_Y(k)$, 则 $\hat{f}_Y(0)$ 是 $f_Y(0)$ 的均方

相合估计 (见定理 9.5.1(2)), 于是有 $\hat{f}_Y(0) - f_Y(0) = o_p(1)$.

　　因为 $f_Y(0) \neq 0$, 所以

$$\begin{aligned}
\hat{\eta}_m &= \frac{\hat{\gamma}_x(0) + 2\hat{\gamma}_x(1) + \cdots + 2\hat{\gamma}_x(m)}{N(2m+1)2\pi \hat{f}_Y(0)} \\
&= \frac{(2m+1)\hat{\gamma}_x(0) + m\, o_p(N)}{N(2m+1)2\pi \hat{f}_Y(0)} \\
&= \frac{\hat{\gamma}_x(0)}{N2\pi \hat{f}_Y(0)} + o_p(1).
\end{aligned}$$

因为定理 4.4.1 保证了

$$\begin{aligned}
\hat{\xi}_m &\stackrel{\text{def}}{=\!=} \frac{\hat{\gamma}_x(0) + 2\hat{\gamma}_x(1) + \cdots + 2\hat{\gamma}_x(m)}{N(2m+1)2\pi f_Y(0)} \\
&= \frac{\hat{\gamma}_x(0)}{N2\pi f_Y(0)} + o_p(1) \xrightarrow{\text{d}} W,
\end{aligned}$$

所以从

$$\hat\eta_m - \hat\xi_m = \frac{\hat\gamma_x(0)}{N2\pi}\Big(\frac{1}{\hat f_Y(0)} - \frac{1}{f_Y(0)}\Big) + o_p(1) = o_p(1)$$

得到 $\hat\eta_m = \hat\xi_m + o_p(1) \xrightarrow{\mathrm d} W$.

1.4 (6.1.14) 式的证明

注意, 对于 $1 \leqslant k \leqslant j \leqslant p$, 矩阵 $(1/N)\boldsymbol X^{\mathrm T}\boldsymbol X$ 的 (j,k) 元素是

$$
\begin{aligned}
\tilde\gamma_{jk} &= \frac{1}{N}\sum_{t=1}^{N-p} y_{t+p-j}y_{t+p-k} = \frac{1}{N}\sum_{t=p-j+1}^{N-j} y_t y_{t+j-k}\\
&= \frac{1}{N}\sum_{t=1}^{N-(j-k)} y_t y_{t+j-k} - \frac{1}{N}\sum_{t=1}^{p-j} y_t y_{t+j-k} - \frac{1}{N}\sum_{t=N-j+1}^{N-(j-k)} y_t y_{t+j-k}\\
&= \hat\gamma_{j-k} - \frac{1}{N}\sum_{t=1}^{p-j} y_t y_{t+j-k} - \frac{1}{N}\sum_{t=N-j+1}^{N-(j-k)} y_t y_{t+j-k}.
\end{aligned}
$$

这里 $\hat\gamma_{j-k}$ 由 (6.1.2) 式定义. 完全类似地得到 $(1/N)\boldsymbol X^{\mathrm T}\boldsymbol Y$ 的第 j 个元素

$$
\begin{aligned}
\gamma_j &= \frac{1}{N}\sum_{t=1}^{N-p} y_{t+p-j}y_{t+p} = \frac{1}{N}\sum_{t=p-j+1}^{N-j} y_t y_{t+j}\\
&= \frac{1}{N}\sum_{t=1}^{N-j} y_t y_{t+j} - \frac{1}{N}\sum_{t=1}^{p-j} y_t y_{t+j}\\
&= \hat\gamma_j - \frac{1}{N}\sum_{t=1}^{p-j} y_t y_{t+j}.
\end{aligned}
$$

这样, 如果 $\{\varepsilon_t\}$ 是独立同分布的, 则该 $\mathrm{AR}(p)$ 序列是严平稳遍历的. 由遍历定理得到当 $N \to \infty$ 时,

$$
\begin{aligned}
\frac{1}{N}\sum_{t=1}^{p-j} y_t y_{t+j} &= \frac{1}{N}\sum_{t=1}^{p-j}(x_t - \bar x_N)(x_{t+j} - \bar x_N)\\
&= \frac{1}{N}\sum_{t=1}^{p-j}(x_t x_{t+j} - x_t \bar x_N - \bar x_N x_{t+j} + \bar x_N^2)
\end{aligned}
$$

$$\to 0, \quad \text{a.s..}$$

同理有

$$\frac{1}{N}\sum_{t=N-j+1}^{N-(j-k)} y_t y_{t+j-k} \to 0, \quad \text{a.s.,}$$

$$\frac{1}{N}\sum_{t=1}^{p-j} y_t y_{t+j-k} \to 0, \quad \text{a.s.,}$$

于是, 对 $1 \leqslant k \leqslant j \leqslant p$ 有

$$\tilde{\gamma}_{jk} \to \gamma_{j-k}, \ \tilde{\gamma}_j \to \gamma_j, \quad \text{a.s.,}$$

这样, 当 $N \to \infty$ 时,

$$(\boldsymbol{X}^{\mathrm{T}}\boldsymbol{X})^{-1}\boldsymbol{X}^{\mathrm{T}}\boldsymbol{Y} = \left(\frac{1}{N}\boldsymbol{X}^{\mathrm{T}}\boldsymbol{X}\right)^{-1}\left(\frac{1}{N}\boldsymbol{X}^{\mathrm{T}}\boldsymbol{Y}\right) \to \boldsymbol{\Gamma}_p^{-1}\boldsymbol{\gamma}_p = \boldsymbol{a}.$$

另一方面又可以利用

$$\mathrm{E}|y_j y_k| \leqslant [\mathrm{E}y_j^2 \mathrm{E}y_k^2]^{1/2} \leqslant 4\gamma_0,$$

得到

$$\mathrm{E}|\tilde{\gamma}_{jk} - \hat{\gamma}_{j-k}| \leqslant \frac{1}{N}\mathrm{E}\left|\sum_{t=1}^{p-j} y_t y_{t+j-k} + \sum_{t=N-j+1}^{N-(j-k)} y_t y_{t+j-k}\right|$$

$$\leqslant 4\frac{k+p-j}{N}\gamma_0 \leqslant \frac{4p\gamma_0}{N}.$$

从 Chebyshev 不等式知道, 对任何正数 ε 有 $M > 0$ 使得

$$P(N|\tilde{\gamma}_{jk} - \hat{\gamma}_{j-k}| \geqslant M) \leqslant \frac{4p\gamma_0}{M} < \varepsilon, \quad 1 \leqslant j, k \leqslant p.$$

于是, $(\tilde{\gamma}_{jk} - \hat{\gamma}_{j-k}) = O_p(1/N)$. 也就是说 $|\tilde{\gamma}_{jk} - \hat{\gamma}_{j-k}|$ 依概率收敛到 0 的速度和 N^{-1} 同阶. 同理有 $(\tilde{\gamma}_j - \hat{\gamma}_j) = O_p(1/N)$, $1 \leqslant j \leqslant p$.

用 $\hat{\boldsymbol{a}} = (\hat{a}_1, \hat{a}_2, \cdots, \hat{a}_p)^{\mathrm{T}}$ 和 $\hat{\boldsymbol{\alpha}} = (\hat{\alpha}_1, \hat{\alpha}_2, \cdots, \hat{\alpha}_p)^{\mathrm{T}}$ 分别表示 Yule-Walker 估计和最小二乘估计. 记 $\hat{\boldsymbol{\gamma}}_p = (\hat{\gamma}_1, \hat{\gamma}_2, \cdots, \hat{\gamma}_p)^{\mathrm{T}}$, 就有

$$
\begin{aligned}
& \hat{\boldsymbol{\alpha}} - \hat{\boldsymbol{a}} \\
&= (\boldsymbol{X}^{\mathrm{T}}\boldsymbol{X})^{-1}\boldsymbol{X}^{\mathrm{T}}\boldsymbol{Y} - \hat{\boldsymbol{\varGamma}}_p^{-1}\hat{\gamma}_p \\
&= \Big(\frac{1}{N}\boldsymbol{X}^{\mathrm{T}}\boldsymbol{X}\Big)^{-1}\Big(\frac{1}{N}\boldsymbol{X}^{\mathrm{T}}\boldsymbol{Y} - \hat{\gamma}_p\Big) + \Big[\Big(\frac{1}{N}\boldsymbol{X}^{\mathrm{T}}\boldsymbol{X}\Big)^{-1} - \hat{\boldsymbol{\varGamma}}_p^{-1}\Big]\hat{\gamma}_p \\
&= \Big(\frac{1}{N}\boldsymbol{X}^{\mathrm{T}}\boldsymbol{X}\Big)^{-1}O_p(1/N) + \Big(\frac{1}{N}\boldsymbol{X}^{\mathrm{T}}\boldsymbol{X}\Big)^{-1}\Big[\hat{\boldsymbol{\varGamma}}_p - \frac{1}{N}\boldsymbol{X}^{\mathrm{T}}\boldsymbol{X}\Big]\hat{\boldsymbol{\varGamma}}_p^{-1}\hat{\gamma}_p \\
&= O_p(1/N), \quad \text{当 } N \to \infty.
\end{aligned}
$$

上式说明对 $1 \leqslant j \leqslant p$, $\hat{a}_j - \hat{\alpha}_j = O_p(1/N)$.

1.5 引理 8.3.1 的证明

因为模型 (8.3.1) 的等价表示为

$$
Y_t = \Big(\alpha_0 + \sum_{j=1}^{\infty} \alpha_j Y_{t-j}\Big)u_t, \tag{1.14}
$$

这里 $\mathrm{E}Y_t < \infty$, $\{Y_s | s < t\}$ 与 u_t 独立, 所以只需要对于 (1.14) 式证明定理的结论.

(1) 引入 $\phi(\mathcal{B}) = \sum_{j=1}^{\infty} \alpha_j \mathcal{B}^j$, $\mathcal{B}$ 是推移算子. 定义

$$
\begin{cases}
A_t(0) = u_t, \\
A_t(1) = u_t\phi(\mathcal{B})A_t(0), \\
\cdots\cdots \\
A_t(n) = u_t\phi(\mathcal{B})A_t(n-1), \quad n \geqslant 1.
\end{cases} \tag{1.15}
$$

先用归纳法证明由 (8.3.3) 式和 (1.15) 式定义的 $A_t(n)$ 是一致的. 设 $A_t(n)$ 由 (8.3.3) 式定义, 则 $n = 0$ 时结论成立. 设结论对 $n-1$ 成立, 则

$$
\begin{aligned}
A_t(n) &= u_t\phi(\mathcal{B})A_t(n-1) \\
&= u_t\sum_{j=1}^{\infty}\alpha_j A_{t-j}(n-1)
\end{aligned}
$$

$$= u_t \sum_{j,i_1,i_2,\cdots,i_{n-1} \geqslant 1} \alpha_j \alpha_{i_1} \cdots \alpha_{i_{n-1}} u_{t-j} u_{t-j-i_1} \cdots u_{t-j-i_1-\cdots-i_{n-1}}$$

$$= (8.3.3) \text{ 式的右边}.$$

用 $\{u_t\}$ 的独立性, $\mathrm{E}u_t = 1$ 和 (8.3.3) 式得到

$$\mathrm{E}A_t(n) = \sum_{i_1,i_2,\cdots,i_n \geqslant 1} \alpha_{i_1} \cdots \alpha_{i_2} \alpha_{i_n} = \Big(\sum_{i=1}^{\infty} \alpha_i \Big)^n = \beta^n.$$

对于由 (8.3.2) 式定义的 $\{Y_t\}$, 有

$$Y_t = \alpha_0 \sum_{n=0}^{\infty} A_t(n) = \alpha_0 \Big[u_t + \sum_{n=1}^{\infty} u_t \phi(\mathcal{B}) A_t(n-1) \Big]$$

$$= u_t \Big[\alpha_0 + \alpha_0 \phi(\mathcal{B}) \sum_{n=0}^{\infty} A_t(n) \Big] = u_t [\alpha_0 + \phi(\mathcal{B}) Y_t]$$

$$= (1.14) \text{ 式的右边}.$$

这就证明了 (8.3.2) 式是 (1.14) 式的解, 满足 $\{Y_s | s < t\}$ 与 u_t 独立, 并且

$$\mathrm{E}Y_t = \alpha_0 \mathrm{E} \sum_{n=0}^{\infty} A_t(n) = \alpha_0 \sum_{n=0}^{\infty} \beta^n = \frac{\alpha_0}{1-\beta}.$$

从定理 1.5.1 知道 $\{A_t(n) |, t \in \mathbb{Z}\}$ 和 $\{Y_t\}$ 都是严平稳遍历序列.

(2) 再证唯一性. 若 $\{Z_t\}$ 也是 (8.3.1) 式的严平稳解, $\mathrm{E}Z_t < \infty$. 设

$$\begin{cases} B_t(0) = Z_t, \\ B_t(1) = u_t \phi(\mathcal{B}) B_t(0), \\ \cdots\cdots \\ B_t(n) = u_t \phi(\mathcal{B}) B_t(n-1), \ n \geqslant 1. \end{cases} \tag{1.16}$$

用归纳法同样验证

$$B_t(n) = \sum_{i_1,i_2,\cdots,i_n \geqslant 1} \alpha_{i_1} \cdots \alpha_{i_n} u_t u_{t-i_1} \cdots u_{t-i_1-\cdots-i_{n-1}} Z_{t-i_1-\cdots-i_n}.$$

因为 $\{Z_s | s < t\}$ 与 u_t 独立, 所以 $\mathrm{E}B_t(n) = \beta^n \mu_1$, $\mu_1 = \mathrm{E}Z_t$. 于是从

$E \sum\limits_{n=1}^{\infty} B_t(n) = \sum\limits_{n=1}^{\infty} \beta^n \mu_1 < \infty$ 知道 $\lim\limits_{n \to \infty} B_t(n) = 0$, a.s.. 利用 (1.14) 式
得到

$$Z_t = u_t(\alpha_0 + \phi(\mathcal{B})Z_t).$$

再用 (1.15) 式和 (1.16) 式反复迭代, 得到

$$
\begin{aligned}
Z_t &= u_t \alpha_0 + u_t \phi(\mathcal{B}) Z_t \\
&= \alpha_0 A_t(0) + u_t \phi(\mathcal{B})(A_t(0)\alpha_0 + u_t \phi(\mathcal{B})Z_t) \\
&= \alpha_0 A_t(0) + \alpha_0 A_t(1) + u_t \phi(\mathcal{B}) B_t(1) \\
&= \alpha_0 A_t(0) + \alpha_0 A_t(1) + B_t(2) \qquad \text{(用 (1.16) 式)} \\
&= \cdots\cdots \\
&= \alpha_0 \big(A_t(0) + A_t(1) + \cdots + A_t(n)\big) + B_t(n+1) \\
&= \alpha_0 \sum_{n=0}^{\infty} A_t(n) + \lim_{n \to \infty} B_t(n+1) = Y_t, \quad \text{a.s.,}
\end{aligned}
$$

说明 (8.3.2) 式是 (8.3.1) 式的唯一解.

(3) 利用内积不等式, $Eu_t = 1$ 和 $\{u_t\}$ 的独立性得到

$$
\begin{aligned}
EA_t(n) &= \sum_{i_1, i_2, \cdots, i_n \geqslant 1} \alpha_{i_1} \cdots \alpha_{i_n} \mu^n = \beta^n, \\
EY_t &= \alpha_0 \sum_{t=0}^{\infty} EA_t(n) = \alpha_0 \sum_{t=0}^{\infty} \beta^n = \frac{\alpha_0}{1-\beta}.
\end{aligned}
$$

用 $Eu_i u_j \leqslant Eu_t^2$ 得到

$$
\begin{aligned}
& E[(u_t u_{t-i_1} \cdots u_{t-i_1-\cdots-i_n})(u_t u_{t-j_1} \cdots u_{t-j_1-\cdots-j_n})] \leqslant (Eu_t^2)^{n+1}, \\
& EA_t^2(n) \leqslant \Big(\sum_{i_1, i_2, \cdots, i_n \geqslant 1} \alpha_{i_1} \cdots \alpha_{i_n} \Big)^2 (Eu_t^2)^{n+1} = Eu_t^2 \big(\beta \sqrt{Eu_t^2}\big)^{2n}, \\
& E[A_t(n) A_t(m)] \leqslant \big[EA_t^2(n) EA_t^2(m)\big]^{1/2} \leqslant Eu_t^2 \big(\beta \sqrt{Eu_t^2}\big)^{n+m}.
\end{aligned}
$$

于是有

$$
\begin{aligned}
\mathrm{E} Y_t^2 &= \mathrm{E}\Big[\alpha_0 \sum_{n=0}^{\infty} A_t(n)\Big]^2 \\
&= \alpha_0^2 \sum_{n=0}^{\infty} \sum_{m=0}^{\infty} \mathrm{E}\big[A_t(n) A_t(m)\big] \\
&\leqslant \alpha_0^2 \mathrm{E} u_t^2 \sum_{n=0}^{\infty} \sum_{m=0}^{\infty} \big(\beta \sqrt{\mathrm{E} u_t^2}\big)^{n+m} \\
&= \frac{\alpha_0^2 \mathrm{E} u_t^2}{(1 - \beta \sqrt{\mathrm{E} u_t^2})^2}.
\end{aligned}
$$

附录 2　时间序列数据

2.1　1985—2000 年北京的月平均气温 (单位: °C), 见《中国气象年鉴》

1985	−4.7	−1.9	3.4	14.8	19.5	24.2	25.5	25	18.6	13.8	3.8	−3.6
1986	−3.7	−1.8	6.9	15	21.3	25.3	25.1	24.5	19.8	11.4	3.4	−1.7
1987	−3.6	0.1	4.1	13.5	19.9	23.3	26.6	24.8	21	13.7	3.9	−0.3
1988	−2.9	−1.4	4.4	15	20.1	24.9	25.8	24.4	21.2	14.1	6.9	−0.2
1990	−4.9	−0.6	7.6	13.7	19.6	24.8	25.6	25.4	20.2	15.3	6.4	−0.8
1991	−2.3	0.1	4.4	13.9	19.9	24.1	25.9	27.1	20.4	13.8	4.6	−1.8
1992	−1.1	1.8	6.7	15.5	20.5	23.5	26.8	24.6	20.5	12.2	3.4	−0.3
1993	−3.7	1.6	8.1	14	21.5	25.4	25.2	25.2	21.3	13.9	3.7	−0.8
1994	−1.6	0.8	5.6	17.3	21	26.8	27.7	26.5	21.1	14.1	6.4	−1.4
1995	−0.7	2.1	7.7	14.7	19.8	24.3	25.9	25.4	19	14.5	7.7	−0.4
1996	−2.2	−0.4	6.2	14.3	21.6	25.4	25.5	23.9	20.7	12.8	4.2	0.9
1997	−3.8	1.3	8.7	14.5	20	24.6	28.2	26.6	18.6	14	5.4	−1.5
1998	−3.9	2.4	7.6	15	19.9	23.6	26.5	25.1	22.2	14.8	4	0.1
1999	−1.6	2.1	4.7	14.4	19.3	25.3	28	25.5	20.9	12.9	5.9	−0.7
2000	−6.4	−1.5	8	14.6	20.4	26.7	29.6	25.7	21.8	12.6	3	−0.6

2.2　1985—2000 年北京月降水量 (单位: mm), 见《中国气象年鉴》

1985	1.5	7.5	7.8	13.6	24.5	32	289.5	297.7	38.4	3.8	4.6	0.1
1986	0	6	17	1	5	203	163	143	114	4	6	4
1987	4.3	2.4	13	41.8	64.6	91.2	130.9	246.5	46.2	4.1	35.4	3.5
1988	0.9	1.3	8.9	8.2	37.4	61.8	278.7	204	48.8	22.8	0	0.5
1990	4.7	21.6	40.5	59.7	119.6	4	223	157	63.1	0.3	3.6	0.2
1991	0.3	0.8	25.1	17.1	214.6	236.3	198	124.7	72	12.2	1	4.7
1992	0.7	0	3.4	10.5	52.8	69.4	153.9	141.4	54.5	38.1	16.7	0.1
1993	3.7	1.5	0.3	16.9	8.6	39.2	206.4	158.5	18.3	9.9	43.4	0
1994	0	5	0	1.9	66	23.6	459.2	214.2	15.2	10.3	12.7	5.1
1995	−−	1.7	6.6	5.3	45.6	68.9	195.6	119.9	116.3	9.6	0.2	2.8
1996	0.2	0	11	6.2	1.8	55.1	307.4	250	32.9	30.8	2.6	2.9
1997	4.9	0	10.6	17.4	41.5	35.5	139.8	83.2	44.1	43	2.1	8.8
1998	1.3	26.3	4.3	54.7	61.5	142.9	247.9	114.4	4.7	61.8	11.3	0.6
1999	0	0	5.2	33.6	32.4	23.8	62.7	63.5	44.5	3.9	9.5	0.7
2000	11.9	0	8.8	18.3	37.7	19	61.5	150.5	18.4	35.2	9.7	0.1

2.3　1985—2000 年广州月平均气温 (单位: °C), 见《中国气象年鉴》

1985	13	13.9	15	20.4	27.1	27.5	28.1	28.3	26.4	25.1	20.4	14.2
1986	13.9	13.1	16.9	23.3	26.2	27.3	28.4	29.3	27.8	24.2	19.1	15.8
1987	15.9	17.4	20.5	22	25.5	27.4	28.5	28.3	26.8	24.8	19.8	14.8
1988	15.4	13.8	14.7	20.2	26.6	28.5	29	27.7	27.1	24.1	18.2	15.3
1990	13.7	14.8	18.9	21.1	24.8	28.2	29.3	30.2	28.2	24.7	20.8	17
1991	14.5	16.2	19.5	22.6	26.3	28.2	29	29	27.8	23.9	19.9	16.5
1992	13.3	13.1	15.9	22.3	25.2	27.3	28.5	29.6	28.3	23.6	19.3	17.7
1993	11.9	16.5	18.4	21.4	25.8	27.5	29.5	29.2	27.4	23.6	20.1	15.3
1994	15.4	15.3	16.6	24.3	27.2	27.7	28.4	28.2	27.4	24.4	22.4	17.2
1995	13.5	13.9	17.4	22.8	26	28.8	28.8	27.9	28.2	24.8	19.6	15.6
1996	13.9	12	16.9	19.3	24.9	25	28.5	27.9	27.1	24.6	21.1	15.4
1997	14.3	13.9	19	22.4	25.6	26.6	27.7	28	25.3	24.6	20.3	15.9
1998	13.2	15.2	18.8	24.4	25.9	27.5	28.8	29.4	27.2	25.4	21.4	16.9
1999	15	16.7	17.8	23.9	24.2	28.7	28.7	27.6	27.1	25.3	20	14
2000	14.6	14	19	22.7	26.1	28.4	28.9	28.2	27.1	24.9	19	16.5

2.4　1985—2000 年广州月降水量 (单位: mm), 见《中国气象年鉴》

1985	38	268.7	144.8	167.5	186.3	166.3	191.8	296.7	205.3	24.4	10	6.2
1986	1.0	61	77	73	231	255	267	204	101	48	20	33
1987	0.1	23.1	155	246.3	368.1	165.2	438.4	224.4	214.9	13.8	44	9.3
1988	24.8	30.8	111.1	159.7	413	141.7	242.3	453.6	88.1	138.2	114.9	64.5
1990	92.3	187.7	32	183.3	108.1	194.1	142.7	47.1	132.7	26.6	32.5	0.4
1991	55	3.7	70.4	57.2	179.8	445.9	219.5	127.3	98.2	52.1	17.4	29.3
1992	45.7	223	163.7	281.6	34.5	198.7	150.6	101.3	324.4	10.8	0.5	43.2
1993	37.7	15	74.6	396.2	299.7	601	130.7	119.7	357.2	74.7	144.7	2.4
1994	1	72.6	59	239.7	124.8	354.3	379.2	293.4	108.3	13.8	0.1	140.9
1995	36.6	72.1	104.2	129.4	207.9	221	349	271	141.6	211	3.8	4
1996	15.7	45.8	105.3	112.4	320.6	273.1	276.8	378.8	15	1.6	0.4	2.8
1997	65.9	105.6	59.6	197.1	165.6	468.6	248.4	282.4	203.6	142.6	9.7	48.8
1998	73.2	112	40.8	245.3	305.9	369.8	223.1	120.7	164.8	48.3	22.4	9.8
1999	33.6	0	61.8	116.8	152.3	151.9	176.3	491.5	273.3	40.1	25.7	53.9
2000	10.6	29.7	27.7	418.7	202.9	197.4	288.9	185	56.7	304.3	34	43

2.5   1989—2000 年外国人各月入境旅游人数, 见《中国旅游统计年鉴》

1989	125281	115475	171360	173859	161769	71853
	79991	104489	109762	127866	116019	103246
1990	95229	95668	126591	138319	143967	132930
	156971	173583	175476	203492	165145	139994
1992	216552	232935	313709	320267	336514	344702
	335891	386590	415380	434453	333477	335957
1993	263099	311346	401663	385012	394548	380859
	394455	431889	435980	492129	404607	360270
1994	318748	295487	424434	451493	457562	443475
	427831	458795	496079	547786	479511	380859
1995	344154	348779	453406	477124	480918	484979
	519510	579808	545335	618219	537913	496571
1996	446305	384784	562327	611243	565543	548965
	569776	623772	592457	696998	593636	548528
1997	499714	470636	628258	642659	633821	589043
	608856	694419	696108	756545	648063	559884
1998	460761	509828	593636	629825	608473	577226
	585915	657766	582927	699036	624071	587283
1999	529323	494216	690393	716292	724188	693599
	718341	769209	769967	887492	776649	662627
2000	649039	628935	800689	900596	855883	831096
	866250	954164	932520	1059824	916494	764942

2.6   1973—1978 年美国各月在意外事故中的死亡人数, 见文献 [15]

1973	9007	8106	8928	9137	10017	10826
	11317	10744	9713	9938	9161	8927
1974	7750	6981	8038	8422	8714	9512
	10120	9823	8743	9192	8710	8680
1975	8162	7306	8124	7870	9387	9556
	10093	9620	8285	8433	8160	8034
1976	7717	7461	7776	7925	8634	8945
	10078	9179	8037	8488	7874	8647
1977	7792	6957	7726	8106	8890	9299
	10625	9302	8314	8850	8265	8796
1978	7836	6892	7791	8129	9115	9434
	10484	9827	9110	9070	8633	9240

2.7 例 6.1.2 中的 AR(4) 数据 (横读)

2.21	2.79	1.80	1.26	1.10	2.84	3.27	2.84	1.77	1.26
1.09	0.34	1.31	1.66	2.44	2.24	1.32	−0.89	−1.71	−1.75
0.65	0.65	1.59	1.49	2.40	0.70	1.78	1.39	1.06	1.79
2.67	1.32	0.43	2.00	2.46	1.95	1.52	0.53	2.19	2.41
2.30	3.56	2.05	1.62	0.81	−0.01	0.41	0.60	−0.30	0.82
−0.28	−0.98	−1.86	−2.09	−2.30	−3.85	−3.94	−3.24	−3.37	−3.33
−2.23	−2.60	−3.83	−4.15	−3.63	−3.34	−4.14	−3.49	−3.03	−2.48
−2.47	−3.63	−3.64	−2.65	0.16	0.61	−0.64	−2.29	−3.19	−0.67
2.31	3.85	5.21	4.84	1.84	−1.63	−0.20	0.85	3.88	5.48
5.42	5.29	4.10	3.04	3.15	2.71	1.85	3.23	4.12	3.97
4.36	5.27	4.70	5.23	7.00	7.69	6.69	5.70	3.34	3.91
2.05	0.31	−0.54	−0.75	1.59	3.51	2.76	2.36	1.03	0.47
0.97	−0.12	0.33	1.62	1.19	−0.82	−2.52	−0.29	−0.87	−0.54
0.30	0.95	0.61	−1.08	−0.25	1.38	1.82	0.20	−0.22	−0.28
−2.11	−1.06	1.10	1.96	1.69	0.49	0.46	1.83	1.41	2.09
2.11	2.88	1.57	1.99	1.53	0.54	−0.94	0.32	0.73	1.74
−0.63	−1.49	−0.33	−0.83	−1.10	−2.30	−3.41	−2.93	−2.00	−1.95
−3.45	−4.23	−4.13	−1.98	0.01	2.18	1.29	0.14	0.71	1.02
1.33	−0.39	−1.10	−0.32	1.30	−0.19	−1.53	−2.36	−1.45	−1.87
−0.35	0.18	0.58	0.08	0.55	1.08	2.44	2.49	1.67	1.66
1.03	0.74	1.46	1.67	0.62	−0.62	−2.15	−2.54	−1.86	−0.38
−0.45	0.39	0.47	−1.16	−1.89	−2.56	−2.08	−2.77	−2.57	−3.33
−3.64	−1.35	−1.71	−1.81	−1.92	−1.24	0.17	0.02	−0.15	−0.46
0.82	−0.10	−0.86	0.03	1.09	1.63	0.26	−0.24	−0.72	0.22
0.68	0.27	0.19	−1.24	−2.53	−1.71	−2.65	−2.39	−2.32	−1.16
−1.35	−1.39	−1.55	−0.67	−1.46	0.50	0.07	1.17	1.15	0.86
−0.23	−2.08	−3.89	−3.74	−3.70	−1.57	−1.86	−1.25	−0.32	0.21
0.33	−0.09	−2.07	−3.72	−3.13	−3.65	−3.59	−4.04	−4.60	−4.54
−4.50	−3.89	−3.97	−3.29	−2.59	−2.56	−2.16	−2.94	−2.42	−1.02
−1.51	−3.48	−2.89	−3.04	−0.62	1.62	3.03	1.95	0.92	−0.13

2.8 化学反应浓度的记录数据, 每两小时记录一次 (横读, $N = 197$)

17.0	16.6	16.3	16.1	17.1	16.9	16.8	17.4	17.1	17.0	16.7	17.4	17.2
17.4	17.4	17.0	17.3	17.2	17.4	16.8	17.1	17.4	17.4	17.5	17.4	17.6
17.4	17.3	17.0	17.8	17.5	18.1	17.5	17.4	17.4	17.1	17.5	17.7	17.4
17.8	17.6	17.5	16.5	17.8	17.3	17.3	17.1	17.4	16.9	17.3	17.6	16.9
16.7	16.8	16.8	17.2	16.8	17.6	17.2	16.6	17.1	16.9	16.6	18.0	17.2
17.3	17.0	16.9	17.3	16.8	17.3	17.4	17.7	16.8	16.9	17.0	16.9	17.0
16.6	16.7	16.8	16.7	16.4	16.5	16.4	16.6	16.5	16.7	16.4	16.4	16.2
16.4	16.3	16.4	17.0	16.9	17.1	17.1	16.7	16.9	16.5	17.2	16.4	17.0
17.0	16.7	16.2	16.6	16.9	16.5	16.6	16.6	17.0	17.1	17.1	16.7	16.8
16.3	16.6	16.8	16.9	17.1	16.8	17.0	17.2	17.3	17.2	17.3	17.2	17.2
17.5	16.9	16.9	16.9	17.0	16.5	16.7	16.8	16.7	16.7	16.6	16.5	17.0
16.7	16.7	16.9	17.4	17.1	17.0	16.8	17.2	17.2	17.4	17.2	16.9	16.8
17.0	17.4	17.2	17.2	17.1	17.1	17.1	17.4	17.2	16.9	16.9	17.0	16.7
16.9	17.3	17.8	17.8	17.6	17.5	17.0	16.9	17.1	17.2	17.4	17.5	17.9
17.0	17.0	17.0	17.2	17.3	17.4	17.4	17.0	18.0	18.2	17.6	17.8	17.7
17.2	17.4											

2.9 机械振动数据 (横读, $N = 160$)

24.4	29.8	30.1	31.4	28.9	29.6	31.1	32.4	30.1	25.9	26.2	31.6	35.7
31.5	25.3	30.5	32.4	29.8	24.1	28.1	32.8	33.8	34.2	28.3	32.1	29.1
27.9	24.9	26.9	37.4	36.0	32.8	21.3	25.7	31.5	33.0	31.4	25.7	33.4
32.4	31.3	24.0	30.3	28.6	35.1	30.9	31.6	30.9	27.5	31.0	25.3	30.8
26.1	36.0	30.8	34.3	27.6	29.0	27.1	28.2	28.0	31.0	33.7	28.3	31.5
26.5	34.0	28.6	30.9	26.7	30.6	35.0	26.9	27.2	22.1	33.1	33.6	38.7
26.7	27.8	23.8	29.2	27.3	30.5	30.4	31.7	32.1	32.4	30.6	27.1	26.4
28.6	32.7	34.1	30.3	28.0	28.5	31.3	32.6	29.5	27.5	31.6	30.4	34.5
26.9	29.0	27.4	30.6	35.0	24.6	33.3	25.5	38.0	28.0	31.8	25.9	32.0
30.4	28.0	31.6	29.6	35.7	30.5	31.7	23.6	26.0	31.9	34.9	33.5	27.6
24.1	27.8	30.9	37.3	29.9	28.2	27.8	30.0	31.8	28.7	30.9	26.4	33.2
28.1	33.8	26.1	29.6	26.4	33.1	30.1	30.7	33.1	30.3	28.5	24.0	28.5
30.4	34.1	30.8	31.3									

部分习题参考答案和提示

第 一 章

1.1.2 (1) 用其余年份第 j 月的平均气温 (降水量) 作为 1989 年第 j 月的近似. (2), (3), (4) 可参照例 1.1.2 中的方法, 可使用回归直线趋势或二次曲线趋势.

1.1.3 用和例 1.1.2 中相同的方法.

1.1.4 (1) $P(|\xi| \geqslant \varepsilon) \leqslant \mathrm{E}\{(|\xi|^\alpha/\varepsilon^\alpha)I[|\xi| \geqslant \varepsilon]\} \leqslant \mathrm{E}(|\xi|^\alpha/\varepsilon^a)$;

(2) $P(|\xi| \geqslant 1/n) \leqslant n\mathrm{E}|\xi| = 0 \Rightarrow P(|\xi| > 0) = 0$;

(3) 用 (2) 得到;

(4) $P(|\xi| = \infty) \leqslant \lim\limits_{n\to\infty} P(|\xi| \geqslant n) \leqslant \lim\limits_{n\to\infty} E|\xi|/n = 0$.

1.2.1 $\mathrm{Cov}(X_t, X_s) = b_{t-s} - \mu^2$.

1.2.4 $\boldsymbol{\Gamma}_n$.

1.3.2 参考定理 3.1.3.

1.3.3 是.

1.3.4 $\min(t,s)/\sqrt{st}$.

1.4.3 对 $(X_t, X_s) \sim N(\mathbf{0}, \boldsymbol{\Sigma})$, $\boldsymbol{\Sigma} = (\sigma_{t,s})$.

$$\sigma_{t,s} = \begin{cases} ([\min(t,s)/12] + 1)\sigma^2, & t = s(\mathrm{mod}\,12),\ t \neq 12n, \\ [\min(t,s)/12]\sigma^2, & t = s(\mathrm{mod}\,12),\ t = 12n, \\ 0, & \text{其他}. \end{cases}$$

1.5.1 0, 当 $a \neq 2k\pi$; $b\cos U$, 当 $a = 2k\pi$.

1.5.3 $X_t = U$, U 在 $[-\pi, \pi]$ 上均匀分布.

1.7.1 证明 $[f(\lambda) + f(-\lambda)]/2$ 也是 $\{X_t\}$ 的谱密度.

1.8.1 $\gamma_k = \sum\limits_{j=1}^{p}(A_j^2/2)\cos(k\lambda_j)$.

1.8.2 $\det(\boldsymbol{\Gamma}_1) = \sigma^2$, $\det(\boldsymbol{\Gamma}_2) = \sigma^4\sin^2\lambda_0$, $\det(\boldsymbol{\Gamma}_m) = 0$, $m \geqslant 3$.

第 二 章

2.1.3 (1) $a\alpha_1^{-t} + b\alpha_2^{-t}$; (2) $a\alpha_1^{-t} + bt\alpha_1^{-t}$; (3) $a\rho^{-t}\cos(\lambda t) + b\rho^{-t}\sin(\lambda t)$.

2.2.1 平稳解 $X_t = -(a\mathcal{B})^{-1}[1 - (a\mathcal{B})^{-1}]^{-1}\varepsilon_t = -\sum\limits_{j=0}^{\infty} a^{-j-1}\varepsilon_{t+1+j}$.

2.2.3 $X_t = \sum\limits_{j=0}^{\infty} \psi_j(\varepsilon_{t-j} - \mu) + \mu_X$; $X_t + \sum\limits_{j=1}^{k} \sum\limits_{l=0}^{r(j)-1} U_{l,j} t^l z_j^{-t}$.

2.2.4 将 $A(z)$ 因式分解.

2.2.5 验证 $\eta_t = (1 - 0.5\mathcal{B})^{-1}X_t$ 的谱密度是常数.

2.3.3 用 $\sum\limits_{j=1}^{n} b_j a_j = \sum\limits_{j=1}^{n} b_j \left(\sum\limits_{k=1}^{j} a_k - \sum\limits_{k=1}^{j-1} a_k\right)$.

2.4.1 参考定理 4.2.3.

2.5.2 $\rho_0 = 1, \rho_1 < 0, \rho_2 > 0, \cdots$.

2.5.3 AR(3p). 用定理 1.7.4 求 $\{Y_t\}$ 的谱密度.

第 三 章

3.1.3 用反证法假设得到 $A(\mathcal{B})B(\mathcal{B})\varepsilon_t = \eta_t$, 比较两边的协方差函数可以得到 $A(z)B(z) = 1$. 最后得到 $A(z) = B(z) = 1$.

3.1.4 8.0833, -4.6596, 3.0600, 0.5764, 0.3786.

3.1.5 $b_1 = -0.36$, $b_2 = 0.65$, $\sigma^2 = 8$.

3.2.1 $f(\lambda) = \sigma^2|B(\mathrm{e}^{\mathrm{i}\lambda})|^2/(2\pi|A(\mathrm{e}^{\mathrm{i}\lambda})|^2) \Rightarrow A(\mathcal{B})X_t$ 是 MA(q) $\Rightarrow \{X_t\}$ 是 ARMA.

3.2.3 有理谱密度.

3.2.4 $a_1 = 0.0211$, $a_2 = -0.3953$, $b_1 = -0.3302$, $b_2 = -3715$; $\sigma^2 = 5.1235$.

3.3.6 (1) $f_Y(\lambda) = \sigma^6(2\pi)^{-1}|B(\mathrm{e}^{\mathrm{i}\lambda})|^6$; (2) MA(3q); (3) ARMA(3p, 3q).

第 四 章

4.1.4 用特征函数.

4.2.4 用定理 2.4.1.

4.2.5 不必成立.

4.3.2 $\displaystyle\sum_{j=1-N}^{N-1}\hat{\gamma}_j\mathrm{e}^{-ij\lambda}\geqslant 0.$

4.3.3 $\mu_n=1,\ \sigma_n=\sigma/[(1-a)\sqrt{n}].$

第 五 章

5.1.1 用性质 7.

5.1.2 $\displaystyle\hat{X}_{n+k}=L\Big(\sum_{j=k}^{\infty}\psi_j\varepsilon_{n+k-j}|X_n,\cdots,\ X_1\Big),$

$\displaystyle\mathrm{E}\hat{X}_{n+k}^2\leqslant\mathrm{E}\Big(\sum_{j=k}^{\infty}\psi_j\varepsilon_{n+k-j}\Big)^2\to 0.$

5.2.1 用 Wold 表示定理和推论 2.3.6.

5.2.2 可以是决定性的, 也可以是非决定性的: f_X 在 $[-\pi/2,\pi/2]$ 中等于 1, 其他地方等于 0; $f_Y=1-f_X$; 则从定理 2.7 知道 $\{X_t\}$ 和 $\{Y_t\}$ 都是决定性的, X_t+Y_t 是白噪声.

5.2.3 参考 $\sigma_{1,m}^2$ 与 n 无关的证明.

5.2.4 $X_{t+6}=X_t.$

5.3.1 $\psi_0=1,\ \psi_k=a^k+ba^{k-1}.$

5.4.2 $\begin{cases}\mu_X+\displaystyle\sum_{j=1}^{p}a_j(X_{n+k+1-j}-\mu_X), & k=0,\\[2mm]\mu_X+\displaystyle\sum_{j=1}^{p}a_jL(X_{n+k+1-j}-\mu_X|X_n,\cdots,X_{n+1-p}), & k\geqslant 1.\end{cases}$

5.4.4 (1) 参考习题 5.1.2 的证明.

(2) $\mathrm{E}(\hat{X}_{n+1}-X_{n+1})^2=\mathrm{E}[L(X_1|X_0,X_{-1},\cdots,X_{-n+1})-X_1]^2.$ 再用定理 5.2.4、可逆性和内积的连续性.

第 六 章

6.1.2 用 $\gamma_0,\gamma_1,\cdots,\gamma_p$ 构造 Yule-Walker 方程.

6.1.3 $\displaystyle\boldsymbol{\Gamma}_k^{-1}=\frac{1}{\det(\boldsymbol{\Gamma}_k)}\begin{pmatrix}\det(\boldsymbol{\Gamma}_{k-1}) & & * \\ & \ddots & \\ * & & \det(\boldsymbol{\Gamma}_{k-1})\end{pmatrix}.$

于是 $(\boldsymbol{\Gamma}_k^{-1})_{11} = (\boldsymbol{\Gamma}_k^{-1})_{kk} = \dfrac{\det(\boldsymbol{\Gamma}_{k-1})}{\det(\boldsymbol{\Gamma}_k)}$. 对 $k \geqslant p$, 由

$$\boldsymbol{\Gamma}_k \boldsymbol{a}_k = \boldsymbol{\gamma}_k, \quad \sigma^2 = \gamma_0 - \boldsymbol{a}_k^{\mathrm{T}} \boldsymbol{\gamma}_m$$

$$\Rightarrow \boldsymbol{\Gamma}_{k+1} \begin{pmatrix} 1 \\ -\boldsymbol{a}_k \end{pmatrix} = (\sigma^2, 0, \cdots, 0)^{\mathrm{T}}$$

$$\Rightarrow (\boldsymbol{\Gamma}_{k+1}^{-1})_{11} = \sigma^{-2} = \det(\boldsymbol{\Gamma}_k)/\det(\boldsymbol{\Gamma}_{k+1}), \ k \geqslant p.$$

6.2.1 $\{X_t\}$ 和 $\{Y_t\} = \{X_{-t}\}$ 有相同的协方差函数.

6.2.2 是. $\eta_t = A(\mathcal{B})Y_t$ 是白噪声.

6.2.3 是. $A(\mathcal{B})Y_t$ 是 MA(q) 序列.

第 七 章

7.2.2 用定理 7.1.1 和

$$|\tilde{\alpha}_j - \alpha_j| = \left| \frac{1}{N} \sum_{t=1}^{N} x_t \mathrm{e}^{-\mathrm{i}\tilde{\lambda}_j t} - \alpha_j \right|$$

$$= \left| \frac{1}{N} \lambda_j \sum_{t=1}^{N} (\mathrm{e}^{-\mathrm{i}(\tilde{\lambda}_j - \lambda_j)t} - 1) \right| + \left| \frac{1}{N} \sum_{t=1}^{N} \xi_t \mathrm{e}^{-\mathrm{i}\tilde{\lambda}_j t} \right|$$

$$+ \left| \frac{1}{N} \sum_{k \neq j} \lambda_k \sum_{t=1}^{N} \mathrm{e}^{-\mathrm{i}(\tilde{\lambda}_j - \lambda_k)t} \right| = o(1), \quad \text{a.s..}$$

第 八 章

8.1.1 $R, (1 + R/2)^2 - 1, (1 + R/4)^4 - 1$.

8.1.2 $(1 + R/365)^{365} - 1, a(1 + R/365)^t$.

8.1.3 (1) $\mathrm{e}^R - 1$; (2) $a \exp(Rt/365)$.

8.2.1 $\alpha_0/(1 - \alpha_1), \lambda^2/(1 - \alpha_1^2), \alpha_1^2 \lambda^2/(1 - \alpha_1^2) + \alpha_0^2/(1 - \alpha_1)^2$.

8.3.6 参考例 5.5.1 和例 5.5.2.

8.5.1 用 $A^{-1}(t)B(t) = \{1 - a(t)/[1 - b(t)]\}^{-1}$.

第 九 章

9.1.4 $f(\lambda) = 1/2, \lambda \in (-a, a)$.

第 十 章

10.4.2 验证 $\boldsymbol{X}_n$ 的第 k 个分量是常数.

名 词 索 引

参 考 文 献

[1] 北京市水利局. 北京水旱灾害 [M]. 北京: 中国水利水电出版社, 1999.

[2] 程乾生. 数字信号处理 [M]. 北京: 北京大学出版社, 2003.

[3] 李雷. 平稳过程的状态空间模型及随机实现算法 [D]. 北京: 北京大学, 1991.

[4] 李贵斌. ARUMA 模型的渐近性质及其参数识别 [D]. 北京: 北京大学, 1987.

[5] 郑绍濂. 希尔伯脱空间中的平稳序列 [M]. 上海: 上海科学技术出版社, 1963.

[6] 王小保. 周期图的重对数律 [J]. 应用概率统计, 1985(2): 148-154.

[7] 王梓坤. 随机过程论 [M]. 北京: 科学出版社, 1965.

[8] 夏道行, 吴卓人, 严绍宗, 等. 实变函数论与泛函分析: 上册 [M]. 2 版. 北京: 高等教育出版社, 1983.

[9] 谢衷洁. 时间序列分析 [M]. 北京: 北京大学出版社, 1990.

[10] An H Z, Chen Z G, Hannan E J.The maximum of periodogram[J]. Journal of multivariate analysis, 1983, 13: 383-400.

[11] Ansley C F.An algorithm for the exact likelihood of a mixed autoregressive-moving average process [J]. Biometrika, 1979, 66: 59-65.

[12] Ash R B. Real analysis and probability [M]. Academic Press, 1972.

[13] Bartlett M S. Periodogram analysis and continuous spectra [J]. Biametrika, 1950, 37: 1-16.

[14] Box G E P, Jenkins G M. Time series analysis:forecasting and control [M]. Holden-Day, 1970.

[15] Brockwell P J, Davis R A.Time series:theory and methods [M]. 2nd ed. Springer-Verlag, 1991.

[16] Cavazos C R.The asymptotic distribution of sample autocorrelationsfor a class of linear filters [J]. Journal of multivariate analysis, 1994, 48: 249-274.

[17] Cleveland W S.The inverse autocorrelations of a time series and their applications [J]. Technometrics, 1972, 14(2): 277-293.

[18] Engle R F.Autoregressive conditional heteroscedasticity with estimates of the variance of United Kingdom inflation [J]. Econometrica, 1982, 50(4): 987-1007.

[19] Fan J Q, Yao Q W. Nonlinear time series: non-parametric and parametric methods [M]. Springe-Verlag, 2005.

[20] Katsuto T. Time series analysis: nonstationary and noninvertible distribution theorey [M]. 2nd ed. John Wiley & Sons, 2017.

[21] Hall P, Heyde C C. Martingale limit theory and its application [M]. Academic Press, 1980.

[22] Hamilton J. Time series analysis [M]. Princeton University Press, 1994.

[23] He S Y.Estimation of the mixed AR and hidden periodic model [J]. Acta Math. Appl. Sinica, 1997, 13(2): 196-208.

[24] He S Y.A Note on asymptotic normality of sample autocorrelations for a linear stationary sequence [J]. Journal of multivariate analysis, 1996, 58(2): 182-188.

[25] Ljung G M, Box G E P. On a measure of lack of fit in time series models [J]. Biometrika, 1978, 65: 297-303.

[26] Tsay R S.Analysis of financial time series [M]. John Wiley & Sons, 2002.

[27] Shumway R H, Stoer D S. Time series analysis and its application [M]. Springer-Verlag, 2000.